# 건·축·계·획·I

# 건·축·계·획·I

# 건축계획 I

최 명 규 지음

건축계획 I

2011년 2월 25일 1판 1쇄 인쇄
2011년 2월 28일 1판 1쇄 발행

지은이 최 명 규
펴낸이 강 찬 석
펴낸곳 도서출판 미세움
주 소 150-838 서울시 영등포구 신길동 194-70
전 화 02-844-0855 팩스 02-703-7508
등 록 제313-2007-000133호

ISBN 978-89-85493-46-8 93540

정가 18,000원

건축계획학이란, 생활과 공간의 대응관계를 중요시하여, 생활면에서의 희망사항이나 요구사항을 올바르게 파악함과 동시에, 이에 적절히 대응될 수 있는 건축공간을 창조하기 위한 계획원리를 다루는 학문으로서 건축분야에서는 매우 필수적인 과목이다. 특히 건축과 관련한 모든 분야의 전문기술을 총괄하고 종합하여 하나의 통일된 작품이 되도록 하는 중요한 건축행위인 설계행위를 조직적으로 체계화하는 데 중추적인 역할을 하는 기술을 연구하는 학문이 바로 건축계획학이다. 그러나 이 분야에 대한 연구가 지금까지 세분화되고 전문화된 관점에서 다양하게 진행되어 왔으나, 아직까지도 충분히 객관화 내지는 체계화되어 있다고 말할 수는 없다. 다만 앞으로 건축계획학의 발전에 따라 점차 체계적인 정리가 이루어질 것이며 또한 객관화될 것으로 믿는다.

본서는 본인이 그 동안 30여년에 걸쳐 대학에서 강의해온 내용을 토대로 작성된 것으로서 건축학 관련 학과에서 건축계획 Ⅰ을 공부하는 학생들에게 교재로 사용할 수 있도록 함과 동시에 실제로 건축계획 및 설계에 관심이 있는 모든 사람들의 지침서가 될 수 있도록 내용을 기술하였다.

이를 위해 본서에서는 크게 3부분으로 나누어 기술하였는바, 먼저 제1부는 총론부분으로 건축계획학, 규모 및 치수계획, 건축기획 등에 관해, 제2부는 주거건축부분으로 주생활과 주택, 주택계획의 목표, 배치계획, 평면계획, 세부 공간계획, 공동주택 등에 관해, 제3부는 상업·업무시설 부분으로 사무소건축, 은행건축, 백화점건축, 상점건축, 음식점건축 등에 관해 다루었다.

그러므로 본서에서는 이처럼 중요한 건축계획에 있어서의 제 문제를 어떠한 생각에서부터 어떠한 방법으로 접근해 나가야 할 것인가를 명시하고 아울러 건축계획의 방향설정을 위해 광범위한 측면에서 그 지표를 세우고자 노력하였다. 그러나 그러한 노력에 얼마나 충실했는가는 스스로 의문되는 점이 적지 않으나, 다만 미흡한 부분이나 잘못된 부분은 빠른 시일 내에 반드시 수정·보완할 것을 약속드리며 독자 여러분의 기탄없는 질책과 지도편달을 진심으로 바라마지 않는 바이다.

끝으로 본서를 저술하는 데 사용된 기초자료의 제공자인 많은 선배 및 동료학자들의 업적에도 감사드리며, 이 책이 나오기까지 많은 협조를 해주신 도서출판 미세움의 강찬석 사장님과 임혜정 편집부장님을 비롯한 직원 여러분께, 그리고 자료의 정리를 위해 애쓴 연구실의 제자들에게 깊은 감사를 드립니다.

2011년 1월

서봉골 연구실에서
저자 씀

## 차 례 | Contents

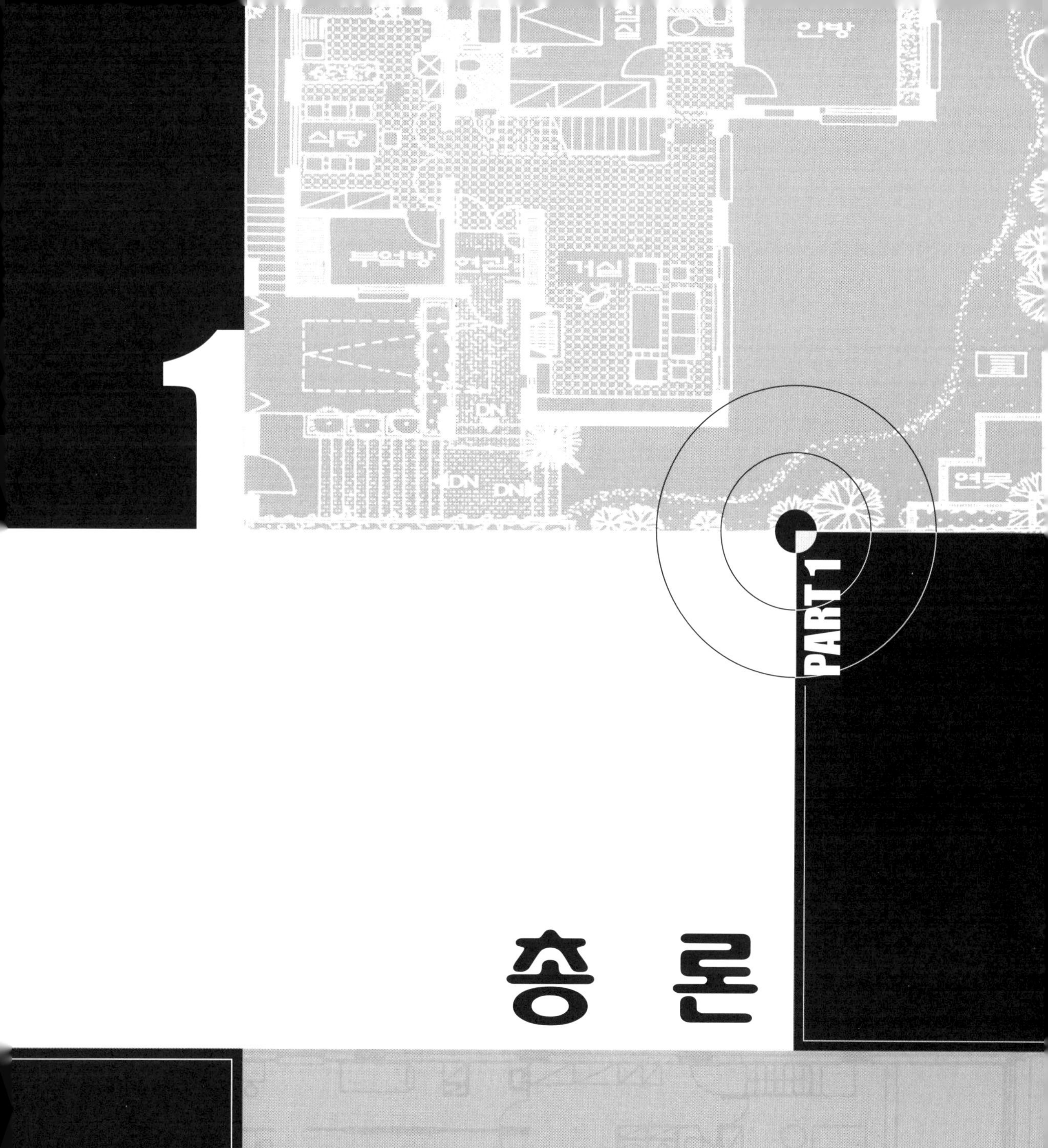


PART 1

# 총 론

제1장

# 건축계획학

## 1-1 개 설

### 1-1-1 건축의 기원 및 개념

#### (1) 건축의 기원

건축의 역사는 인류와 함께 출발하였다고 볼 수 있다. 초기의 건축활동은 외적, 맹수, 자연의 위협 등, 외부의 악조건으로부터 자신과 가족의 생명과 재산을 보호하기 위한 은신처(shelter)로서 움막과 같은 원시적인 주택을 만들어 사용하기 시작한 것이었으나, 지혜가 발달하고 생활이 복잡해지며, 건축에 대한 요구가 증대됨에 따라 오늘날과 같은 다양한 건축물이 나타나게 되었으며, 앞으로도 끊임없는 개선과 발전이 이루어질 것이다. 이러한 건축물들은 그 시대의 사회현상과 경제력, 풍습 등 다양한 문화를 보여주는 증거물이 되고 있다.

건축환경(built environment)의 하나인 건축물은 다음과 같은 다양한 목적을 위해 만들어진다. 즉, 은신처로서의 목적 외에 장소를 마련하기 위한 것, 세속적이고 위험성 있는 세계 속에 고상하고 안전한 영역을 만들기 위한 것, 사회적 신분을 강조하고 지위를 나타내기 위한 것 등이다. 따라서 건축의 기원은 기후, 기술, 재료 및 경제 등과 같은 요인보다는 사회・문화적인 요인들을 더 중요하다고 생각할 때, 건축의 기원은 가장 잘 이해할 수 있다.

#### (2) 건축의 개념

건축이란 무엇인가? 건축을 배우려고 하는 사람은 누구나 건축에 대한 막연한 지식은 갖고 있겠으나, 여기서 다시 한번 그 개념을 명확히 생각해 보기로 하자.

독일의 시인 괴테(J. W. von Goethe)는 건축은 예술의 일종이라는 의미에서 "건축은 동결된 음악(frogen music)이다"고 말했으며, 독일의 지리학자 반스(Ewalt Banse)가 학문을 분류한 것에 의하면, 건축이란 과학과 예술과의 과도형태의 위치에 있는 것이 된다. 즉, 오늘날의 건축은 과학적인 요소와 예술적인 요소를 어느 정도 포함하고 있는 과학과 예술의 중간적인 존재라고 말할 수 있으며, 건축 속에 포함되어 있는 과학과 예술의 정도는 시대, 사람, 건축물의 종류 등에 따라 달라진다 하겠다.

건축의 어원은 희랍어의 architecton, 라틴어의 architectura에서 나온 것으로 어느 것이나 archi(위대한, 큰)와 tectura(기술)의 합성의 의미를 지니고 있어 보다 광범위한 개념으로서, 전체적이고 종합적으로 계획하고 구축하는 기술을 의미했었다. 그래서 건축가는 로마시대에는 천문, 지리, 의술, 기타 여러 가지 기술을 다루고 지도하는 역할을 하였으나, 르네상스 이후에 와서부터는 그 역할이 축소되어 오늘날과 같은 의미인 건축물을 짓는 기술만을 가리키게 되었다.

건축이란, 사람이 어떤 목적의식 아래 필요로 하는 기능을 구체화하여 지상에 정착시킨 유기적 구조물을 말한다. 그러나 영국의 건축역사학자인 페브스너(Nikolaus Pevsner)는 『유럽건축서설』에서 "사람이 안으로 들어갈 수 있는 크고 닫힌 공간은 모두 건물이라고 할 수 있는데, 건축(architecture)이라는 용어는 미적 감동을 목표로 설계된 건물에만 사용되는 것으로 건축이란 표현을 갖는 공간이다"고 명확히 말했으며, 영국의 브리태니커 백과사전에서도 실용적인 목적을 위해 세워지는 것인 건물(building)과 조화에 대한 배려가 되어 미가 만들어지는 것인 건축(architecture)을 구별하여 사용하고 있다.

## 1-1-2 건축의 특성

### (1) 건축의 이해

건축의 본질 또는 최고의 가치는 인류문화의 창조와 인류사회의 봉사로 정의할 수 있으므로 건축은 그 시대사회의 문화의 상징이며, 인간생활의 전부를 담고 있는 그릇인 것이다.

그러나 건축은 형태를 취급하는 학문이므로 아름다운 형태를 구성하기 위해서는 예술적 지식이 총동원되기도 하여 '예술과 기술을 종합시키는 방법'으로 발전하고 있다. 따라서 건축은 형태의 종합을 뜻하며, 건축의 창조적 의미는 바로 형태의 구성을 의미하는 것으로 이해해야 한다. 다시 말하면, 건축의 목적은 형태를 포함한 계획이요, 기술은 이러한 계획을 만족시키기 위한 수단과 방법인 것이다.

인간은 예전부터 생활의 장으로서 건축을 만들어 왔으며, 그 속에서 다양한 활동을 영위해 왔다. 이는 우리의 생활이 변화, 발전되어 가더라도 변함이 없을 것이다. 따라서 건축의 목적은 쾌적한 생활을 영위하기 위한 활동공간의 확보에 있다고 하겠다. 이러한 활동공간은 그 자체로 존재할 수는 없으므로 그 존재를 부여하기 위해서는 보편적으로 구조체가 필요하며, 구조체가 존재함으로써 그 공간도 성립되는 것이다.

여기서 단순히 구조체가 있다고 하여 무조건 좋은 공간이 만들어지는 것은 아니며, 설사 구조체가 잘 만들어지더라도 건축공간이 인간의 생활에 적합하게 대응할 수 없으면 좋은 건축이라고 볼 수는 없다. 구조체는 공간을 확보하기 위한 수단으로서 매우 중요하지만, 그 의미는 주종관계가 아니라 대등한 관계이므로 이에 대한 접근은 인간생활을 위해 공간이 필요하고 이를 가능케 하기 위해 구조체가 구체화시켜 주는 것이다.

건축에서의 공간은 단순한 공간이 아니라 인간생활의 장으로서 생활의 요구를 채워주기 위해 의도적으로 만들어 졌고, 이러한 요구에 대응하며 여러 가지 용도, 규모, 형태의 건축이 구조체를 수단으로 만들어져 왔다.

### (2) 건축의 특성

건축의 성격에는 공간성, 예술성, 사회성이 있다. 여러 가지 조형 활동 중에서 내부에 공간을 가지고 인간이 느끼며 생활할 수 있는 것은 건축뿐이다. 건축공간은 구조체로서 일정량으로 공간을 한정함으로써 성립하고, 인간이 이 공간에 설 때 구조체는 존재감과 실체를 느낄 수 있게 한다. 건축공간은 쉽게 가치와 존재를 의식할 수 없으나, 이 허공의 공간은 인간을 에워싸며 정신적, 심리적 안락과 쾌적성을 주게 되는 것으로, 건축공간의 질은 구조체의 존재로 생활공간을 확보함에 따라 구조체와 더불어 건축가치 판단의 중요 요소가 된다.

건축공간이 생활의 요구에 잘 대응하고 건축구성이 뛰어날 때 우리는 커다란 감동을 받고 다양한 공간체험을 준다. 건축은 예술성을 갖는 동시에 현실로 존재한다는 실용성이 강하게 작용하기 때문에 다른 예술보다도 상당히 복잡한 성격을 지니고 있으므로 이러한 2원적 성격이 하나로 종합될 때 진정한 건축은 구현될 수 있으므로 예술로서 가치나 외부형태나 표면처리 등의 표현처리와 더불어 건축공간의 질에 의미를 두어야 한다.

한편, 건축은 홀로 외딴곳에 세워지는 것이 아니라 대부분이 도시공간 내에서 지역사회의 일원으로 존재하게 되므로 단위 건축물 그 자체의 의미도 중요하지만, 도시생활과의 연관과 도시경관의 질적 향상에 기여할 수 있어야 좋은 건축이라 할 수 있다. 따라서 건축과 같이 사회적 영향이 큰 조형물은 그 자체가 아름다워야 되는 것은 당연하며, 더 나아가 주변환경과 조화되어 아름다워야 된다는 것도 잊어서는 안 된다.

건축의 특성은 다음과 같이 정리될 수 있다.

- 일반적으로 개체별·개별적으로 건설되는 프로젝트 성향을 가지고 있다.
- 건축생산은 지속적인 관계에 의존하는 다른 주요 산업과는 대조적으로 프로젝트별로 임시 편성된 생산조직에 의해 이루어진다.
- 건축행위는 환경, 시각, 경제, 교통, 심리 등 제반 측면에서 주변 환경에 큰 영향을 미치는 사회적 생산활동이다.
- 장기 내용성(耐用性)에 대비하고 있다.
- 인간이 생활을 영위하는 장소인 동시에 막대한 경제활동이 이루어지는 무대이다.

## 1-1-3 건축학의 영역

### (1) 건축활동의 변모경향

건축활동의 새로운 변모경향을 살펴보면 먼저 건축규모가 커지는 것과 함께 건축의 내용도 복잡화하고 고도화하고 있음을 알 수 있다. 19세기 말부터 시작된 고층건축물의 등장은 근대도시의 발생과 맞물려 20세기의 도시건축 상황을 전혀 다른 모습으로 바꾸어 놓았다. 특히 최근 우리나라의 삼성건설이 중동지역에 건설한 버즈 두바이(Burj Dubai) 프로젝트는 층수가 160층에 높이 700m 이상인 건축물로서 지난 2008년에 준공되었다.

한편, 건축은 본질적으로 사회적 존재이자 환경적 존재이므로 도시지역에서 건축물이 고층화·고밀화됨에 따라 인근환경과 건축행위를 둘러싼 마찰이 증가하고, 분쟁으로까지 발전하는 경우가 적지 않다.

근린대책이 필요한 사항으로는 공사차량, 소음, 진동, 분진, 지반침하, 교통저해 등 건축공사에 수반되는 문제, 일조, 통풍, 프라이버시(privacy), 전파장애 등과 관련된 피해문제, 그리고 쓰레기소각장, 위험물저장 시설, 장례식장, 러브호텔 등 이웃에게 불쾌감이나 위화감을 주는 시설의 건축문제 등이 있다. 이러한 건축활동은 어느 것이나 적법한 건축활동이나, 이웃에 있어서는 받아들이기 힘든 것이 마찰의 근본원인이 되고 있다.

또한 1980년대 후반부터 지가의 급격한 상승, 건축의 수요증대, 부동산 투자의 재테크화, 관련 세제의 작용 등 제반 요인이 상호 작용하여 대도시를 중심으로 건축활동이 활발해지고, 다양화되고 있다. 즉, 토지소유자에 의한 부동산사업화가 적극적으로 추진된 결과, 유휴지의 유효이용과 여유자금의 활용이라는 목적이 선행되고, 건축기획은 뒤늦게 검토에 들어가는 프로젝트도 나타나고 있다. 유휴지의 활용이라는 새로운 사업방식으로서 토지신탁 방식이나 RITs, 등가교환 방식 등 각종 사업제도의 활용은 프로젝트 기획의 활약에 넓은 무대를 제공하고 있다.

이 외에 조립식 주택의 생산과 분양주택 등에서 나타나는 건축의 산업화와 상품화 경향도 있다.

### (2) 건축학의 성립

건축학의 역사적 발전배경을 살펴보면, 1671년 프랑스에서 건축 아카데미가 설립된 이래, 1785년에 영국에서 조경학의 시원으로 조원학(landscape gardening)이, 1898년에는 도시계획학이 타운 플래닝(town planning)으로부터 시작되었다. 그로부터 74년 후인 1972년에 미국에서 환경계획 및 설계학(environmental planning & design)이 시작되었다. 이렇게 해서 건축학은 오늘날 그 영역이 보다 확장・발전되어 인간과 환경문제 전반을 해결하고 계획해야 하는 매우 넓은 의미를 내포하게 되었으며, 또한 건축의 고층화・대형화・단지화의 개발추세에 대응하지 않으면 안 되게 되었다.

우리나라에 있어서는 1938년 건축학이 처음 도입된 이래 시대의 필요에 대응하기 위해 관련 학문분야가 세분화되어 나타나기 시작하였다. 즉, 1962년에는 도시의 전체문제를 다루는 도시계획 분야가, 1973년에는 자연 및 도시생태계의 회복을 위한 조경분야가, 그리고 1980년대에 들어서면서부터 도시설계 분야가 나타나기 시작하였다.

### (3) 건축학의 영역

건축학은 예술과 기술의 종합이고, 인문과학과 자연과학의 종합이다. 대지와 건물의 관계를 연구하고, 구조(structure) · 기능(function) · 미(esthetic)를 조합하고 종합하는 학문으로서, 응용과학으로서 분석하는 학문인 공학(engineering)과는 전혀 다른 성질을 가지고 있다. 즉 건축학은 분석하는 학문이 아니라 종합하는 학문인 것이다.

건축의 범위가 확대될수록 건축학에서 다루는 학문 또한 확대될 수밖에 없다. 역사 이래로 건축의 범위는 인간이 살아가는 데 필요한 모든 구조물을 포함했을 것이다. 그러나 시대가 바뀌고 기술과 문명이 발전하고 사회가 복잡해짐에 따라 건축의 범위도 건물 그 자체뿐만 아니라 그 주변 환경까지로 확대될 수밖에 없게 된다. 특히 미래도시, 우주도시, 해저도시 등등에서 건축가는 과연 얼마만큼의 역할을 수행할 것인지 궁금해진다.

건축학과 직접적으로 관련된 학문분야로는 환경계획학, 도시설계학, 조경학, 실내디자인 등과 같은 건축에서 파생되어 온 분야라고 할 수 있는 디자인 분야와 구조공학, 재료학, 환경 및 설비공학, 시공관리학 등과 같은 기술분야가 있으며, 직접적인 응용분야로서 도시 및 지역계획학, 도시공학, 토목공학, 교통공학, 환경공학 등이, 기초적인 연관성을 가진 분야로서 생태학, 심리학, 사회학, 행태학 등이 있다. 한편 간접적으로 관련된 학문분야로는 경제학, 통계학, 지리학, 화학, 천문학, 역사학, 법학, 철학 등이 있어 실로 건축과 무관한 학문은 거의 없을 정도다.

그러나 건축학을 구성하는 많은 분야들을 검토해보면 엄밀한 의미에서는 건축학이라는 독자적인 학문은 존재하지 않음을 알 수 있다. 즉, 예를 들면 구조역학은 물리학 속의 역학을 실용화한 학문체계를 건축에 응용한 것이며, 환경공학이나 건축재료학은 물리학과 화학의 응용 및 확장이고, 건축설비 공학은 기계공학과 전기공학을 건축용으로 재편한 것임을 알 수 있다.

독자적인 학문분야로서는 단지 건축설계학을 들 수 있는데, 아직까지는 학문이라기보다는 오히려 경험의 축적을 살리는 기술이라고 보는 것이 더 적절하며, 건축교육에서 다른 분야의 학과목들에 비해 건축설계 수업에 많은 시간이 할당되고 있는 이유는 모든 학습의 집대성이 설계라는 행위로 이루어지고 있기 때문이다 하겠다.

# 1-2 건축계획 및 설계

## 1-2-1 건축과정

건축계획이란 무엇인가라는 질문에 한마디로 명확하게 대답하기는 매우 어려운 일이다. 건축계획(architectural planning)이란 용어는 '평면계획'과 동의어로도 사용되고 있을 정도로, '건축설계'와의 구별이 그다지 뚜렷하지는 못한 실정이다.

따라서 여기서는 건축계획이란 용어가 의미하는 내용이나 그것에 포함되는 범위를 하나의 건축물이 완성되기까지의 진행과정 속에서 찾아보고자 한다.

### (1) 전통적인 건축의 3단계 과정과 계획

건축물이 만들어지는 전통적인 건축과정은 기획, 설계, 시공의 3단계로 이루어지고 있으며, 이 과정에서 계획은 그림 1-1과 같이 기획과 설계 사이에 위치하고 있다. 이는 건축과정에서 계획의 개념이 중요시됨에 따라 기획과 설계 사이에 계획을 끼워놓고 이것을 독립된 하나의 과정으로 생각하는 것으로 건축의 대규모화, 고도화, 복잡화 경향에 따라 기획이 바로 건축의 설계조건을 이미지화하고 확정할 수 있다고는 볼 수 없는 상황이 생긴 데 유래하고 있다.

여기서 기획이란, 일반적으로 건축주(owner)에 의해 진행되는 것으로써, 건설의 전 과정으로부터 준공후에 이르기까지를 예견하는 작업이다. 즉, 건설의 목적을 명확하게 함과 동시에 건물운영의 방법을 입안한 후, 소요예산을 추정하고, 수익성을 종합적으로 검토하여 설계에 대한 요구사항과 제약조건을 정리하는 등, 건축물이 완성되기까지의 각종 프로그램을 만드는 것을 말한다. 대지 및 건물의 규모나 예산의 개략 등이 결정되면, 이들을 주어진 조건으로 하여 설계단계로 진행되지만, 기획단계에서 이루어지는 것은 추상적인 사항인 것이다.

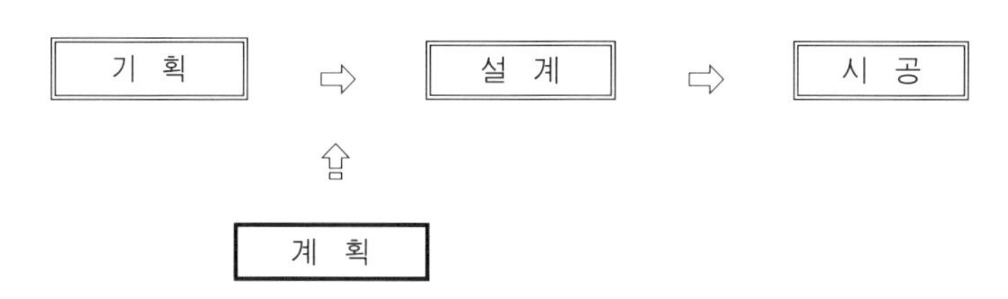


▌그림 1-1▌ 전통적인 건축의 3단계 과정과 계획

다음으로 설계는 단순히 기존의 것을 좀 더 나은 것으로 바꾸기 위한 제안을 하는 행위로서 건축가(architect)를 중심으로 진행되는 과정이다. 설계는 기획에서 의도된 것을 바탕으로 건축물의 내용을 기능적, 형태적 측면에서 검토하고 형상, 치수, 재료 등 구체적인 형태를 결정하는 단계를 말하는데, 일반적으로는 계획·설계·제도를 총괄하여 설계라 부르고 있다.

시공은 건설공사의 과정으로서 시공업자(contractor)에 의해 설계도서에 표현된 내용을 실제 건축물로 만드는 일련의 과정을 말한다.

이상은, 건축과정의 전통적인 접근방법을 설명한 것이지만, 이러한 단계구분은 건축주, 건축가, 시공업자라고 하는 건축산업에 관여하는 주된 참여자를 중심으로 그들이 수행하는 역할과 과정에 따라 구분한 것으로 생각할 수 있다. 즉, 건축가에게 설계를 의뢰하는 데서 설계의 과정이 시작되어, 입찰 등의 방법으로 시공업자가 선정되고 공사계약이 성립함으로써 시공이 시작되는 것이다.

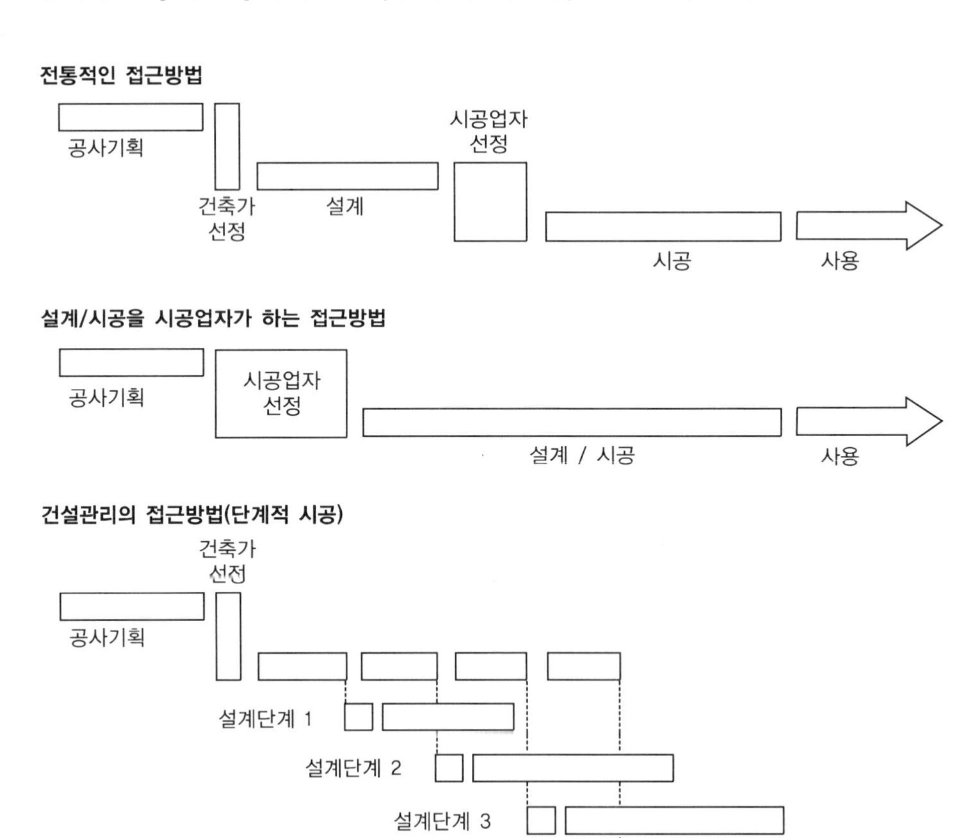


▌그림 1-2▌ 건축과정의 단계

그러나 그림 1-2에서와 같이 건축과정의 단계는 이러한 전통적인 접근방법 이외에도 여러 가지 접근방법이 있을 수 있듯이 실제로 건축과정이 반드시 이러한 전통적인 건설과정의 흐름대로만 진행된다고는 말할 수 없다. 이를테면, 기획을 하는 것은 건축주라 하더라도 이 단계에서부터 건축가의 협력이 요구될 때도 많으므로 기획과 설계를 내용 면에서 명확히 구분하는 것이 어렵다. 또한 시공단계에서도 필요에 따라 상세 시공도면을 작성해야 하므로 어쨌든 넓은 의미에서의 설계라고 불리는 작업은 시공단계에서도 부분적으로 이어지고 있어 각 단계, 즉 기획과 설계, 설계와 시공을 명확히 구분하는 것은 매우 곤란하다.

### (2) 설계과정의 세분화

설계과정은 기본설계와 실시설계의 두 과정으로 생각했으나, 실제로는 건축가의 작업으로 기본설계를 시작하기 전에 보다 다른 성격의 작업과정을 거치게 된다. 이 과정은 조건파악 및 기본계획이라고 부를 수 있다. 따라서 건축과정 속에서의 설계의 진행과정을 보다 구체적으로 살펴보면 그림 1-3과 같이 4단계로 구분할 수 있다.

조건파악이란, 설계에 대한 내부적 요구와 외부적 조건을 파악하는 작업으로서 건축주가 기획의 결과를 정리, 작성하여 건축가에게 제시하는 것이 일반적이나 현실적으로는 건축주만의 입장에서의 요구 일변도가 된다든가, 불충분할 경우가 많으므로 건축가가 관심을 기울일 필요가 있다.

기본계획이란, 계획설계라고도 하며 구체적인 형이 떠오르는 발상단계로서 어렴풋하게나마 어떤 형, 어떤 방식으로 할 것인가 하는 것을 상정하여, 이것을 위의 여러 조건에 맞추어 수정해 나가는 단계, 또는 몇 개의 대안을 제시한 뒤 평가기준에 따라 각 안을 비교, 검토하여 최선의 안을 선택하는 단계로 이 단계에서는 대지의 이용방법, 건축물의 크기·형상·층수 등을 개략적인 스케치도로 표현하고 있어 구체적인 형이나 치수로 나타나지는 않으므로 채택된 방식이라고나 보아야 할 것이다.

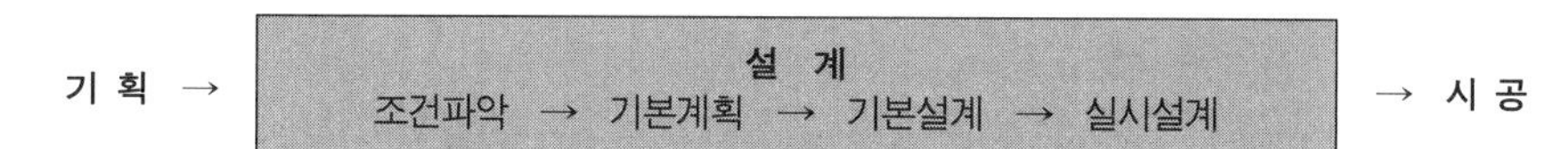


**▮그림 1-3▮** 건축과정 속에서의 설계의 진행

기본설계란, 기본계획에서 정리된 내용을 바탕으로 계획안을 보다 발전시켜 나가는 단계로서 건축물의 구조, 규모, 형상, 치수, 사용재료 등 구체적인 형태의 기본이 결정되는 단계다. 기본설계 단계에서는 배치도, 평면도, 입면도, 단면도, 투시도 등의 기본설계도와 설계설명서가 작성되며, 이러한 내용이 건축주의 요구와 일치되고 그의 승인이 나면 실시설계의 단계로 들어간다.

실시설계란, 한 걸음 더 나아가 건축의 내용을 보다 상세하고 구체적으로 표현하기 위한 실시설계 도서를 작성하는 단계다. 실시설계 단계에서 작성되는 설계도서는 보다 전문적이고 기술적인 내용을 담게 된다. 실시설계 도서에는 일반적으로 실시설계도(일반도면, 구조도면, 설비도면, 조경도면 등), 계산서(구조계산서, 설비계산서), 시방서, 공사비내역서 등이 포함된다.

### (3) 건축가의 작업과정

건축가의 작업과정 중 기본계획과 기본설계 간에는 실제로 그다지 명확한 구별이 있는 것은 아니다. 기본설계란 기본계획이라는 과정을 거쳐서 형태가 어느 정도 뚜렷해진 상태에서, 이를 설계도서에 표시하는 작업이라고 볼 수 있다.

따라서 앞에서 구분한 4단계의 설계과정이 건축가의 작업과정 속에서는 내용상 다음의 3단계로 성립된다고 말할 수 있다. 즉,

첫째, 건설의도를 명확히 하고 건설에 대한 내부적 요구와 외부적 조건을 명확하게 파악하는 단계.

둘째, 이와 같은 요구나 조건에 따라 구체적인 건축형태의 기본을 창출하거나 그 방식을 결정하는 단계.

셋째, 기본을 갖춘 형을 더욱 뚜렷한 것으로 결정시키고, 방식으로 정한 것을 구체적인 형으로 옮겨 상세(detail)를 정함은 물론, 이를 시공자에게 전달하기 위한 수단으로 설계도서를 작성하는 단계.

## 1 2 2 계획과 설계

### (1) 일반적인 개념 구분

계획과 설계라는 용어가 각 분야에서 자주 사용되고 있으나, 이 두 용어 사이에 뚜렷한 구별 없이 각 용어가 혼동해서 사용되고 있다. 그러나 일반적으로 각

용어가 갖는 의미의 차이는 먼저 계획이라 할 때에는 작전계획, 투자계획, 여행계획 등에서와 같이 널리 사물 일반을 통틀어 기획하는 것을 뜻하며, 이러한 계획을 통해 얻어진 결과는 어느 정도 추상적, 개념적인 것이다. 반면에 설계라 할 때에는 기계나 구조물과 같이 형을 가진 물체를 만들 경우에 쓰이는 말로써, 이러한 설계를 통해 얻어진 결과는 구체적이고, 세부적인 것이다.

### (2) 건축에서의 개념 구분

건축을 계획한다는 것은 건축주의 기획서에 정해진 목표달성을 향해 건축물에 대한 여러 가지 요구조건을 파악하면서 보다 구체적인 형으로 이끌 수 있는 지침을 전체적으로 설정하는 것을 뜻하며, 이에 비해 건축을 설계한다는 것은 만들어질 수 있는 조건들이 주어져 있어서, 각가지의 구체적인 검토를 가해 가면서, 어떤 형을 창조하여 이를 시공자에게 지시하는 것을 말한다고 할 수 있다.

따라서 막연하고 추상적인 요구로부터 구체적이고 세부적인 형을 만들어 내는 일련의 작업 가운데 비교적 전반의 단계가 계획이고 후반의 단계는 설계라고 말할 수도 있다. 즉, 건축가의 작업진행 과정에서와 같이 3단계로 구분하였을 때 그 중 1단계와 2단계를 계획이라고 하고, 2단계와 3단계를 설계라고 부르는 것이 적절함을 알 수 있다(그림 1-4 참조). 물론 이것은 모든 사람들이 다 인정하는 공통된 정의라고 말할 수는 없으나, 건축계획이라 할 때의 계획이라는 용어가 의미하는 바는 어느 정도는 이와 같은 뜻으로 해석해도 무방하다고 여겨진다.

그림 1-4의 과정은 실제로 건축가의 건축설계 과정을 조사하여 만들어 낸 것이나, 이는 건축물 전체를 만들 경우뿐만 아니라, 건축물의 부분이나 도시 내지 토목구조물을 만드는 경우에도 항상 필요한 과정이다.

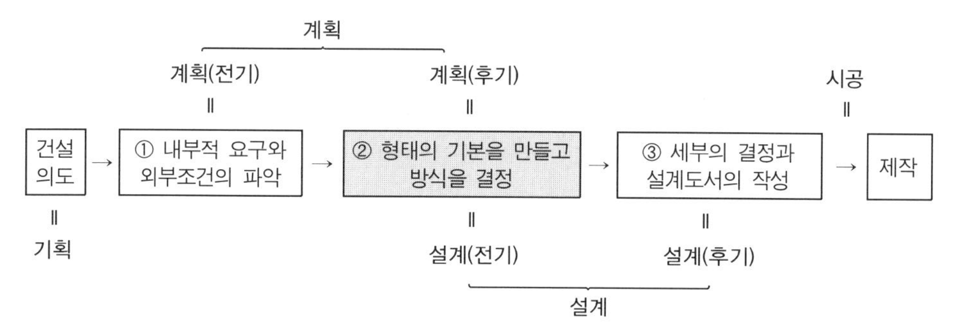


**▌그림 1-4▌ 건축설계 단계에서의 계획과 설계**

## 1-3 건축계획의 의의 및 영역

### 1-3-1 건축계획의 의의

#### (1) 종합의 기술

건축물을 만들 때에는 여기에는 건축의장, 건축구조, 구조역학, 환경공학, 건축설비, 건축재료, 건축시공, 공사관리, 건축방화 등과 같은 건축을 가능케 하는 여러 가지의 기술들이 필요하게 된다.

그러나 아름다운 협주곡을 연주하기 위해서는 개개의 악기 연주자가 훌륭하여야 할 뿐 아니라, 아름다운 앙상블이 이루어지도록 조정하는 지휘자가 필요하듯이 훌륭한 건축물을 만들어 내기 위해서는 이들 여러 기술을 잘 종합하여 하나의 건축물로 다듬어내는 것이 매우 중요하다. 예를 들면 역학적으로 합리적인 구조시스템이라도 시공기술이 뒤따르지 못하거나, 미적으로 훌륭하지 못하다면 의미가 없게 되며, 설사 사용하는 데 매우 편리하다고 해도 그러한 건축물이 화재에 대해 안전하지 못하다면 만들어질 수는 없으며 또한 설사 만들어졌더라도 좋은 건축이라고 할 수는 없다. 이와 같이 서로 상반되는 작용이나, 목표에 대해서는 항상 조정하는 작업이 필요한 것이다.

따라서 하나의 건축물을 계획하고 설계하기 위해서는 건축을 가능케 하는 여러 가지의 기술을 올바르게 구사함과 동시에 여러 기술 사이에서 나타나는 모순을 해결하고 조정하여 종합하는 일이 반드시 필요하다. 바로 이러한 종합의 기술이 건축계획이라 일컬어지는 것이다.

그러나 여러 기술을 조정하고 종합하기 위해서는 어떠한 순서에 의하면 될 것인가, 상호 관계를 어떻게 조정하여야 하는가 하는 종합의 기술분야는 아직까지는 충분히 객관화되어 있다고 할 수는 없는 실정이다.

#### (2) 협의의 건축계획

앞에서 언급된 바와 같은 건축물을 만들어 내기 위한 여러 가지의 기술도 예전에는 그다지 명확하게 분화되어 있지 못하고, 하나로 묶여진 건축기술로 되어 있었다. 건축의 역사를 통해 볼 때 건축양식의 변천 뒷면에는 반드시 구조기술의 발전이 있어 왔음을 볼 수 있다. 건축양식(style)과 구조기술은 항상 일체로 되어 있어서 별도로 생각할 수는 없는 문제였으며, 건축물 내부의 채광, 통풍 및 난방 등과 같은 것도 어떻게 할 것인가 또는 어떤 재료를 사용할 것인가 하는 등의 문제가 모두 경험적으로 판단되었던 것이다. 이것은 전승적으로 물려받은 기술이었던 것이다.

이와 같이 하나로 뒤섞여 있던 건축기술도 시대의 흐름에 따라서 건축물이 기능적으로 복잡해지고, 규모 면에서는 대규모화할 뿐 아니라, 다양한 설비를 갖추고, 도시적 조건까지도 복잡화되어 가는 사회여건의 변화에 따라 전문화, 세분화의 필요성에 직면하게 되었다. 즉, 과학의 발달에 따라 객관화할 수 있는 부분은 이론적으로 정비되고 이것이 학문적, 기술적으로 체계화되어 전문분야로 독립하게 되었다. 특히 구조기술을 필두로, 건축재료, 건축설비, 건축시공 등의 분야가 점차로 분화되었다.

처음에는 건축을 만드는 기술을 총칭하여 건축기술 내지는 건축계획이라고 부르던 것이 이 가운데 체계화된 기술로써 점차로 분화하여 전문분야를 형성하는 기술들이 나타나게 된 결과, 건축계획에는 독립된 여러 기술을 종합하는 역할이 부여되기에 이르렀다고 볼 수가 있다.

그러나 건축기술 속에 포함된 모든 분야가 다 객관화가 가능한 것은 아니므로 객관화되지 못한 분야, 즉 조형문제, 규모 및 치수문제 그리고 인간생활과 건축과의 관련을 취급하는 문제 등은 건축물을 만드는 데 있어 중요한 분야임에도 불구하고 충분히 객관화되지 못한 채 그대로 미분화된 채 남아 있다. 다만, 이러한 분화가 늦거나 남겨진 분야도 학문의 발달에 따라 일부는 학문 또는 기술로써 어느 정도 독립하게 된 분야가 있는데 이 분야를 편의상 '협의의 건축계획'이라 부르고 있다.

### (3) 전문분야로서의 건축계획

건축물이 만들어지면 제각기 많은 사람들이 그 안에서 생활하게 되므로 그 건축물에 대한 각가지 생활상의 관련을 맺게 된다. 사람들이 갖고 있는 생활상의 요구에 대해 여하히 건축공간을 만들어 대응시켜 나가야 할 것인가 하는 문제가 건축을 만드는 데에 있어서는 매우 중요한 과제다. 또한 그 반대의 관계로서 건축물이 갖는 공간의 형태 및 성상은 해당 건축물에 관여하는 사람들의 생활을 규제하고 유도하는 작용을 하게 된다고도 말할 수 있다.

따라서 생활과 공간의 대응관계를 중요시하여, 생활 면에서의 희망사항이나 요구사항을 올바르게 파악함과 동시에, 이에 적절히 대응될 수 있는 건축공간을 만드는 학문 또는 기술이 건축계획상의 중요한 부분을 점유하게 된다고 보는 것이다.

여기서 말하는 생활이란 광범위한 내용을 가지며, 시대와 더불어 변화하는 것이어서 이를 한정된 전문분야로서 과학적으로 취급하는 것이 매우 어려운 일이었으므로 과거에는 설계자의 경험에 의존할 수밖에 없었다. 그러나 건축규모가 거대화하고 기능이 복잡화함에 따라 이들 간의 대응관계를 과학적으로 파악할 필요가 나타나고, 또한 공간에 의한 생활의 규제도 훨씬 강화되고 있어 이러한 대응관계가 더욱 중시되고 있다. 그러나 이와 같은 전문분야로서의 건축계획 영역이 있다고 하더라도 이 건축계획이 어떤 학문 또는 기술인가 하는 문제는 사람에 따라 견해를 달리하고 있다.

### (4) 설계조직에서의 업무분화

일반적으로 주택과 같은 소규모의 건축물인 경우에는 한 사람이 설계의 모든 부분을 맡아 추진할 수가 있겠으나, 건축물의 규모가 어느 정도 큰 경우에는 많은 사람의 공동작업에 의해 설계가 이루어진다. 이 경우, 설계기술이 복잡하게 되면 설계조직도 각 전문분야별로 분업화되기 마련이며, 분업화의 정도는 설계대상의 복잡성과 설계조직의 성격에 따라서도 다르다.

설계업무의 분업화는 일반건축 설계 또는 의장설계라고도 부르는 건축설계 부문, 구조설계 부문, 위생, 전기, 기계 등 설비설계 부문으로 나누어지고 있는 것이 일반적이며, 이 경우 건축설계 부문의 역할은 타 전문가가 취급하지 않는 남겨진 영역, 예를 들면 인테리어, 조경, 토목 등의 영역 모두를 포함하고 있으며, 또한 각 전문가의 업무를 조정하고 종합하는 관리자(director)의 역할도 통상적으로는 담당하고 있다. 여기서 구조나 설비설계 부문은 뚜렷이 업무가 구분되나, 건축설계부문의 업무는 명확하게 설명하는 것이 용이하지 않다. 즉, 공간의 규모 및 배치관계를 결정하고, 입면 및 단면을 결정하며, 마감재료나 색을 결정하여 의장을 완성하는 것 등을 주된 업무내용으로 하고 있다고 말할 수 있으나, 건물의 근린이나 주변과의 관계를 고려하고, 공정이나 장래 계획의 배려를 한다든가 하는 것도 포함되어지므로 업무범위는 말할 수 없이 넓다.

한편, 학문의 체계와 설계조직은 반드시 대응하는 관계에 있지는 않다. 왜냐하면 건축재료학이라는 학문분야는 있어도 설계조직에는 담당이 없고 다만 마감재는 건축담당자가, 구조재는 구조담당자가 재료를 결정하고 있기 때문이다.

결론적으로 설계조직에 있어서 건축설계 부문의 역할이 종합영역과 전문영역이라는 양면성을 갖고 있으며, 특히 전문영역에서 담당하는 내용이 다소 불명확한 것은 건축계획에서 다루는 내용과 유사하다고 할 수 있다.

### (5) 건축계획의 체계화

건축의 동기나 목적은 항상 '생활상의 요구'에 의해 나타난다. 이에 비하여 건축구조, 건축재료, 건축시공 등의 기술은 생활상의 요구라는 목적에는 직접적으로 대응하지 않고, 단지 구체적인 형을 만드는 과정에서 간접적으로 도와주는 기술에 불과하다. 이런 의미에서 건축계획을 생활과 공간의 대응관계를 추구하기 위한 기술 또는 학문이라고 생각할 때, 전문분야로서의 건축계획과 기술을 종합하기 위한 건축계획은 '표리일체(表裏一體)의 관계'에 있다고 볼 수 있다.

그래서 전문분야로서의 건축계획의 영역은 다소 애매하다고는 하나 여러 측면에서 이의 체계화가 시도되고 있으며, 점차 그 성과가 나타나고 있으나, 종합적인 기술로서의 건축계획은 아직 충분히 객관화되지는 못하고 있는 실정이다.

## 1-3-2 건축계획의 영역

### (1) 계획각론 분야

생활과 건축공간과의 관계를 규명할 경우에는 시설의 종류별로 취급하는 것이 편리할 뿐 아니라 자연스러운 방법이라 말할 수 있으며, 이미 오래 전부터 행하여져 왔다. 이와 같은 시설종류별 건축계획 즉 건축계획 각론분야는 일반적으로는 오늘날에 와서도 건축계획의 중심적 존재로 자리 잡고 있다. 왜냐하면 생활행위가 달라지면 건축의 형태도 당연히 달라지는데 이때의 주택, 학교, 미술관이라는 식의 시설분류는 그 안에서 이루어지는 생활행위의 패턴에 따라서 구분된 것에 불과하기 때문이다.

주택과 학교는 그 안에서 행하여지는 생활내용이 전혀 다르며, 주택이라 하더라도 단독주택과 공동주택, 자가주택과 임대주택, 도시주택과 농촌주택 등 주택의 종류에 따라 각기 다른 취급이 필요하므로, 주택의 기능, 규모 및 형태 등도 각기 다른 것이 요구된다. 이와 같이 시설종류별로 건축을 생각하는 방식은 우선 대분류에 따라 그 문제점을 파악하고 점차 세 분류로 접근할 필요가 있다.

시설종류별로 그 안에서 이루어지는 생활행위를 조사하고, 그에 따라 건축의 형태, 마감, 설비 등을 어떻게 해야 할 것인가 하는 문제는 건축을 계획하고 설계하는 사람들에게는 매우 중요한 자료가 되므로 이와 같은 분야는 여러 시설에 대해 지금까지 계속적으로 시도되어 왔다. 즉, 시설종류별로 생활내용을 분석하여 생활과 공간의 대응에 따른 문제점을 파악하고 법칙성을 찾아내어 건축공간의 바람직한 방향을 논하는 방법이 최근에 계획의 연구로 그 성과를 올리고 있다.

### (2) 환경물리 분야

시설의 종류에 관계없이 공통되는 기초적인 문제, 즉 치수, 규모, 동선, 물리적 환경 등을 취급하는 기술이 60~70년 전부터 학문으로 발달되기 시작했다. 초기에는 공기, 빛, 소리 등 생리적 측면을 대응하는 실내환경, 즉 계획원론 분야가 독립된 전문분야를 형성하여 왔으나, 후기에는 이러한 계획원론 분야는 환경공학 분야로 발전되고 치수계획, 규모계획 등은 건축계획에 편입되었다.

한편, 공기나 빛의 문제도 이러한 공기나 빛을 통해서 생활과 공간의 대응관계를 이해한다기보다는 공기나 빛 그 자체의 성질이나 조정, 제어방식 같은 보다 물리적인 문제에 학문적 관심이 이행함으로써 환경공학이라는 학문영역이 형성, 발전되었다고 보는 것이 적절하다. 따라서 공기나 빛을 통해서 생활과 공간의 대응을 이해하려는 측면, 즉 공기의 상태를 어떻게 조정하는 것이 생활상 바람직할 것인가를 취급하는 것은 환경공학에서도 취급하고 있지만 건축계획의 문제에 보다 가깝다고 생각된다.

### (3) 건축생산 분야

건축을 생산하는 입장에서 건축을 이해하는 가운데 토공사, 목공사, 수장공사 등 공사종목별로 공법을 논하는 입장은 건축시공이라는 전문영역에 속하는 기술이나, 공간의 성능과 부품・구성재와의 관계, 치수조정(modular coordination), 건축생산의 공업화 등 비교적 새로운 각도에서의 접근은 건축계획의 영역에 속하는 기술이 된다. 즉, 건축시공에서는 설계도에 따라 어떻게 건축물을 만드는가에 초점을 두는 반면, 건축계획에서는 건축생산의 방법을 통해 어떻게 계획·설계해야 하는가에 초점을 두고 있으며 이것이 양자의 차이다.

이러한 문제는 계획·설계를 진행시킴에 있어 하나의 조건이 될 뿐 아니라 계획각론 분야나 환경물리 분야에서 언급한 문제와도 깊이 관련되어 있다고 말할 수 있다. 이를테면 치수조정이 치수의 수치를 논하는 이상 치수계획과 깊은 관련을 갖게 되는 것과, 완성된 건축으로서의 규모상의 적부를 고려하지 않고 단순히 생산능력의 측면에서 부재의 규격화를 시도하여도 의미가 없기 때문이다.

그러나 이러한 문제도 생활과의 대응관계를 떠나 생산방식 그 자체만을 중심으로 논하게 되면, 즉 치수조정에서 수치계열을 부재의 생산성, 부재의 접합용이성 등만을 검토하게 된다면 건축재료학의 영역에 속하게 되므로 이 경우에는 이미 건축계획의 영역을 떠난 입장이 되게 된다.

### (4) 환경심리 분야

조형이나 의장의 기초가 되는 건축의 미적 측면은 건축에서 매우 중요한 분야이며, 많은 논의의 대상이 되어 왔다. 이 영역이 해당 건축을 중심으로 생활하는 사람이나 그 건축을 바라보는 사람에게 미치는 영향은 매우 크다는 점에서 볼 때 건축계획에서 다루어야 할 영역임이 분명하다.

다만, 이 영역이 설계자의 개인적인 미의식에 의존하는 감각적이고 주관적인 것이므로 이를 충분히 객관화할 수 없을 경우에는 전혀 학문이나 기술로 정착할 수가 없다. 또한 양식론과 같이 생활에서 떠난 논의는 건축계획의 영역을 벗어난 문제로 건축계획의 영역에 포함되지 않는다.

최근에 와서 생활의 심리적 측면과 공간의 대응을 객관적으로 파악하려는 시도들이 나타나고 있다. 이는 조형·의장 문제를 건축계획적으로 다루려고 하는 태도에서 비롯된 것으로 생각되며 건축심리, 환경심리, 공간원론이라는 새로운 분야로 개척되고 있다. 뿐만 아니라 의미론, 기호론과 같은 심리학의 응용으로도 발전되고 있다.

그러나 이에 대한 연구는 아직 시작단계에 불과하므로 앞으로 더욱 발전되면 건축계획에서 하나의 명확한 영역을 형성할 것으로 여겨진다.

### (5) 지역시설 분야

지금까지 언급한 영역과는 달리 건축이 갖는 생활적 기능을 개별적인 시설에 대하여 그 시설 내에서만 고찰하는 것이 아니라, 이와 함께 수많은 건축이나, 그 주변지역과의 관련성을 파악하고자 하는 연구분야다. 즉, 사람의 생활행동을 중심으로 접근한 것이 생활권 또는 생활영역에 관한 연구이고, 시설을 중심으로 고찰한 것이 지역시설의 배치계획이다(표 1-1 참조).

이러한 분야의 연구는 하나하나의 시설 내에서 뿐만 아니라 넓게는 지역 전체에 눈을 돌려 생활과 건축과의 대응을 논하는 것이기 때문에 보통 생각하는 건축계획과는 달라 도시계획 쪽에 가까운 것으로 생각하는 사람이 많다.

그러나 이러한 연구가 건축계획 분야에서 발전되어온 이유는 무엇보다도 개개의 건축을 분석하는 데 필요했기 때문이며, 이의 성과는 개개시설의 본질적인 문제와도 관련되기 때문에 건축 단일체로서도 중요한 문제가 된다고 할 수 있다.

**표 1-1 지역시설 배치계획의 예**(농촌생활권 설정과 지역시설 배치기준)

| 구분 | | 자연마을 단위권 | 중심마을 단위권 | 읍·면단위 생활권 |
|---|---|---|---|---|
| 권역의 반경 (단위 : m) | 유형 1 | 470 ~ 580 | 1,798 ~ 2,122 | 2,865 ~ 3,449 |
| | 유형 2 | 613 ~ 735 | 1,820 ~ 1,976 | 3,775 ~ 4,401 |
| | 유형 3 | 727 ~ 881 | 2,213 ~ 2,555 | 4,014 ~ 4,726 |
| | 유형 4 | 662 ~ 786 | 2,029 ~ 2,071 | 4,059 ~ 4,145 |
| | 전 체 | 636 ~ 736 | 2,004 ~ 2,228 | 3,730 ~ 4,198 |
| 지역시설의 배치 | 교육시설 | - | 유치원, 초등학교 | 중학교 |
| | 보건·의료 시설 | - | 약국, 보건진료소 | 의원 |
| | 공공·행정 시설 | - | - | 읍면사무소, 파출소, 소방파출소, 우체국 |
| | 사회·문화·복지 시설 | 마을회관 | 교회(성당), 경로당, 탁아소 | 복지회관 |
| | 금융시설 | - | - | 단위농협 |
| | 구매·서비스 시설 | 상점 | 슈퍼, 음식점, 미용실, 이발소 | 목욕탕, 세탁소 |

자료 : 최명규, '농촌지역시설의 적정규모 및 배치기준 설정에 관한 연구', 한양대 대학원 박사학위논문, 1992. p.198.

## 1-4 건축계획학의 발전 및 전망

### 1-4-1 학문으로서의 태동

어느 시대에 있어서나 어떠한 건축물에서도 무릇 건축물을 만든다고 할 경우에 그 속에서 이루어지는 생활을 상정하지 않고는 설계를 진행할 수가 없다. 그 안에서 무엇인가의 생활이 이루어지도록 하는 것이 그 건축물을 만드는 목적이므로 생활을 이해하지 않고는 목적달성이란 불가능한 것이다. 그러나 건축분야에서 생활과의 대응으로써 건축을 파악한다고 하는 건축계획의 이해방식을 건축설계의 출발점으로 하여 이를 과학적으로 추구하는 기술로서 다루기 시작한 것이 1930년대 후반의 일이며, 건축계획이 학문적으로 정착하여 독립된 분야를 주창하게 된 것 또한 제2차 세계대전 이후의 일이다.

건축계획이 학문으로서 본격적으로 태동・발전한 일본을 중심으로 건축계획학의 태동과정을 살펴보면 다음과 같다.

1889년 시모다(下田菊太郎) 교수는 일본건축학회에서 발간하는 건축잡지에 '건축계획론'을 발표하였으며, 이것은 일본 내에서 건축계획학을 정면으로 다룬 최초의 논문이 되었다. 물론 논문의 내용은 건축의 일반론에 관한 것으로 근대적인 의미에서의 건축계획의 개념과는 상이하나, 계획이란 용어를 맨 처음 사용하였다는 점에서 그 의의가 있다고 하겠다.

20세기에 들어서면서 서구기술의 도입, 양식 기법의 확산과 함께 여러 가지 시도를 통하여 일본 독자적인 유형화 및 정형화가 이루어지기 시작하였으며, 이때부터 건축계획학에 대한 연구 또한 서민주택을 중심으로 프라이버시 확보, 주부의 가사노동 경감, 기거양식 측면에서의 생활양식의 장단점 비교 등에 관한 논의가 일어나는 등, 건축계획학 연구가 서서히 싹트기 시작하였다.

1915년에 들어서면서 서구에서의 눈부신 건축발전, 즉 과학적 방법론을 기초로 하는 기능주의의 출현, 실내기후에 관한 과학의 발전, 강도이론을 뒷받침하는 콘크리트 기술의 발전 등은 일본에도 많은 영향을 주게 되고 이에 따라 조형의 문제를 초월하여 도시 및 주택정책에까지 시야를 넓힌 신건축운동이나 채광, 환기, 전열 등의 실내환경에 관한 연구, 1932년부터 3년간에 걸친 『고등건축학』 전 26권 발간사업 등 건축계획상 괄목할 만한 몇 가지 움직임이 나타났음을 볼 수 있다.

1930년대 후반부터 일본 교토 대학의 니시야마(西山夘三) 교수에 의해 시작된 서민주택 연구는 생활과 공간의 대응 측면에서 건축을 고찰한다는 현대 건축계획학의 직접적인 출발점이 되었다. 그가 도입한 연구방법으로는 다수의 서민주택을 대상으로 하여 현실의 지배적인 생활방식을 조사하고, 거주자의 주요구(住要求)를 탐색하고 그림 1-5에서와 같은 평면계획을 제안하는 것이었다. 실태조사에 의거한 현상인식과 문제점파악이라는 점에서 출발한 그의 연구는 이후 건축계획의 사고방법에 큰 영향을 주었다. 건축계획을 건축가 개인의 사고나, 이념이나, 경험 등에 맡기는 것이 아니고 현상의 객관적 이해에 입각해서 계획을 수립하려고 한 점에서 당시에는 생각할 수 없는 새로움이 있었던 것이다. 그는 이러한 조사연구에 그치지 않고 당시 서민주택 건설기관이던 주택영단에 들어가 주택의 대량생산을 위한 규격설계의 입안에도 참가하는 등 실태조사에 의한 현상인식에서 출발하여 계획·설계의 실천에 이르기까지의 운동을 직접 모델적으로 제시할 수 있었던 것이었다.

이러한 그의 연구방법은 오늘날의 계획연구에서 사용되는 정밀하고 다양한 연구방법과 비교할 때 다소 초보적인 수준에 머무르고 있었다고는 하나, 생활과 공간의 대응관계에 초점을 두는 오늘날의 건축계획학의 기초를 이룬 점에서는 그 의의가 매우 크다고 하겠다.

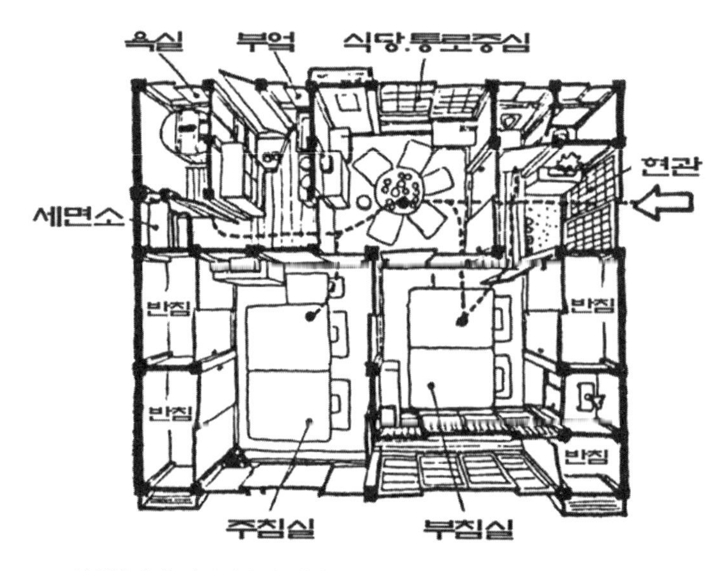


식침분리의 평면기준에 의한 규격형 주택과 그 생활방식의 일례

**▌그림 1-5▐** 니시야마에 의한 평면계획의 제안

## 1-4-2 학문의 전개

### (1) 건축공간의 이용분석 연구

제2차 세계대전 이후 도쿄 대학의 요시다케(吉武泰水) 연구실에서는 니시야마 교수의 영향을 받아 서민주택의 연구를 시작하였으며, 이러한 연구의 성과가 공영주택 건설에 있어서 표준설계도 작성에 반영되는 한편, 농어촌 주택에 대한 연구를 통하여 건축기술을 농어촌에 침투시키려는 노력을 시도하였다. 즉, 실태조사를 기초로 계획을 수립한다는 점에서는 니시야마 교수의 연구방법을 이어받았지만 조사방법을 정밀화, 과학화하고 또한 분석방법이나 현상의 예측을 객관화했다는 측면에서는 보다 진일보한 것이었다. 그는 연구대상을 주택에 한하지 않고 학교, 병원, 유치원, 도서관 등과 같은 공공시설로 점차 확대하고 또한 설계를 통해서 그 성과를 세상에 물었다는 점에서 건축계획학을 더욱 현실화하였다.

이러한 일련의 연구는 내용상으로는 각기 독자적인 것이었으나, 연구방법은 건물이용자의 분석이나 이용실태 조사에 의해 잠재적인 것까지를 포함한 많은 사람들의 의견을 파악하여 인간생활과 공간의 관계에 게재하는 법칙성을 발견한다는 공통적인 방법이 취해졌던 것이며, 이때 조사, 분석단계에서는 통계학 등의 수리적 처리방법까지 도입되었다.

한편, 시설의 종류별 건축계획 연구로부터 시작하여 건물 상호 간의 관계나 건축물의 배치 등에 관한 연구 또한 필요하게 되어 우라(浦良一) 교수 등을 중심으로 한 시설의 지역적인 배치에 대한 연구가 의료권, 구매권, 농촌지역 시설배치 연구 등을 중심으로 시작되었다. 특히 생활권 설정에 관한 이론적 근거는 페리(C. A. Perry)의 근린주구 개념에서 찾아볼 수 있으며 스타인(C. S. Stein), 라이트(H. Wright) 등에 의해 발전되었다. 또한 이시가와(石川榮耀), 와다나베(渡邊四朗), 이시다(石田賴房) 등에 의해 생활권의 단계별 구성 및 시설배치 패턴모형이 제시되었으며, 클라우슨(M. Clawson)은 미국에서 초등학교의 통폐합과 곁들여 적정한 농촌정주 모형개발을 시도하였다.

이와 같은 전문적 분담연구의 계속적인 진행에 따라 건물의 종류별로 계획상 문제의 소재와 그것의 의미를 밝혀내었으며, 연구결과는 건축설계의 객관적인 근거의 일부로 이용할 수 있을 것이다. 그러나 이와 같은 일련의 연구에 따라 기능적인 분석과 이용자 이용방식, 이용요구, 평면형식, 배치형식, 시설규모 등 건축물의 기능에 관한 여러 성질이 해명되었다 하여도 그것만으로 건축공간을 창조할 수는 없는 것이다.

건축공간은 거기에 생활하는 인간에 심리적인 영향을 주고 있으며, 또한 구체적인 형태는 그와 같은 공간과 인간과의 심리적 대화를 무시하고는 생각할 수 없다. 이와 같은 관점에서 1962년경부터 건축공간의 분석이라든가, 그 공간 속에서의 사용자의 반응(느낌)을 조사하는 소위 말하는 공간론에 대한 연구가 요시노부(芦原義信)에 의해 시도되고 많은 성과도 나타났으나 우리나라의 경우는 아직 초보적 수준에 머물고 있다.

### (2) 건축물을 만드는 방법연구

이상의 연구는 건축공간의 이용분석에 초점을 맞춘 것이었으나, 다른 한편으로는 건축물을 만드는 방법에 대한 연구도 점차 시도되기에 이르렀다. 건축생산의 공업화는 건축재료나 부품 등에서 부분적으로는 일찍부터 행하여져 왔으며 1955년경부터는 모듈의 문제가 건축계획 분야에서 연구과제로 대두되었다. 모듈연구는 건축생산, 건축재료의 문제로 파악함과 동시에 공간의 크기 또는 건설의 용이성 등의 문제로 다루고자 한다는 점에 의의가 있는 것으로서 1963년 일본에서는 건축 모듈의 JIS가 설정되었다.

이와 때를 전후하여 빌딩 구성요소(building component, building element)에 관한 연구가 히라세(廣瀨鎌二) 등에 의해 점차 활발하게 진행되어 왔다. 이들은 공간의 성능을 추구하기 위하여 우선 일차적으로 공간구성 요소의 성능에 착안하고자 한 것이지만, 결국 건축의 공업화를 목표로 하는 건축생산이나 건축재료의 연구에 밀착될 수밖에 없는 것이다.

한편으로는 설계방법론에 대한 연구도 진행되어 건축설계 그 자체가 건축계획 연구의 대상이 되었다. 1962년 영국 런던에서 개최된 설계방법론에 관한 회의를 시작으로 오늘에 이르기까지 많은 발전을 거듭해 오고 있다. 대표적인 학자로는 손리(D. Thornley), 존스(C. Jones), 알렉산더(C. Alexander) 그리고 브로드벤트(G. Broadbent) 등이 있다. 이것은 지금까지의 연구와는 크게 다른 것처럼 보이지만 최종목표인 생활에 대응되는 건축공간을 어떻게 제안하느냐 하는 기술적인 연구인 것이어서 건축계획의 연구에 포함시킬 수가 있다.

### 1-4-3 학문의 전망

#### (1) 사회적 여건의 변화

1950년대에 학문적으로 정착한 건축계획은 연구가 활발히 진행됨과 동시에 다방면에 걸친 분야로 연구대상이 점차 확대되고 있다. 이러한 변화의 바탕에는 다음과 같은 사회적 여건 변화가 있음을 간과할 수는 없을 것이다. 즉, 첫째로 사회·경제적 환경의 급속한 변화에 따라 우리의 생활도 복잡·다양하게 변화하여 건축이 생활과의 관계를 정확하게 파악하지 못할 때 충분히 대응할 수 없게 된다는 것과, 둘째로는 건축의 공업화, 대규모화 또는 대규모 지역개발의 전개 등에 따라 계획이나 설계의 방법에도 변화를 가져오게 된다는 것, 셋째로는 건축이 산업화되고 상품화하는 경향을 보이므로 기존의 건축계획보다는 더 앞선 단계에 대한 분석이 요구된다는 것, 넷째로는 통계학, 행동과학, 정보이론, 컴퓨터 등과 같은 연구를 뒷받침하는 기술의 급속한 발전이 있었다는 것 등이다.

이와 같은 사회적 여건의 변화경향은 앞으로도 계속될 것이 예상되며, 건축계획학도 이에 따라 점차적으로는 연구내용이 깊게 됨과 동시에 연구대상의 폭도 넓어져 갈 것이다. 건축이 생활과 공간과의 관계를 주된 대상으로 하는 이상 건축이란 전문분야에서뿐만 아니라 경제, 사회, 교육, 심리, 수학 등 폭넓은 전문가들과의 협력에 의해 지식과 견해를 교환하고 방법과 기술을 흡수하는 것이 더욱더 필요하게 될 것이다.

#### (2) 앞으로의 과제와 전망

건축계획학이 복잡, 다양한 인간생활과 공간에 관한 문제를 다루는 학문인 이상 필연적으로 그와 같은 방향으로 갈 수밖에 없을 것이다.

우리나라에서 이 문제를 생각해 볼 때, 건축에 관련된 모든 문제점을 해명하고 분석하는 일을 우리 자신이 한 것이 아니라 많은 경우가 남의 나라에서 연구된 결과를 그대로 가져와서 사용하고 있는 현상을 많이 보게 되어 아쉬움을 갖고 있다. 특히 사회적 측면에 대응하는 건축계획학의 연구는 우리 자신의 사회를 대상으로 연구를 수행해 나가야만 한다.

그동안 일본에서는 니시야마와 요시다케로 대표되는 연구자들에 의해 건축계획학의 기초가 구축되고, 주택, 학교, 병원 등의 시설설계의 향상에도 지대한 공헌을 하였다. 그 후의 연구는 세분화, 전문화가 진행되는 가운데 건축계획학의 방향 또한 보다 세분화되고 전문화된 관점에서 다양한 연구가 각 대학에서 진행되어지고 있으나 명쾌한 방향은 설정되지 못한 실정이다. 다만, 건축계획학의 연구는 이 외에도 인간공학의 관점, 환경행태론(environment behavior studies)의 관점, 수리계획학의 관점, 설계방법론(design method studies)의 관점, 건축의 프로그램이나 빌딩 타입(building type)의 관점, 법률과 건축계획학의 관점, 생태학(ecology)적 관점, 상향식 개발을 중시한 대규모 복합시설계획 연구, 정보 네트워크 사회와 건축계획학의 관점, IT 기술과 건축물환경의 지능화(intellignet environment) 연구, 저에너지 친환경건축 기술연구, 농어촌 주거 및 고령자주거 연구 등의 측면에서 연구의 필요성이 증대됨에 따라 다양한 연구가 계속적으로 진행되고 있다.

특히 고령자주거 연구는 미국의 경우에는 1940년대부터 연구가 시작되어 지금까지 꾸준히 진행되고 있는데, 초창기에는 일반재택 노인주택과 노인주거 문제가 주로 연구되었으나, 1960년대부터는 노인전용 주택 및 시설에 관한 연구가 이루어지기 시작하여, 1970년대에 들어서면서 활발한 연구가 이루어졌다. 1980년대에는 다시 일반재택 노인주택에 관한 연구가 주종을 이루면서 노인주택관련 정책에 관한 연구도 발표되기 시작하였다. 1990년대 이후로는 각 연구영역 간에 균형을 보이고 있다. 한편 일본의 경우에는 1950년대에 노인주거에 대한 연구가 시작되어 1970~1980년대에 연구가 왕성하였다가 1990년대부터는 퇴조하는 경향을 보이고 있다. 연구의 주요주제는 노인 홈과 노인시설 내의 주생활조사, 3대 동거주택, 유료 노인 홈과 노인시설의 소비자문제 등이다. 우리나라의 경우, 1970년대 후반부터 시작되어 1980년대 후반 이래로 이 분야에 대한 관심이 점점 증가하기 시작하여 현재에는 각 분야에 걸쳐 연구가 활발히 진행되고 있다.

건축계획이 학문적으로 확립되었다고 하지만, 건축계획학이란 학문이 갖는 의의와 영역에 대한 견해가 사람에 따라 차이가 나타나고 있는 데서 알 수 있듯이 세부적인 면에서는 아직까지도 충분히 객관화 내지는 체계화되어 있다고 말할 수는 없다. 다만, 앞으로 건축계획학의 발전에 따라 점차 체계적인 정리가 이루어질 것이며 또한 객관화될 것으로 믿는다.

제2장

# 규모 및 치수계획

## 2-1 규모계획

### 2-1-1 개설

#### (1) 규모계획의 개념

건축계획 시 필연적으로 직면하는 문제는 건축물을 어떠한 규모로 계획할 것인가 하는 것이다. 즉, 예상되는 수요를 빈틈없이 효율적으로 처리할 수 있는 건축물의 규모를 결정하는 것이다. 시설규모가 수요에 비해 너무 크면 유휴부분이 발생하고 투자효율이 떨어지지만, 반대로 너무 작으면 시설 본래의 기능을 발휘할 수 없거나 사용상 불편하기 때문이다.

한편 전체규모가 결정되면 그 다음으로는 건축물 내부의 여러 가지 시설이나 설비의 규모를 전체규모에 맞도록 적정하게 결정해야 한다. 왜냐하면 건축물 전체가 원활한 기능을 발휘하기 위해서는 전체규모뿐만 아니라 이를 구성하는 요소들이 각기 적정규모로 계획되어야 하기 때문이다. 규모계획이란, 이와 같이 건축물 전체규모, 내부시설, 그리고 설비규모의 적정값을 일정한 과정에 따라 객관적이고 합리적으로 결정해 가는 것이다.

여기서 우리는 규모란 용어가 치수, 수용능력, 처리능력 등 3가지의 의미를 갖고 사용되고 있음을 주시할 필요가 있다. 예를 들면, 식당의 경우, 첫째로 "이 식당의 규모는 바닥면적이 300㎡이다"라고 할 때와 같이 해당시설의 구체적인 치수나 면적을 나타낼 경우를 생각할 수 있고, 둘째로 "이 식당의 규모는 좌석 수는 200석이다"라고 할 때와 같이 해당시설을 동시에 이용할 수 있는 사람 수(수용능력)를 나타낼 경우를 생각할 수 있을 것이며, 셋째로 "이 식당의 규모는 하루 이용고객이 600명 정도다"라고 할 때와 같이 어느 시간대를 택하여 그 안에서 서비스해야 할 사람 수(처리능력)를 나타낼 경우도 있다. 일반적으로 시설의 총 처리능력이란 건축시설의 동시처리 능력뿐만 아니라 시설의 운영방식에 따라서도 크게 좌우된다. 따라서 규모를 계획하는 데는 이러한 시설의 운용방식에도 관심을 기울여야만 한다.

규모를 결정해 가는 순서는 먼저 시간대당 처리능력을 결정하고, 다음에 동시수용능력을 결정하여, 이에 따라 적절한 치수를 결정하는 것이 일반적이다. 이러한 경우에 단순히 규모상의 배려 외에도 인체치수, 건축부품 치수, 가구치수 등이 동시에 고려되어야 한다. 이와 같은 순서로 진행된 치수결정 작업을 규모계획의 제2단계라고 부른다.

### (2) 규모계획 시 주요관점

시설규모 계획에서 관심을 가져야 할 중요한 문제는 다음 3가지로 요약될 수 있다.

첫째는 인간적이어야 한다는 것이다. 보다 높고, 보다 거대한 것을 만들고자 하는 것은 인간의 본능이고, 이에 대한 열정은 예부터 건축문화를 지탱해 온 원동력이었다. 그러나 지나치게 규모가 장대한 것을 만들었기 때문에 몰락한 왕조도 역사상에는 많이 있었다. 규모의 한계가 전에는 기술에 의해 정해졌지만, 오늘날에는 기술상 거의 한계가 없으므로 이대로 나간다면 건축물이 어느 정도까지 거대화될지 예측하기가 힘들다. 그러나 규모의 이익은 규모의 불이익을 동반한다는 것을 우리는 잊어서는 안 된다. 예를 들어, 4,000명을 수용하는 극장에서는 무대의 대사가 잘 들리지 않는 객석이 많고, 맨 뒤의 객석에서는 연기자의 섬세한 연기나 표정이 잘 보이지 않는다. 건축은 인간을 수용하는 것이므로 원칙적으로 인간척도(human scale)에서 벗어나서는 안 된다. 우리는 여기서 '과유불급(過猶不及 : 지나친 것은 미치지 못한 것과 같다)'이라는 격언을 음미해 볼 필요가 있다.

둘째는 집중이냐 분산이냐 하는 문제다. 다시 말해 대규모 시설을 중앙에 하나만 설치하느냐 아니면 소규모 시설을 지역적으로 분산시키느냐 하는 것인데, 집중의 이익과 불이익의 문제라 생각하면 된다. 규모를 크게 한다고 이용권도 동시에 확대된다고 볼 수는 없으므로 이는 결국 이용권의 예측문제에 달려있다고 하겠다.

셋째는 수요의 변동에 대응하는 문제다. 예를 들어, 주거단지 내 초등학교의 규모산정에서와 같이 총인구는 변동이 거의 없는데도 주거단지 내의 아동수는 초기에 폭발적으로 증가했다가 점차 반감하는 경우가 많다. 또한 쇼핑센터, 영화관의 화장실 등 러시아워가 있는 시설에서는 어느 수준을 목표로 해서 설계해야 할 것인가 하는 등이 문제다. 즉, 쇼핑센터는 주말에는 만원이 되지만 평일에는 한가로우며, 영화관의 화장실은 휴식시간에는 대혼잡을 이루지만 공연시간 중에는 거의 사용하지 않는다.

### (3) 적정규모의 결정

규모의 결정에는 수용하는 인원이나 사물의 예정수량을 결정하는 것과 그 원단위(原單位)에 대한 소요규모를 결정하는 것이 있다.

먼저 수용인원의 결정에 있어서 이용자의 요구를 모두 만족시켜 줄 수 있는 규모라고 하는 것은 경제적으로 어려운 일이다. 현실의 계획에 있어서는 이용자의 요구를 어느 정도 충족시켜 줄 수 있는가하는 만족도와 그 시설이 어느 정도 유효하게 이용될 것인가의 이용률을 감안하여 정하는 것이 일반적이다. 이때 요구에 대하여 규모를 증가시키면 만족도가 어느 정도 증가되는가를 파악하고, 이렇게 됨으로써 이용률은 얼마나 감소하는가를 파악하면서, 이러한 상호변화를 비교하여 적정한 규모를 결정한다.

#### 1) 수요의 변동과 적정규모

시설에 대한 이용요구가 정성적, 정량적으로 어떠한 상태에 있는가를 나타내는 것이 그래프다. 이것은 동시 사용자의 시간적 변화를 조사하여 혼잡도, 만족도, 그리고 이용률의 관계를 나타낼 수 있는데, 이것은 일반적으로 다음의 3가지 형식으로 분류할 수 있다.

① 동시사용자 수의 최대값이 일정하고 이것을 초과하는 것은 생각할 수 없는 경우

예를 들어, 주택의 침실 수 산정이나 초등학교의 일반교실 수 산정에서와 같이 일상적인 최대값을 생각할 수 있는 경우로 이 경우에는 최대치를 시설의 적정규모로 선정하면 된다. 다만, 주택의 침실 수 산정에서는 몇 가지 전제조건을 설정하고, 이에 부합되는 침실 수 산정이 오히려 현실적이라고 할 수 있다.

② 시간의 변화에 따라 혼잡의 절정(peak)이 크게 나타나는 경우

예를 들어, 영화관의 화장실이나 초중고교의 화장실에서와 같이 다수인이 시설을 일시에 사용하는 때가 있으며 전혀 사용되지 않을 때도 있는 경우를 생각할 수 있다. 이 경우, 만족도를 최대한 고려한다면 절정에 가까운 요구를 선택해야 하며, 반대로 이용률을 높이려면 이보다는 낮은 값을 선택해야 한다. 그러나 현실적으로 건축물을 계획할 경우에는 절정 때를 기준으로 하면 이용률이 너무 낮아져 시설투자의 효용성이 떨어지므로 다소 혼잡함과 기다림의 불편이 있더라도 이보다는 낮은 수준을 시설의 적정규모로 선택하고 있다.

③ 혼잡의 정도가 크고 절정은 나타나지 않는 경우

시간의 변화와 함께 수요의 변화가 크지 않아 평균값의 주변에 비교적 적은 표준편차 범위 내에서 수요가 발생하는 경우에는 평균값을 약간 상회하는 값을 시설의 적정규모로 선택한다.

### 2) 1인당 소요규모 결정

다음으로 1인당 소요규모를 결정하는 방법은 다음의 두 가지 방법이 있다.

첫번째의 방법은 실례를 조사, 분석하여 적절한 사용자 수와 소요규모와의 관계를 아는 방법이다. 이 방법은 시설의 사용자나 소유자의 판단과 조사자의 판단을 합하여 사용자 수와 소요규모와의 관계를 나타낸 그래프를 이용하여 과대, 적당, 부족하다고 여기는 점을 플롯(plot)하여 소요규모를 구하는 방법이다.

두 번째 방법은 실례가 전혀 없는 새로운 종류의 건축을 계획하는 경우에 사용되는 각종 자료를 이용하여 구하는 방법으로 인체의 동작치수, 물품의 규격, 시설의 사용성격 등을 고려하여 소요규모를 구하는 방법이다.

## 2-1-2 규모계획의 과정

건축물의 객관적이고 합리적인 적정규모를 산정하기 위한 계획의 과정은 적어도 다음 3단계, 즉 판단기준의 결정, 서비스 시스템의 모델화, 그리고 모델 조작에 의한 최적해의 추출과정으로 구분할 수 있다.

### (1) 판단기준의 결정

규모계획 시 제일 먼저 검토해야 할 것은 규모의 적절성을 판단하는 기준을 어디에 둘 것인가 하는 문제다. 이용자 측과 운영자 측 사이에는 각기 다른 기준이 존재하며, 공공시설과 영리시설 사이에도 각기 다른 판단의 기준이 있기 마련이다. 이용자 측에서는 넘쳐흐름이나 기다림을 무시하고서라도 이용하기에 편리한 충분한 시설규모를 바랄 것이나 운영자 측에서는 투자비라든가 시설의 유지·관리비 등을 고려하지 않을 수 없게 된다.

영리시설의 경우에는 투자된 자본에 대한 이익률이 일반적으로 판단의 기준이 된다. 즉, 투자자본의 효용성을 최대로 하는 것이 규모계획의 목표가 되는 것이다. 그러나 이것도 단순히 수익률을 최대로 하는 것뿐만 아니라 수익의 안정성도 동시에 고려해야 한다.

이와는 대조적으로 공공시설의 경우에는, 예를 들면 상수도시설의 경우 건설의 목적은 주민들에게 필요한 물을 처리, 공급하는 것으로써 시설규모는 대상인구의 규모에 따라 결정되는 것이지, 투자자본의 수익성은 문제가 되지 않는다. 단지 문제가 되는 것은 필요한 용량을 처리할 수 있는 설비를 어떻게 효과적으로 건설하느냐 하는 점이다. 물론 투자자본의 효용성을 높이는 것도 하나의 목표가 될 수는 있지만, 그보다는 주민 전체가 필요한 물을 공급하는 것이 보다 상위의 목표인 것이다. 한편, 공공시설도 이와 같이 규모가 부족한 데서 오는 사회적 손실을 문제로 삼는 시설이 있는 반면에 공공도서관, 미술관 등과 같이 해당시설이 갖는 사회적인 효용성을 고려하여 적정값을 구해야 하는 시설도 있다.

규모의 적절성을 판단하는 기준을 살펴보면,

- 용지비·건설비·유지·관리비 등의 비용
- 수익성 시설의 경우에는 그 수입
- 이용자에 따라 얻어지는 이용자의 이익
- 시설규모가 부족함에 따른 이용자 측의 손실
- 주변도시 시설, 자원 등과 같은 시설의 외적 환경에 대한 영향 등이 있다.

이와 같이 규모의 적절성을 판단하는 기준은 여러 가지 요소가 있을 수 있으나, 실제의 규모계획에서는 각 건축물의 목적, 성격, 입지조건 등에 따라 이들 요소를 어떻게 조합하여 판단기준으로 할 것인가를 결정해야 한다.

### (2) 서비스 시스템의 모델화

모델(model)화란, 현실의 사상을 추상화한다는 의미이기 때문에, 여기서 말하는 서비스 시스템의 모델화란 복잡한 현실의 사상 속에서 적정규모를 결정하기 위하여 중요한 사상을 추상화하여 이를 수리적으로 표현하는 것을 말한다.

규모계획을 위한 서비스 시스템을 어떤 형식으로 추상화할 수 있는지를 생각해 보자. 일반적으로 건축물은 주어진 요구를 충족시키기 위해 만들어지므로 그 요구의 주체가 되는 이용자를 우선 고려해야 한다. 즉, 이용자의 요구가 어떻게 발생하고 있는가 하는 상황의 모델화가 필요한 것이다. 다음으로는 발생한 요구가 서비스 시스템에 도착한 다음의 서비스 제공상황을 모델화하는 작업이 필요하다. 그 다음으로는 기다림이나 넘쳐흐름에 관한 규칙을 밝힐 필요가 있다.

이와 같이 서비스 시스템은 요구발생의 모델, 서비스 제공의 모델, 기다림 및 넘쳐흐름의 모델 등 3가지 요소로 성립된다고 할 수 있다.

#### 1) 요구발생의 모델

요구발생의 모델은 요구를 발생시키는 모집단의 변동에 관한 것과, 어느 모집단의 요구발생 빈도에 관한 것으로 나누어 생각할 수 있다. 병원을 예로 든다면, 모집단은 해당 병원의 진료권 내에 있는 주민 수가 되고, 요구발생의 빈도란 주민 1,000명당 하루의 환자 발생 수 분포 또는 평균값을 말하는 것이다. 모집단의 변동추정 시에는 대상시설의 유치거리, 단위면적당 인구밀도, 주변 동일시설과의 경합관계 등을 특히 고려해야 한다. 일반적으로 시설이 갖는 흡인력은 시설로부터의 거리가 멀어짐에 따라 줄어든다. 줄어드는 상황을 크게 좌우하는 요인은 이용자의 교통조건과 해당시설의 전문도를 들 수 있다.

모집단이 상정되면 그 다음에는 요구발생의 빈도가 문제가 된다. 이러한 빈도는 계절적인 변동, 주단위의 변동, 시간의 변동 등 각종 변동의 유형이 있으므로 대상시설이 어느 변동유형을 문제시하는가를 판단해야 한다. 일반적으로는 이러한 변동상황을 관찰해서 앞서 고찰한 수요의 변동과 적정규모에 관한 내용에 따라 계획하면 문제는 없다. 이와 같은 판단을 위해서는 x축에 시간, y축에 요구발생량을 취하여 빈도분포도를 작성한다.

요구발생의 빈도는 규칙적인 경우도 있으나 보통은 주기성이 없는 우연한 변동으로서 예측하기 어려운 불규칙성이 있다. 그러나 이것을 확률분포의 형태로 포착하는 것이 가능하며, 그것을 위한 분포로서 정규분포, 이항분포, 포아손 분포

(poisson distribution) 등이 있으나, 포아손 분포가 가장 많이 사용된다. 포아손 분포는 이용자가 극히 불규칙(random)적으로 도착한다고 보고 이론적으로 유도한 분포로서, 그 형태는 평균값이 크게 되면 정규분포에 가까워진다. 이 분포는 광범위한 현상에 적합하다는 것이 알려져 있어, 이를테면 고속도로의 교통량, 엘리베이터의 이용자 도착 수, 화장실 이용자의 발생 수 등의 현상이 그러하다.

### 2) 서비스 제공의 모델

이용발생의 상황이 파악되면 다음 작업은 요구발생을 만족시키는 서비스 제공의 상황을 모델화하는 것이다. 구체적으로는 서비스 시간 또는 체류시간의 분포가 문제가 된다. 서비스 시간이란, 엘리베이터로 말하면 엘리베이터 이용자가 엘리베이터를 타고 목적하는 층까지 가서 내릴 때까지이고, 병원에서는 입원기간을 말한다. 어느 서비스가 끝나면 곧 다음 서비스를 시작하는 경우도 있으며, 다음 서비스를 개시할 때까지 준비가 필요한 경우도 있다.

서비스 시간분포의 모델로서는 일반적으로 지수모델을 이용한다. 이론적으로는 어느 단위시간에 서비스가 완료되는 율이 항상 일정하기 때문에 그때까지의 서비스 시간에 의지하지 않는다고 보면, 이 서비스 시간의 분포는 지수형으로 나타나게 된다. 서비스 시간(t)에 대한 빈도분포를 f(t)라 하면 평균 서비스 시간이 τ일 때 지수 모델은

$$f(t) = \frac{1}{\tau} e^{-t/\tau} \qquad \text{(e는 자연대수의 근)}$$

으로 표현된다.

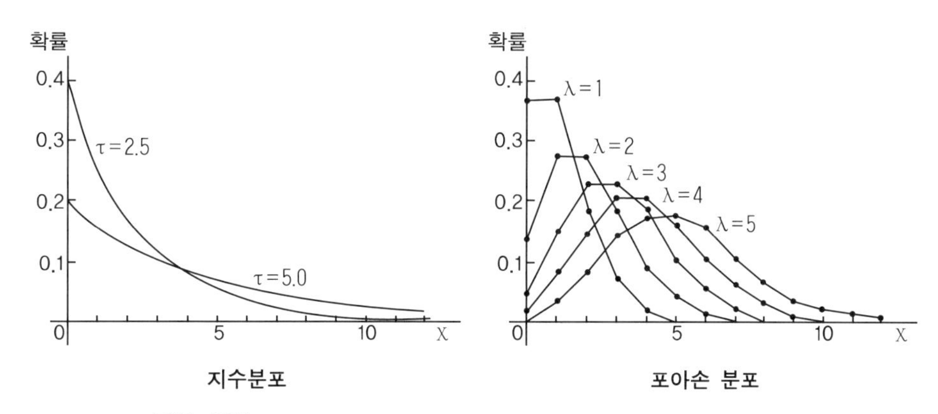


**▮그림 2-1▮ 분포 모델**

이와 같은 포아손형의 요구발생 모델이나 지수형의 서비스 시간 모델이 실제 현상을 대표하고 있는가의 여부는, 응용할 때에 조사 등을 통하여 검토할 수가 있다. 또 한편으로는 그룹이 혼재된 포아손형의 요구발생 모델과 같이 보다 복잡한 분포 모델이 적합할 경우도 있으나, 한편 보다 단순하게 분포를 고려하지 않은 모델로써 목적을 달성할 경우도 있다. 일반적으로 포아손형-지수형의 서비스 시스템 이외의 기다림 시간의 계산은 복잡하게 되어, 계산적 방법에 의하지 않고 난수를 사용한 시뮬레이션(simulation)같은 시행착오적 방법을 활용하는 것이 편리할 경우도 있다.

### 3) 기다림 및 넘쳐흐름의 모델

기다림 시간을 문제 삼아 평가할 경우에는 기다림이나 넘쳐흐름에 관한 규칙을 보다 명확하게 할 필요가 있다. 가장 간단한 규칙으로서는 서비스 시설이 많을 때는 기다림이 발생하지 않는다는 것과 일반적인 것은 요구발생 순서, 즉 도착순으로 서비스가 이루어지는 경우다. 이 경우 나중에 도착한 이용자는 항상 열 제일 뒤에 서게 된다. 이러한 경우를 대상으로 하는 문제는 여러 가지가 있을 수 있지만 그 중에서 가장 유효하게 적용되는 것은 화장실의 위생기구 수 산정이다. 한편, 보다 복잡한 경우는 기다림 행렬이 일정한 길이가 되면 다음에 발생할 요구가 없어져버리는 경우다. 즉, 대합실이 만원이 되었을 경우가 이에 해당된다. 이 외에도 노약자 우선의 경우와 같이 이용자끼리 우선순위가 있을 경우도 있다. 이 경우 우선순위가 높은 요구가 발생하게 되면 기다림 행렬의 맨 선두에 선다는 규칙이 이루어지게 된다.

이와 같이 하여 요구발생의 상황, 서비스 제공의 상황, 기다림의 넘쳐흐름에 관한 규칙이 명확하게 되면, 즉 서비스 시스템이 모델화되면 다음으로 이 모델을 조작해서 최적해를 구하는 단계로 돌입하게 된다.

## (3) 모델 조작에 의한 최적해의 추출과정

이 단계는 미리 설정해 둔 평가기준에 의하여 모델 조작의 결과를 판정하여 최대의 효과를 갖는 규모를 선정하는 단계다. 이와 같이 현실의 추상화인 모델 위에서 여러 가지 가설의 결과를 상정하는 작업을 종종 시뮬레이션이라 한다.

평가에 있어 효용이나 손익을 금전으로 환산하여 비교하는 방법이 경제학에서 말하는 비용/편익분석(cost/benefit analysis)인데, 여기서는 경제학적 방법에 관한 언급을 지양하고, 모델화된 서비스 시스템에 발생하는 기다림이나 넘쳐흐름을 어떻게 판단할 것인가 하는 점에 한정하여 고찰하고자 한다.

적정규모의 산정방법은 수요를 충족시키는 것을 목적으로 하는 공공시설인가, 수익을 올리기 위한 영리시설인가에 따라 달라지며, 또한 각각의 시설의 경우도 수요의 변동을 고려하는 경우와 그렇지 않은 경우 등에 따라 산정방법이 달라진다.

산정방법을 열거하면 먼저 공공시설의 경우 수요의 변동을 고려하지 않는 경우 또는 변동하지 않는 경우에는 소정의 산정규정에 따른 방법, 원단위법, 중회귀 분석법, 평균값법 등이, 수요의 변동을 고려하는 경우에는 안전율법, 초과확률법, 순위도법, 기다림 행렬이론에 의한 방법, 유체 모델에 의한 방법, 시뮬레이션에 의한 방법, 집중률법, 충족률과 이용률의 균형에 의한 방법, 다단계 서비스 수준설정법, 다단계규모 설정법, 기대손실 최소의 원리에 의한 방법 등이 있다.

영리시설인 경우에는 회수기간법, 이익률법, 원가비율법, 손실분기점법, 기대이익 최대의 원리에 의한 방법, 통계적 의사결정 이론에 의한 방법 등이 있다.

한편, 수요량에 변동이 있을 경우 모델 조작에 의한 최적해의 추출 프로세스로써 7가지 규모의 산정방법이 제안되고 있다. 오카다(岡田光正) 교수에 의해 제안된 이들 방법 중 1)에서 5)까지의 방법은 기다림 행렬을 고려하지 않은 경우로서, 수요발생 상황에 따라 판단하는 것으로써, 엄밀히 말하면 시설에 여분이 없을 경우에는 해당수요가 소멸하는 경우에만 적용하는 것이 적절하다. 반면에 6), 7)의 방법은 기다림 행렬이론에 따른 기다림을 고려한 방식이다.

### 1) 평균값에 의한 방법

이론적으로는 수요발생의 변동성이 전혀 없을 경우에만 적용해야 하나, 수요변동이 있어도 이를 고려하지 않고 단순히 수요발생량의 평균값을 취하여 규모를 결정하는 방식으로 산정방법이 극히 간단하고 필요한 정보량도 적어서 사용상 편리하다. 따라서 수요가 적고 규모를 초과해서 넘치는 때의 손실을 고려하지 않아도 되는 경우에만 채택해야 할 것이다. 만약 변동이 생기게 되면 수요의 약 반수가 넘쳐흘러 버리게 되어 손실이 생기는, 즉 요구는 절반밖에 만족되지 않는 결과, 이용자의 서비스는 현저하게 낮아지는 단점을 갖고 있다.

### 2) 안전계수에 의한 방법

평균값에 안전계수를 곱하여 적정 규모를 결정하는 방식으로 이용인원이 확률적으로 변동하는 경우에 유효하다. 수요발생의 분포를 경험적으로 알고 있을 때에는 적절한 안전율을 취함으로써 간단히 산정할 수 있는 장점이 있으나, 안전율을 설정하는 기준이 명확하지 못한 결점도 있다.

### 3) 초과확률에 의한 방법

수요가 시설의 용량을 넘는 확률을 초과확률이라 한다. 수요가 시설규모를 초과하는 확률값을 0.1, 0.01, 0.001 등으로 정해서 이 값 이하가 되도록 규모를 설정하는 방식이다. 확률방식을 이용한다는 점에서는 앞의 방법들보다 한걸음 앞선 형식이나, 초과확률값의 설정기준이 명확하지 못한 결점이 있다.

### 4) 순위도에 의한 방법

초과확률법과 유사한 이해방식으로, 분포도 대신에 순위도라고 불리는 도표를

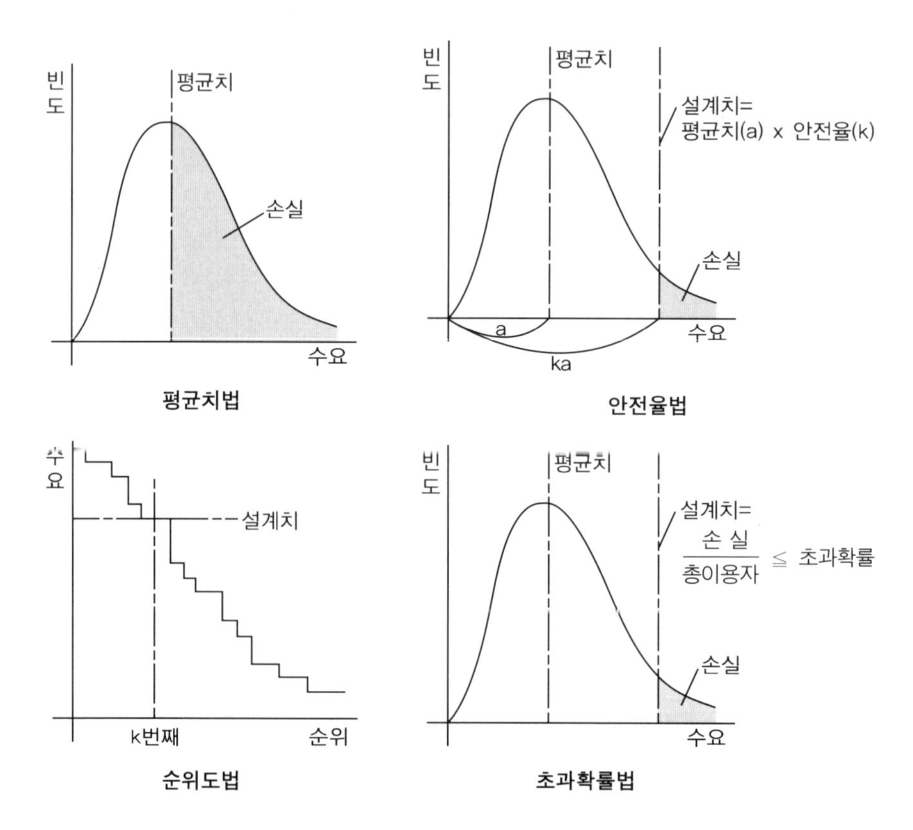


▮그림 2-2▮ 규모의 산정방법

사용한다. 순위도란 일정한 기간 내의 수요변동을 순차적으로 나열하는 데 있어 x축에 순위를, y축에 수요량을 표시한 것이다. 이 도표상에서 가령 100일의 관찰값 중 5번째의 수치를 설계상의 목표값으로 한다고 하는 식의 판단을 하는 것이 이 방식이다.

### 5) 넘쳐흐름률에 의한 방법(α법)

요시다케 교수가 말하는 소위 α법이다. 준비해둔 시설수를 넘어 넘쳐흐르는 인수의 기대치가 이용자 수의 기대치에 대해 갖는 비율(넘쳐흐름률 α)을 일정한 한도 이하가 되도록 시설규모를 설정하는 방식이다.

수요발생의 분포가 포아손형일 때의 넘쳐흐름률법에 의한 산정 그래프를 그림 2-3에 나타내었다. 이것은 평균이용자 수(m), 넘쳐흐름률(α), 시설 수(n)의 관계를 나타낸 도표다. 우선 평균이용자 수를 산정하여 소정의 넘쳐흐름률 내에 들어맞는 시설 수(n)를 산정하면 된다. 예를 들면, 평균이용자 수가 1.0이고, 넘쳐흐름률을 0.1로 설정하면 적정시설 수는 2가 되고, 넘쳐흐름률을 0.01로 설정하면 적정시설 수는 4가 됨을 알 수 있다.

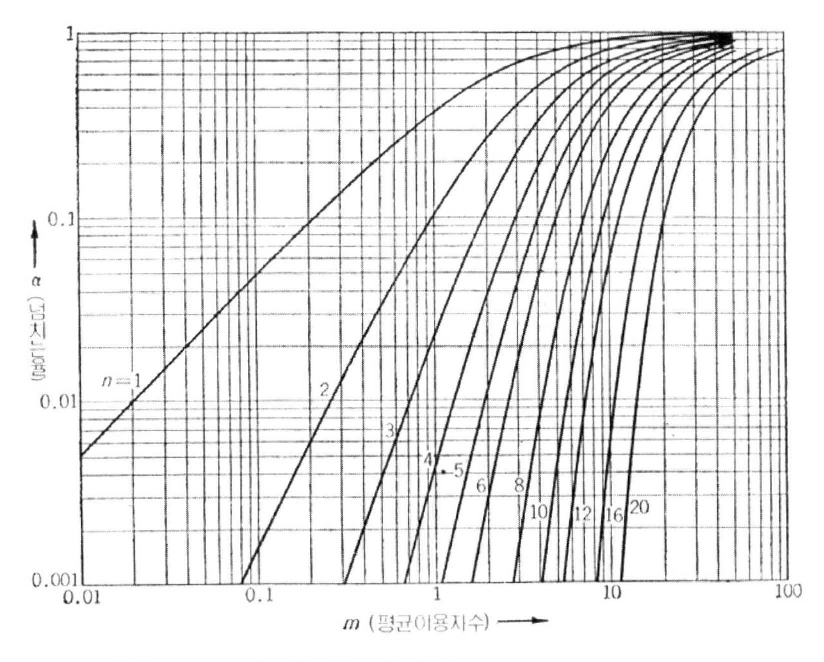


▮그림 2-3▮ 넘쳐흐름률 도표(포아손 분포의 경우)

### 6) 기다림 행렬이론에 의한 방법

서비스 시스템에 있어서의 기다림 시간이나 기다림 행렬의 길이 등을 주로 다루고 있는데, 혼잡현상을 분석하기 위한 방법으로서 원래는 전화의 회전 수 산정과 관련하여 발달한 분야인데, 현재는 O. R.(operation research) 중에서도 중요한 부문을 차지하고 있다. 고층건축물의 엘리베이터 계획에서는 흔히 이 방법이 이용된다.

### 7) 몬테 카를로(Monte Carlo) 시뮬레이션에 의한 방법

난수를 써서 실제의 현상을 시뮬레이션(simulate)하여 그 결과를 집계하여 판단하는 방법이다. 서비스 시스템이 복잡하고, 포아손 도착·지수형 서비스 시간 등의 모델에 적합하지 않을 경우나, 서비스 시스템이 정상상태에 도달하지 못할 경우에 사용하는 경우가 많다.

## 2-1-3 규모계획의 실례

규모계획의 방법을 임대사무소 건축의 화장실설계 시 적정변기 수 산정을 예로 들어 살펴보고자 한다. 화장실은 공익적 시설이며, 기능상 꼭 필요한 시설이므로, 이용자들이 불편을 느끼지 않을 정도의 변기 수를 설치하여야 한다. 사무소에서는 일반적으로 화장실의 이용시간이 따로 제한되어 있지 않으므로 요구발생은 무작위(random)하다고 볼 수 있다. 한편, 임대면적은 1,500㎡, 남녀별 비율은 7 : 3, 수용인원 1인당 점유면적은 임대면적 기준 7.5㎡로 가정한다.

### (1) 판단기준의 결정

일반사무소에서는 해당 층의 화장실이 만원일 경우 다른 층을 이용하기 때문에 기다림 행렬을 이루는 경우가 거의 없으므로, 넘쳐흐름률로서 판단한다. 즉, 넘쳐흐르는 인수의 기대치 평균이 이용자 수의 기대치 평균의 1/1000 이하가 되도록 규모를 설정한다.

### (2) 서비스 시스템의 모델화

우선 임대사무소의 재실인원 1인당 점유면적을 7.5㎡로 가정하였으므로 1,500

㎡ ÷ 7.5㎡ = 200이다. 즉, 모집단의 인구인 재실인원은 200인이 되며, 또한 남녀별 비율을 7 : 3으로 가정하였으므로 남자는 140인, 여자는 60인이 된다.

다음으로, 요구발생의 빈도분포는 일반적으로 포아손 분포로 볼 수 있기 때문에 평균 동시사용자 수를 λ로 하면,

$$\lambda = M \times \frac{\tau}{\mu}$$

M : 모집단인구

τ : 평균 체류시간(서비스 시간, 점유시간)

μ : 평균 요구발생 간격(1인당 평균도착률)

평균 체류시간은 남자소변기는 30초, 남자대변기는 400초, 여자변기는 90초로, 평균 요구발생 간격은 각각 150분, 5,000분, 210분의 실측치로 설정하면,

λ는

남자소변기 $\lambda = 140 \times \frac{30}{60} \times \frac{1}{150} = 0.47$

남자대변기 $\lambda = 140 \times \frac{400}{60} \times \frac{1}{5000} = 0.19$

여자변기 $\lambda = 60 \times \frac{90}{60} \times \frac{1}{210} = 0.43$

### (3) 모델 조작에 의한 최적해의 추출과정

앞의 넘쳐흐름률 도표, 즉 그림 2-3을 보면, 넘쳐흐름률을 0.001 이하로 할 경우 남자소변기 4개, 남자대변기 3개, 여자변기 4개로 적정규모가 산출된다. 한편 넘쳐흐름률을 0.01 이하로 할 경우에는 남자소변기 3개, 남자대변기 2개, 여자변기 3개로 적정규모가 산출된다. 이때, 남자 대변기가 1개로 되지 않는 것은 서비스가 악화되기 때문이다.

대규모 임대사무소에서는 넘쳐흐름률을 0.001 이하로 하는 것이 좋다. 다만, 여자의 경우에는 그룹으로 화장실을 이용하는 경향이 있어 포아손 분포보다는 꼬리가 길어진다고 일컬어지나, 넘쳐흐름률을 0.001 정도로 하면 일시적인 기다림이 발생하더라도 단시간에 해소되며, 일반적으로 서비스 수준은 위에서와 같이 여유가 있는 수준과 필요한도 수준의 2단계로 산출한다.

# 2-2 치수계획

## 2-2-1 개설

### (1) 공간치수

건축계획 분야에서 사용되고 있는 치수라는 말은 일반적으로 건축이나 구성재의 부분을 어떤 척도(scale)를 사용하여 측정한 것이라는 의미를 갖고 있다. 여기서 척도라는 말의 기원을 생각해 보면, 자연계의 양을 측정하기 위한 3가지 기준인 도(度)·량(量)·형(衡)에 해당된다. 이 중에서 도는 물체의 길이를 재는 것이며, 종전에는 그 단위로써 척(尺)을 사용하고 있었던 데서 척도라고 하게 되었다.

실존하는 모든 건축물들은 수많은 구성재로 구성되어 있다. 건축물이나 그 구성재는 3차원적인 것이므로 이들을 설계하고 만들어가는 과정에서 치수를 빼고서는 앞으로 진행할 수가 없는 것이다. 또한 건축계획 과정에서도 계획이 구체화되어감에 따라 치수결정을 하게 되는 부분은 비약적으로 증가한다. 즉, 이것은 일반도면과 상세도면을 가지고 기입된 치수의 양을 비교해 보면 단적으로 알 수 있을 것이다.

한편, 생활의 요구에 맞추어 건축물을 만드는 노력을 계속해 왔다는 관점에서 볼 때, 치수계획은 이러한 건축물이나 그 구성재에 관한 여러 가지 치수보다는 생활행위 자체 내지는 생활행위와 구성재와의 상호작용을 규정하는 치수인 공간치수가 더 의미가 있기 때문에 이를 중심으로 치수계획을 다루어야 한다. 그 이유는 이러한 공간치수 체계가 우리 생활에 갖가지 규제를 가하기도 하고, 생활행동을 유도하기도 하여 때로는 인간의 정서적인 온갖 반응을 불러일으키기 때문이다. 예를 들면, 독서용 책상을 사용하는 사람으로서는 책상의 크기나 높이 같은 구성재의 치수보다는 의자에 앉았을 때의 책상 면과 눈과의 거리가 독서에 적정한 치수를 갖는다는 점이 중요하다.

치수계획이란, 일반적으로는 구성재의 치수를 정하는 과정을 의미하나, 여기서는 공간치수라는 점에 착안하여 생활과 공간과의 적정한 상호관계를 만족시키는 치수체계를 구하는 과정이라고 정의하였다. 이와 같은 관점에서 치수계획의 과정을 요약하면 다음과 같다.

• 생활행위를 규정하는 인간과 공간에 있어서의 측정부위를 찾아내어 해당치수의 적정값(보통 어떤 진폭을 가진 양으로 표시된다)을 설정한다.
• 이 치수를 만족하도록 여러 가지 규정요인을 고려하여 수치를 정하고 물적인 구성재의 치수를 결정한다.

이러한 두 가지의 과정을 거쳐서 공간치수는 구체적인 건축물로 변환된다. 그러나 모든 치수가 다 이 순서대로 순차적으로 결정되는 것은 아니다. 건축생산상의 이유로 구성재의 치수가 먼저 결정되는 경우가 많으며, 특히 공업화 건축이 발전하게 되면 될수록 구성재의 크기가 치수계획의 전제조건이 되기 때문에 생활행위뿐만 아니라 디자인 측면에서도 많은 부분을 제약하게 될 염려가 있다. 이러한 문제를 예방하기 위해서는 무엇보다도 치수계획의 과정에서 첫번째 과정의 검증을 충분히 해야 할 것이다.

### (2) 크기와 위치

구성재나 공간의 크기는 일반적으로 몇 개의 정해진 방향에 대한 치수군의 조합으로 표시된다. 공간의 크기는 직교 좌표계의 경우라면 길이(L), 폭(W), 높이(H)라는 3차원 치수의 조합으로 표시된다. 구성재의 경우에도 선적인 것은 1차원의 길이로, 면적인 것은 종, 횡의 2차원의 길이로 표시된다.

그러나 생활행위와의 관련이나 건축계획상의 문제로 다루게 되면, 치수는 그리 단순히 다룰 수 있는 성질의 것이 아니어서, 길이를 기본량으로 하고 거기서 유도되는 각종 양을 다루게 되는 것이다.

치수계획이 그 대상으로 하고 있는 양(amount)의 개념을 보다 구체적으로 살펴보면,

**• 치수에는 크기라는 개념이 있다.**

공간의 크기란 것도 여러 가지 양으로 표시된다. 그 첫번째가 면적이다. 공동주택을 예로 든다면 단위세대 면적을 가지고 주거공간의 수준을 나타내는 경우가 많다. 그러나 면적의 결정만으로는 해당공간에 있어서의 생활행위를 보장할 수는 없는 문제다. 공간의 모양이 그 사용형태에 영향을 미친다. 공간의 평면모양이 장방형일 경우에는 폭과 길이가 문제다. 이때, 이 값이 부적당하게 되면 넓이가 같더라도 공간은 사용상 불편한 것이 된다.

또한 크기에는 단지 평면적인 것만 문제가 되는 것이 아니다. 공간의 환기양이나 대지 내에 있어서의 건물 안을 문제로 삼을 때에는 크기를 면적에서 용적으로 바꾸어 생각하지 않으면 안 된다. 또한 면적과 용적에 대해서도 그 절대값보다는 공간을 사용하는 사람, 즉 1인당 면적이나 용적으로 공간크기의 수준을 파악하는 경우가 많다.

이 외에도 각종 차원으로 표시되는 길이의 조합치수가 크기의 개념으로써 중요하다. 복도의 경우에는 단면의 폭과 높이가 통행하는 사람의 수와 보행행태를 결정한다. 출입구의 경우에는 개구부분 크기(폭과 높이)에 의해 출입행위가 규제된다. 이 크기를 틈새(clearance)라 하고, 문의 크기(폭과 높이)를 사이즈(size)라 칭한다. 여기서 개구부의 크기는 공간치수이고, 문의 크기는 구성재치수를 의미하며, 이는 양자를 명확히 구별한 호칭이 된다. 실제 공간계획에 있어서는 구성재의 크기보다는 공간치수가 의미 있는 개념이 된다.

**• 치수는 위치를 규정한다.**

구성재의 크기가 결정된 다음에 이 구성재를 어디에다 둘 것인가를 결정하지 않으면 구성재를 조립할 수 없기 때문이다. 생활행위에 있어서 위치는 크기와 마찬가지로 중요한 개념이 되므로 이 양자가 적정한 것이 될 필요가 있다. 출입구를 개폐하기 위해서는 먼저 손잡이에 손이 닿아야 하고, 다음으로 손잡이를 잡음으로써 개폐조작이 이루어진다. 손잡이의 위치와 크기가 손잡이를 사용하는 사람에게 적합한 것일 것이 요구된다.

위치는 기준점 내지는 기준면으로부터의 치수로 표시된다. 이것을 거리라 하고 길이와 구별한다. 손잡이의 위치는 바닥 면으로부터의 거리로 표시된다. 책과 눈과의 적정 위치관계를 명시거리라 한다. 어떤 좌표계에 있어서 1점의 위치 외에 2점 간의 거리도 위치의 범주 안에 포함된다. 공간의 폭은 마루판의 크기(폭)가 됨과 동시에 벽간의 거리가 되기도 한다. 전자는 구성재치수로서, 후자는 공간치수로서의 뜻을 가진 양을 표시한 것이다. 사람의 손끝이 미치는 범위를 리치(reach)라고 하는데, 이것도 팔의 길이치수가 아니라 몸과 손끝과의 거리라는 공간치수로 이해해야 할 것이다.

거리는 시설 간·지점 간의 거리, 또는 사람과 시설 또는 지점 간의 거리라는 식으로 배치계획에서 널리 사용되고 있다. 이 경우 거리는 단순히 2점 간의 기하학적 거리만을 나타내는 것이 아니라는 점에 주의할 필요가 있다. 즉, 어느 지점에서 건물을 바라볼 경우 사람과 건물과의 직선거리가 보이는 형태에 영향을 미치나, 어느 지점에서 건물로 갈 경우에는 어떠한 교통수단에 의해서 실제로 움직이게 되는 이동거리가 문제가 된다. 이와 같이 거리는 생활과의 대응상 특히 중요한 개념이다.

치수로 규정되는 공간이나 구성재의 각종 양을 묶어 정리하면 표 2-1과 같다. 치수계획이란, 이와 같은 여러 가지 측정량을 매개로 해서 생활과 공간과의 상호작용을 규정해 나가는 것이다.

**▮표 2-1▮ 치수로 규정한 양**

| 구 분 | | 크 기 | | 위 치 |
|---|---|---|---|---|
| | | 구성재 | 공간 | 구성재・공간 |
| 주변량 | 길이<br>(1차원) | 길이<br>세로・가로・폭<br>높이・두께<br>사이즈(size)<br>주위의 길이 | 길이<br>깊이・안목길이・폭<br>간격・사이<br>높이<br>틈새(clearance)<br>주위의 길이 | 거리: 최단거리<br>이동거리<br>높이<br>레벨(level) 차<br>리치(reach) |
| 주변량 | 넓이<br>(2차원) | 면적 | 면적 | 평면상의 위치 |
| 주변량 | 용량<br>(3차원) | 체적 | 용적 | 공간상의 위치 |
| 보조량 | 형 | 비율・곡률・방정식 | 비율・곡률・방정식 | 분포형태 |
| 보조량 | 각도 | 각도<br>구배<br>시각・입체각 | 각도<br>구배<br>시각 | 방향<br>방위각<br>시각・입체각 |
| 보조량 | 밀도 | 용적률(면적・용적)<br>건폐율・공지율<br>천공 건폐율 | 1인당 넓이<br>1인당 용적<br>인구밀도 | 분포밀도 |

자료: 고상균 외 6, 『건축설계론』, 2003, p.24.

### (3) 치수계획의 대상영역

치수계획은 규모계획과 같이 생활에서의 양적 측면을 다루는 계획행위이며, 이들은 건축계획 과정 속에서 서로 동시적 또는 연속적인 관계를 유지하면서 진행된다. 규모계획에 의해 건축물의 처리능력이나 수용능력이 합리적으로 산정되었다 할지라도 그것을 공간으로 변환해 가는 과정에서 적절한 치수화가 이루어지지 않으면 처리능력이나 수용능력을 보증할 방법이 없게 된다. 시설의 적정 수용능력이 사람 수 단위로 표시될 때, 해당시설의 이용이 원활하게 이루어지기 위해서는 소요공간의 크기, 즉 넓이와 모양이 적정해야 한다.

이때 규모계획에 의해 산출된 값이 자동적으로 치수로 전환될 수는 없으므로, 이 값이 생활요구를 실질적으로 만족시키고 있는가의 여부를 검토하는 것도 치수계획의 역할인 것이다. 예를 들어, 규모계획에서 초등학교 교실의 적정 학생수를 산정했다고 한다면 학생 1인당 소요공간, 교사공간, 그리고 통로공간 등을 고려한 공간의 크기가 결정된다. 이 경우에 공간의 크기가 너무 커서 학생과 교사 상호 간의 커뮤니케이션이 가능한 값의 범위를 초과할 경우에는 초등학교 교실로는 부적당한 것으로 판단된다. 이는 규모계획으로 산정한 교실의 학생 수가 너무 많다는 것이 그 원인이었으며, 그 결과 수용효율은 다소 떨어지더라도 교실당 학생 수를 줄이지 않으면 안 된다는 결론이 나오게 된다.

한편, 규모계획과는 직접적인 관계가 없는 치수결정도 수없이 존재한다. 예를 들면, 인체치수에 적합한 위생기구의 크기나 콘센트의 위치결정 등이다. 그러나 치수계획이란 그 밖의 다른 계획행위와 깊은 관계를 유지하면서 전개되는 것으로써 극단적으로 보면 건축계획 자체의 과정을 내포하고 있다고 해도 과언이 아닐 것이다.

그동안 치수계획은 인체 및 동작의 크기, 인체와 관련된 치수 및 형태의 엄밀성이 요구되는 가구설비에 따른 공간의 크기 등을 결정하는 방법으로만 사용되었지만, 여기서는 지금까지의 치수개념을 근거로 치수계획의 영역을 정리하여 인체를 중심으로 해서 원심적으로 퍼져 있는 공간영역을 다음의 4단계로 구분하여 살펴보고자 한다.

### 1) 제1의 공간영역 : 요소공간

요소공간(elementary space)이란, 일반화된 용어는 아니지만 여기서는 공간적, 시간적으로 묶어진 물적 생활행위가 영위되는 장소를 의미한다. 즉, 어떤 생활행위에 따르는 동작을 가능하게 하는 공간, 그 행위에 필요한 가구, 용구, 비품 등을 담을 수 있는 공간, 해당 장소에 접근하기 위한 공간 등을 포함한 개념이다. 이 경우 각 공간은 상호 중복되고 있어서 요소공간의 크기는 이 세 공간의 단순합계가 아님에 유의해야 한다.

따라서 요소공간은 모든 건축공간의 기초적 공간이 되며, 그 크기는 생활행위에 많은 영향을 주므로 요소공간의 적정 크기를 결정하는 것은 치수계획의 가장 중요한 부분의 하나로 생각된다.

**단순한 생활행위에 필요한 공간**

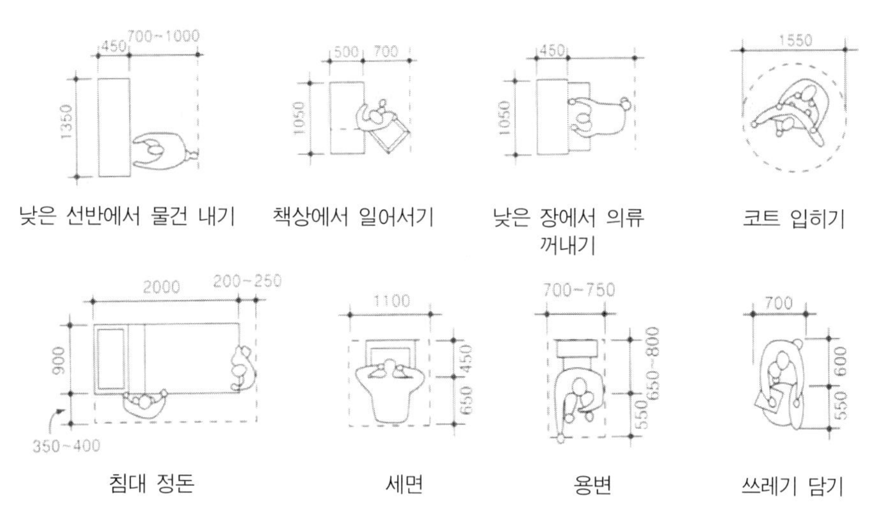


**복합화된 생활행위에 필요한 공간**

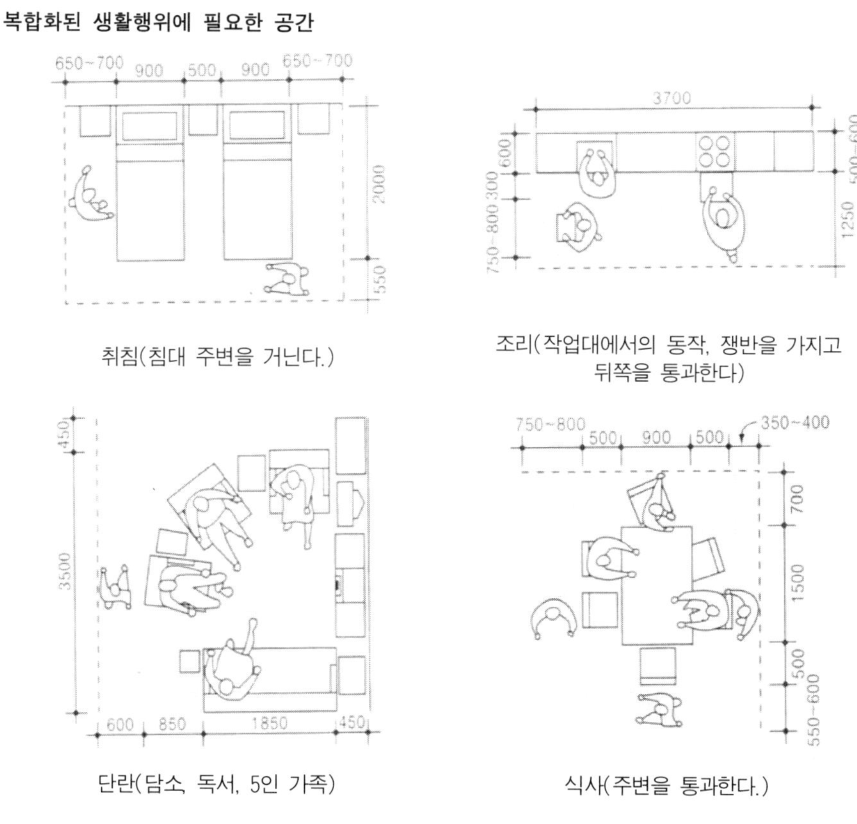


**▌그림 2-4▐** 주택에서의 요소공간

### 2) 제2의 공간영역 : 요소공간의 집합으로서의 건축물

일반적으로 몇 가지 목적이 다른 요소공간들이 모여서 하나의 건축물을 구성하게 된다. 단독주택의 경우, 각각의 요소공간들은 통행이나 연결용 공간, 요소공간 상호를 분할, 차단하기 위한 공간 등으로 접합되어 하나의 주거공간으로 구성된다. 이 경우, 각 요소공간이 자기 나름대로의 크기를 가지고 있어 이를 단순합계하면 전체규모는 과대해지기 쉬우므로 요소공간을 겸용하거나, 일부를 공유함으로써 전체의 크기를 한정시킬 수가 있다.

요소공간의 모양이 통일되어 있지 않으면, 건물의 모양이 혼란되어, 구성재에 의한 집합화가 곤란해지므로 이 레벨에서는 생활행위로부터 요구되는 요소공간을 건축물로 구체화하기 위해서는 구성재와의 사이에 치수조정을 통해서 각부공간의 크기와 모양을 정리할 필요가 있다. 그러나 구성재로서 공장생산된 규격제품을 사용할 경우에 특히 문제가 되는 구성재의 치수가 생활의 제반요구를 제약하는 것이어서는 안 된다.

### 3) 제3의 공간영역 : 건축물과 외부와의 집합으로서의 건축적 시설

이 영역은 대지를 포함한 개념이며, 옥외공간을 매개로 하는 주변의 인접시설과의 관계도 이 범주에 속한다. 건축물은 그 자체의 주변이나 다른 건축물에 대해 상호 간에 제반영향을 주고 있다. 이 상호작용을 제어하는 점에 치수계획이 가능하게 된다.

### 4) 제4의 공간영역 : 지역의 구성단위로서의 건축적 시설

지역의 단계에서도 치수계획이 관련된다. 즉, 유치원, 초등학교 등과 같은 도보이용 시설의 최대보행 거리결정은 치수계획의 영역이다. 지역에 있어서 도보로 이용하는 시설의 규모 및 위치결정은 치수계획 중에서도 가장 중요한 것 중의 하나로 생각된다.

치수계획에서는 이와 같이 4단계의 검토를 각 건축에 대해서 실행함으로써 공간치수의 적정값을 구할 수 있게 되는 것이다.

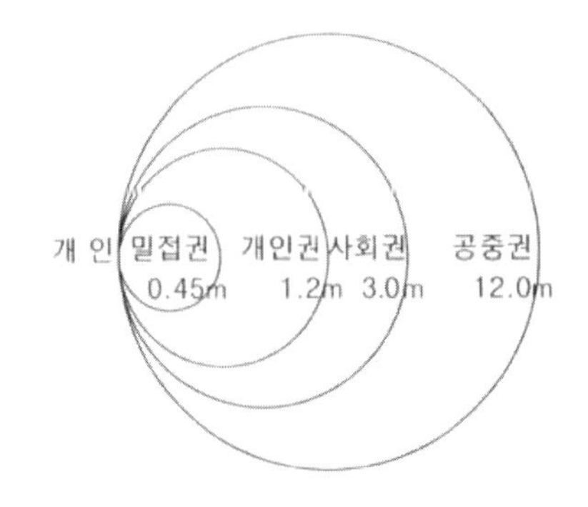


**그림 2-5** 홀(E.T.Hall)이 제안한 대인 간의 거리

## 2-2-2 치수계획의 과정

### (1) 치수를 규정하는 요인

건축치수를 규정하는 요인에는 행동적, 환경적, 기술적, 사회·경제적 조건이 있고, 이 외에도 공간·심리적 조건, 가구사용의 조건, MC 조건 등을 들 수 있으며, 이러한 규정요인들은 서로 독립된 조건이 아니라 상호관계를 갖고 있다.

#### 1) 행동적 조건

건축물을 주체적으로 이용하는 사람들이 영위하는 물리적 생활행위에 의해서 형성되는 기능적 조건으로, 인체치수나 동작치수 등과 같은 공간치수를 결정하는데 필수불가결하다. 또한 인간이 지니는 심리적 요구도 넓은 의미에서는 생활행위에 포함되므로 이를 무시하고 치수계획을 논할 수는 없다.

#### 2) 환경적 조건

자연적 환경, 인공적 환경, 그리고 인문·사회적 환경 등 제반환경 조건을 말한다. 예를 들어, 빛, 열, 소리, 공기, 물, 지진, 바람 등과 같은 조건들은 건축구성재의 성능에 관계되는 인자가 되며, 구성재의 단면치수 결정에 크게 영향을 미친다. 건축을 군(群)이나 지역으로 다룰 경우, 건축의 물리적, 사회적 환경조건은 오늘날 건축계획 전반을 규정하는 가장 기본적인 조건이 되고 있으며, 건축의 밀도 등 치수계획에 관계되는 바가 크다.

#### 3) 기술적 조건

구성재의 생산·운반·조립 등의 구축적 조건을 말하는 것으로 행동적 또는 환경적인 요구를 경제적으로 충족시키기 위해서는 기술적 조건의 합리화가 필요하다. 특히, 이러한 치수는 적절한 값일 것이 요구된다.

#### 4) 사회·경제적 조건

건축물의 경영·관리·건축비·유지비 등의 조건을 말한다. 영리시설에서는 공간의 효율을 최대로 하고자 하는 건축주의 의지 여하에 따라 공간의 규모가 결정된다. 또한 비영리시설인 공공시설에 있어서도 예산의 범위 내에서 수용인원을 늘려야하기 때문에 규모의 상한이 정해진다. 이와 같이 경제조건이 시설의 규모 수준을 결정지으며, 그 값이 싼 경우일수록, 규모를 치수로 변환할 때의 자유도가 줄어든다. 이러한 규정요인들은 상호관계에 있어서 어떤 조건을 중시하게 되면 다른 조건이 소외되는 경우가 있으므로 서로가 독립된 조건으로서가 아니라, 항상 전체적인 관점에서 다루어야 한다.

### (2) 적정값의 의미

규모 및 치수계획의 목적은 건축물의 규모나 치수의 적정값을 결정하는 데 있다. 규모계획에서는 객관적이고 합리적으로 적정규모를 정하는 방법이 비교적 명쾌하게 나타나 있으나, 치수계획 특히 공간치수를 결정함에 있어서는 그 판단기준을 설정하는 것이 용이하지 않다.

최적치수란 결정할 수 없는 것이며, 존재하지 않는다는 극단적인 견해도 있다. 예를 들면, 철근 콘크리트조의 기둥치수는 성능조건 면에서 객관적으로 구할 수가 있으나, 공간에 대한 인간의 반응, 특히 정서적인 반응까지를 고려할 경우에는 객관적인 적정값의 존재에 대한 의문이 생기는 것은 당연할 것이다. 실제로 설계자가 자기의 경험이나 주관에 의해 치수를 결정하는 경우가 매우 많으며, 또한 설계자는 치수의 결정과정을 합리적이고 적정한 것으로 생각하는 것도 사실이다. 그러나 이 두 접근방법이 결코 서로 간에 모순되는 것은 아니므로, 생활과 공간의 적정한 대응관계를 구해 나가기 위해서는 두 견해가 다 필요하다. 예를 들어, 자녀방의 폭을 결정할 경우 인체동작이나 가구치수에서 1.6m라는 최소폭이 정하여졌다 하더라도 이것을 최저기준으로 하여 방의 폭을 결정할 수는 없다. 이 수준은 방을 사용하는 자녀에게 압박감을 줄 수도 있으므로 이를 고려한 심리적 측면에서의 최소값의 설정이 요구된다. 이상을 감안하여 최적값을 구하는 방법을 정리하면 다음과 같다.

#### 1) 최소값 + α

공간 또는 구성재의 기능이 충족되는 최소의 치수를 구하고 여기에 여유를 주거나, 안전율을 더함으로써 적정치를 구하는 방법으로 요소공간의 크기나, 구성재의 크기를 정할 때의 방법이다. 화장실의 규모, 인동간격, 차폐거리 산정 등이 그 예다.

#### 2) 최대값 - α

치수가 어느 값을 넘으면 생활동작이나 행위가 불가능하게 되는 것과 같이 상한값이 존재하는 경우, 최대값을 구해서 α만큼의 치수를 줄여 적정치를 구하는 방법이다. 계단의 단높이, 강의실 및 객석의 길이산정 등이 그 예다. 적정값을 구하는 1), 2)의 두 가지 방법은 반드시 독립적으로 행해지는 것만은 아니며, 최대값과 최소값이 각각 결정되어지고 그 범위 내에서 치수를 결정하는 경우도 있을 수 있다.

#### 3) 적정값±α

설계자 또는 사용자의 판단으로 어느 목표치를 설정하고, 그 효과를 타진하면서 치수를 상세하게 조정하는 방법이다. 보이드(void)의 크기나 입구 홀의 천장높이 등을 산정하는 경우와 같이 치수의 개략적인 크기를 미리 과거의 사례나 법규적 기준, 또는 관용치수나 모듈 등에 의해서 가정하고 설계가 진전됨에 따라서 치수를 수정하여 최적값을 구하는 방법으로써 일반적인 설계과정 중에서 가장 많이 사용되고 있는 방법이다.

### (3) 모듈에 의한 치수계획

#### 1) 건축모듈

건축에는 인간의 활동이나 동작, 건물의 구조나 시공 등의 측면에서 추출되는 기준의 크기가 있다. 이러한 기준치수, 즉 모듈(module)을 무시한 건축물은 사용상 매우 불편할 뿐만 아니라 건축적, 경제적으로도 많은 문제점을 가지고 있다.

근년에 들어서면서 모듈의 문제가 건축생산 측면에서 특히 중요시되고 있으며 이를 대비한 치수의 적절한 계열화의 방안이 여러 가지 제안되고 있다. 르 코르뷔지에(Le Corbusier)의 모듈러(le modulor)는 인체의 치수와 정수비, 황금분할비, 피보나치비의 수열 등의 관계를 연관지어서 고안한 예라고 생각된다.

모듈을 사용하여 건축의 각 부분을 수평과 수직방향으로 연관시켜서 합리적인 공간구성을 하려면 건축 전반에 사용되는 재료, 구조, 설비 및 가구 등 각 부분의 여러 가지 치수들을 계열화, 규격화하여 조정해서 사용할 필요가 생긴다. 이것을 MC(modular coordination, 치수조정)라고 한다.

MC의 이점으로는 설계작업이 단순, 간편하고, 구성재의 대량생산이 용이하고 이에 따라 생산비가 저하되며, 현장작업이 단순하고 공사기간이 단축되며, 건축구성재의 수송이나 취급이 간편하며, 국제적인 MC를 이용하면 건축구성재의 국제교역이 용이해진다는 점을 들 수 있으며, 단점으로는 MC를 이용한 건축물의 외관이 단조롭기 때문에 건축배색에 있어서 신중을 기해야 할 것이다. 더구나 요즘과 같이 건설물량이 증가하고 설계수요가 증대하는 시기에는 건축계획 및 설계에 있어서 기준치수와 그 적절한 조정화 방안의 활용이 매우 중요해 질 것으로 생각된다.

2) MC와 DC

구성재의 공장생산에 의해서 만들어지는 부품의 치수와 이의 조합이 합리적으로 정해졌다 하더라도, 이의 결과인 공간의 성능이나 질이 인간의 생활요구에 적절히 대응할 수 있지 않으면 안 될 것이다. 목표를 명확히 설정해두지 않게 되면 함부로 생산의 용이성이나 생산효율의 추구에만 급급하게 될 위험성을 내포하고 있다고 할 수 있을 것이므로 이의 명확성을 기하기 위해서도 MC와 DC(Dimension Coordination)의 구별에 주목할 필요가 있다.

그러나 MC와 DC에 관한 일반적인 정의는 없는 편이나, 치수에 관한 두 개의 범주, 즉 공간치수와 구성재의 치수의 구별이 여기서도 적용될 수 있을 것이다. 즉, MC란 공간의 크기와 치수에 관한 치수를 조정하는 것이고, DC란 구성재(주로 공장 생산된 부분품)의 크기와 치수에 관한 치수를 조정하는 것이다. 이와 같이 구별하여 이해함으로써 MC에 의한 설계는 계획의 자유도를 속박하는 것이라는 통념을 바꾸어 나갈 수 있을 것이다.

## 2-2-3 치수계획의 방법

### (1) 요소공간의 크기

1) 인체치수와 동작공간

인체개체의 크기에 관한 계측치를 일반적으로 인체치수라고 하며, 인체 각 부위의 치수(키, 앉은키, 가슴둘레 등)로 표시한다. 인간을 수용하는 건축물의 치수가 인간의 크기를 근기로 하고 있다는 점을 생각할 때, 인체 각 부위의 인체치수는 건축공간의 크기결정에 매우 중요한 기본요소로서 역할을 한다. 동작공간의 크기에서는 이와 같은 정적인 인체부위의 계측만으로는 불충분하다. 예를 들면, 부엌에서 선반에 놓인 물건을 꺼내는 동작은 선반의 위치에 따라 동작 및 자세가 달라진다.

사람, 도구, 가구, 설비, 건축구성재 등과 직접 관련을 가진 일상의 생활동작에 있어서 인체동작 치수에 기능적으로 필요한 치수를 더한 것을 동작공간이라고 한다. 즉, 인체치수 또는 동작치수에 물건의 치수와 여유치수를 합한 공간이다.

#### 2) 활동용적과 정규화

소요공간의 크기는 활동용적과 정규화의 과정을 통해 결정해 나간다. 소요공간의 크기는 3차원적으로 변하므로 연속동작 중 한 자세에만 치수를 맞추게 되면 다른 동작에는 지장을 주게 된다. 따라서 정지된 해부학적인 부위치수가 아닌 연속동작을 가능하게 하는 개념적인 영역을 가정하고, 이것을 인체동작의 기본크기로 생각하여야 한다. 이 영역을 활동용적, 이에 의해 그려지는 선을 활동용적선이라고 부른다.

이 활동용적선은 일반적으로 부정형을 그리고 있으므로 이것을 요소공간으로 삼기 위해서는 동작하는 데 지장이 없도록 활동용적 공간의 형태를 변형시킬 필요가 있다. 그 조작을 정규화라 한다. 일반적으로 활동용적 공간은 직교좌표계로 변형되는 경우가 많으며, 이 정규화에는 여러 가지 방법이 있을 수 있다.

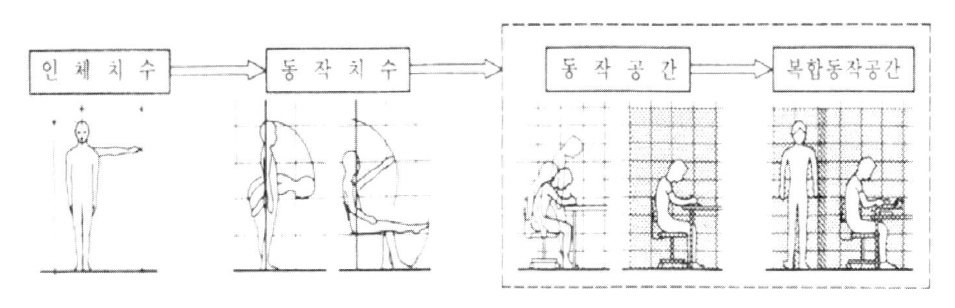


▮그림 2-6▮ 동작공간의 개념

### (2) 감각공간의 크기

#### 1) 감각영역

인간행동에 있어서 심리적 측면에서 공간치수를 구하는 방법을 고찰하기로 한다. 사람은 다른 동물과 마찬가지로 오감으로 외계의 자극을 수용하는데, 이때 자극의 강도, 위치, 거리, 공간위치 등에 따라 지각되는 정보가 규정되게 된다. 인체를 중심으로 한 감각기관은 활동할 수 있는 감각상의 영역이 3차원적으로 펴져 있는데, 보통 촉각－후각－청각－시각의 순으로 그 범위가 넓어진다.

예를 들어, 인간 상호 간의 거리를 변화시킬 때 어떠한 상호관계가 발생하며 정보수용이 가능한가 하는 것에 대해서는 생태학이나 심리학분야에서 조사・연구되어 왔으나 이 분야에 대한 연구는 아직은 시작단계에 불과하며, 공간치수를 종합적으로 다루는 단계에는 이르지 못하고 있다. 예를 들면, 홀(E.T. Hall)은 그의 저서 『보이지 않는 차원』에서 밀접권(0.45m), 개인권(1.2m), 사회권(3.0m), 공중권(12.0m)이라는 4개의 영역을 설정하고 이러한 상호관계를 설명하고 있다(그림 2-5 참조).

### 2) 심리적으로 필요한 공간의 용량

한편 아직까지는 건축공간의 일부 크기만을 대상으로 하고 있을 뿐 공간의 용량이나 비례를 전체적으로 보는 이론은 없다. 그럼에도 불구하고 공간치수란 인간의 심리적, 문화적인 요구에 응할 수 있는 것이라야 한다. 또한 물리적인 공간구성이 인간에게 어떠한 심리효과를 주는가 하는 측면에서 치수를 정하는 것도 매우 곤란한 문제이나, 이에 대한 연구도 물리적 생활행동을 기준으로 결정된 공간의 용량이 심리적 공간의 용량을 하회하지 않는가를 체크하는 방향으로 전개되어야 할 것으로 생각된다.

## (3) 치수의 지각

설계자는 일반적으로 도면이나 모형을 이용하여 치수를 결정한다. 이와 같은 과정을 거쳐 작성된 설계도에 의해 실제시공이 이루어지며, 완성된 건축물의 내부공간이나 사용된 구성재는 구체적인 치수를 갖게 된다. 따라서 설계자는 설계시 건축물의 완공시 그 크기나 형태가 어떠한 효과를 가질 것인가를 머리 속으로 예측한다. 그 후 건축물이 완공되고 사람이 그곳에서 생활하게 되면 머리 속에서 그린 이미지와 실물이 주는 이미지가 비교되고, 사용자의 반응에 대한 검토를 하게 된다. 이러한 과정의 반복을 통해서 설계자는 공간과 구성재의 적정 치수에 대한 개념을 얻게 된다.

축척은 이와 같이 치수계획의 수법으로써의 기능뿐만 아니라 치수계획의 대상이 되는 물리적 환경의 지각과 정보의 정리를 위한 중요한 방법이 되는 것이다.

제3장

# 건축기획

## 3-1 건축행위의 중심 이동

시대적 관점에서 건축활동의 모습을 바라볼 때, 활동의 중심이 되는 행위와 주도적인 역할자가 점차로 변해 왔다. 전통적인 건축과정이 기획, 계획, 설계, 시공의 순으로 진행되지만 시대적으로는 이와 반대로 시공에서 설계로, 설계에서 계획으로, 다시 계획에서 기획으로, 건축행위의 중심이 이동하여 왔다.

### 3-1-1 설계의 시대

고대로부터 근세에 이르기까지 건축행위의 대부분은 도목수에 의해 이루어져 왔다. 그러나 건축이 복잡화되고 고도화됨에 따라 시공으로부터 독립된 본격적인 의미의 설계행위가 필요하게 되고, 이를 담당할 전문가로서의 건축가가 등장하게 되었다. 즉, 건축활동의 중심이 되는 행위가 시공에서 설계로 이동되었다고 할 수 있다.

### 3-1-2 계획의 시대

건축설계가 구체적이고 세부적인 형태를 그려내는 작업인 이상 도면작성은 설계행위와 불가분의 관계를 갖고 있다. 그동안 건축교육이 설계실습 과목에 많은 비중을 두는 것도 설계기술의 습득이 설계제도에 많이 의존해 왔음을 의미하고 있다. 이것은 건축설계 이론이 제대로 확립되지 못했음을 의미한다. 만약 설계이론이 정립되어 있었다면 이것을 교육시키는 것만으로도 설계제도 실습은 많이 경감될 수 있기 때문이다.

건축설계는 이용자 요구를 건축공간으로 조직화하는 부분과 공간조직을 건축물로 실체화하는 부분으로 나눌 수 있다. 전자는 일본의 경우 2차 세계대전 이후 각종시설을 대상으로 한 이용요구, 이용방식, 시설규모 등의 연구로 발전하였고, 이를 위한 연구방법도 다양하게 전개되었다. 반면에 후자는 평면 및 모듈계획, 구법계획, 공사비계획 등으로 체계화를 지향하고 있으며, 설계방법론에 대한 연구도 진전을 보여 왔다.

건축설계에 있어서 계획이론화의 중요한 의의는 각각의 계획이론이 독자적인 법칙에 따라 발전하고, 그 성과가 건축설계의 수준을 향상시키고 있는 데 있을 것이다. 설계에 이론적 부분이 만들어지면 그 부분은 설계도면의 작성과는 분리된 계획으로서 기능을 하게 된다. 한편 오늘날에는 CAD의 눈부신 발전으로 설계와 제도가 점차 분리되고 있다.

건축설계의 여러 전문분야에 있어 계획화는 구조설계나 설비설계에서도 나타나, 각 부문을 지배와 종속의 관계 속에서 시간적 서열로 나열하는 것이 아니고, 이른바 동시적이며, 대등한 관계로 보는 경향이 생기고 있다. 이러한 건축과정에서 소위 '동시화(同時化)' 경향은 계획에서 기획으로의 중심이동에 따라 현저하게 나타나고 있다.

### 3-1-3 기획의 시대

계획에서 기획으로의 중심이동은 다음과 같은 시대적 동기를 통해 오늘날 급속하게 진행되고 있다.

첫 번째는, 건축주나 사업주에게 건축해야 할 것에 대한 명확한 이미지가 사라져 건축목표 자체를 구축하는 작업, 즉 기획이 필요해 진다. 그 배경에는 최근의 경향으로서 사업유동성이 높아져 사업성에 대한 충분한 타당성 검토에서 출발하지 않으면 안 되며, 건축계획 단계에서 실시하는 검토만으로는 불충분하다는 것을 의미하고 있다. 또한, 사업규모의 거대화와 사업내용의 복잡화·고도화됨에 따라 사업주체와 사업동기 그 자체도 다양화되고 있다. 결국 건축주나 사업주의 기획능력을 넘어 외부 건축기획가의 참여가 필요하게 되었다.

두 번째로, 건설회사나 설계사무소에서 보면 업무수주의 확대, 안정화라는 동기가 있다. 건축생산은 일반적으로 건축주나 사업주로부터 발주를 받는 수주생산

시스템이므로 업무량의 변동이 항상 크게 나타난다. 따라서 건축주나 사업주가 기획한 프로젝트를 수주받는 것이 아니라, 그들에게 건축기획, 사업기획을 제시하거나, 혹은 그들을 움직여 프로젝트를 창출하게 함으로써 수주의 확대 및 안정화를 도모하는 경향이 보이기 시작했다.

세 번째로는, 사회적 건축기획의 발생이다. 하나는 주거단지 개발이나 도심재개발 사업 등에서 볼 수 있듯이 프로젝트의 규모가 커지면서 사회에 미치는 영향도 크고 강해지고 있는 것이다. 또 하나는 도시가 과밀화됨에 따라 개별건축 프로젝트를 수행하는 과정에서 주변환경에 영향을 주게 되어 이웃과의 마찰을 일으키는 사례가 증가하고 있어서 사회적 시야에서의 조정적인 기획인 사회적 건축기획이 필요하게 되었다.

## 3-2 건축기획의 개념 및 과정

### 3-2-1 개념 및 유형

#### (1) 건축기획의 개념과 단계

일반적으로 건축기획이란, 건축주의 사업의도를 파악하고 대상지의 각종 조건을 복합적으로 분석·평가하여 건축물의 용도를 결정, 개발의 적정규모를 산정하고, 디자인 방향을 제시하는 것 또는 건축과 관련된 사업에서 해야 할 일의 이미지를 구상하고, 전체 또는 세부에 걸친 구상을 정리한 제안이나 그에 이르는 과정으로 정의하고 있다.

건축기획은 다음과 같이 두 개의 단계로 나누는 것이 가능하다. 제1단계는 건축주나 사업주가 건축행위를 시작하면서부터 건축목표를 설정하는 것에 이르는 과정이다. 이때, 입지 및 대지조건, 사회환경 조건, 수요조건 등에서 여러 가지 구상이 그려지고 그것들의 실현 가능성에 대한 검토가 이루어진다. 제2단계는 설정된 건축목표를 건축조건으로 바꾸는 단계다. 건축주나 사업주가 설계자, 시공자 등에게 건축의도를 전달하고, 건축의 설계 및 시공에 착수하기 위한 전제조건을 만들어내는 단계다.

건축기획은 이와 같이 두 개의 단계로 구분되는데, 실제로는 양자 간을 오가며 이루어지는 것이 현실이다. 이러한 불확정성이나 유동성이야말로 본래 건축기획의 본질이라 할 수 있다. 건축기획에서 가장 중요한 것은 개념 만들기(concept work)이다. 개념이 기획의 운명을 좌우한다 하여도 과언이 아니다.

### (2) 건축기획의 유형

건축기획은 다음과 같은 몇 가지 유형으로 구분하여 살펴볼 수 있다.

#### 1) 프로젝트 기획

건축행위는 일반적으로 프로젝트 단위로 이루어지기 때문에 프로젝트마다 건축행위의 시작은 기획활동이다. 특히 일품주문 생산의 특성을 갖는 건축행위에 있어서 건축기획의 기본은 프로젝트 기획에 있다고 해도 과언이 아니다.

#### 2) 사회적 건축기획

건축은 그것이 공공건축인지 민간건축인지를 막론하고 사회적 존재이므로 사회 공동의 이익을 확보한다는 차원에서 정비해야 하는 경우가 발생하는데, 이러한 사회적 건축기획은 주로 건축정책이라는 수법에 의해 이루어진다. 사회적 건축기획의 내용을 좀 더 구체적으로 검토하면 다음과 같다.

- 건축 그룹에 의한 건축기획 : 국가, 지자체, 공단 등 대형 건축주 또는 사업주에 의한 건축기획으로 그룹으로서 공통정책을 가지고 임하는 것이 이상적이다.
- 조정적 건축기획 : 개별의 건축행위를 사회의 이익과 조화시키기 위한 기획, 즉 사회의 이익과 법규 사이에 발생한 틈을 메우기 위한 수단으로서의 기획이다.
- 사회가 공동으로 지향해야 할 목표로서의 건축기획 : 환경보전, 거주자의 참가 등 시대상을 반영한 건축의 가치

#### 3) 상품기획

주택을 상품으로 기획하고 제품화하여 판매하는 활동에서 볼 수 있는 것으로 건축분야에서는 새로운 기획유형이라 할 수 있다. 건축생산의 공업화는 당초 공공주택을 중심으로 진행되었지만, 점차 민간화가 시도되면서 더욱더 산업화가 진전되었다.

## 3-2-2 건축기획의 체계

### (1) 건축주의 변화

건축행위 속에서 건축기획의 주체는 건축주다. 건축행위는 건축주가 건축을 수요로 하는 것으로부터 시작하여 자금과 토지를 준비하여 건축을 위한 조건을 갖춤과 동시에 건축할 내용을 구상하며, 설계자를 선정하여 설계단계로 이동한다. 건축주의 프로젝트에 대한 사고방식이나, 지식, 능력 등이 직접적으로 기획내용에 반영된다. 이런 의미에서 건축주는 건축의 질을 결정짓는 중요한 역할을 수행하고 있다 하겠다.

근대 이전의 사회에서 건축수요는 궁정, 교회, 영주, 귀족 등에 의해 발생하였으며, 이들은 건축가의 후원자 역할을 하였다. 그러나 18세기 말 이후 산업화, 도시화 현상 등 제반 여건의 변화에 따라 건축주에게도 여러 가지 변화가 나타났는데, 그 변화는 다음과 같다.

- 건축용도의 다양화 경향과 함께 건축 프로젝트 수의 비약적 증대에 따라 건축주의 숫자가 증가하여 대중화되었고, 이에 따라 건축경험을 갖지 않은 건축주도 증가하였다.
- 고객은 개인 건축주에서 법인 건축주로 비중이 확대됨에 따라 건축기획의 중추도 개인에서 위원회, 임원회, 의회 등의 조직이 대신하게 되었다.
- 건축 프로젝트의 기획을 위해서는 수요, 자금, 토지의 3요소를 갖추는 것이 필요하나 오늘날에는 건축주의 유형이 재래의 건축주와 같이 3요소를 전부 갖춘 종합형으로부터, 수요형, 자금형, 토지형, 수요・자금형, 그리고 아무 요소도 갖고 있지 않으나, 3요소의 결합을 도모하려고 기획을 진행시키는 개발형 등으로 역할이 나누어짐으로써 건축주의 개념이 불명확해지는 경향이 나타나고 있다.

### (2) 건축조직의 변천과 기획주체

건축조직의 시대적 변천과정에서 기획주체의 형태는 다음과 같이 변모되어 왔다. 즉, 건축행위의 원초적인 형태는 가족 또는 지역공동체에 의한 자력 건설이었으나, 본격적인 의미에서는 건축주가 도목수에게 공사를 발주하는 형태가 처음이다. 이 단계에서의 기획은 거의 건축주의 손에 달려 있다고 할 수 있다.

건축이 복잡·고도화됨에 따라 본격적인 설계의 필요성이 나타나, 전문가로서의 건축가가 그 속에 등장한 시스템 속에서는 주택이나 소규모 건축물은 전과 같이 대부분 건축주가 기획을 겸하고 있으나, 기획내용이 복잡하고 대규모 적인 건축물이 되면 건축주는 기획에 대하여 건축가의 협력을 얻는 것이 일반적이다.

설계시공 일괄입찰 시스템 속에서는 기획은 건축주와 건설업의 양방에 걸친 경우가 많으나, 기획의 대부분을 컨설턴트에게 의존하는 유형도 나타나고 있다. 또한 설계와 시공의 분리로 건축주, 컨설턴트, 건축가가 합동으로 기획을 하는 경우도 있다. 그러나 최근에는 주택사업이나 재개발사업 등의 분야에서 활동하는 개발업자가 등장하였다. 개발업자는 건축수요를 예측하여 수요에 대응한 건축기획, 계획, 토지개발, 건설을 하며 이것을 분양·공급하는 것이 주된 업무이므로 건축기획이 그의 중심적 업무로 자리 잡고 있다.

마지막 유형은 조립식 주택회사에서와 같이 건축기획, 설계, 제조, 시공, 판매의 모든 과정을 일괄적으로 처리하는 기획가의 출현이다.

### (3) 건축기획 조직의 형성

건축주, 설계조직 그리고 시공조직으로 구성되는 건축조직이 시대의 흐름에 따라 다양한 변화를 탄생시켰다는 것은 앞에서 기술하였다. 주목해야 할 것은 시대와 함께 새로운 조직이 나타났다고는 하지만, 그것과 함께 옛날 유형이 없어진 것이 아니라 거의 대부분의 유형이 양적 균형에서는 변화가 보이지만 횡적으로는 공존하고 있다.

건축조직의 변화와 함께 기획의 주체도 건축주에서 건축가로, 더 나아가 컨설턴트나 개발업자로 확대되고 있다. 1970년대 중반 이후에는 이들과 같은 건축전문가 이외의 주체가 기획의 주체로서 등장하여 건축기획 부문의 새로운 조직을 형성하게 되었다. 새로운 건축기획 조직의 특징으로는 은행, 보험회사, 광고회사, 기획사무소 등이 참여하고 있다는 점과 각 분야의 기획담당자가 특정 프로젝트를 대상으로 조직을 구성하여 내용을 상세하게 검토하여 추진한다는 점이다

건축기획 부문의 조직을 모델화하면, 은행, 보험회사, 광고대리점, 토지소유자, 개발업자, 건설업, 컨설턴트, 설계사무소 등의 기획주체들 중 1, 2개의 주체가 사업주체가 되고 이를 중심으로 다른 기획주체와도 조합하여 다양한 기획조직을 편성하고 있다.

## 3-2-3 건축기획의 과정

### (1) 건축기획의 역할

건축기획이란, 일반적으로 사업주체의 사업목적을 실현하기 위해 여러 가지 외부조건을 근거로 하여 사업상 필요한 건축에 관계된 여러 수단의 기본방침을 검토하여 결정하는 것. 또는 그러한 여러 수단의 내용을 말한다.

기획, 설계, 시공, 유지 및 관리 등으로 이어지는 건축 프로젝트의 과정 속에서 볼 때 기획은 사업의 시작단계에 위치하고 있으며, 그 결과는 다음 단계인 설계에 대해서는 조건이 된다. 따라서 기획은 프로젝트의 시작단계라 할지라도 설계와 시공과 유지 및 관리 등을 전혀 고려하지 않고 기획이 세워지는 것이 아니라, 오히려 기획 속에서도 설계에서 유지・관리에 이르기까지의 방침이 포함되지 않으면 안 되며, 또한 설계 이후의 단계가 되면 기획이 필요 없는 것이 아니라, 시공과 유지 및 관리 등에 이르기까지의 각 단계에 있어 종합적인 관점에서 조정하는 것이 기획의 역할이다.

### (2) 건축기획 과정

건축기획 과정은 아이디어 발상에서 시작되며 갑작스런 생각으로 시작되는 것이 아니다. 어떠한 공간요구나 시설요구 등 건설수요에 따라 건축을 실현하기 위한 기획행위가 시작되는 경우가 많다. 건축기획은 일회성 프로젝트의 성격이 강하므로 항상 성패를 생각해야 하고 사업이 실패하더라도 건축물을 없애는 것이 곤란하므로 어떤 형태로든 계속 건축물을 사용하기 위해서는 기획의 중요성이 무엇보다도 매우 강조된다.

실제로 건축기획 과정은 프로젝트의 목적, 기획의 주체, 외적 조건 등에 따라 다르므로 일반화하기 어렵지만 어떤 형태로 건축기획이 되었는지를 살펴보면 대체로 알 수 있다. 예를 들어, 토지의 유효한 활용을 목적으로 건축기획이 시작된 경우라면 대지조건에 적합한 건축용도가 무엇인지를 검토하고 결정하는 일이 가장 먼저 필요하다. 이를 위해서는 대지에 대한 조사・분석과 함께 여러 분야의 정보를 수집하고 사회적 수요를 분석하여 장래를 예측함과 동시에 새로운 수요를 찾아내는 작업이 행해져야 한다.

건축기획은 곧바로 결정이 진행되어가는 것이 아니며 대안들 가운데 비교・검토를 통해 선택 또는 지연되는 등의 과정을 거쳐 결정된다.

기획단계에서 기획에 대한 평가가 가능하다면 문제가 없겠지만 실제로 운영되고 난 후에 나타나는 문제도 있기 때문에 어려운 일이다.

기획은 건물의 설계조건을 결정하는 것뿐만 아니라 준공 후의 유지 및 관리에 대해서도 검토해야 하며 광고나 홍보까지도 해야 하는 경우도 많다. 이러한 기획과정에서는 여러 가지 위험을 고려한 검토가 필요하고 실제로 실현 가능한지 검토하는 타당성 분석을 신중히 진행시켜야 한다.

### (3) 기획의 구성요소

표 3-1의 내용은 일본건축학회의 건축기획소위원회가 제시한 것으로서, 모든 프로젝트 기획이 이와 같은 구성요소를 모두 포함하고, 또한 그 과정대로 진행되고 있지는 않으며, 각 구성요소 간의 비중도 프로젝트에 따라 다르다.

이 중 주요 구성요소를 중심으로 좀 더 구체적으로 설명하면 다음과 같다.

#### 1) 경영기획

경영기획은 영리사업을 목적으로 하는 민간부문의 건축활동은 물론, 공공주도의 도시재개발 사업에서도 건축기획의 핵심을 이루는 중요한 요소다. 어떤 자금을 도입하여 어디에 중점적으로 투자하고, 운영자금을 어떻게 조절할 것인가와

**표 3-1** 건축기획의 구성요소

| 건축기획과정 | 내 용 |
|---|---|
| 1. 프로젝트 발의 | • 프로젝트 기획의 목적과 성취할 내용의 대강을 포함한다. |
| 2. 입지조건 | • 건축의 목적과 대지가 결정된 경우 입지조건은 기획조건에 불과하나, 미정인 경우에는 그것을 결정하는 것이 기획의 내용이 된다. |
| 3. 사회 · 환경 조건 | • 법규, 상위계획, 환경평가, 사회동향 예측 등이 있다. |
| 4. 수요조건 | • 수요예측 등 건축을 성립시키는 기본적인 조건이다. |
| 5. 사례조사 | • 기존시설의 실태와 문제점 파악, 선행사례를 조사한다. |
| 6. 경영기획 | • 건축기획의 핵심을 이루는 중요한 요소다. |
| 7. 조직기획 | • 의사결정의 조직과 설계자, 시공자의 선정은 중요한 기획요소다. |
| 8. 공간기획 | • 최종의 단계에서 해도 되지만, 이것이 프로젝트의 목표나 기본개념을 검토하는 데 중요한 역할을 하는 경우가 많다. |
| 9. 기술기획 | • 새로운 공간, 고도의 기능, 공사비 절감 등의 실현을 위해 필요하다. |
| 10. 기획안의 작성 · 평가 | • 기획의 최종단계로서 설계지침으로 제시될 내용이 된다. |

같은 경영전략을 세우는 것이 중심이 된다. 내용으로는 사업계획, 투자계획, 마케팅 계획, 자금조달 계획, 운영조직 계획 등과 같은 경영적 요소와 건설비, 운영비, 임대면적비 등과 같은 사업비용 및 임대수익 관련사항이 있다.

외벽두께, 층고, 기둥크기, 수직동선과 서비스 코어 면적, 바닥두께 등의 치수는 건설비용과 임대면적비에 많은 영향을 미치므로 기획단계에서부터 면밀히 검토하여 설계자에게 제시해야 한다. 또한 에너지 분석, LCC, VE기법 등을 사용하여 최적의 운영계획 및 설계지침이 될 수 있도록 해야 한다.

#### 2) 조직기획

건축주 측의 조직과 설계자와 시공자 측의 조직관계가 원만하게 진행되지 않으면 사업수행에 많은 지장을 초래하므로 사업이나 개발수법에 따른 조직구성의 특성과 방법을 분석한다. 건축주 조직, 설계자선정, 시공자 선정, 수요자 모집, 임차인 선정, 지역합의 형성을 위한 방법 등을 계획한다. 특히 설계자 조직에도 시공관련 전문가를 구성원으로 참여시켜 설계를 진행하는 것이 필요하다.

#### 3) 공간기획

공간기획은 최종의 단계에서 해도 되지만, 이것이 프로젝트의 목표나 기본개념을 검토하는 데 중요한 역할을 하는 경우도 많으므로 기획과정의 각 단계에 따라 적합한 수준으로 진행하되, 설계요구 조건, 제한요소 등을 체계화하여 규모계획, 기능계획, 의장계획, 배치계획, 개략평면 계획, 주재료의 선정, 토지이용 계획 등을 수립한다.

#### 4) 기술기획

프로젝트를 실현함에 있어서 기술적인 뒷받침이 필요하다. 재래의 기술로 실현 가능한 경우에는 특별히 기술기획을 행할 필요가 없으나, 에어돔이나 IB 등을 실현시키기 위해서는 기술개발을 필요로 하게 된다. 기술기획은 디자인 개념생성의 초기, 시공방법, 그리고 관리상 특성 등으로 구분하여 적용할 수 있다.

### (4) 기획과정에서의 계기

프로젝트가 실현되기까지의 진행과정에는 몇 개의 계기가 있다. 다음 중에서 어느 것이 계기가 되었는지는 프로젝트의 종류에 따라 다르지만 사전에 이러한 계기를 충분히 인식하면서 기획작업을 진행시킨다면 프로젝트를 효율적으로 추진할 수 있다.

- 법의 제도화 : 법제도가 정비되는 것은 사업을 진전시키는 큰 계기가 되므로 법제도의 확립, 사업수법의 신설, 지역지구의 지정 등의 움직임을 주시한다.
- 수속절차 : 재개발사업 등 법정사업에서는 사업계획 결정 및 인가, 권리변환 계획인가, 개발허가 등 법적 수속 그 자체가 기획과정의 계기가 된다.
- 예산화 : 공공사업의 경우는 조사비, 사업비 등에 대한 예산획득이 사업추진에 큰 계기가 되므로 예산당국을 설득하는 자료를 갖추는 것이 기획의 임무다.
- 조직화 : 사업의 각 단계에 적합한 체제편성은 사업의 원만한 진행을 위해 중요하다. 즉, 추진조직의 설립, 조사조직의 설립, 사업주체의 설립 등이다.
- 합의형성 : 의회, 관계 각료회의, 주민설명회, 심의회, 건설위원회, 중역회의 등에서 합의를 도출해 내는 것이 기획의 포인트가 된다.
- 결단 : 토지취득, 투자 등에 관한 결단으로 유도하기 위한 판단자료다.
- 기타 : 사업계획 발표, 이벤트 등이 있다.

## 3-2-4 건축 프로젝트 기획의 유형

건축기획의 내용이나 과정은 프로젝트마다 대부분 다르나 여기서는 프로젝트의 개념단계 이후의 단계와 사업목적 등에 따라 유형을 분류하였다.

### (1) 프로젝트의 단계별

#### 1) 개념단계형

의식전환이나 아이디어 발굴을 목적으로 하는 것으로, 실행에 관한 구체적인 사항은 결여되어 있는 기획단계다.

#### 2) 타당성검토형

개발 컨설턴트가 부동산관련 조언이나 대안을 제시하는 기획단계로, 사업목표를 선정하거나 선정된 사업목표의 타당성을 검토하는 작업이다. 프로젝트의 개발환경, 입지환경, 시장 등의 분석을 통하여 개발의 개념 및 목표, 용도, 규모 등을 설정하고, 이를 바탕으로 사업계획을 수립한 후 사업계획의 물리적 해석단계로서 기본계획을 수립한다. 이후 자금수지 분석과 관리·운영 계획, 마케팅 계획에 대한 개발 시나리오를 작성하게 된다.

#### 3) 건축 프로그램형

공간배분, 이미지, 기술, 공정 등에 비중을 둔 건축 프로그램 위주의 기획단계다. 설계 전 단계에서 행해지는 또 다른 업무인 건축 프로그래밍은 건축주에게는 프로젝트의 가치를 판단할 수 있는 자료를, 건축가에게는 설계기준 및 조건 등과 같은 타당한 설계결정에 필요한 정보를 제공함으로써 의사결정에 도움을 주는 것을 목적으로 한다.

#### 4) 건설사업 관리형

프로젝트 수행에 필요한 제반사항을 구체적으로 결정하는 것으로서 건설사업 관리(CM)의 일부로 행해지게 된다. 따라서 건축가와 시공자의 한계를 넘는 광범위한 지식과 능력을 갖춘 건설사업 관리전문가를 주축으로 건축주, 설계자, 시공자가 사각구도로 조직을 구성하여 작업을 행하게 된다. 미국건축가협회(AIA)는 건설사업 관리를 건축가의 부가적 업무로 취급하면서 중요성을 강조하고 있다.

### (2) 프로젝트의 사업목적별

#### 1) 민간사업형

민간기업이 수익성을 목적으로 하는 경우로서 사업을 어디에, 어떠한 내용과 방법으로 구체화시킬 것인가가 주된 내용이 된다. 자사건물을 기획하는 경우와 임대나 분양을 목적으로 사무소나 아파트를 기획하는 경우가 있다.

기획의 과정은 타당성 검토와 건축 프로그램으로 진행된다. 즉, 프로젝트 발의를 한 후에 시장분석과 채산성 분석을 한다. 그 다음 대지나 후보지를 대상으로 분석을 실시한 후 개략적 기능구성, 규모, 시설배치, 사업수법 및 운영방침 등을 구상한다.

#### 2) 공공사업형

정부나 지방자치 단체가 청사나 공영주택 등 공공건축물을 기획하는 경우다.

이들은 일정한 기준에 따라 계획되는 것이 많아서 개별 프로젝트로서의 기획의 중요성은 상대적으로 낮으나 공공건축물도 새로운 기능을 갖도록 요구받고 있으며, 또한 채산성 및 효율성의 향상에도 관심을 두게 되어 기획의 중요성은 점점 높아지고 있는 실정이다.

타당성 검토에서는 채산성보다는 행정목적의 추구나 재정적 뒷받침의 검토가 중시된다. 민간사업과 달리 입지선정도 지역의 균형과 개발을 염두에 두며, 시설구상에서는 어떤 제도를 적용할 것인가가 먼저 검토된다. 사업화 과정에는 의회승인이나 사업결정이라는 절차가 중요한 고비가 되며, 이들을 통과하기 위해 기획이 행해진다.

### 3) 민자유치형

제3섹터형이라고도 하는 이 유형은 공공사업을 민간투자로 진행하는 것으로서 양자의 장점을 모두 취하려는 의도에서 출발하였다. 과거 국가가 계획, 건설, 운영하던 것에서 민자건설·운영으로 전환하는 것으로서 공기업의 방만한 예산사용이나 완공 후 안일한 운영에 따른 국고출혈을 줄이며, 수익자부담의 원칙을 적용하려는 취지에서 도입되었으나, 원칙의 부재와 과중한 사용료문제를 내포하고 있다.

### 4) 집단화형

재개발사업, 재건축사업, 취락구조 개선사업이나, 공업단지, 출판단지, 유통단지 등의 개발 등 주민, 조합, 사업자가 지방자치 단체의 도움으로 도시정비 차원에서 환경개선이나 지역개발을 목적으로 진행하는 사업의 기획이 여기에 해당된다. 초기단계에서는 사업주체의 선정이 중요한데, 기획주체의 성격이나 합의방식 등이 문제가 될 경우가 많다. 조합원의 구성, 기업의 경영진단, 공동사업의 내용, 자금계획 등이 주된 기획내용이 된다.

확보된 토지를 어떻게 유효하게 활용할 것인가를 기획하는 토지활용형, 안전성, 편리성, 쾌적성, 토지의 효율적 이용 등에 문제가 있는 경우에 추진하는 재개발형, 구릉지나 매립지 등에 주거단지나 도시를 개발하는 신도시개발형 등이 주된 유형이다.

### 5) 기술개발형

기술개발형은 건축기술이나 자재의 신규개발이 새로운 프로젝트를 탄생시키는 경우의 기획이다. 기술개발에서도 어느 정도의 시장조사가 행해지나, 오히려 기술개발이 선행하고 개발된 기술을 제품화하기 위해 프로젝트의 기획제안이 행해진다. 포항제철에서 추진한 바 있는 스틸하우스, 철골조 학교 등이 한 예다.

## 3-2-5 건축기획서의 내용

건축기획서는 여러 참여자에게 각기 독특한 역할을 하게 한다. 건축주로서는 프로젝트 금융을 위해 투자자를 설득하거나 지원기관의 지원을 얻는 데 필요한 자료뿐만 아니라 건축가에게 제시할 지침서가 되고, 기획서 작성자로서는 설계나 시공의 수주활동이 되며, 전문용역자로서는 전문용역이 되고, 프로젝트 진행 중에 발생되는 문제에서는 책임소재와 하자를 판단할 기준도 된다.

따라서 일반적으로 기획서는 사업, 건축, 관리 측면의 내용을 모두 포함할 수 있는 종합형 양식을 갖추는 것이 필요하며, 경우에 따라 적절히 가감하면서 적용할 융통성이 있어야 한다. 종합형 기획서에 포함되어져야 할 내용을 정리하면 표 3-2와 같다.

**표 3-2** 종합형 기획서의 내용

| 구 분 | 내 용 |
|---|---|
| 1. 배경 | • 프로젝트의 목적<br>• 기획의 목표, 범위, 방법론, 참여자 |
| 2. 사업 프로그램 | • 배경자료(1차 정보) 조사결과 요약<br>• 개발개념, 용도 및 규모계획, 한계비용 및 공기설정, 개발사업 방식<br>• 이용 프로그램, 관리운영 계획, 임대분양 계획, 프로젝트팀 조직 |
| 3. 건축 프로그램 | • 배경자료(2차 정보) 조사결과 요약<br>• 프로그램 목표설정, 공간구성 및 기능계획, 배치계획, 건축계획<br>• 기술계획을 통한 대안 제시 |
| 4. 대안작성 및 평가 | • 각 프로그램을 대상으로 몇 개의 대안 제시<br>• 대안의 종합평가 및 민감도 분석 |
| 5. 제안 및 실행 계획 | • 최종기획안 제시<br>• 일정계획안, 계약도서 작성, 입찰문서 작성, 인허가업무 계획안 |
| 6. 부록 | • 관련된 보충자료 및 배경자료, 자료편집, 기법 등을 수록 |

## 3-3 건축기획 업무

### 3-3-1 외국의 경우

#### (1) 미국

미국건축가협회는 프로젝트 과정에 필요한 건축가 지정 용역표(schedule of designated services)를 표 3-3과 같이 제시하고 이를 용역계약에 활용하도록 하고 있다.

**▮표 3-3▮ 미국건축가협회의 건축가 지정 용역표**

| 구분 | 업무 | 세부업무 |
|---|---|---|
| 부가 용역 | 1. 프로젝트 행정 업무 | 01. 프로젝트 행정, 02. 업무조정/도서 체크, 03. 행정기관 협의/심의/승인, 04. 건축주 제공자료 조정, 05. 일정수립/검토, 06. 사업비용 개략산정, 07. 발표보고 |
| | 2. 설계 전 업무 | 08. 프로그래밍, 09. 공간계획/동선도, 10. 기존 시설물조사, 11. 마케팅 검토, 12. 경제타당성 검토, 13. 프로젝트 금융 |
| | 3. 대지개발 업무 | 14. 대지분석과 선정, 15. 대지개발 계획, 16. 세부대지 이용검토, 17. 대지 내 시설계획, 18. 대지 외 시설계획, 19. 환경영향 보고서, 20. 조닝관련 확인, 21. 지질조사, 22. 대지조사 종합 |
| 기본 용역 | 4. 설계업무 | 23. 건축설계 도서, 24. 구조설계 도서, 25. 기계설계 도서, 26. 전기설계 도서, 27. 토목설계 도서, 28. 조경설계 도서, 29. 실내설계 도서, 30. 특수설계 도서, 31. 자재연구/시방서 |
| | 5. 입찰지원 업무 | 32. 입찰안내, 33. 추가입찰, 34. 입찰협의, 35. 대안분석, 36. 특별입찰, 37. 입찰평가, 38. 계약체결 |
| | 5. 공사감리 업무 | 39. 제출서류, 40. 현장관찰, 41. 프로젝트 대리인, 42. 시험 및 검사관리, 43. 추가도서, 44.변경도서, 45. 공사비 회계, 46. 가구장비 설치관리, 47. 중재와 결정, 48. 프로젝트 종결 |
| 부가 용역 | 7. 완공 후 업무 | 49. 운영·유지 프로그램, 50. 시스템 작동지원, 51. 기록도면, 52. 보증, 53. 완공 후 평가 |
| | 8. 특별업무 | 54. 특별연구, 55. 임대관련 연구, 56. 특수가구 설계, 57. 가구장비 업무, 58. 특수분야 자문, 59. 특수건물 유형자문, 60. 예술 및 공예품, 61. 그래픽 디자인, 62. 렌더링, 63. 모형제작, 64. 사진, 65. 동영상, 66. 생애비용 추정, 67. 가치분석, 68. 에너지 검토, 69. 수량검토, 70. 상세 비용견적, 71. 환경 모니터링, 72. 전문가분석, 73. 자재 시스템 시험, 74. 철거업무, 75. 실물제작 업무, 76. 지정업무의 조정, 77. 가구장비 구매/설치, 78. 컴퓨터응용, 79. 프로젝트 촉진/홍보, 80. 임차자 팸플릿, 81. 공사계약 전 행정, 82. 입찰연장, 83. 공사계약 연장 |

건축주와 건축가는 단계별로 필요한 업무와 세부업무를 협의하여 수행 여부를 체크하여 표준계약서에 첨부하게 된다. 여기서 건축기획에 해당되는 업무는 프로젝트행정 업무, 설계 전 업무, 대지개발 업무 등의 일부를 포함한다.

특히, 설계 전 업무(pre-design service) 중 프로그래밍은 설계목표나 제약조건을 파악하고 소요면적을 설정하는 것이며, 공간계획/동선도는 개념을 구체화하는 작업이며, 기존 시설물조사는 현지조사를 통해 구조 및 설비용량 등을 조사・분석하는 것으로 건축가에 의해 독자적으로 수행될 수 있다. 반면에 건축물에 대한 수요예측을 하는 마케팅 검토나 비용을 파악하고 건축과정별 소요자금의 흐름을 검토하는 경제타당성 검토 그리고 건축주의 금융조달을 위한 지원으로서의 프로젝트 금융업무 등 경영적인 측면은 외부전문가의 도움을 받아 수행하는 업무다.

### (2) 일본

일본에서는 건축기획이 건축경제의 한 분야로서 출발된 것에서 알 수 있듯이 사업성 위주로 개념이 정립되어 왔다. 일본건축학회 건축기획소위원회에서 제시한 프로젝트 기획의 과정은 프로젝트 발의 → 기획조건(입지조건, 사회・환경조건, 수요조건, 사례조사 등) 분석 → 기획요소(경영기획, 조직기획, 공간기획, 기술기획 등) 중심의 기본구상 → 기획안 작성 및 평가로 이루어진다.

한편, 일본 동경도건축사사무소협회가 작성한 업무보수 산정지침에서는 표준외 업무에 속하는 것의 업무내용과 성과도서를 명시하고 있다. 이 중에서 건축기획 업무에 해당되는 것은 조사연구 및 기획업무 외에도 다음의 항목이 있다.

- 대지선정을 위한 법적 제약, 자연환경, 사회환경, 건축물의 배치 및 계획조사
- 시공상 기술조건을 위한 조사연구 및 기획보고서, 개략계획 도서
- 건축물의 용도, 규모, 형식의 확정에 필요한 조사 및 기획업무
- 대지 및 건물의 측량, 실측, 감정서
- 개략설계에 따른 공사비 개산서, 경영채산 조건, 공사비 사례
- 대상건축물의 환경영향 평가, 매장물 조사, 전파장애, 풍동실험
- 모형제작
- 사업자금 계획 및 융자 알선

### 3-3-2 국내의 경우

#### (1) 제도적 차원

국내의 경우, 법적으로 제도화된 건축설계상 기획업무에 관한 기준은 없으나, 다만 건축사법상의 건축물의 규모검토, 현장조사, 설계지침 등 설계발주에 필요하여 건축주가 사전에 요구하는 설계업무와 건설기술 관리법상의 안내서작성 작업 등은 건축기획 업무의 일부로 볼 수 있다.

#### (2) 건축설계 사무소의 기획업무 현황

건축기획에서 다루는 건축물의 용도와 규모의 설정은 설계업무의 발주·수주의 예비절차로서 항상 행해지고 있다. 그러나 이에 대해서는 업무의 범위나 보수에 관한 규정이 모호하며, 무보수로 진행되는 경우가 많은 것이 현실이다.

기획전문 인력팀을 운영하고 있는 대형 건축설계 사무소를 중심으로 조사한 결과, 기획업무의 대부분은 설계과정에 수반되는 기획설계의 초기업무였으며, 일부 대형 사무소의 경우에도 개발사업의 기획업무를 시작하는 단계다.

#### (3) 건축기획서의 목적유형과 내용

건축기획서의 내용은 대부분이 건축의 사업타당성 분석과 건축 프로그램 작성 중 어느 한 곳에 치중되어져 있으며, 건설사업 관리형은 턴키 프로젝트의 입찰지침서에서만 나타나고 있다. 실제 프로젝트의 진행에 있어 기획서는 시점에 따라 여러 번 작성하게 되며, 그때마다 다루는 내용은 다르게 된다. 분석의 대상으로 삼은 건축기획서들은 작성목적과 시점이 프로젝트의 시행단계 간 차이로 인해 다양하게 나타나고 있지만 기획서의 목적유형과 중심내용은 다음과 같이 5개 유형으로 구분할 수 있다.

##### 1) 개념제기형 건축기획

의식전환이나 아이디어 발굴이 주목적이며, 사업의 관심을 유도하기 위해 사업 초기에 매우 조심스러운 접근으로 수행되는 기획이다. 공공부문에서 계몽성을 갖는 가치적 기획 프로젝트를 위하여 초기에 사용되고 있다.

### 2) 사업검토형 건축기획

가장 일반적으로 행해지는 기획업무로서 건축물의 용도를 건축주가 정하더라도 대략적 용도에 머무른다면 구체적 성격은 외부의 전문 컨설턴트의 몫이 된다. 따라서 사업상의 위험을 최소화하기 위해 사례조사를 하며, 인근의 임대 및 분양가 조사, 사업의 타당성 분석, 효과적인 분양과 임대를 위한 마케팅 등에도 관심을 두게 되는데 건축사설계 사무소로서는 전문분야가 아닌 것이 문제다.

### 3) 용도결정형 건축기획

확보된 대지에 대해 가장 적합한 건축용도를 정하는 것이며, 소요실 및 면적규모 산정, 층별 배분계획, 이미지, 설계지침 등을 포함하고 있다. 프로젝트의 상당부분이 진행된 상태이며 건축사의 역할이 크게 두드러지는 유형이다.

### 4) 사업집행형 건축기획

확보된 대지와 결정된 용도를 바탕으로 하여 프로젝트 수행에 필요한 제반사항을 구체적으로 결정 · 제시하는 것이며, 설계진행과 인허가절차에 필요한 제출자료로 작성되는 설계설명서 등을 포함하기도 한다.

### 5) 공통기획형 건축기획

한 발주기관이 여러 프로젝트를 행할 경우에 이들 모두에게 공통적, 개별적으로 적용될 용도와 시설기준 등을 정하는 것이며, 대상지 확보, 사업절차, 수지분석 등도 포함한다.

한편 기획실무에서 사용되는 기법은 다루는 내용과 단계에 따라 다르지만, 대체로 조사, 분석, 종합에 관한 기법, 표현기법, 매뉴얼의 유무 등이 있으며, 최근에는 컴퓨터 프로그램화된 표현기법이나 사업타당성 검토도 사용되고 있다. 즉, 도면작성을 위한 AutoCAD 프로그램, 건설사업 타당성 분석 및 검토 시스템인 Mark/In(KCG) 프로그램 등이 그 예다.

## (4) 사업집행형 건축기획의 과정

국내 건축설계 사무소에서 건축주나 사업시행자를 위해 행해지는 건축기획 업무는 사업집행형이 대부분이다. 다음은 주상복합 용도 건축 프로젝트에서의 사업집행형 기획의 진행단계를 설명하고 있다.

### 1) 대상지 및 시설 선정

사업대상지의 선정은 주로 개발업자인 사업시행자에 의해 이루어지는 것이 대부분이다. 이 단계에서는 여러 분석을 통해 도출된 시설과 규모의 설정과정을 거쳐야 하지만, 현실적으로는 대부분 이 과정이 생략된 채 사업시행자의 개발경험을 통한 주관적 판단에 의해 결정되고 있는 실정이다.

### 2) 규모검토 및 기본계획

사업시행자는 사업대상지의 위치, 희망하는 시설의 개략적 개요와 비율, 분양관련 전용·공용 면적비율 등 규모에 대한 가능성 검토를 건축설계 사무소에 의뢰하게 된다. 건축설계 사무소는 시행사와 관할관청의 중간자적 역할을 수행하여 대지조사와 법규검토를 통해 건축주 요구사항의 가능성 여부와 그 개략적 규모를 판단하여 기본계획을 착수하게 된다.

기본계획에서는 건축주의 희망규모의 가능성을 판단하며, 법적 한도 내에서 최대 규모로 산출하면서 계획을 구체화시켜 간다. 이 과정에서 다양한 협의를 통해 건축주의 요구에 가장 적합한 계획안을 제시하게 된다.

### 3) 사업성 검토

사업시행자인 건축주는 건축설계 사무소에 의해 작성·제시된 기본계획안을 토대로 MD(merchandising) 및 컨설팅 업체, 건설사와 협의하여 사업수익성을 검토하게 된다. 건설사는 건설에 소요되는 비용과 기타 부대비용, 주거부분의 분양을 통한 수익성을, 컨설팅업체는 입점 가능한 상점과 분양과 임대 여부 등에 따른 분석을 실시한다. 예상되는 수익을 판단하여 사업시행 여부를 결정하고 사업이 시행된다면 다음 작업내용을 건축설계 사무소에 통보하게 된다.

건축설계 사무소는 구조, 설비 등의 협력업체와 공동으로 설계를 진행하며, 이때 MD 및 컨설팅 업체 등의 의견을 반영하게 된다. 최종적인 시행계획이 수립되면 인허가신청, 심의, 허가로 절차가 진행하게 된다. 이후 MD 및 컨설팅 업체의 이용계획 수립과 건축주의 사업비용 관련 검토를 토대로 최종적인 일정을 결정하게 된다.

## 3-4 타당성 분석과 건축 프로그래밍

### 3-4-1 타당성 분석

타당성 분석(feasibility study)은 건축 프로젝트의 목적에 비추어 실현가능성을 검토하는 것으로, 기획요소 중에서는 경영과 조직 측면을 주로 다룬다. 타당성 분석은 내용과 깊이가 매우 다양하기 때문에 일률적으로 규정하기는 곤란하다.

#### (1) 개념의 발상

사업개념(project concept)의 발상단계에서부터 시작된 타당성 분석의 결과는 사업의 방향을 바꾸거나, 포기하도록 하는 데 지대한 영향을 주고 있다. 개념에는 대지, 용도와 규모, 비용과 조달, 투자회수 방법 등이 포함되어 있으며, 타당성 분석은 일반적으로 대지가 확정된 상태에서 대지조건을 토대로 법적 가능성, 용도, 비용, 투자회수 등을 정하기 위해서 실시한다. 그러나 지정된 용도와 규모에 합당한 대지를 선정하는 경우에도 행해진다. 어느 경우에나 미래에 대한 예측에 기반하며, 사업성을 극대화하는 데 기여할 용도, 규모, 수준, 대지를 탐색하는 정도로 하게 된다.

#### (2) 개념의 발전

##### 1) 대지분석

동일 대지라도 대지분석의 방법과 결과에 따라 완전히 다른 기획이 될 수 있으므로 대지에 적합한 건축물의 용도를 설정하는 작업은 사업의 초기진행 과정에서 행해지며, 전체적으로는 2회 이상이 행해진다. 즉, 1차 대지분석은 기본방향을 설정하기 위한 것으로 용도와 규모에 관련되며, 2차 대지분석은 타당성 검토가 끝난 후에 건축 프로그래밍이나 기본계획을 위해 필요한 기술적 내용을 확인할 목적으로 행해진다.

##### 2) 법규분석

용도의 설정과 병행 또는 전후한 시점에서 개발목표에 관련된 사업관계 법교와 건축관계 법규 등을 분석한다. 전자는 시설의 용도 및 사업에 관련되는 것으로 사업의 개발목표 설정에서 중요한 고려사항이 되며, 후자는 특히 건축물의 규모를 제한하게 되는 것으로 건폐율, 용적률, 사선제한, 고도제한, 건축선 규정 등은 신중히 검토해야 할 사항이다.

#### 3) 사례분석

목표로 하는 사업 및 시설과 유사하거나 경쟁대상이 될 것 중에서 앞선 것을 택해 사례분석을 실시한다. 특히 모범사례는 흐름을 대변하는 것이기 때문에 중요하게 다루며, 목표로 하는 사업과의 차이점도 확인해야 한다. 왜냐하면 이들은 사업완공 후에는 경쟁관계에 있을 수 있기 때문이다.

### (3) 경제성 분석

#### 1) 시장성 분석

시장성 분석(market analysis)은 건축물을 시장가치를 지닌 부동산으로 보면서, 건축 프로젝트를 부동산개발이라는 투자활동으로 접근하는 것으로 여기서는 경영 컨설턴트가 중요한 역할을 수행하게 된다.

시장성 분석은 일정지역을 대상으로 특정시설의 수요와 공급에 미치는 영향을 분석하고 예측하는 데 사용된다. 민간 프로젝트에서는 투자수익이 핵심이며 시장분석을 통해 시설규모와 시설수준을 결정한다. 주택사업자가 신규 평면유형, 인테리어, 조경, 단지배치 등에 대하여 행하는 거주자 선호조사와 시장분석이 그 예다. 분석에는 대체로 특정시설의 공간적 분포와 수요공급, 구매대상 인구, 신규공급량, 분양비율, 시설의 적정규모, 임대분양성, 마케팅 전략 등과 같은 내용을 포함하고 있다.

#### 2) 재무타당성 분석

재무타당성 분석(financial feasibility study)에서는 투자비와 기대수익의 흐름과 결과를 분석하면서 준공 후 시장가치가 투자비보다 충분히 높게 될 것인가를 다룬다. 건축 프로젝트에서는 반드시 이것을 확인하게 마련이고, 이는 시장성 분석에 비하면 연산적이다. 수익성은 이자율 등으로 판단되는 직접수지와 절세방안 등으로 판단되는 간접효과를 고려해야 하며 계산에서는 정확한 근거가 필요하다. 이 분석은 부동산, 회계, 세무관련 유경험자나 전문가가 할 수 있으며, 건축가는 단지 비용산출을 위한 정보제공으로 기여한다.

### 3) 비용/편익 분석

공공사업에서는 공공수요가 핵심이 되므로 사업시행에 따른 국민경제와 사회 전반에 미치는 효과를 확인하기 위하여 비용/편익 분석(cost/benefit analysis)을 실시해야 하며 사회복지, 정책수행, 교육문화 등을 주 대상으로 한다. 재무타당성 분석과 달리 효과나 수익을 계량화할 방안은 거의 없으므로 추상적으로 끝나거나 개념차원에서 머물기도 하지만 합리화를 위해서는 절대적으로 필요한 개념이다. 분석을 통해 편익과 총비용을 한계가치로 비교하여 투자의 우선순위를 결정하게 된다.

## (4) 계획의 수립

프로젝트 개념과 경제성 분석의 결과를 사업계획으로 종합 정리한다. 프로젝트 계획은 사업구상, 시설구상, 건설관리 구상을 포함하며 경영 컨설팅, 부동산개발, 건축설계 등에 관한 전문가의 상호협력을 필요로 한다.

### 1) 사업구상

사업구상은 용도와 규모, 비용과 공사기간, 사업방식, 관리운영, 최종적으로는 활동과 인원수 그리고 기본방향 등을 주요내용으로 다룬 기능 프로그램(function program)으로 제시되며, 이 단계에서의 핵심은 시설의 용도와 규모다. 한편, 사업방식은 개발방향이 결정된 후 개발주체의 내부적 경영환경이나 부동산시장의 상황과 같은 외부환경에 따라 다양하게 결정된다.

### 2) 시설구상

사업계획에 포함될 시설구상의 범위는 프로젝트에 따라 매우 다양하나 일반적으로 토지이용과 배치, 동선, 전체 단면 등에 관한 배치개념, 개발 이미지, 개념설계 등을 포함한다.

### 3) 건설관리 구상

사업계획에서 건설관리는 프로젝트 조직, 일정, 인허가업무 예측 등을 포함한다. 소규모 건축물에서도 설계자와 시공자의 선정은 중요한 일이며, 특히 재개발이나 재건축사업처럼 법적 절차가 복잡하거나, 사업의 규모가 거대하고 사업내용이 복잡한 경우에는 절대적으로 중요하다.

### (5) 대안평가

#### 1) 평가항목

사업계획안은 타당성 위주로 평가하게 되며, 프로젝트의 성격에 따라 재무, 경제효용, 사업추진, 환경맥락, 건축적 측면 등의 평가항목에서 취사 선택하고 항목별 비중도 정한다.

#### 2) 대안평가 및 종합

대안평가는 항목별 평가를 모아서 최적안을 선정하는 작업으로 진행된다. 이때 주관적·정성적 평가치를 객관적·정량적 요소로 수치화하는 예로 각 항목을 계층화하여 종합평가하는 AHP(analytic hierarchy process) 기법이 있다.

## 3-4-2 건축 프로그래밍

### (1) 프로그램의 성격

#### 1) 기능 프로그램

타당성검토와 함께 작성된 사업계획 중에서 기능에 속하는 사항은 기능 프로그램(function program)으로 부르면서 건축 프로그램의 전제조건으로 삼게 된다. 이는 건축주가 결정한 기능, 인원수, 기본방향 등에 관한 내용으로 구성되며, 표현형식은 건축주 조직과 프로젝트에 따라 다양하다. 기능 프로그램은 교육기관에서는 교육방침, 교육과정, 시간 수, 학생 수 등을 포함한 학사계획으로, 기업체에서는 업무, 기능, 조직, 인원 등을 포함한 사업계획으로 제시된다. 이는 건축 프로그래밍 작업을 위한 건축주와의 첫 회의에서 공식적으로 확인되어야 한다.

#### 2) 건축 프로그램

건축 프로그램(architectural program)은 건축설계를 지원하는 것으로 설계의 목표를 설정하고, 문제를 발견하고, 기본적 결정을 담아 설계지침서 형태로 설계자에게 제시되는 것이다. 전형적으로 건축 프로그램은 계획설계를 위한 계획설계 프로그램(schematic design program)을 가리키지만 기본계획이나 기본설계에 필요한 자료수집과 의사결정을 위한 기본계획 프로그램(master plan program)이나 기본설계 프로그램(design development program)을 포함할 수도 있다.

이들이 국내에서는 기본계획 프로그램과 계획설계 프로그램은 건축계획 및 설계지침 정도로, 기본설계 프로그램은 세부시설 시방서 정도로 작성되고 있는 현실이다.

건축주가 제시하는 설계요구나 설계지침이 불분명한 채로 작업이 진행되고 또한 자주 변경되므로 건축 프로그램의 결과물이 프로젝트 실무에서 뚜렷한 모습으로 드러나는 경우는 매우 드물다. 그러나 공공부문에서 설계안을 공모하는 경우에는 설계지침이 책자로 제시되고 있는데 이는 계획설계 프로그램의 한 결과물이라고 할 수 있다.

### (2) 프로그램의 작성자

건축주는 건축 프로젝트를 수행함에 있어 건축 프로그램을 별도로 작성할 것인지, 작성한다면 누구에게 시킬 것인지를 미리 결정해야 한다. 작성은 내부부서, 설계자, 프로그래밍 전문가 중에서 선택하여 할 수 있으며, 건축주 측은 프로그래밍 조직에 참여하거나 간접적인 참여자로서 기여하게 된다. 프로그래밍 조직은 프로그램을 작성할 직접책임을 갖는 핵심구성원이므로 프로그래밍 조직은 의사결정의 권한과 보고서 작성의 의무가 있으며, 건축주의 지지와 신뢰를 받고 있어야 한다.

먼저 건축주 내부에서 프로그래밍 조직을 구성하여 작성하는 경우, 프로그램의 품질은 내부인원의 능력에 따르게 되는데 대체로 최신의 기술과 비용, 법규해석, 공간표준과 면적효율 등에 대한 판단에서 신뢰성이 낮아 기능개선과 비용절약의 기회를 놓치기 쉽다. 따라서 전문성 결여를 보충할 수 있도록 외부전문가를 한시적으로 고용하여 보완하거나 자문위원회를 구성하여 진행할 필요가 있다.

프로그래밍을 설계예정자에게 의뢰하고 이를 설계로 연속시키는 경우는 건축가로서는 프로그래밍의 품질로 설계계약이 결정될 수 있음을 알기 때문에 최선을 다할 수밖에 없으며, 또한 건물유형이 복잡한 경우에는 이에 대한 경험이 많은 건축가가 최신의 자료를 보유하고 있기 때문에 프로그램 작성에도 능력이 있다고 할 수 있다. 그러나 설계자는 대체로 고품질과 고비용 형태에 치우치는 경향이 있어 저효율, 비경제적이 되는 단점이 있고, 또 프로그램 문서는 설계지침인 동시에 설계도서의 평가기초가 된다는 점에서 설계자가 작성한다는 것이 불합리하다는 지적도 있다.

한편, 건축가, 기획전문가, 개발업체, 건축연구자 등과 같은 프로그래밍 전문가가 작성하는 경우는 프로그램의 전문성을 높일 수 있다. 건축물이 고도로 복잡하고 거대한 경우에는 프로그래밍 조직에 건물유형 전문가를 포함시키며 건설관리자, 적산전문가, 법규검토자, 엔지니어링 컨설턴트 등도 추가하기도 한다. 왜냐하면 한 업체가 모든 능력을 갖춘 경우가 적기 때문이다. 특히 이러한 프로그램의 작성조직은 건축주조직과 친밀히 일할 수 있는 화합성을 갖추어야 한다.

### (3) 프로그램의 진행과정

#### 1) 기본계획 프로그램

프로그래밍은 설계를 위한 것이기 때문에 설계단계에 따라 프로그래밍 성격은 달라질 수 있다. 기본계획 프로그램은 사업계획과 대지계획을 접목하여 기본계획을 수립하는 것이므로 여기서는 기본계획의 조건이 되는 자료를 수집·분석하여 문서화한다.

전형적인 사업계획 자료로는 사업체조직 및 성장, 사업일정과 제약, 경제성 및 재정지표, 인허가일정, 사용자 및 근린의 특성 등이 있으며, 물리적 시설자료로는 용도지역 지구제 및 건축관련 법규, 거주평가, 공간표준, 대지 및 기존건축물 분석, 건축물유형, 개별공간 현황, 면적효율, 접근로, 지형 및 지질 등이 있다.

기본계획 프로그램은 대지분석, 단지개발 및 예측에 관한 정보, 즉 시설유형 및 규모, 대지특성, 교통, 경관, 인근 구조물, 건축선 후퇴, 고도제한, 주차, 프로젝트 관리와 행정계획, 비용계획 등을 포함한다.

#### 2) 계획설계 프로그램

계획설계 프로그램은 전체 설계과정에서의 태동적 역할 때문에 건축 프로그래밍의 중심이 된다. 특히 사용자 요구를 확인하고 조정하는 과정에서 프로그래밍은 특정의 가치, 목적, 사실, 요구, 아이디어 등을 포함하며, 세부적으로는 공간의 목록과 공간관련 다이어그램까지 담게 된다.

계획설계 단계에서도 실내세부 프로그램이 행해지는 경우는 모듈 반복형 건물(호텔, 학교 등), 설비장치형 건물(병원, 실험실, 공장 등) 등이며, 명칭은 건물유형과 관행에 따라 임대사무소에서는 실내세부 프로그램과 가구설비 프로그램으로, 실험실이나 공장 등에서는 장치 프로그램으로 사용되는 등 다양하게 사용되고 있다.

계획설계 프로그램은 다음의 정보를 포함하고 있다.

- 공간목록 : 실공간의 명칭과 면적
- 관련도 : 공간과 공간, 부서, 사물관계, 흐름 등을 매트릭스와 다이어그램으로 수량적으로 표현
- 설비목록 : 고정설비의 규격, 배치, 부하 등을 수록
- 공간별 세부요구 목록 : 용도, 면적, 거주자 수, 공간관련성, 사용빈도, 가구, 설비, 특수요구 등을 수록
- 건축 엔지니어링 기준(AEG) : 다양성과 핵심요구가 많은 경우에만 포함
- 이미지와 충족방법 : 분위기, 건축자재, 건물 매스, 대지이용
- 업무환경 : 자연식 대 설비식, 채광 및 환기방식, 무창공간, 보안
- 쾌적성 : 라운지, 자판기, 주차, 응접 카운터, 전시
- 프로그램 요소의 조직 : 생산성, 상호소통
- 변화와 성장 : 추정과 당위성, 융통성, 완성 후의 거주성, 미래의 증가될 용량
- 일정 : 프로그래밍, 설계, 시공, 거주

#### 3) 실내세부 프로그램

실내세부 프로그램(interior fitting program)은 기본설계나 실시설계를 위한 프로그램이며 건물 상세를 건축의 주요개념에 일치시키면서 공통적으로 추구하는 이미지를 지속적으로 표현하는 역할을 한다.

프로그램 문서는 항상 배치도와 설계도를 동반하며, 설계는 흔히 가구와 설비의 배치에 그치기 때문에 실내세부 프로그램은 엄밀한 의미에서의 프로그램은 아니다.

실내세부 프로그램은 다음의 정보를 선택적으로 포함하고 있다.

- 실내공간별 마감재, 가구설비 장치(FFE), 엔지니어링 시스템
- 설비목록 : 전력, 냉난방 부하, 유틸리티 등
- 제품별 정보

### (4) 프로그램 작업

#### 1) 핵심 이슈와 실수

프로그램 작업은 그 자체가 일정과 비용상 제약을 받기 때문에 존재하는 정보와 요소를 모두 다룰 수는 없다. 따라서 계획적으로 작업을 진행할 필요가 있으며, 설계실수의 비용이 클 부문에는 핵심 이슈를 집중시키는 것이 좋다. 장래의

확장과 이전에 막대한 비용이 소요될 것이 예측되면 기본계획에서부터 이것을 고려한다든지, 사업상 특정 이미지를 유지해야 한다면 이를 처음부터 주장하는 식이다. 예를 들면, 소요실의 규모를 너무 작게 설계하여 나중에 공간을 신축하거나 증축하는 것보다는 공간을 처음부터 크게 설계하는 것이 잠재적 실수비용을 고려하면서 실수비용을 최소화하는 것이 될 수 있으며, 엔지니어가 과다설계를 통해 자재, 설비, 시공상의 실수에 대비하는 것 같이 실수비용이 증가할 곳에 관한 이슈를 전략적으로 선택하면서 프로그램을 계획하는 것이 중요하다.

정보수집은 시간과 예산범위 내에서 합리적으로 처리될 만큼만 행하며, 이를 위한 계획을 수립해야 한다. 설계자가 알아야 할 것과 설계를 다르게 할 것은 무엇인가를 자문하면서 기본적 이슈를 정한다. 이들 계획도 역시 시간과 예산범위 내에서 행하며, 문헌탐색과 검토도 프로그램 계획의 범위에 맞추어져야 한다.

### 2) 일정과 비용

프로그램 작업의 작업량을 먼저 추정하면서 작업계획을 수립한다. 주택건설과 같은 소형 프로젝트는 건축주와 한두 번 대지를 방문하면서 대략의 계획을 수립할 수 있지만, 대형 프로젝트는 완전한 프로그래밍 계획을 일정표로 작성한 후 계획을 수립해야 한다.

프로젝트의 예산규모는 프로젝트의 규모, 성격, 전망 등을 나타낸다. 작업자가 시설유형에 익숙하고 자료를 풍부히 갖고 있으면 신규 수주건 때문에 자료수집을 반복할 필요는 적다고 할 수 있다. 전형적으로는 활동항목을 정하고 동원할 인원과 자원을 적으면서 시간과 비용을 결정하고 실행을 확인한다.

프로그램 비용을 적절히 견적하려면 작업자는 프로젝트 유형에 관련된 업무내용과 비용에 익숙해 있어야 한다. 프레이저(W. Preiser)에 의하면 프로그래밍 비용은 일반적으로 공사비의 0.25~0.75% 범위이며, 실제업무에서처럼 프로젝트의 유형, 규모, 복잡성, 업무범위 등에 따라 결정되는 것으로 본다.

이와 같이 전문적인 프로그래밍에 소요되는 비용은 전체 프로젝트 비용에 비하면 매우 작고 시설의 생애비용에 비하면 더욱 미미한 존재가 된다. 훌륭한 프로그래밍은 건축주의 비용을 많이 절약해 주나, 프로그래밍의 실수는 후속단계에서 큰 비용을 초래하므로 실수에 따른 비용은 언제나 프로그래밍 비용보다 커진다는 사실을 건축주에게 분명히 인식시킬 필요가 있다.

2

PART 2

# 주거건축

제 4 장

# 주생활과 주택

## 4-1 주생활

### 4-1-1 주생활의 개념 및 의의

생활이란, 일반적으로 의 · 식 · 주에 관한 생활행위를 꾸려나가는 것을 말하며, 특히 주택 내에서 이루어지는 생활행위를 주생활이라고 한다.

주생활이란 말은 일반화된 개념이지만 어의적으로는 '산다(dwell)'와 '생활한다(living)'로 구분된다. 여기서 '산다'라는 말은 사람이 일정한 장소에 거처를 정한다는 것이며, '생활한다'란 말도 이와 유사한 개념으로 통용되고 있으나 차이점을 정확하게 설명하기는 쉽지 않다.

우리 인간은 누구나 아침에 일어나고, 식사를 하며, 일을 하고, 휴식이나 단란을 취하며, 밤에는 잠을 자는 행동을 매일같이 되풀이하며 생활하고 있다. 이러한 생활은 단순한 생리적인 행동뿐만 아니라 감정적이고 심리적인 행동까지도 포함하는 동시에 개인으로서, 가족의 일원으로서, 사회의 일원으로서 행해지므로 서로 관련된 복잡한 의미와 결과를 가져오고 있다.

따라서 우리는 생활을 인간행동의 단편적 · 부분적 개념으로가 아닌 종합적 · 전체적 개념으로 생각해야 한다. 그러나 생활을 제대로 이해하기 위해서는 분석수단으로서 생활의 전체상(全體像)을 여러 가지의 부분적 개념으로 구분하여 단면을 파악하고 그에 따라 전체상을 추측해야 하는 것이다.

주생활이라는 개념도 이와 같은 전체적인 생활상의 한 단면에 불과한 것이다. 우리의 생활을 단계적으로 생각할 때 그림 4-1에서와 같이 개인생활, 가족생활, 사회생활이라는 세 단계로 구분할 수 있으며, 이들 각각의 생활은 별개로 존재하는 것이 아니라 서로 연관관계를 가지고 존재하고 있다. 왜냐하면 개인이 모여서 가족을, 가족이 모여서 사회를 형성하고 있기 때문이다.

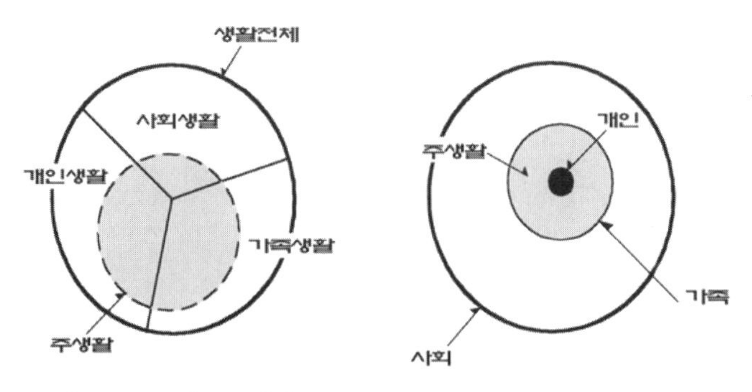


▌그림 4-1▌ 주생활과 각 생활분야와의 관계

그러나 이러한 개인생활, 가족생활, 그리고 사회생활 분야가 각각 생활 전체에서 차지하는 비율은 사람에 따라 차이가 있다. 예를 들면, 회사원의 경우는 사회생활이 전체생활의 대부분을 차지하고 있으며, 전업주부의 경우는 가족생활의 비중이, 개인적인 작품활동을 하는 화가나 소설가 등의 경우는 개인생활의 비중이 상대적으로 더 크다. 한편, 주생활은 가족생활로서 그 안에 개인의 주생활이 포함되고, 전체적으로는 사회생활 안에 포함된다.

인간의 생활은 크게 의생활, 식생활, 주생활로 나누어 생각할 수 있다. 그러나 의생활이나 식생활도 대부분이 주택 내에서 이루어지므로 주생활에 포함되는 생활행위라고 생각할 수 있다. 즉, 의생활을 예를 들면 옷을 갈아입고 더러워진 옷은 세탁·건조시킨 후 다림질하거나 수선하여 옷장 속에 수납하는 과정은 우리의 생활 속에서 끊임없이 반복적으로 일어난다. 이러한 생활행위 과정에는 수납, 갱의, 세탁, 건조, 다림질, 재봉 등을 위한 공간이 필요하며, 이는 모두 주생활과 밀접한 관련을 갖고 있다. 또한 주로 양복을 입고 생활하는 경우에는 좌식 생활보다는 입식 생활이 더 능률적이며, 이러한 생활을 위해서는 가구도 필요하고 창문의 높이 등도 이에 맞게 계획이 되어져야 한다. 만약 이를 무시하고 주택계획이 이루어졌다면 그 안에서의 생활은 매우 불편하고 답답할 것이다.

이와 같이 의생활과 주생활은 상호 밀접한 관련을 가지며 상호 간에 영향을 미치고 있어 분리해서는 다루기 어려우며 식생활도 이와 마찬가지이다. 그뿐만 아니라 육아, 교육, 오락, 사교, 종교 등 모든 인간생활도 어느 부분에 있어서는 주생활과 밀접한 관련을 갖고 있다.

따라서 주생활은 생활의 일부분으로서, 생활 전체를 차지하는 것은 아니지만 가정생활을 지탱하는 기반(base)으로서 모든 생활의 기본이라고 할 수 있으며, 주택 내에서 이루어지는 육체적 행동은 물론 생활감정을 포함한 정신적인 행동까지 포함하고 있다고 할 수 있다.

주택은 인간의 모든 생활을 영위하는 기본바탕이 되는 주생활을 수용하게 되며, 이러한 주생활에는 주택 내에서 이루어지는 모든 물질적, 생리적 행동과 심리적, 정신적 행동까지도 내포하고 있다. 이러한 행동들은 개인뿐만 아니라 가족이나 사회와 관련을 갖고 이루어지게 된다. 그러므로 우리는 주생활의 중요성을 인식하고 그 향상을 위해 노력해야 할 것이며, 개인적, 부분적, 단편적인 것만이 아니라 종합적이고 전체적인 개념으로 주생활을 고려해야 할 것이다.

일상적인 행동은 습관이 되어 무의식적인 행동을 만들고 이것이 집적되어 주생활의 규범과 인격을 형성하게 되는 것이다. 충실한 생활감정을 갖고 건전하고 즐겁게 주생활을 영위할 수 있도록 주거환경을 조성한다는 것은 인간생활의 발전을 위하여 매우 필요하다.

### 4-1-2 주생활의 내용

주생활의 내용은 성별, 연령, 국가나 지역, 시대, 가족구성 등의 제반조건에 따라 차이가 있으나, 생존을 위한 최소한의 조건인 먹는 것, 자는 것, 배설하는 것과 같은 생리적인 생활은 인간이면 누구나 다 행하는 공통행위이며, 또한 매일같이 반복되는 행위라 할 수 있다. 이와 같이 우리의 생활은 1일, 1주일 등과 같은 시간적인 주기(cycle)를 갖고 행해지며, 특히 잠을 자거나 일을 하거나 하는 대부분의 각종 생활행위는 1일을 주기로 반복되고 있다.

이러한 생활행위가 시간과 동작을 수반할 때에는 반드시 공간이 필요하므로 우리의 생활은 '시간과 공간'의 2개로서 성립되어 있다고 하겠다. 즉, 생활행위를 시간이라는 측면에서 본 것을 생활시간, 공간이라는 측면에서 본 것을 생활공간이라 한다.

이와 같이 우리의 생활행위는 사람에 따라 시간이나 장소에 차이가 있으나 공통점이 많고 비슷한 내용을 갖고 있으므로 생활행위가 이루어지는 생활공간도 기본적으로는 공통적이라고 생각해도 무방하다. 따라서 극단적으로는 주택의 상품화도 가능하다고 할 수 있다.

인간의 기본적인 생활의 내용은 노동, 휴양, 여가로 대별된다. 즉,

• 노동 : 주로 소득을 목적으로 한 직장생활이나 주부의 가사작업, 학생의 공부 등 심신의 노동을 의미하며 물질적인 생산을 가져오나 육체적, 정신적인 에너지가 소비되므로 에너지의 재생산이 필요하다.
• 휴양 : 심신의 보양을 목적으로 한 취침, 식사, 휴식 등을 의미하며 물질적인 소비가 뒤따르나 육체적, 정신적 에너지는 축적된다.
• 여가 : 노동의욕의 고취 및 생활의 질 향상을 목적으로 한 위락, 교양, 단란 등을 의미하며 노동에 가까운 것과 휴양에 가까운 것이 있다.

이러한 생활의 내용을 생활공간과 생활시간이라는 측면에서 그 관계를 고찰해 보면, 먼저 주부의 경우는 노동이나 휴양은 주로 주택 내에서, 여가는 주택 내, 외에서 이루어지나, 아동의 경우는 노동은 학교나 주택 내에서, 휴양은 주택 내에서, 여가는 학교, 주택 내, 외에서 이루어지고 있다. 즉, 인간의 생활은 사회적인 견지에서 보면 주택 외에서 주로 행해지는 사회적인 생활과 주택 내에서 가족을 중심으로 행해지는 가족적인 생활로 구분되며, 또한 주택 내에서의 가족적인 생활도 식사, 가족단란, 오락 등 사회적인 생활(공적 생활, public)과 취침, 학습, 독서 등 개인적인 생활(사적 생활, private)로 구분된다. 따라서 주택 내에서도 사회적인 생활공간과 개인적인 생활공간으로 구분·계획되어야 한다.

이러한 관점에서 볼 때 주택을 사용할 사람들이 현재 어떠한 생활을 하고 있으며, 어떠한 생활을 원하고 있는가를 잘 파악하고 장차 어떠한 생활을 할 것인가까지 예측한 후 그에 알맞은 주택을 계획하여야 할 것이다.

**▌표 4-1▌ 주생활 내용**

| 구 분 | | 내 용 | |
|---|---|---|---|
| 주생활 | 가족적인 생활 | 개인생활 | 취침, 학습, 독서, 취미 등 |
| | | 가족생활 | 가족단란, 식사, 오락, 육아 등 |
| | | 접객생활 | 접객, 파티, 관혼상제 등 |
| | | 가사 서비스 | 조리, 세탁, 재봉, 의류정리, 수납, 식품보관 등 |
| | | 생리위생 | 용변, 입욕, 세면, 화장, 갱의 등 |
| | | 레크리에이션 | 운동, 게임, 건물손질, 화초재배, 동물사육 등 |
| | 사회적인 생활 | (서재) | 문필가, 교수, 연구자, 법률가 등 |
| | | (아틀리에) | 화가, 건축가 등 |
| | | (작업실) | 표구계, 작업실 등 |
| | | (응접실) | 경영자, 정치인, 교사 등 |
| | | (레슨실) | 음악가, 서예가 등 |

자료 : 윤장섭 감수, 『건축설계자료집성 6』, 건우사, 1996, p.2에서 재구성.

### 4-1-3 주생활양식

주생활양식이란, 주택을 중심으로 이루어지는 일정한 생활양상, 즉 생활의 유형을 말하며 주생활 측면에서 나타나는 전통, 관습화된 생활행동의 상태를 말한다. 주생활양식은 가족의 구성조건, 사회적인 계층뿐만 아니라 기후 및 풍토조건, 생활전통, 습관, 문화수준 등에 따라 달라지나, 현대에 와서는 서로 간의 교류가 확대됨에 따라 그 차이가 희박해지고 있다.

주택계획 시, 어떤 주생활양식을 채택할 것인가는 건축주의 취미, 취향, 희망, 체질적인 면뿐만 아니라 직업에서 오는 생활양식이나 생활태도 등을 따라야 하므로 선택 시에는 각 양식이 갖는 특성에 대한 깊은 고려로부터 출발해야 한다.

주생활양식은 매우 포괄적인 것이어서 여기서는 좁은 의미에서 기거양식의 측면에서 구분하여 보고자 한다. 각 양식의 특성을 보다 구체적으로 살펴보면 다음과 같다.

#### (1) 좌식 생활의 특성

우리나라나 일본, 몽고, 터키, 남태평양 제국 등에서 나타나고 있어 일반적으로 한식 생활이라고도 하며, 이러한 좌식 생활의 장단점은 다음과 같다.

장점으로는 먼저 전통적이며 한국적인 생활양식이므로 우리에게 안정감과 친근감을 주며, 사용되는 가구의 수가 적고 크기도 작아 방의 크기가 작아도 되므로 경제적이다. 공간을 융통성 있게 활용할 수 있으며, 편안한 자세로 쉽게 앉거나 누울 수 있다. 또한 겨울철에 난방효율이 높으며, 정결하게 공간을 관리하기가 용이하다는 점을 들 수 있다.

단점으로는 행동이 활발하지 못하게 되므로 생활이 비활동적으로 되기 쉬우며, 비위생적이며, 혈액순환에 지장을 주어 발육을 나쁘게 할 염려가 있다는 점이 있다.

#### (2) 입식 생활의 특성

구미제국이나 중국 등에서 나타나고 있어 일반적으로 양식 또는 의자식 생활이라고도 하며, 이러한 입식 생활의 장단점은 다음과 같다.

장점으로는 생활이 활동적이고 능률적이며, 보건, 위생적이다. 또한 다리의 발육이 좋아지며, 사회에서의 생활양식을 일관성 있게 가정 내에서도 할 수 있다는 점을 들 수 있다.

단점으로는 공간의 규모가 커야 하므로 비경제적이며, 공간의 용도가 고정되어 전용성이나 융통성이 적다는 점이 있다.

### (3) 절충식 생활의 특성

좌식 생활과 입식 생활을 절충한 생활양식을 말하며, 오늘의 우리나라 주택에서는 주생활의 능률을 기하면서 주생활의 전통을 간직하는 방향으로 절충식 양식을 과도기적인 현상으로 사용하여 왔다. 즉, 활동과 능률을 위주로 하는 부엌, 가사실과 공동생활을 위한 거실, 식사실, 응접실 등은 입식 생활로, 부부침실, 노인실, 아동실, 객용 침실 등 개인생활 공간은 좌식 생활로 계획하여 왔다. 그러나 우리의 생활수준이 향상됨에 따라 점차 입식 생활로 전환될 가능성이 매우 높아지고 있는 것이 현실이다.

한편 이와 같이 좌식 생활에서 입식 생활로 쉽게 전환이 되지 못하는 이유를 살펴보면 다음과 같다.

첫째, 경제적인 이유 때문이다. 즉, 우리나라의 주택규모는 전반적으로 협소하며 또한 가구구입에 비용이 많이 소요되며, 방의 전용성 또는 융통성이 없어지며, 겨울철에 난방비가 많이 들기 때문이다.

둘째, 전통적인 이유 때문이다. 즉, 전통적인 좌식 생활양식이 생활관습상 우리의 생활정취에 맞는 점이 있어 쉽게 버릴 수 없기 때문이다.

**표 4-2** 주거양식과 주거유형

| 주 양 식 | 전 통 형 | 근 대 화 형 | 압 축 형 |
|---|---|---|---|
| 주 거 형 | 전통형 주거(한식 주택) | 근대화형 주거 | 영세 주거 |
| 특 징 | · 좌식 생활의 기거양식을 전제로 한다.<br>· 접개공간이 중시<br>· 전통적 생활예법의 중시 | · 식침 분리<br>· 거실의 확립<br>· 개신이 확보<br>· 공간의 기능분화<br>· 입식 생활의 도입 | · 규모의 협소<br>· 공간의 부족<br>· 여러 가지 생활행위가 동일실 내에서 행해진다. |
| 비 고 | · 민가나 농어촌주택<br>· 점차 감소하고 있다. | · 개실 중심형, 개실 독립형, 일실형 등 | · 일실형, 2실형, 2DK형 등 |

자료 : 윤정섭 감수, 『건축설계자료집성 6』, 건우사, 1996, p.2에서 일부 인용.

### 4-1-4 주거관

주택계획 시 대지분석, 소요실별 면적배분, 침실 수 결정, 각 공간의 상호관계와 각 실과 대지와의 관계 등을 생각하는 것은 계획이나 설계상의 기술이며, 이때 각종 자료의 수집, 조사 및 분석 등은 계획의 일부분이라고 할 수 있다.

그러나 이러한 작업은 "주택은 이런 것이어야 한다"라는 개념(concept) 아래서 구체적인 평면이나 형태로 만들어 나가는 기술적인 작업이므로 주택은 "이런 것이어야 한다"의 '이런 것'을 어떻게 생각하는가 하는 데에 먼저 관심을 가져야 한다. 이는 '이런 것'에 대한 규정이 다르면 거기에서 유도되는 계획의 원리나 주택의 상은 전혀 다르게 나타나기 때문이다. 주거관(住居觀)이란, 주의식을 기초로 한 주욕구, 주거에 관한 의견, 주거에 관한 이상상(理想像) 등을 총칭하여 부르는 것으로 주거에 대한 생각은 자기의 주거에 대한 가치관을 반영하고 있으며 사람에 따라 다양하고 서로 다른 가치관을 갖게 된다.

그러므로 주거에 대한 가치관은 평면계획뿐만 아니라 주택의 외관, 주거의 관리 및 소유관계, 생활방식 등에까지 광범위하게 영향을 미친다. 예를 들면 주택은 무엇보다도 아름다워야 한다는 주거관이라면 기능성, 안전성, 시공성 등은 큰 문제가 되지 않으며, 더구나 경제성은 문제가 될 수가 없다.

"주택은 살기 위한 기계다"라는 말은 기계처럼 정밀하고 기능적이며 합리적인 측면을 강조한 것으로서 여기에는 동선의 단축, 기능의 합리성 등 근대건축(modern architecture)의 계획원리가 내포되어 있다. 이것은 코르뷔지에라는 특정 건축가 또는 근대건축의 입장에서의 주거관을 나타낸 것으로서 주택계획에 관한 단면적인 의식에 불과하나 주거관은 모든 사람에게 총괄적인 의식으로서 새겨져 있는 것이다.

주거관이란, 사전적인 의미로는 주생활 본연의 형태에 대한 견해 또는 이념에 의거한 주택형식에 관한 견해를 말하나 통상 주거가치와 혼용되어 사용되어 왔다. 주거관은 의식상의 문제이며, 이에 대한 각 사람의 생각은 다양하게 전개될 수 있다. 그러나 이러한 의식은 우발적이거나 무원칙적으로 전개되는 것이 결코 아니며 성별, 연령, 직업, 경제력, 교육수준 등 현실에 놓여 있는 사회적, 계층적 제 조건의 차이에서 오는 여러 요소들이 서로 복잡하게 영향을 미치면서 끊임없는 발전을 계속하게 되는 것이다. 우리는 항상 현실을 인식하면서 주거관에 대한 미래의 발전방향을 추구해 나가야 할 것이다.

바람직한 주택계획을 시도하기 위해서는 주거관을 미리 파악해야 한다. 그러나 이미 형성된 주거관도 여러 환경에 따라 변화되는 유동적인 것이므로 어떤 요소가 주거관 형성에 결정적인 영향을 주는지, 또는 바람직한 주거관 형성을 위해서는 어떠한 경험을 하는 것이 좋은지에 대해 생각하고 이에 대한 대책을 수립해야 한다.

## 4-2 주택

### 4-2-1 주택의 개념 및 의의

#### (1) 개념

주택(house)이란, 인간의 생활을 담는 그릇이다. 주택 자체는 바닥, 벽, 지붕 등으로 구성된 내부공간을 가진 구조체에 불과하지만 여기에 사람이 들어가 살게 되면 이 내부공간은 생활공간으로 변하게 되고 그 구조체는 비로소 주택이 된다. 한편 주거(dwelling)는 거주지와 주택을 모두 포함하는 용어로서 주택보다는 훨씬 포괄적인 의미를 갖고 있다. 여기에는 가구, 설비, 이웃과 지역사회까지도 포함되며, 흔히 주생활과는 동의어로 사용된다.

주택이란 인간이 정착하고, 가정을 이루며, 생활하고 있는 장소로서 인간생활의 근거지가 되는 장소를 의미한다. 주택의 개념은 처음에는 주로 본능적인 생활의 장소로서 생각됐으나 지혜의 발달에 따라 주택에 대한 요구도 점차 많아져서 현재에는 복잡한 기능을 갖는 인간생활의 장소로 그 개념도 크게 달라지고 있다. 우리의 생활은 주택 내부에서만 행해지는 것이 아니므로 주택은 단지 건축물만을 지칭하는 것이 아니라 여기에 부수된 대문, 담, 정원 등을 포함시킨 개념으로 생각해야 한다.

주택의 개념을 이해하기 위해서는 주택을 표현하는 용어의 의미를 먼저 파악해 볼 필요가 있다. 우리말의 집이라는 의미를 갖는 가(家)도 처음에는 가문이나 문벌을 나타내는 말이었으나 차츰 영어의 하우스(house), 라틴어의 도무스(domus) 등과 같이 '가사 전반을 하는 곳'의 의미를 나타내게 되었으며, 유사한 의미를 갖는 용어로는 주(住), 택(宅), 거(居), 사(舍), 방(房), 누(樓), 관(館) 등이 있다. 서양에서는 영어의 맨션(mansion)이나 프랑스어의 메종(maison)은 라틴어의 마메르(mamere)에서 유래된 것으로 '멈춘다(止)', 또는 '한 장소에 기거한다'는 것을 의미하며, 프랑스어의 레지덩스(rèsidence)는 라틴어의 레젠트(rèseant, 앉아 있다)에서 유래된 말이다. 즉, 주택이란 인간이 멈추고 머무르며, 조용하게 휴식하는 곳이라는 장소성에서 연유하는 것이라고 생각할 수 있다.

### (2) 의의

주택의 의의는 인간이 주택을 마련하게 된 동기에서부터 찾아 볼 수 있다. 인간은 외적, 맹수, 자연의 위협 등 외부의 악조건으로부터 자신과 가족의 생명과 재산을 보호하기 위한 은신처로서 주택을 갖기 시작하였다. 이에 따라 처음에는 자연의 동굴이나 나뭇가지로 간단히 만든 움막 등 원시적인 주택을 만들어 사용하여 왔으나, 문명이나 문화의 발달에 따라 인간의 지혜가 발달하고 생활이 복잡해지며, 주택에 대한 요구가 증대됨에 따라 점차 오늘날의 주택형태로 발달하게 되었으며, 앞으로도 끊임없는 개선과 발전이 이루어질 것이다.

독일의 철학자 하이데거(M. Heidegger)는 "인간은 세상 속에 내던져져 있다"고 말하고 있다. 이 말은 주택의 의의를 함축적으로 나타낸 말이다. 그밖에 주택의 의의에 대해 간단하고 요령 있게 표현한 말들도 많이 있다. 즉,

- "주택은 재생산의 기지다"
- "주택은 살기 위한 기계다"
- "주택은 인간의 생활을 담는 그릇이다"
- "주택은 과학적으로 계획된 보호환경이다" 등이다.

## 4-2-2 주택의 기능

시대에 따라 주택의 개념은 달라진다. 원시시대에 있어서는 은신처로서 역할이 주택의 주된 기능이었으나, 현대에 있어서는 이러한 역할 이외에도 다양한 기능을 가진 생활장소로서 주택의 개념이 바뀌었다. 여기에 거주자의 사용가치(use value), 교환가치(exchange value), 사회적 신분의 상징(social position value) 등도 동시에 지니고 있다. 이와 같이 주택의 개념변화에 따라 주택이 담당하는 역할은 앞으로도 계속 변화할 것이다. 주택의 기본적인 기능은 다음과 같다.

### (1) 생활보호

외부의 제반 악조건으로부터 생활을 보호하고 유지하는 기능을 말한다. 비, 바람, 더위, 추위 등 자연조건과 외적, 도적, 맹수 등으로부터 가족의 생명과 재산을 보호해주는 역할로 이것은 인간이 주택을 마련하게 된 동기이므로 물리적·원초적인 기능으로서 주택이 갖는 가장 주된 기능이라 할 수 있다. 그러나 이 기능이 고대로부터 현대에 이르기까지 꼭 필요한 기능이나, 지역에 따라 자연조건이 다르고 건축재료나 기술상에도 차이를 보임으로써 주택의 형태상에는 큰 차이를 나타내고 있다. 즉, 비나 눈이 많은 지방에서는 지붕의 경사가 심해지고, 추운 지방에서는 외벽이 두꺼워지고 개구부가 작아지며, 이집트에서는 석조주택이, 한국, 일본 등에서는 목조주택이 발달한 것 등이 그 예다.

외부의 조건은 앞으로도 여건의 변화와 함께 변화해 갈 것이나, 그에 따라 내용은 변화하더라도 생활의 보호기능은 여전히 주택의 기능으로 매우 중요한 위치를 차지할 것이다.

### (2) 가족결합과 단란

주택은 가족을 한 지붕 밑에서 같이 생활하게 하는 중요한 역할을 한다. 사랑과 믿음으로 결합되어 외부생활의 긴장감으로부터 해방되고 정신적인 평안함을 얻으며 단란하게 생활하는 곳이다. 이것은 당연한 것이기 때문에 오히려 인식이 소홀해지는 경우가 있다.

이 기능은 유교적 전통이 강했던 과거의 사회에서는 매우 희박하였으나, 오늘날에는 사회구조가 복잡해짐에 따라 점차 이에 대한 필요성이 증대되고 있다. 특히 물질문명의 풍요와 대도시화 현상 속에서 인간의 소외현상이 심화됨에 따라 더욱 필요해지고 있다.

### (3) 부부생활과 자녀양육 장소

주택은 부부생활에 의한 가족의 생성과 성장의 터전이며 다음 세대의 탈선을 위하여 자녀를 양육하는 데 중요한 역할을 수행한다. 즉, 주택은 결혼하여 자녀를 낳고 기르며, 다음 세대의 번영을 위하여 준비하는 터전이다. 그뿐만 아니라 노인들의 입장에서는 여생을 보내는 장소임을 잊어서는 안 된다.

또한 주택은 가족 각자의 교육과 수양을 하는 곳이다. 가족의 교육은 모두 사회에 맡긴 것이 아니며 맡길 수도 없는 것이므로 주택에서는 독서나 사색을 위한 장소가 마련되는 것이 바람직하다. 예전에 비해서는 이러한 기능이 점차 축소되어가고는 있으나, 유아나 어린 자녀의 경우는 대부분의 교육이 가정 내에서 이루어지고 있으므로 매우 중요하다.

### (4) 가족휴양

주택은 취침, 식사, 휴식 등 휴양에 의해 가족들에게 새로운 활력을 주는 곳이다. 즉, 내일의 노동을 위한 새로운 활력을 얻게 만드는 곳이므로 주택의 상태는 노동력 재생산에 미치는 영향이 매우 크다. 특히 노동력의 재생산은 적어도 가정적인 분위기에서 위락이 뒤따를 때 가능하므로 이를 위해서는 주택의 질을 높이는 것이 매우 중요하다.

예전에는 인간의 생활 중 노동생활이 가장 길고 중요시되었으나, 오늘날에는 사회의 안정과 발전에 따라 휴양과 여가생활의 비중이 점차 증대되는 경향이며, 아직까지는 이러한 생활이 대부분 가정 내에서 이루어지고 있다. 특히 취학 전의 아동이나 전업주부 그리고 은퇴한 노인의 경우는 대부분의 생활을 주택에서 보내고 있다.

따라서 직장이나 가사작업 등에서 얻어진 정신적, 육체적 피로는 적어도 주택 안에서의 휴양으로 풀어야 하므로 주택을 계획할 때 취침분리, 프라이버시 유지, 노약자보호의 개념 등에 유의하여 가족의 휴양을 위한 충분한 배려가 있어야 한다.

### (5) 가사노동의 장소

주택은 가정생활을 지원하기 위한 가사노동의 장소다. 가사노동이란, 가정생활을 영위하기 위해서 요구되는 노동으로 그 대부분이 주부에 의해, 주택 내에서 이루어진다. 따라서 이러한 노력을 경감하고 일하기 편한 주거환경을 만들고 설비를 갖출 필요가 있다.

주생활 중에서 주부의 가사노동이 차지하는 비중이 크므로 가사노동의 사회화, 기계화, 분담화와 함께 가사노동을 경감하고 주부가 능률적이며 쾌적하게 일할 수 있는 방향으로 주택의 평면계획과 설비계획이 이루어져야 한다.

### 4-2-3 주택의 분류

주택을 보는 관점에 따라 여러 가지 분류가 가능하나 여기서는 주택계획과 관련이 깊은 몇 가지 관점에서 다루기로 한다.

#### (1) 기능에 따른 분류

##### 1) 전용주택

주택 본래의 사용목적인 주생활만을 위한 주택으로 대부분의 주택은 전용주택이라 할 수 있다. 전용주택은 순수한 주생활에 수반되는 각종 편의만을 고려한 주택으로 비교적 가족의 주요구를 충족시킬 수 있다. 따라서 병용주택도 주생활 기능 부분에 관해서는 전용주택과 동일하게 생각하는 것이 바람직하다. 또한 가족생활에 필요한 각종 사회시설, 교통편의, 주택지의 환경요소 등도 고려하므로 비교적 가족의 욕구를 충족시키기가 쉽다.

##### 2) 병용주택

하나의 주택 속에 주생활을 위한 공간과 다른 생활목적을 위한 공간이 함께 공존하는 주택으로 겸용주택이라고도 한다. 병용주택은 주생활과 생계를 위한 생활이 미분화된 상태에서 나타난 것이어서 관리가 용이한 장점은 있으나 주생활이 침해를 받고, 계획상의 어려움을 내포하고 있는 단점도 가지고 있다.

과거 우리나라는 수공업 단계에서는 병용주택이 대부분이었으나 사회구조의 변화에 따라 전용주택이 일반화되었다. 그러나 농・어촌지역에서는 농・어촌주택이, 도시지역에서는 상점병용 주택, 공장병용 주택 등이 존재하고 있다. 이러한 병용주택은 농・어촌지역에서는 당분간은 어렵겠지만 도시지역에서는 전용주택 쪽으로 전환시키는 것이 바람직하다.

#### (2) 소유형태에 따른 분류

##### 1) 자가주택

자가주택이란, 거주하고 있는 가족이 소유하는 주택이다. 사람들은 자기소유의 주택을 가진다는 것에 대한 만족감 때문에 대부분의 가정은 자가주택을 소유하는 것을 목표로 하고 그 목표달성을 위하여 장기간에 걸쳐서 즐거운 마음으로 노력한다.

주택을 소유한다는 것은 재산가치가 있어 재정적인 독립을 의미하게 되며 이웃의 간섭 없이 자유롭게 살 수 있으므로 가정생활에 안정감을 가져오게 된다. 또한 주택의 수리나 정원을 손질할 경우 가족에게 협동생활 정신을 고취시킨다.

이와 같은 여러 가지 이유로 많은 사람들은 자기의 주택을 소유하는 것이 임대주택의 경우보다 훨씬 이점이 많다고 생각하고 있다. 그 대신 그 주택의 구입, 수리 및 보수 등에 소요되는 경비는 거주자가 부담하며 유지·관리계획도 스스로 수립해야 하는 문제도 갖고 있으므로 자가주택을 마련할 때에는 현재 및 장래의 수입, 가정의 가능한 저축액 등을 충분히 고려해야만 한다. 앞으로 계속하여 충분한 소득을 얻을 수 있든가 또는 가옥소유의 연간 상환금액이 집세로 지불하는 금액보다 차이가 크지 않은 경우라면 분할상환에 의하여 자가를 소유하는 것이 바람직할 것이다.

주택을 취득할 때는 거주자의 주문에 따라 새로운 설계로 신축하는 경우와 분양주택이나 기존주택을 매입하는 경우가 있다. 주택을 취득할 경우에는 이해관계와 유지·관리비용 등을 종합적으로 검토하여 결정하여야 할 것이다.

### 2) 임대주택

임대주택은 주택에 살고 있는 가족이 주택의 소유주로부터 일정기간 동안 일정금액을 내고 주택의 일부 혹은 전체를 빌린 형태로서, 그 기간과 범위는 다양하다. 우리나라의 경우, 입지조건이 양호한 곳에서는 적정 규모의 임대주택을 구하는 것이 쉽지 않으므로 대부분이 자가주택을 선호하고 있다. 주택을 매입한다는 것은 거액의 지출을 필요로 하고, 또한 장기에 걸쳐서 경제적 의무를 지게 되므로 일반적으로 경제력이 충분하지 못한 사람이 임대주택을 사용하기 마련이다.

임대주택은 자가주택에 비해 구입에 따른 초기 투자비용뿐만 아니라 유지·관리비용이 적게 들며 주거변경이 필요할 때는 손쉽게 이전할 수 있는 장점이 있으나 지금 우리나라의 현실에서는 단점이 더 많으며, 이것이 자가주택을 요구하게 되는 이유이기도 하다. 일반 저소득층을 위한 주택문제 해결을 위해서는 주택 임대료가 적절하고 살기 좋은 공영 임대주택 건설 및 운영의 필요성이 제기되고 있으나 경제적인 요인에 의해 시행이 잘 되지 못하고 있는 실정이다.

#### 3) 관사, 사택 등

이는 특수주택으로 회사에 근무하는 사원을 위한 사원주택, 공무원을 위한 공무원주택, 관공서에서 제공하는 관사, 군인을 위한 군 관사 등이 해당된다. 소속단체에서 주거비를 지급하는 대신 주택을 대여하는 형태로 그 소속단체에 따라서 주택의 규모, 수준, 입지조건 및 제공조건 등에 차이를 보이고 있다. 그러나 대부분이 영리를 떠나 복리·후생적인 측면에서 제공되고 있으므로 주거의 최저 수준을 정해 감독해야 할 것이며, 복지측면에서도 더 많은 확충이 요구된다.

### (3) 주생활양식에 따른 분류

#### 1) 한식 주택

우리나라의 전통적인 생활양식에 의한 주택으로 일상생활이 좌식 생활에 적합하게 꾸며져 있다. 주로 목조이며, ㄱ, ㄴ, ㄷ, ㅁ자형의 평면형태를 가진 단층주택이다. 내부적으로는 개방적이지만 외부에 대해서는 담과 대문을 통해 폐쇄적이고, 현관을 따로 두지 않는다. 각 방마다 마당으로의 출입이 자유롭도록 설계되었으며, 방들이 가벼운 문으로 구획되어 있는 것이 특징이다.

#### 2) 양식 주택

서구식 생활양식인 입식 생활에 적합하게 꾸며져 있는 주택이다. 각 공간의 용도가 거실, 식사실, 침실 등으로 명확하게 구분되어 융통성은 부족하지만 용도에 대한 독립성이 강하게 나타남으로써 기능적이고, 생활에는 어느 정도 질서가 유지된다. 또한 가족 각 개인의 생활이 존중되어 만들어져, 비교적 합리적인 공간배치를 갖는 것이 특색이다. 그리고 공간의 용도에 따라 각 실내에 맞는 가구를 배치하여 생활적으로나 공간적으로 기능의 분화를 명확히 하고 있는 것이 특징이다.

#### 3) 절충식 주택

한식과 양식의 특징을 절충하여 만든 주택이다. 즉 우리의 고유한 주생활의 관습과 활동적인 입식 생활의 장점을 절충한 것으로서, 1970년대 이래로 과도기적으로 지어진 주택유형이다.

**▌표 4-3▌ 한식 및 양식 주택의 비교**

| 구 분 | 한식 주택 | 양식 주택 |
|---|---|---|
| 생활양식 | 좌식 생활, 프라이버시 불투명 | 입식 생활, 프라이버시 확보가 가능 |
| 가 구 | 부차적인 존재 | 주요한 내용물로서 위치 차지 |
| 평면구성 | 조합, 폐쇄적, 분산식 | 분화, 개방적, 집중식 |
| 공간성격 | 융통성이 높고, 복합용도,<br>독립성이 낮음(문으로 구획) | 융통성이 낮고, 단일용도(기능적),<br>독립성이 높음(벽으로 구획) |
| 공간의 구분 | 위치별 구분(안방, 건너방, 사랑방 등) | 용도별 구획(거실, 침실, 식사실 등) |
| 구조방식 | 목조가구식, 가연성, 바닥이 높고,<br>개구부가 큼 | 벽돌조적식, 난연성, 바닥이 낮고,<br>개구부가 적음 |
| 난방방식 | 복사식 난방(온돌, 개별식) | 대류식 난방(집중식) |
| 외 관 | 자연환경과 건축물의 조화 도모 | 자연환경 속에서 건축물을 강조 |

## (4) 집합정도에 따른 분류

### 1) 단독주택

한 건물에 한 가구가 살도록 마련된 주택으로 전용의 정원이나 마당을 갖고 있는 독립된 주택이다. 현재에 와서는 사회적, 경제적 이유로 점차 이와 같은 단독주택의 취득이 어렵게 되었다. 토지부족 및 지가상승을 고려한다면 도시지역에 있어서 단독주택의 존재는 경제적, 사회적으로 매우 불합리한 점을 갖고 있어 한국에 있어서 급속도로 그 비중이 축소되는 경향을 보이고 있다.

단독주택이 갖고 있는 장점으로는 주거의 독자성을 갖게 되어 안정감이 있으며, 집안에 뜰을 가질 수 있다는 것이 큰 장점이라 생각된다. 즉, 각자가 뜰을 가꾸면서 자연을 즐길 수 있다는 것은 심리적인 측면에서도 의미 있는 것으로 단독주택을 희망하는 사람이 많은 것은 당연한 이치라고 생각된다. 반면에 대지구입 및 건축에 소요되는 초기비용이 많이 소요되며, 많은 유지·관리비의 지출은 물론 정기적인 수리 및 유지를 위한 관리도 요구된다. 또한 집을 잠그고 모든 가족이 함께 외출할 수 없어 가족이 집에 매여야 한다는 단점이 있다.

### 2) 공동주택

우리나라의 대표적인 주거유형인 아파트를 비롯한 공동주택은 1960년대부터 본격적으로 도입되기 시작하여 2005년 현재에는 전국적으로는 전체주택의 약 66.5% 이상을, 서울시의 경우에는 78.9% 이상을 점유하고 있다.

공동주택이란, 단층 또는 중층으로 구성된 각각의 단위세대가 수평방향 및 수직방향으로 결합하여 벽과 지붕을 인접 세대와 공유하는 주거유형을 말한다. 대지비가 절감되며, 벽체와 지붕 등을 공유하여 건축함으로써 건축비가 절약되며, 설비의 공유에 따라 설비비를 줄일 수 있는 장점이 있으나, 밀집되어 건축되는 관계상 프라이버시 침해, 층간 또는 이웃세대 간 소음발생, 화재시 연소우려, 그리고 일조 및 통풍상의 문제점 등 단점도 가지고 있다.

주생활 본래의 목적을 생각한다면 공동주택은 적지 않은 문제점을 갖고 있으나 대도시에 있어서는 토지의 효율적인 활용과 도시다운 주거환경을 조성하기 위하여 공동주택의 주거단지가 많이 건설되고 있다. 공동주택에 있어서는 많은 사람이 한 곳에 모여 사는 이상 인간관계가 발생하게 되는데, 이는 주거공간의 구성 여하에 따라 크게 달라지므로 인간관계가 원활하게 유지될 수 있는 주거계획이 필요하다.

건축법상 공동주택은 다세대주택, 연립주택, 아파트 등으로 분류되는데, 여기서 다세대주택은 19세대 이하로서 1개 동 면적이 660㎡ 이하이고 4개 층 이하인 주택으로, 연립주택은 1개 동 연면적이 660㎡를 초과하는 4개 층 이하인 주택으로, 아파트는 주택으로 쓰이는 층수가 5개 층 이상인 주택으로 정의하고 있다.

## 4-2-4 주택의 규모

### (1) 주거기준의 구성요소

주택정책의 목표는 모든 국민이 가족구성, 거주지역 등에 맞추어 양호한 환경에서 일정 수준 이상의 주택을 확보하는 데 있으므로 이러한 목표를 달성하기 위해서는 각종 정책 프로그램들이 개발·시행되어야 한다. 그 중 중요한 수단의 하나가 주거기준의 설정이다.

주거기준이란, 가구의 주생활에 대한 바람직한 상태를 규정한 정책적 주거수준을 의미한다. 즉, 인용(認容)할 수 있는 주거수준과 인용할 수 없는 주거수준 간에 정책적인 선을 설정하는 것이다. 그러므로 기준은 각 국가의 정책목표나 상이한 정책환경에 따라서 접근방법이나 내용이 다양하게 되며 학자들 간에 많은 논쟁이 일어나고 있는 것이다.

주거기준의 구성요소를 미와(三輪恒)는 표 4-4에서와 같이 주택, 환경, 거주, 유통 등 4개 부분으로 크게 나누고 다시 내용을 세분하여 그 내용을 제시하고 있다. 이러한 분류는 주거기준과 관련된 모든 지표들을 포함시켰다는 점에서는 의미가 있겠으나 현실적으로 구성요소를 모두 기준화하는 것은 불가능하므로 이 중에서 어떤 요소들을 우선적으로 기준화할 것이냐 하는 데에 대한 해답을 주고 있지 못하다.

스미다(住田昌二)는 주택, 거주자, 주환경 등 3개 부문으로 크게 나누고 다시 11개 항목으로 세분하고 있다. 동 분류는 미와의 분류보다는 단순하나 그래도 주거비부담의 한도율, 용도혼합도 등까지 구체적으로 규정하고 있다. 또한, U. N.에서 권고하고 있는 주택사정에 관한 통계적 지표에 의하면 주거수준의 평가지표로 기본지표 4가지와 보조지표 5가지로 구분하여 순위화하고 있다. 이것을 보면 앞의 학자들이 분류하였던 요소 중 주로 주거밀도와 같은 과밀과 관련된 내용과 수도, 변소 등 기본적인 주거시설에 중점을 둠으로써 이들이 주거기준의 중요한 구성요소임을 시사하고 있다.

▮표 4-4▮ 주거기준의 구성요소

| 구 분 | 세분류 | 내 용 |
|---|---|---|
| 주 택 | 건 물 | 종별, 형식, 비주택, 격식, 외관 |
| | 구 조 | 평면, 동선 |
| | 규 모 | 용적, 거주면적, 거실 수, 침실 수, 침실면적 |
| | 성 능 | 강도, 단열, 내화, 방음 등 |
| | 설 비 | 취사, 변소, 욕실, 급탕, 난방, 환기, 조명, 위험방지 등 |
| | 유 지 | 노후파손, 미관, 수선 등 |
| 환 경 | 대 지 | 건폐율, 용적률, 통로, 지형 |
| | 기 타 | 토지이용, 공해적 환경, 일상생활 시설, 위락시설 등 |
| 거 주 | | 가족형, 거주밀도, 식침분리, 동거 여부, 프라이버시, 주거비, 거주계약 조건, 곤궁감 등 |
| 유 통 | | 공급배분과 주택수요, 건설량, 건설비, 재고, 가격, 기술, 입주경쟁률, 공가 등 |

### (2) 주택의 규모결정

주택의 규모와 주거수준을 고려해 볼 때, 우리나라의 주택문제를 해결하기 위해 새롭게 공급되는 주택의 양적, 질적 수준을 향상시키기 위해서는 객관적인 기준을 정하는 것이 무엇보다도 필요하다. 특히 주택의 규모는 주거기준의 설정에서 일차적으로 고려되어야 할 사항이다.

최소주거 규모의 정의를 전경배는 주거적합성이라는 개념을 소개하면서 인간이 생활할 수 있는 최저한의 거주조건에 대한 조작적 기준과 가치에 대해 판단되는 개념으로, 허정행은 인간생활의 기본적 요구인 주거공간에 있어 사회적, 문화적 생활을 위한 한계수준 이상의 시설과 설비가 구비되고 각 공간에서 각종 문화생활 기구를 사용하며, 인간적 생활을 하는 데 있어서 육체적 불쾌감과 정신적 압박감을 받지 않는 경제적 크기와 높이를 가지며, 또한 가족구성의 유형과 구성원 수에 따른 적절한 규모를 갖는 주거공간이라고 정의하였는바, 인간의 생리, 위생을 위해 최소한도로 보장되어야 할 한계규모를 가리킨다 하겠다. 이러한 최소주거 기준의 개념을 보다 구체적으로 구분해 보면 표 4-5와 같다.

바람직한 주생활을 영위하기 위한 주택의 규모는 그 안에서 생활하는 가족의 수와 가족구성, 나이, 성별 구성에 따른 알맞은 크기가 필요하며, 기거양식과 생활수준도 고려해야 한다. 아울러 앞으로의 변화를 예상하여 증축이나 개축에 대해서도 미리 검토해야 한다.

**▮표 4-5▮ 최소주거 기준의 개념구분**

| 기 준 | 구 분 | 정 의 |
|---|---|---|
| 평가방법에 따른 개념구분 | 양적인 기준 | • 주거기준의 양적 지표를 의미<br>• 최소면적, 천장고, 계단 및 창문의 크기 등에 대한 기준 |
| | 질적인 기준 | • 주택의 구조적·환경적 적절성, 주택 및 시설의 관리에 대한 기준 |
| 의무의 정도에 따른 개념구분 | 즉시 시행해야 할 기준 | • 불량주택의 판단기준으로 사용<br>• 개인 및 사회의 건강과 위생에 직접적인 영향을 미친다고 생각되는 주택에 대해 적용되는 기준 |
| | 최저기준 | • 개인 및 사회의 건강, 안정, 복리의 유지를 위해 필요한 최소의 기준 |
| | 바람직한 쾌적기준 | • 보다 효율적인 삶을 가능케 하며, 주택의 경제적 가치를 높이기 위해 필요한 조건 |
| | 미래지향 기준 | • 미래(최소한 20년 정도)의 요구를 충족시키기에 적합한 기준 |
| 관점에 따른 개념구분 | 건축기준 | • 건축물 자체의 관점에서 보는 기준<br>• 구조적 안전성(구조, 장비, 건축방법 등)에 대한 기준 |
| | 사용자기준 | • 입주자의 관점에서 보는 기준<br>• 거주환경(채광, 환기, 면적, 공간사용, 설비, 방화 등)에 관한 기준 |

### (3) 외국의 기준

세계적으로 주거규모에 대해 활발히 논의되고 연구되었던 시기는 1950년~1960년대였으며, 이 당시에 제안되었던 주거면적 기준들은 다음과 같다.

세계가족단체협의회(l' Union Internationale des Organismes Famillaux)가 추천하고 있는 주거면적 기준을 '콜로뉴' 기준이라고 부르고 있다. 표 4-6에서 보는 바와 같이 이 기준은 3인에서부터 6인까지의 가족 한 사람에 대하여 13.4㎡에서 18.7㎡의 범위, 즉 평균 16㎡를 제안하고 있다.

프랑스의 사회학자 숑바르 드 로브(Chombard de Lawve)가 1950년 이후 사회학적 견지에서 가족과 주거에 관한 일련의 논문에서 설정한 기준은 주거면적의 위기 한계 기준으로서 병리적 한계와 유효거주 한계 등으로 나누어 제시하고 있다. 여기서 병리적 한계기준이란, 이 면적 이하에서는 거주자의 신체적, 정신적 건강에 나쁜 영향을 받게 되어 건강한 주생활을 영위하기 곤란한 1인당 주거면적 8㎡ 이하를 말하며, 유효거주 한계기준이란, 1인당 주거면적 14㎡ 이하로서 이 면적 이하에서는 거주의 융통성을 보장할 수 없다고 하였다. 한편 사회적 융통성보장 한계기준으로 이 이상에서 비로소 건강하고 인간다운 주생활을 영위할 수 있다고 하여 그는 1인당 16㎡를 적정한 주거면적으로 적극 권장하였다. 즉, 3인 가족 기준 48㎡~7인 가족 기준 112㎡ 정도의 주거규모를 가리킨다.

이와 유사한 제안으로는 블라셰(G. Blachere)의 안이 있는데, 그는 3인 또는 그 이상의 가족을 위한 면적기준으로 그는 하류 쾌적의 경우 14㎡/인, 중류 쾌적의 경우 18㎡/인, 상류 쾌적의 경우는 20㎡/인을 제안했다.

**표 4-6** 세계가족단체협의회의 콜로뉴 기준

| 개실의 수 | 거주자의 수(인) | 전체 주거면적(㎡) | 1인당 주거면적(㎡) |
|---|---|---|---|
| 3 | 3 | 56 | 18.7 |
| | 4 | 62 | 15.5 |
| | 4 | 65 | 16.2 |
| 4 | 5 | 75 | 15.0 |
| | 6 | 82 | 13.7 |
| | 6 | 87 | 14.5 |
| 5 | 7 | 94 | 13.4 |
| | 8 | 110 | 13.7 |
| 6 | 8 | 114 | 14.2 |

(최고 10%의 증가를 허용함)

프랑스 국립건축과학기술연구소(Centrale Scientifique et Technique du Bâtiment)의 건축가 노엘(C. Noel)이 이끄는 팀의 연구에서 가족 수 3~7인에 적합한 2개실 주거형에서 6개실 주거형에 이르는 5개의 유형을 20종류의 모델로 전개하여 아파트 주거의 거주성 및 평면을 분석한 결과, 적정한 주거면적은 거주자 한 사람에 대하여 15.73㎡(거실 4.38㎡/1인, 침실 6.49㎡/1인)로 제안하였다. 그리고 개실의 크기는 평균 거실 18㎡(4.4m × 4.1m), 침실 10.8㎡(3.05m × 3.55m), 부엌 6.6㎡(2.0m × 3.0m), 욕실 3.6㎡(1.75m × 2.05m), 변소 1㎡(0.8m × 1.25m) 등이다.

1929년 독일 프랑크푸르트에서 개최된 제2차 현대건축국제회의(Congrès International aux Architecture Moderne)에서는 최소한의 주거에 관한 각국의 제안들이 있었다. 이 제안들을 종합해 본 결과, 거주면적은 가족 수에 따라 1인당 11.4㎡에서부터 14.9㎡로 나타나고 있으며, 건축 연면적에 대한 주거면적의 비율을 약 68%로 보고 산정하면 그 제안된 면적은 1인당 16.8㎡에서부터 22㎡에 달하는 것으로 볼 수 있어 타 제안에 비해 다소 높은 기준임을 알 수 있다.

1967년 독일의 쾰른(Köln)에서 열린 국제주거계획연맹(the International Federation for Housing and Planning)에서 채택한 국민의 건강한 주생활을 위하여 각국이 노력·보장하도록 권유한 쾰른 기준은 숑바르 드 로브 씨의 병리적 한계기준 12㎡/인과 사회적 융통성보장 한계기준 16㎡/인의 사이에 위치하고 있다.

또한 일본의 제3기 주택건설5개년계획의 주거수준 목표에서 설정한 주거기준이나, 영국에서 주택형식을 단독주택과 아파트로 구분하여 가족 수에 따른 주거면적의 기준을 설정한 파커모리스 기준(Parker-Morris Standard) 등이 있으며 그 내용을 요약하면 표 4-7과 같다.

**표 4-7** 국외 주거면적 기준

(단위 : ㎡)

| 구분 / 가족 수 | 일본의 주거기준 | | 영국의 주거기준 | | 쾰른 기준 |
|---|---|---|---|---|---|
| | 최소기준 | 적정기준 | 단독주택 | 아파트 | |
| 1인 가구 | 13.86 | 29.37 | 33.00 | 32.34 | - |
| 2인 가구 | 25.41 | 43.56 | 48.51 | 47.52 | - |
| 3인 가구 | 34.32 | 60.39 | 61.05 | 60.06 | 51.48 |
| 4인 가구 | 44.22 | 75.90 | 70.62 | 73.59 | 60.39 |
| 5인 가구 | 49.17 | 85.14 | 79.86 | 82.50 | 69.30 |
| 6인 가구 | 58.08 | 94.05 | 88.44 | 90.09 | 80.19 |
| 7인 가구 | 66.99 | 101.97 | - | - | 86.79 |

### (4) 국내기준

우리나라의 경우 주택부족 문제를 해결하기 위해 정부차원에서는 주택공급의 양적 확대를 위한 정책을 추진해왔다. 한정된 재원의 효율적 활용과 주거 서비스 분배의 형평을 위한 주택정책 수립의 수단으로서의 주거기준 설정은 매우 의미가 있다고 하겠다. 그러나 주거기준 설정에 관한 논의가 1970년대를 중심으로 오랫동안 이루어져 왔으나 기준이 확립되지는 못했으며, 단지 과거 주택건설촉진법상의 '전용면적 40~85㎡'가 이에 해당될 것이나, 이것은 너무 지나치게 포괄적이고, 또한 가족 수, 가족형, 1실당 거주인 수, 가구당 방 수 등 거주적 요소가 고려되어 있지 않은 주택정책상의 기준이었으므로, 참다운 의미에서의 주거기준이라고는 할 수가 없다.

우리나라에서 제시된 주거규모 기준은 대개 인체공학적 접근방법에 의해 작성된 것이 대부분이다. 그리고 주택 내의 공간분리는 식침분리, 취침분리 등의 서양식 주생활을 상정하고 있으며, 주택 내 기본시설도 부엌, 화장실, 목욕탕 등을 갖추는 것으로 전제한다. 방의 수와 주거규모는 가족 수 및 가족형 등에 따라 달라지는데, 1실당 거주인 수는 부부나 어린아이의 경우는 2인, 성인의 경우는 1인으로 상정하고 있다.

제안된 규모기준의 예는 표 4-8과 같다. 1960~70년대에 공급된 중앙난방 아파트의 규모, 공간별 구성, 현황(입주 가구원 수) 등을 조사하고 외국의 기준을 이용하여 설정한 문교부의 예를 제외하고는 모두 가족형과 인체의 활동별 동작치수 및 가구의 치수를 가지고 산정한 규모기준이다. 대개 최소규모 의 경우는 거실을 제외하고, 적정규모의 경우는 거실을 포함하는 공간구성을 하고 있다.

최소규모 기준을 보면 건설부나 대한주택공사의 기준은 상당히 유사하게 나타나고 있으며, 또한 이들은 일본의 최저거주수준과도 상당히 근접하고 있다. 또한 적정규모 기준을 보면 기획단의 기준과 일본의 평균거주 수준(표 4-7 참조)이 상당히 근접하는 경향을 보여준다. 이와 같이 일본의 기준과 우리의 기준이 비슷하게 나타나는 것은 인체척도가 비슷하기 때문일 뿐만 아니라 생활양식에 있어서도 좌식 생활의 전통이 강한 것이 주된 이유가 된다고 볼 수 있다.

건설부의 기준은 어린아이는 0.5인으로 계산하고 1인당 주거면적의 기준을 최저 10.0㎡, 적정 16.0㎡, 평균 12.0㎡로 보고 최소기준과 적정기준을 산정하였다. 안영배 교수는 국민주택의 형별 최소 및 적정 주거면적 기준을 각 공간 크기를

**▮표 4-8▮ 국내 주거규모 기준**

| 구 분 | 가족수 | 형 별 | 주거규모기준 (단위: ㎡) | | |
|---|---|---|---|---|---|
| | | | 최 소 | 적 정 | 평 균 |
| 1. 주종원, "한국의 주택수요 추정과 자원의 효율적 이용을 위한 연구", 국토계획, 제9권 제2호(1074.10) | 1 | 1K | 23.60 | - | - |
| | 2 | 1LK | 37.32 | - | - |
| | 3 | 2LK | 48.74 | - | - |
| | 4 | 3LK | 59.73 | - | - |
| | 5 | 3LK | 66.43 | - | - |
| | 6 | 4LK | 76.33 | - | - |
| | 7 | 4LK | 82.37 | - | - |
| 2. 건설부, 국민주택의 적정규모와 부대 복리시설 기준 연구(1976) | 2.5 | 1(L)DK | 33.66 | 51.48 | - |
| | 3.5 | 2DK | 40.59 | - | - |
| | 4.0 | 2LDK | - | 61.38 | - |
| | 4.5 | 3(L)DK | 50.49 | 76.23 | - |
| | 5.0 | 4(L)DK | 67.32 | 93.06 | - |
| | 6.0 | 4(L)DK | 67.32 | 104.94 | - |
| 3. 안영배, "계획상으로 본 국민주택의 적정규모에 대하여", 건축, 대한건축학회지, 제21권 제77호(1977). | 2~3 | 1(L)DK | 33.92 | 51.91 | - |
| | | 2(L)DK | 40.92 | 58.91 | - |
| | 4 | 2(L)DK | 40.92 | 61.88 | - |
| | | 3(L)DK | 50.92 | 76.86 | - |
| | 5 | 3(L)DK | 54.91 | 79.86 | - |
| | | 4(L)DK | 60.89 | 93.82 | - |
| | 6 | 4(L)DK | 60.89 | 105.80 | - |
| 4. 기획단, 행정수도건설을 위한 백지계획, 주택모형계획(1978) | 1 | 1DK | 16.01 | 26.40 | - |
| | 2 | 2(L)DK | 33.00 | 54.58 | - |
| | 3 | 2(L)DK | 36.00 | 67.55 | - |
| | 4 | 3(L)DK | 44.65 | 85.34 | - |
| | 5 | 3(L)DK | 63.99 | 93.75 | - |
| | 6 | 4(L)DK | 83.62 | 107.28 | - |
| | 7 | 4(L)DK | 91.34 | 115.20 | - |
| 5. 문교부, 도시 아파트 공급을 위한 적정규모와 주거밀도에 관한 연구(1978) | 1~2 | 1LDK | - | 32.34 | - |
| | 3 | 2LDK | - | 62.70 | - |
| | 4 | 3LDK | - | 89.10 | - |
| | 5~6 | 4LDK | - | 108.90 | - |
| | 7 | 5LDK | - | 128.70 | - |
| 6. 건설부, 주택설계지침(1978, 12.) | 2 | 1(L)DK | - | - | 51.61 |
| | 3 | 2(L)DK | - | - | 60.10 |
| | 4 | 3(L)DK | - | - | 78.12 |
| | 5 | 3(L)DK | - | - | 95.12 |
| | 6 | 4(L)DK | - | - | 114.64 |
| | 7 | 4(L)DK | - | - | 117.05 |
| 7. 강수림, "주거공간에 있어서의 최소 필요공간 면적 산정에 관한 연구, 주택조사연구, 대한주택공사(1980) | 1~2 | 1K | 27.46 | 33.69 | 32.21 |
| | 3 | 1DK | 38.15 | 44.39 | 42.90 |
| | 4 | 2DK | 46.83 | 54.95 | 50.39 |
| | 4 | 2LDK | 57.59 | 70.26 | 63.76 |
| | 5 | 3DK | 54.85 | 71.25 | 63.06 |
| | 5 | 3LDK | 66.96 | 84.51 | 77.19 |

자료 : 대한건축학회, 『주거론』, 1997, pp. 220~221에서 일부 수정 인용.

미리 결정하고 주택형에 따라 면적을 산정하여 제시하고 있으며, 주종원 교수도 가족형과 인체치수를 가지고 최소기준을 산정·제시하였다.

일부 평형에 있어서는 주거면적 기준이 제안자에 따라 큰 편차를 보이고 있는데 이것은 최소 주거규모의 개념이 서로 다르고, 기준의 산정방법도 서로 다르기 때문에 나타난 결과로 생각된다.

### (5) 최저주거 기준 및 유도주거 기준의 설정

1990년대 이후 지속적인 주택공급 확대시책에 힘입어 주택의 양적 부족문제는 상당부분 해소되고 있기 때문에 주거의 질적 수준제고 및 저소득층에 대한 실질적인 주거지원을 강화할 필요성이 커지고 있어 우리나라의 주택정책은 주택건설의 공급확대라는 물량 위주에서 주거의 질적 수준제고를 고려하여 복지국가형 주택정책 체제로 전환하게 되었다.

인간다운 생활을 영위할 수 있는 필요조건으로서 최저주거 기준은 새로운 정책지표 개발을 위해 2000년에 처음 기준이 마련되고, 2003년 개정된 주택법에 따라 2004년 법제화된 내용을 공고하였다.

최저주거 기준의 내용은 시설기준과 침실기준, 면적기준 및 구조·성능·환경기준 등의 요소로 구성되었는데, 먼저 시설기준에는 전용 입식 부엌, 전용 수세식 화장실 및 목욕시설 등에 관한 기준이 포함되었으며, 침실기준에는 가구원 수를 고려한 방 수 및 침실의 분리기준, 즉 침실은 기본적으로 만 6세 이상의 자녀는 부모와 침실을 분리하여 부부침실을 확보토록 하며, 만 8세 이상 이성자녀의 침실과 노부모의 침실은 별도로 확보되도록 하는 내용이 포함되어 있다.

면적기준은 가구원 수에 따라 필요한 최소한의 침실 수를 제시하고, 침실, 부엌, 화장실, 현관, 수납공간 등을 합친 총 주거면적을 설정한 것으로 1인 가구의 경우 12㎡(3.6평), 4인 가구의 경우 37㎡(11.2평)다. 1인 가구의 주거면적 3.6평은 1995년 1인당 평균주거 면적 5.2평의 69% 수준이다.

구조·성능·환경기준은 영구건물로서 구조강도가 확보되고, 주요 구조부의 재질은 내열, 방열, 방습에 양호한 재질을 사용하며, 적절한 방음, 환기, 채광, 냉난방 설비를 갖추는 한편, 소음·진동·악취·대기오염 등 환경요소가 법적 기준에 적합하도록 규정하였다.

**▮표 4-9▮ 국내 최저주거 기준(예)**

<table>
<tr><th colspan="2" rowspan="2">구 분</th><th colspan="3">규모기준(단위 : ㎡)</th></tr>
<tr><th>제1안<br>(인체공학 이론기준)</th><th>제1안<br>(수도권 심사자료 기준)</th><th>제1안<br>(일본 최저주거 기준)</th></tr>
<tr><td rowspan="3">침실</td><td>주침실</td><td>9.0</td><td>10.8</td><td>-</td></tr>
<tr><td>2인용 침실</td><td>7.5</td><td>8.10</td><td>9.90</td></tr>
<tr><td>1인용 침실</td><td>5.0</td><td>5.76</td><td>7.43</td></tr>
<tr><td rowspan="3">부엌</td><td>1인가구</td><td>2.1</td><td>2.40</td><td>2.13</td></tr>
<tr><td>2~4인가구</td><td>2.4</td><td>3.00</td><td>7.43</td></tr>
<tr><td>5인가구</td><td>3.0</td><td>3.48</td><td>9.90</td></tr>
<tr><td rowspan="2">화장실</td><td>1~4인가구</td><td>2.0</td><td colspan="2" rowspan="7">기존 60㎡ 이하 주택에서 침실+부엌면적 대 기타면적 평균비율을 적용하여 추정<br>• 침실과 부엌면적 30㎡ 미만 : 68%<br>• 침실과 부엌면적 30~40㎡ : 71~75%<br>• 침실과 부엌면적 40㎡ 이상 : 75%</td></tr>
<tr><td>5인가구</td><td>2.2</td></tr>
<tr><td rowspan="2">수납 및 기타공간</td><td>1~4인가구</td><td>2.0</td></tr>
<tr><td>5인 이상 가구</td><td>2.5</td></tr>
<tr><td rowspan="3">현관</td><td>1인가구</td><td>1.0</td></tr>
<tr><td>2~4인가구</td><td>1.3</td></tr>
<tr><td>5인가구</td><td>1.5</td></tr>
</table>

자료 : 건설교통부, 주거기준 도입방안 연구, 1997.

그러나 이러한 기준은 가구특성이나 주거지역에 관계없이 공통적으로 적용되는 기준이므로 2007년 미래주거환경 포럼과 한국미래발전연구원 제4차 정례 세미나에서는 최저주거 기준이 최저의 질적 기준으로 적용되는 폐해를 막고 전체 국민의 주거수준을 점차적으로 일정수준으로 높여갈 수 있도록 하는 정책목표 기준으로 활용할 수 있는 유도주거 기준의 도입 필요성을 제안하였다.

일본의 경우에는 1967년 발표된 독일의 쾰른 기준을 모체로 하여 가구별 주거기준을 마련하고 최저주거 기준 및 도시형과 일반형으로 구분하여 제시한 유도주거 기준을 운영하고 있다. 이 기준은 세대인원은 기준으로 공간구성 및 전용면적 기준을 제시하고 있는데, 4인가족의 경우 최저기준(3DK, 44㎡), 도시형 유도기준(3LDK, 91㎡), 일반형 유도기준(3LDKS, 123㎡)으로 되어 있다.

쾌적하고 안락한 주생활을 위한 바람직한 수준을 의미하는 유도주거 기준은 서울시 주택조례 중 주거기준 관련조항에 명시되었을 뿐 아직 법제화된 내용은 없으나, 장영희가 제시하고 있는 유도주거 기준은 4인 표준가구의 기준면적이 국민주택 규모로 통용되고 있는 전용면적 85㎡ 정도가 되는 것을 목표로 하여 단위거주실 면적을 산정한 것으로 그 내용은 표 4-10과 같다.

**표 4-10** 서울시에서 제시한 유도주거 기준

| 구분 | | | 제1 유도기준 | 제2 유도기준 |
|---|---|---|---|---|
| 침실 | 부부침실 | | 12.96㎡(3.6m×3.6m) | 17.55㎡(3.9m×4.5m) |
| | 1인용 침실 | | 7.20㎡(2.4m×3.0m) | 9.00㎡(3.0m×3.0m) |
| | 2인용 침실 | | 10.80㎡(3.0m×3.6m) | 12.96㎡(3.6m×3.6m) |
| 부엌 및 식사실 | 1인 가구 | 부엌 | - | - |
| | | 부엌 및 식사실 | 4.86㎡(1.8m×2.7m) | 8.64㎡(2.4m×3.6m) |
| | 2인 가구 | 부엌 | - | - |
| | | 식사실+부엌 | 5.40㎡(1.8m×3.0m) | 10.80㎡(3.0m×3.6m) |
| | 3인 가구 | 부엌 | - | - |
| | | 식사실+부엌 | 6.30㎡(2.1m×3.0m) | 11.88㎡(3.3m×3.6m) |
| | 4인 가구 | 부엌 | - | - |
| | | 식사실+부엌 | 7.20㎡(2.4m×3.0m) | 13.86㎡(3.3m×3.6m) |
| 거실 | 2인 가구 | | 8.91㎡(2.7m×3.3m) | 12.96㎡(3.6m×3.6m) |
| | 3인 가구 | | 10.80㎡(3.0m×3.6m) | 15.21㎡(3.9m×3.9m) |
| | 4인 가구 | | 11.88㎡(3.3m×3.6m) | 17.55㎡(3.9m×4.5m) |

자료 : 대한건축학회, 건축텍스트북 주거론, 2010, p.128에서 재인용

### (6) 주거수준의 현황

주거의 질적 수준을 나타내는 대표적 척도는 주택당 평균면적, 거주인 1인당 주거면적, 사용방 수, 주택 내 편익시설과 설비로서, 목욕시설·수세식 화장실·입식 부엌, 경제조건으로서 주택구입 능력, 유지·관리능력, 주택가격 대비 등으로 구분할 수 있다. 일반적으로는 1인당 주거면적이 가치척도로서 많이 사용되는데, 여기서 주거면적이란 주택의 총면적에서 공용부분을 제외한 면적을 의미하며, 대체로 건축 연면적의 50~60%를 차지하고 있다.

1인당 평균 바닥면적은 표 4-11에서와 같이 1980년의 10.1㎡에서, 2005년에는 22.9㎡로 나타나는 등 급속한 증가추세를 보이고 있다. 이러한 증가율은 가구당 바닥면적의 증가율보다 훨씬 높은 것으로서 인구기준으로의 주거수준이 더 빠른 속도로 개선되고 있음을 보여주고 있다. 그러나 아직까지는 세계 각국이 권장하는 표준기준(16.5㎡/인)보다는 조금은 낮아 우리나라의 주생활수준은 상대적으로 낮은 수준임을 알 수 있다.

주거생활에 필수적인 주거시설의 경우도 표 4-12에서와 같이 입식 부엌, 수세

식 화장실, 온수목욕 시설 등 3가지 지표를 기준으로 살펴 본 결과, 개선속도가 매우 빠르게 진행되어 2005년 기준, 전국적으로 거의 100% 보급되었다.

우리나라의 주거상황은 주거밀도와 주거시설 등 양적 기준 측면에서는 어느 정도 충족하고 있다 하겠으나, 주택의 수준은 규모나 시설의 유무 등 양적 수준만으로 결정될 수 없으므로, 내부설비를 현대화하고 고도화시킴과 함께 주어진 공간의 합리적 이용을 계획적으로 고려하는 등 주택의 질적 수준향상을 도모할 시기에 이르렀다고 생각된다.

**표 4-11** 주거규모의 변화추이(전국)

| 구 분 \ 연 도 | 1980 | 1985 | 1990 | 1995 | 2000 | 2005 |
|---|---|---|---|---|---|---|
| 1실당 거주인 수 (인) | 2.1 | 1.9 | 1.5 | 1.1 | 0.9 | 0.8 |
| 가구당 방 수 (개) | 2.1 | 2.2 | 2.5 | 3.1 | 3.4 | 3.6 |
| 주택당 바닥면적 (㎡) | 68.4 | 72.6 | 80.8 | 80.7 | 81.7 | 83.7 |
| 가구당 바닥면적 (㎡) | 45.8 | 46.4 | 51.0 | 58.6 | 63.1 | 66.0 |
| 1인당 바닥면적 (㎡) | 10.1 | 11.3 | 13.8 | 17.2 | 20.2 | 22.9 |

자료 : 통계청, 한국의 사회지표, 2008.

**표 4-12** 주거시설의 변화추이(전국)

| 구 분 \ 연 도 | 1980 | 1985 | 1990 | 1995 | 2000 | 2005 |
|---|---|---|---|---|---|---|
| 입식 부엌 비율 (%) | 18.2 | 34.6 | 52.4 | 84.1 | 94.3 | 97.9 |
| 수세식 화장실 비율 (%) | 18.4 | 33.1 | 51.3 | 75.1 | 87.0 | 94.0 |
| 온수목욕 시설 비율 (%) | 10.0 | 20.0 | 34.1 | 74.8 | 87.4 | 95.8 |

자료 : 통계청, 한국의 사회지표, 2008.

## 4-3 주택과 주생활과의 관계

주택과 주생활과의 관계는 주택이 주생활을 담는 그릇이라면, 주생활은 그 안에 담겨지는 내용물이라는 내용물과 그릇의 관계로 이해할 수 있다. 여기서 그릇인 주택이 없이는 내용물인 주생활은 성립될 수가 없으며, 반대로 주생활이 없는 주택은 존재할 수가 없으므로 이들의 관계는 상호 불가분의 관계에 있다고 할 수 있다. 주생활이 요구하는 생활공간과 주택이라는 물리적인 공간이 상호 합치되었을 때 주택은 기능을, 주생활은 목적을 달성하게 되는 것이다.

주생활이란, 과거의 계승임과 동시에 장래의 발전도 내포하고 있는 것으로서 시시각각으로 변화 · 발전하는 것이다. 즉, 내용물인 주생활이 변하면 그릇인 주택도 내용물에 알맞게 개선이 요구되고 변화 · 발전하게 되는 것이다.

한편, 반대로 주택과 주생활과의 관계를 세밀히 고찰해 보면 상호규정적인 관계에 있음을 알 수 있고, 다음과 같은 문제점을 내포하고 있음을 알 수 있다. 생활양식도 사실상 과거나 현재의 주택에 의해 규제를 받아서 형성되어 왔기 때문에 주생활의 발전향상이 주택에 의해 저해당하는 경우도 적지 않다. 주택은 일단 지어지면 오랫동안 살지 않으면 경제적으로 불리하므로 일시에 바꾸거나 변경하기가 어렵고 또한 주생활 역시 일단 관습화되면 변화에 대해 큰 저항이 생기므로 상호 규정적인 관계를 갖고 변화 · 발전해 나간다 해도 변화속도에 있어 양자 간에 큰 차이가 생기게 되므로 상호 간의 조화가 문제가 된다. 주택을 둘러싸고 있는 주변환경에 어떻게 대처할 것인가 하는 것도 큰 문제가 된다.

그러나 주택과 주생활 간에 다소 차이가 있어도 별 불편 없이 생활할 수 있는 것은 주택은 고정성과 영속성을 갖고 있는데 반해, 주생활은 주택에 맞추어서 생활할 수 있는 변화성과 융통성이 있기 때문이며 양자 간에 차이가 커지면 생활에 많은 불편을 느끼게 되고 주택의 개선이 요구된다.

주택과 주생활과의 변화 · 발전하는 과정을 살펴보면 다음과 같이 정리할 수 있다(그림 4-2 참조).

① 어떤 생활양식에 대응하는 주택과 주생활이 있다고 가정한다.(①의 과정)

② 생활이 변화하고 발전하는 과정에서 일어나는 새로운 생활요구는 그 시점까지 양식화되어 있던 주생활의 일부에 질적인 변화를 일으키게 된다.(②의 과정)

③ 이것은 기존의 주택에 대한 불편 내지는 모순으로 나타나게 된다. 즉 새로운 주생활의 내용이 새로운 주택을 추구하면서 기존의 주택을 타파하려고 한다.(③의 과정)

④ 이 새로운 주생활에 맞게 주택이 개선 또는 개조된다.(④의 과정)

⑤ 새로운 생활내용에 적합한 새로운 주택은 지금까지의 주생활과는 질적으로 다른 새로운 주생활을 요구하고 부분적으로만 변화한 종래의 주생활과의 사이에는 모순이 발생한다.(⑤의 과정)

⑥ 그 모순의 해결로서 처음에는 그 주택에 적응하는 새로운 주생활이 형성되나, 이 주생활은 더욱 변화·발전한다.(⑥의 과정)

⑦ 이 변화·발전된 주생활이 개선 또는 개조된 새로운 주택과 적합한가가 체크된다.(⑦의 과정)

⑧ 다시 이 발전된 새로운 주생활에 알맞게 주택이 개선 또는 개조된다.(⑧의 과정)

⑨ 이런 과정을 거쳐 새로운 주택 안에서 새로운 주생활이 정착함으로써 비로소 주택의 창조를 완결시킨다.(⑨의 과정)

그러나 사회의 끊임없는 발전은 인간의 생활요구를 더욱 증대시키고 발전시켜 주생활을 변화시키고 이에 따른 주택과 주생활과의 사이에는 새로운 모순이 초래되므로 그것이 주택·개선의 원인이 되며, 우리의 주생활과 주택은 항상 상호 규정적인 관계를 갖고 발전해 나가는 것이다.

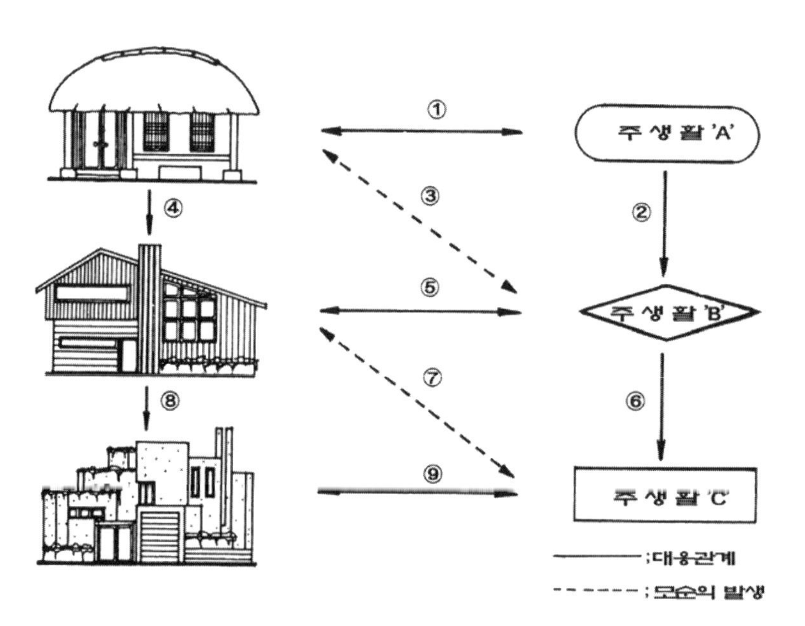


▌그림 4-2▐ 주택과 주생활과의 변화·발전하는 과정

제 5 장

# 주택계획의 목표

## 5-1 생활과 공간의 대응

### 5-1-1 주택계획의 접근방법

주택계획의 기본방향은 인간의 기본적인 가정생활을 최대한으로 만족시켜줄 수 있는 주거공간의 창조에 있다. 즉, 주거공간에 어떠한 생활을 실현시킬 것인가에 대한 목표가 있어야 하며 기본적인 이념이 있어야 한다.

건축계획에서는 건축의 목표에 따라 다양한 접근방법이 사용되나, 그것은 건축을 여러 가지로 이해한다는 것을 반영하고 있는 것이다. 주택은 건축의 일부이므로 주택계획의 접근방법도 동일하다. 대표적인 건축계획의 접근방법은 다음과 같다.

- 이념의 정립으로부터 시작하는 방법.
- 시공성, 생산성에 대한 분석으로부터 시작하는 방법.
- 실용성이나 이용효율을 높이는 데 가치판단의 기준을 두고 시작하는 방법.
- 외관형태의 미를 강조하여 형태의 이미지(image)를 구상하는 것부터 시작하는 방법.
- 생활과 공간의 대응관계, 즉 이들 간의 상호관계의 분석으로부터 시작하는 방법 등이 있을 수 있다.

이 중에서 생활과 공간의 대응관계를 중요시하는 방법이 가장 많이 사용되고 있다. 특히 인간생활의 근거지가 되는 주택은 다른 건축물과 달리 주택 내에서 생활하는 가족들의 생활요구를 이해하고 그 요구를 최대공약수적으로 만족시킬 수 있는 주거공간을 창조해야 한다는 입장에서 계획되어져야 하므로 주택계획은 생활과 공간의 대응관계에서 이해하는 방법이 특히 중요하다고 생각된다.

### 5-1-2 생활과 공간의 의미

#### (1) 생활의 의미

생활이란 말은 일반적으로 매우 폭넓은 내용을 갖고 있다. 이를테면 일상생활을 의미함은 말할 것도 없고, 사회생활, 경제생활 또는 문화생활과 같은 비 물질적인 생활을 뜻하는 경우도 있다.

주거공간과의 대응을 생각할 때에는 생활을 주택에 관련시켜 되도록 넓은 범위로 이해하는 것이 필요하다. 다시 말해서 육체적인 것에서 심리적인 것까지, 개인적인 것에서 사회적인 것까지, 그리고 물질적인 것에서 정신적인 것까지를 포함한 모든 생활을 대상으로 생각해야 한다는 것이다.

즉, 주택에서 이루어지는 식사, 취침, 휴식 등과 같은 인간의 구체적인 행위는 눈으로 볼 수 있는 동작이기 때문에 공간과의 대응에서는 가장 직접적이므로 이해하기가 쉬우나, 공간의 분위기와 깊은 관련을 갖고 있는 단란, 독서 또는 사색 등과 같은 생활행위는 우리들이 간과하는 경우가 많다. 욕실은 단순히 몸을 씻거나 배설하는 동작적인 행위뿐만이 아니라 쉬거나 사색하는 심리적, 정신적인 측면이 수반되는 생활행위의 장소라는 것을 잊어서는 안 될 것이다.

또한 주택계획에서 일상생활을 문제로 삼을 때 개인이나 가족의 생활뿐만 아니라 사회생활까지도 대상으로 해야 하는 것은 당연한 일이다. 왜냐하면 주택에서도 이웃이나 지역으로 확대된 생활이 전개되고 있으며, 특히 공동주택에 있어서는 지역주민과의 관계 위에 구축되는 근린생활 여하가 각 단위주거의 형태나 성격을 강하게 규제하고 있기 때문이다.

#### (2) 생활분석과 생활상

생활과 공간의 대응관계를 중요시하여 이들 간의 관계분석으로부터 시작하는 주택계획에서는 그 출발점으로서 먼저 주거공간 내에 어떤 생활을 실현시킬 것인가 하는 목표를 세워야 한다. 그러기 위해서는 현재의 생활과 그 문제점에 대한 깊은 인식을 가져야 하며, 인식의 제일보로서는 통상적으로 생활조사가 이루어진다. 조사는 이들이 과거 어떤 생활을 해왔으며, 현재 어떻게 생활하고 있고, 앞으로 어떤 생활을 원하고 있는가까지 세밀히 이루어져야 한다. 단순한 생활의 현상파악뿐만 아니라 생활이 어떤 요인에 의해 어떻게 변화하는가, 특히 공간의 차이에 따라 어떻게 영향을 받는가 하는 인과관계의 분석이 필요하며 이것을 통해 앞으로의 생활상도 예측해야 한다. 특히 심리적, 정신적인 생활행위는 이해하기가 어려우나 공간의 분위기와 관계가 있기 때문에 유념해야 한다.

그러나 아무리 자세한 생활분석을 통해 생활의 실태와 구조를 밝혀도 그것만으로 모든 생활이 규명되는 것은 아니고, 새로운 주택계획이 가능한 것도 아니다. 생활과 공간의 대응은 양자의 상호관계를 명확히 파악하는 것이 중요하지만 주생활이나 주거공간은 종합적인 것이기 때문에 각 부분보다 하나의 전체상을 파악하는 것이 더욱 중요하다. 왜냐하면 생활은 종합적인 것이어서 반드시 분석적인 방법만을 가지고서는 파악할 수 없는 것이다. 즉, 생활 전체에 대하여 건축공간 전체가 대응하는 것이다.

따라서 생활을 하나하나의 측면에서 따로 따로 볼 것이 아니라, 전체상으로서, 즉 하나의 생활상(生活像)으로서 파악할 필요가 있다. 생활의 종합적인 이미지에 대응하여 공간의 종합적인 이미지도 생겨나게 된다. 전체생활상은 주택 내에서 행해지는 생활의 종합적인 이미지로서 반드시 현실의 생활모습 그대로는 아닌 것이다. 또한 건축주의 요구 자체만으로 조립되는 것도 아니며, 미래의 생활상을 건축가의 입장에서 의식적으로 설정하여 제시하는 것이 필요하다.

### (3) 공간의 의미

주거공간이란, 구조체로 만들어진 주택 내·외부의 공간을 말한다. 주택은 기본적으로 구조체와 공간으로 구성되어 있다. 평면도를 자세히 보면 기둥, 벽 등 검게 칠한 부분과 그것으로 둘러싸여 희게 남겨진 부분이 있다(그림 5-1 참조).

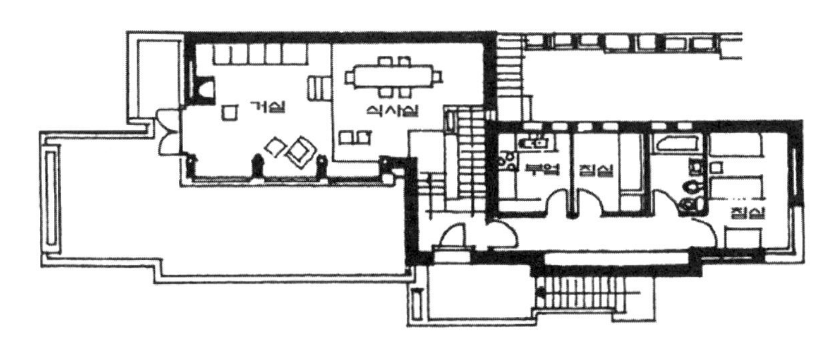


**▮그림 5-1▮** 구조체와 공간

여기서 검은 부분이 구조체이고, 흰 부분이 공간인 것이다. 주택의 평면도를 작성할 때 그리려고 하는 것은 검은 부분이며, 목수나 조적공이 현장에서 만들려고 하는 것도 이 검은 부분이다. 그러나 만들려고 하는 목적은 흰 부분에 있다.

공간은 구조체 없이 존재하지 않으며, 구조체가 있으면 반드시 그곳에는 공간이 존재한다. 즉, 구조체와 공간은 표리의 관계에 있다고 말할 수 있으며, 공간과 구조체와의 통일이 바로 건축인 것이다. 건축에서 계획의 기술은 공간을 어떻게 만드느냐에 주된 관심이 있으며, 구조, 재료, 시공 등의 기술은 주로 구조체를 어떻게 만드느냐가 주된 관심분야다. 생활은 이 공간을 장으로 하여 전개되는 것이다.

생활과 공간의 대응을 고찰할 경우, 자주 우리는 평면을 문제시한다. 이는 생활에 있어서의 사람의 움직임은 주로 평면적인 이동이라는 것에도 기인하고 있지만 동시에 평면도라는 것이 건축공간 전체를 표현하고 또 그것을 대표하는 것이기 때문이다. 그러나 평면에만 의지하는 것은 위험한 일이며 특히 심리적인 생활과의 대응을 문제로 할 경우에는 공간의 높이, 마감, 색, 빛의 상태 등도 깊은 관련을 갖게 되는 것은 당연하다.

한편 계획의 대상이 되는 공간에는 내부공간에만 국한되는 것이 아니며, 외부공간이나 다수의 주택들에 의하여 만들어지는 외부환경까지도 포함된다.

### 5-1-3 생활과 주거공간의 대응

#### (1) 생활의 변화에 의한 공간의 변화

생활은 사회발전에 따라 변화하며 이러한 변화는 주택에 대한 변화를 요구하게 된다. 그러나 주택이 생활의 변화, 발전을 따라가지 못하게 되면 생활과 주거공간과의 사이에는 틈이 발생하게 되며, 급기야는 생활과 공간의 대응관계가 무너지고 거기에는 모순이 발생하게 된다. 이에 따라 주거공간인 주택은 모순을 해소하기 위해 의식적으로 개조될 수밖에 없었다.

역사적으로 우리는 생활의 요구에 맞추어 건축물을 만드는 노력을 계속하여 왔다. 각 지방의 민가의 변화경향을 살펴보면 그러한 발자취를 찾을 수 있으며, 특히 1970년대 이래로 재래한옥이나 농촌주택의 모습을 보면, 특히 생활의 변화에 따라 의식적으로 변화시켜왔음을 알 수 있다.

그림 5-2는 재래한옥에서의 화장실과 욕실공간의 변화과정을 보여주고 있다. 즉, 1960년대 이전의 재래식 화장실로부터 1970년대의 좌식 수세대변기의 보급과 함께 화장실 출입문을 2중으로 설치하는 공간구성 그리고 1980년대에서의 양식 대변기의 보급에 따른 화장실 출입문이 1개로 바뀌면서 욕조가 도입되는 공간구성으로의 변화를 보여주고 있다.

### (2) 공간에 의한 생활의 규제

생활의 요구에 따라 공간은 만들어지나, 또 한편으로는 그 반대의 관계도 항상 존재한다는 것에 주목할 필요가 있다. 즉, 주택이라는 생활공간은 그 속에 들어앉은 인간의 생활을 규제하고 영향을 주며, 그 결과 생활은 주택에 따라 행하여지게 된다. 한옥을 예로 들면 온돌에서 태어나고 성장하여 그 생활이 익숙해진 우리는 그러한 생활행태를 좋아하게 되고 또한 온돌 없이는 살 수 없게 된다. 또한 창호지를 바른 문을 사용한 주택에 살면서 익숙해지면 개인생활을 독립시키려고 해도 실현하기 힘들 뿐만 아니라 개인생활의 독립적인 요구 자체도 뚜렷하지 않고 오히려 가족이 하나가 되어 개방적인 공간에 사는 것을 더 좋아하게 된다.

건축은 생활행동뿐 아니라 생활의 주체인 인간의 의식에까지 많은 영향을 주고 또한 그것을 규제한다. 이것을 좀 더 넓게 보면 한 민족의 문화형성에도 크게 관련되고 있음을 알 수 있다. 목조의 개방적인 주택에 사는 민족과 벽돌이나 석조의 폐쇄적인 주택에 사는 민족은 부자관계라든가, 개인의 의식구조, 또는 사고방식 전반에 이르는 세계관까지도 차이를 보이고 있어 문화에 미치는 건축의 영향력은 대단히 크다고 말할 수 있다.

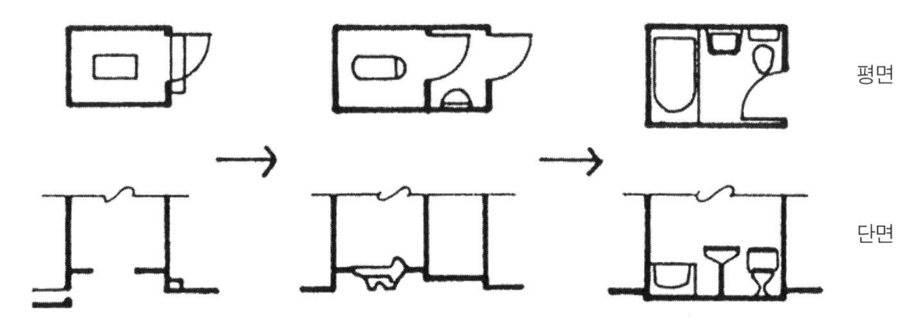


▌그림 5-2▐ 재래 한옥에서의 화장실의 변화과정

### (3) 공간에 의한 생활의 유도

일반적으로 주택의 발달이 인간생활의 변화・발전에 따른다고 할 때에 생활에 대하여 한 걸음 늦게 변화하며 뒤따라가는 관계에 놓여 있다. 따라서 주택은 생활에 대한 규제 및 영향은 항상 생활의 변화를 누르며 발전을 저해하는 방향으로 작용하게 될 것이다. 사실 기존의 주택에 제약을 받아서 인간활동의 다방면에 걸친 새로운 시도가 빛을 볼 수 없든가 좌절된 예는 많다. 이와 같은 의미에서 볼 때, 건축은 생활의 변화에 대해 보수적인 역할을 갖는 것이다.

그러나 그 반대로 공간이 생활의 발전향상을 유도하는 경우도 생각할 수 있다. 이것은 말로 하기는 쉽지만 상당히 어렵고 또 위험한 행위라 할 수 있다. 잘못되면 생활을 엉뚱한 방향으로 유도하게 될 수도 있기 때문이다.

생활이 변화・발전하여갈 경우에 모든 사람들이 동일하게 변화하는 것은 아니다. 생활의 변화는 사람, 계층, 지역 등에 따라 다르고, 상태도 다양하지만 잘 관찰, 분석해 보면 커다란 변화의 방향을 예측하는 것도 가능하며, 이에 대응하는 건축의 방향을 제안하는 것 또한 가능하다.

건축을 통하여 생활 그 자체를 바꾸어 가는 예는 개인주택의 설계에서 종종 볼 수 있다. 건축주의 주문은 종래의 생활체험이나 그 범위에 얽매어 있는 반면, 건축가는 다양한 주거양식이나 많은 선진적인 생활형태를 알고 있어 건축주에게 새로운 생활모습을 제안하고 새로운 건축공간을 만들어 주생활을 그 방향으로 유도하여 가는 예는 허다하다. 즉, 다이닝 키친(Dining Kitchen)의 주택을 제공하여 식침분리의 생활로 유도한다든가, 침실 간의 칸막이를 종전과 같은 창호문이 아니라 벽으로 한다든가, 반침을 방 사이에 설치하여 개인의 프라이버시를 높이는 방법 등은 좋은 예라고 할 수 있다.

건축공간에 의해 생활의 변화 발전을 유도하는 것은 대단히 어렵고 위험한 행위이며, 더구나 타인의 생활을 강요한다는 것은 더욱 더 용납할 수 없는 일이지만 건축공간을 만들 때 의식적으로든 아니든 간에 생활에 항상 규제를 가하고 생활형태를 유도하고 있다는 것을 인식해야 할 것이다. 따라서 생활에 어떠한 규제를 주는 것이 좋은가가 문제인 것이다.

이 문제의 해결을 위해서는 건축공간 계획 시 그 안에 어떠한 생활을 실현시킬 것인가에 대한 기본적인 이념(理念), 즉 목표로 하는 생활상이 명확하게 설정되어 있어야 할 것이다.

따라서 건축가는 많은 전문지식과 경험을 토대로 건축주에게 끊임없이 새로운 생활모습을 제안하고 새로운 주택을 만들어 생활의 발전을 유도하려고 노력해야 한다.

### 5-1-4 주거공간의 형성에 있어서의 사회와 기술의 영향

주택이라는 주거공간은 생활상의 요구에 의하여 만들어진다고 말하였으나 현실사회에서 주거공간을 형성시키는 힘은 그 외에도 있다. 그 하나로 사회적인 여건의 영향은 큰 것이다. 또한 건축을 만드는 기술의 발전도 주거공간 형성에 큰 영향을 준다. 생활의 요구가 주거공간을 안에서 변화시키는 힘이라고 한다면 사회적 여건과 기술은 밖에서 변화시켜 가는 힘이라고 말할 수 있다.

#### (1) 사회적 여건의 영향

이 요소는 대부분 생활상의 목적이나 동기와는 무관하게 작용하고 있으나 주택의 형태에 미치는 영향은 매우 크며, 때로는 주택의 직접적인 이용목적과 모순되는 경우도 적지 않다.

예를 들면, 도시주택의 발생은 도시화라는 사회현상에 기인하지만 도시의 발달에 따라 점차 인구가 과밀해지자 이러한 사회적 조건이 개개의 주택형까지를 규제하게 된다. 특히, 경영상의 영향을 많이 받는 임대주택에서는 대지의 절약을 위해 주택의 실 폭은 좁아지고, 실 길이는 길어지는 형태로 평면형이 형성된다. 이와 같은 예는 경제적 규제나 토지의 제약을 많이 받는 도시지역에 건축된 민간의 고층분양 아파트에서도 나타나고 있다.

도시주택의 주택형, 평면형, 인동간격, 고층화현상 등에서 찾아볼 수 있는 이러한 현상은 분명히 건축공간에 직접적인 관련을 갖는 생활요구와는 전혀 다른 사회적인 힘에 기인한 것이며, 더러는 경제·정치·행정적인 힘에 기인되는 수가 많다. 특히 공동주택에서는 토지의 절약과 경제적인 제약으로 평면의 폭과 인동간격은 최소한으로 줄어들고 고층화된다.

주거공간을 진정한 의미에서 생활과 대응되는 것으로 만들려면 이러한 힘이 주거공간의 올바른 상(像)을 어떻게 손상시키고 있는가를 냉정히 살펴본 뒤 이것을 인간의 생활에 적합한 것으로 하기 위한 노력을 경주해야 할 것이다.

### (2) 기술적 발전의 영향

건축물의 형태가 건축생산에 관련한 기술적 발전에 힘입어 변화해 나아갈 것으로 예측된다는 것은 모든 사람이 인정하는 사실일 것이다. 특히 눈에 띄는 것은 구조, 시공, 설비의 기술적인 발전은 대규모, 초고층 건축물을 가능케 해 도심지 건축물의 형태를 크게 변모시켰다. 장 스판(span) 구조의 발달, 컴퓨터에 의한 계산 및 관리기술의 발달, 공기조화 기술의 발달, 부품의 공업화에 따른 품질향상 등이 거대건축, 지하건축, 조립식(pre-fabrication) 건축의 발달을 촉진시키는 등 건축공간에 미치는 영향은 헤아릴 수 없을 정도로 많다.

이러한 변화는 물론, 생활의 요구나 사회적 규제가 있었기 때문에 그와 같은 실현이 가능했을 것이다. 그러나 요구는 있어도 기술적 뒷받침이 없었다면 실현할 수는 없었을 것이다. 그리고 일단 기술적 가능성이 열리고 보면 다음부터는 요구의 유무에 무관하게 기술만으로 건축을 만들게 된다. 기술적 가능성이 그에 상응하는 요구를 도출해 낸다고도 말할 수 있다.

기술의 발전은 새로운 건축공간을 만들어내는 기본적인 조건이나, 항상 인간생활과의 대응에 우선시켜 기술의 적용을 조정하는 것이 필요하다. 공동주택의 대량생산과 건축비 절감을 위해 조립식 공법이 도입되었으나 부재나 부품의 규격을 통일하여 생산성 향상에 치중한 나머지 무미건조한 획일화된 공동주택을 만들어내는 원인이 되었다. 이것은 기술적 가능성의 추구가 생활을 고려하지 않고 독주한 예라고 할 수 있다. 오히려 주요구의 실현에 주안점을 두고 어떻게 하면 다양한 요구에 공업화 공법이 도움을 줄 수 있는가 하는 측면에서 기술의 개발에 대한 연구가 진행되어야 할 것이다.

그러나 이러한 사회적 여건과 기술의 변화는 그 자체로서 변화해 나아가기보다는 서로 다른 제반요소들과 연결되어져 있다고 보는 것이 더 맞는다고 하겠다. 즉, 과학기술의 발전은 경제적 상황을 상당부분 개선하였고, 특히 농업기술의 발전은 비약적인 생산력의 증대를 가져온 것이 사실이다. 그리고 그 증대된 생산력은 우리의 생활양식과 가치관에 많은 변화를 초래하였다. 이와 같이 각각의 영향요인들은 상호 독립적이라기보다는 서로 연관되어져 복합적으로 우리의 생활과 가치관을 변화시키면서 주거공간을 변화시키는 요인으로 작용하여 왔다.

## 5-1-5 생활상의 설정과 주거공간 계획

### (1) 종합적인 생활상

생활과 대응되는 공간계획을 위해서는 먼저 생활의 실태 및 요구를 정확하게 파악하고 분석해야 한다고 했으나 이에 대한 조사·분석 결과가 바로 건축계획의 지침이 될 수는 없다. 조사에 의해 얻어진 생활과 공간의 대응관계의 실태나 인과관계 등은 실은 개개의 문제에 분할된 한 측면만의 결론일 때가 많으므로 이것을 개별적으로 건축의 계획에 적용하면 생활의 전체상으로부터 멀어져 부분적인 것의 집합과 같은 건축이 될 위험이 있다.

이와 같이 생활을 파악하고 분석하는 것은 한 측면만의 결론일 경우가 많기 때문에 계획하는 사람이 생활의 여러 측면에 관한 파악을 기준으로 하여 그 대상에 대한 생활의 각 부분을 조립하여 생활의 전체상을 만들어 건축계획에 적용시켜야 한다. 이 생활상의 설정이야말로 생활과 공간의 대응을 건축계획에 적용시키는 건축계획의 중심적인 과제인 것이다.

생활상이란, 그 건물에서 행해지는 생활의 종합적인 이미지인 것이며 그것은 계획자 측에서 의식적으로 설정하는 것이다. 즉, 계획을 할 때에는 그들의 개별적인 이해를 기본으로 하여 의식적으로 전체적인 생활상을 제안하여야 한다.

주택을 설계할 때 건축가는 우선 건축주의 가정에서의 생활상을 파악하여 설계에 착수하게 되는데, 건축주 또는 그 가족들과 이야기하는 동안에 생활태도라든가 성격을 관찰하고 점차적으로 하나의 생활상으로 구체화시켜 간다. 때로는 생활을 직감적으로 이해할 경우도 생기게 된다. 생활상은 반드시 현실의 생활모습 그대로는 아닌 것이며 또한 건축주의 요구 자체만으로 조립되는 것도 아니다. 앞으로의 생활상을 제안하는 데에는 건축가의 입장이 있는 것이다. 따라서 건축주와 건축가의 상호이해가 잘 이루어질 때만이 그 주택은 거주자에게 적합한 것으로 될 수 있는 것이다.

특정한 개인주택이 아닌 일본 전체의 주택을 살펴보고 니시야마 교수는 주생활의 유형을 가장지배형, 가내작업형, 가족단란형, 부부맞벌이형, 식침휴양형 등 5가지로 분류하고 이것과 사회적 계층, 주공간 유형, 주의식과의 대응관계를 그림 5-3과 같이 모델화하였다. 이것은 역시 거시적인 관점에서 본 생활상에 대한 하나의 견해인 것이다.

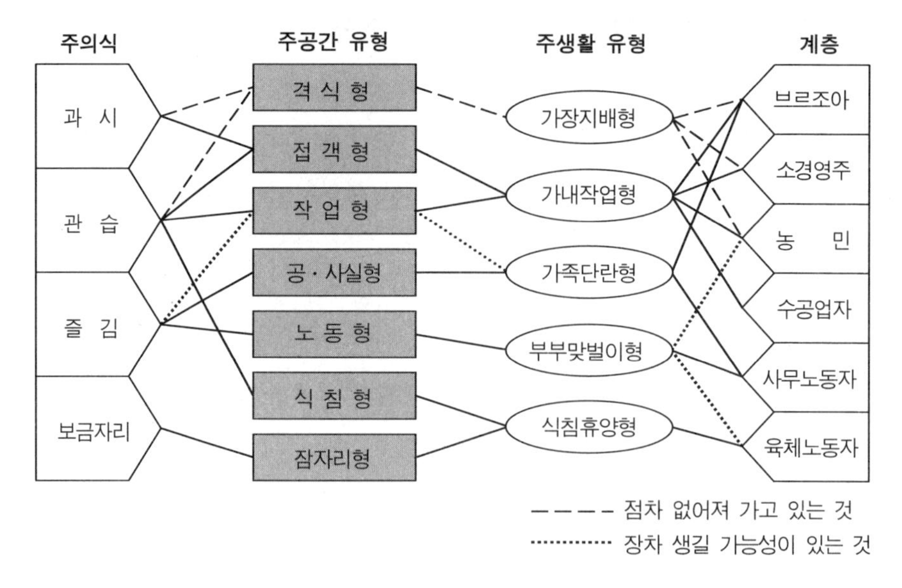


▌그림 5-3▐ 주생활유형과 주의식, 주공간, 계층의 관계도

## (2) 생활상의 설정방법

생활상은 규모가 작고 생활하는 사람이 한정된 경우에는 직감을 통해서도 이해될 수 있으나, 이용자 수가 많고 기능이나 성격이 복잡할 경우에는 직감에 의지하는 것이 쉽지 않다. 건축주 측에서 전체적인 상을 제시해 준다면 알 수는 있겠으나 건축주가 항상 그런 것을 의식적으로 파악하고 있지는 않다. 이러한 경우에 어떻게 종합적인 생활상을 그려내느냐가 문제인 것이다. 이에 관해서는 아직까지 확실한 방법이 확립되어 있지는 않으나, 다음과 같은 방법이 매우 유효하다고 여겨진다.

### 1) 생활과 공간을 일체로서 파악

생활은 주거공간이 있어야 비로소 구체적인 현상으로 나타날 수 있으므로 공간이 없는 생활은 있을 수 없다. 따라서 공간의 이미지 없이 생활의 이미지를 그리려 해도 그것은 쉽지 않다. 반대로 공간의 형태가 결정되고 나면 생활상도 공간에 영향을 받아서 규정받기 쉬우므로 처음부터 고정적인 공간의 이미지를 가져서는 안 되는 것이다. 즉, 생활과 공간을 일체의 것으로 생각하면서 통일체로서의 생활상을 조립하여가는 태도가 필요하다.

### 2) 추상적 파악과 도식적 표시

개개의 생활요구에서 유도되는 공간조건을 그대로 구체화해도 종합적인 생활상에 적합한 공간이 될 수 없다는 것은 앞에서 설명했으나 종합화하기 위한 하나의 과정으로써 공간조건을 가능한 한 추상화(抽象化)하여 파악하고 그것을 시각적으로 즉각 이해할 수 있도록 도식(圖式)으로 표현하면 효과가 커진다. 도식에는 전체적인 것도 있고 부분적인 것도 있으며, 이들을 잘 보고 그 중 몇 개를 종합하여 종합적인 도식으로 구성하고, 또 그것을 재정리하여 점차적으로 전체상을 만들어내는 것이다.

### 3) 역사적, 사회적인 위치에서 바라봄

종합적인 생활상이 참 종합적으로 되게 하려면 보다 넓은 시야로 보아야 할 것이다. 건축주의 개인적인 취미나 건축가의 개인적인 흥미에 지나치게 기울어져도 안 될 것이다. 물론 개인의 주택과 같이 주로 건축주 개인에 한정된 것일 때에는 문제는 좀 다르지만 그 경우에도 주생활의 시대적 흐름이나 배경에 대한 고찰을 하여야 할 것이다. 더구나 학교나 도서관 같은 사회적인 시설은 교육과정의 변천이나 지역사회와의 관계 속에서 적합한 생활상을 그려야 하므로 건축가의 역사나 사회에 대한 이해 또는 사고방식이 반영되게 되는 것이다.

## (3) 추상적 도식에서 구체적인 건축공간으로 전환

생활상과 공간 이미지와 같은 추상적인 도식에서 이를 구체적인 건축공간으로 전환하는 작업이 설계다. 이 경우 요구되는 것은 하나의 추상적인 도식으로부터 구체적인 공간으로 전환하는 기술인 것이며, 그 하나가 구체적인 공간형태의 기초가 되는 건축의 어법(vocabulary)에 관한 지식이다.

건축의 어법을 확실하게 몸에 익혀 두는 것은 소위 말하는 건축공간 구성의 정석을 이루는 지식이라고 말할 수 있다. 그러나 이것이 구사되는 것은 어디까지나 생활과 공간의 관계를 도식화하여 명확하게 한 다음 단계인 것이다. 추상화하여 파악하는 단계를 밟지 않고 곧바로 건축공간을 조립하려 드는 것은 생활상이 없는 단순한 형태의 장난이 될 위험성이 크므로, 생활과의 대응의 중요성을 거듭 강조하고 싶다.

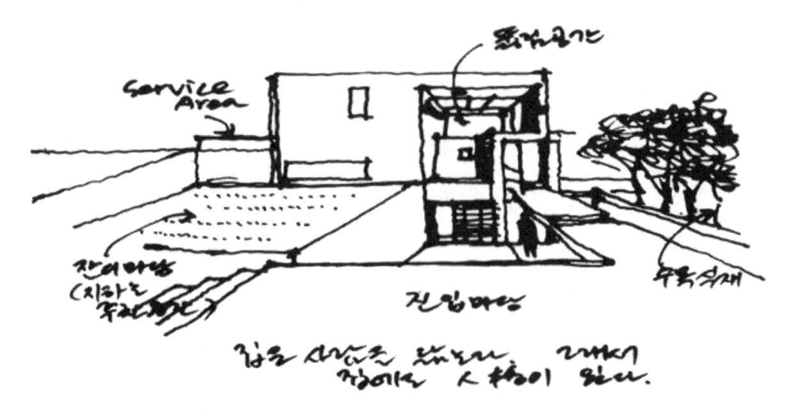


▌그림 5-4▌ 도식과 스케치

## 5-2 주택계획 시 고려사항

주택은 일상적인 주생활을 지원하는 최적의 조건을 갖추지 않으면 안 된다. 이러한 목표는 문화, 시대, 풍토 등에 따라 약간씩 다를 수 있지만 과거에도 미래에도 목표가 크게 바뀔 수는 없다. 주택계획의 목표는 합리적인 주생활이 영위될 수 있는 주공간의 창조에 있으므로 이러한 관점이 바로 주택계획 시 기본적인 고려사항이 된다.

주생활의 목적은 가정생활을 구체적으로 뒷받침하고, 밝고 풍부한 것으로 하여 가족과 사회의 발전향상을 도모하는 데 있다. 따라서 이러한 목적을 달성하기 위해서는 주생활의 체제를 개선하여야 한다. 주생활의 체제를 개선하는 것은 주생활의 합리화를 도모하는 것을 의미하며, 여기에서는 다음과 같은 내용을 중심으로 주생활의 합리화를 생각하고자 한다.

- 주생활의 안전화 ┐
- 주생활의 보건화 ├ 과학화 → 진(眞)
- 주생활의 능률화 │
- 주생활의 경제화 ┘
- 주생활의 윤리화 → 선(善)
- 주생활의 예술화 → 미(美)

위의 각 항은 실제로는 반드시 일치하지 않는 경우도 있을 것이다. 그러나 그것들이 본질적인 상반성은 아니므로 일치가 가능하며 또한 합리화를 위해서는 일치시키지 않으면 안 된다. 따라서 주생활의 합리화란 내용을 전체적으로 보면 '주생활을 진 · 선 · 미화하는 것'과 같다고 하겠다.

## 5-2-1 주생활의 안전화

사람은 누구나 주택 내에서 가족과 함께 안심하고 행복하게 살기를 원하고 있으며, 인간이 주택을 마련한 동기도 외부의 악조건으로부터 생명과 재산을 안전하게 보호하는 데 있으므로 주택은 모든 재해에 안전하게 견딜 수 있도록 튼튼하여야 하며, 주택 내에서 생활이 안전하게 행해져야 한다. 특히 디자인을 위해 주생활의 안전성이 손상되어서는 안 되며, 재료, 시공, 구조 등의 측면에서 특별한 주의가 필요하다. 건축은 신축 당시에는 안전하고 견고해도 세월의 흐름에 따라 점점 안전성이 약화되는 것이 일반적이므로 이러한 관점에서는 주택의 내구성이 우선적으로 문제가 된다.

한편 주택은 한 채만을 짓는 것으로 끝나는 것이 아니고 마을이나 도시를 형성하기 때문에 사회생활의 측면에서도 개별적인 주택의 안전성과 함께 집단적, 지역적인 관점에서 안전성을 생각할 필요가 있다.

주택은 그 토지의 기후나 풍토에 적응하여 세워져야 하며, 유지 · 관리 또한 양호하게 이루어져야 한다. 따라서 이러한 점을 고려한 구조체의 선택이 매우 중요하다 하겠다.

주택을 안전하게 오래 보전하려면 다음과 같은 각종 재해에 대한 방지대책을 사전에 충분히 강구해야 할 것이다.

### (1) 화재에 대한 대책

우리나라 재해 중 가장 비중이 높은 화재의 원인으로는 목재 등 가연성(可燃性) 자재의 사용과다 및 주택의 밀집화 등을 들 수 있다. 따라서 대책으로서는 내화구조 및 불연재료의 사용을 의무화하고, 연소방지를 위해 주택의 밀집배치를 피하고, 화재발생 시 소방활동이 용이하도록 가로망을 정비하는 것 등이 필요하다.

### (2) 지진에 대한 대책

우리나라는 그동안 큰 지진이 발생하지 않아 내진대책에는 소홀한 점이 많았으나, 최근에는 홍성, 울진 등 일부지역에서 지진이 발생하고 있으며, 법규상 일정규모 이상의 건축물에는 내진설계의 적용이 의무화되고 있다. 특히 단독주택의 경우 대부분이 지진에 가장 약한 구조인 조적조로 건설되고 있어 지진에 대한 대책수립이 요망되고 있는 실정이다.

따라서 대책으로서는 지진에 견딜 수 있는 구조계산이 필요하며, 아울러 주택평면형의 단순화, 내력벽의 균등배치, 건물자중의 경감, 건물 전체의 일체화, 접합부의 견고 및 각 부재의 강도보강 등도 필요하다.

### (3) 풍수해에 대한 대책

우리나라는 옛부터 하절기 태풍 및 폭우로 인한 건물의 피해가 많았다. 풍해에 대해서는 기초, 기둥, 보 등과 같은 부재의 접합을 견고히 하고, 개구부는 가능한 적게 하되 가볍고 경사가 심한 지붕구조는 피하는 것 등이 필요하다. 수해에 대한 대책은 건축 이전의 문제이므로 수해의 위험이 없는 대지를 선정하는 것이 우선적으로 중요하다.

### (4) 부식해에 대한 대책

목조주택의 경우나 물을 많이 사용하는 곳, 항상 습기가 있는 그늘진 곳 등이 부식의 피해를 받기 쉽다. 대책으로는 습기가 많은 대지는 회피하되, 습기가 차기 쉬운 곳에는 방수나 방습조치를 하며, 지붕은 새지 않게 하고, 마루 밑은 통풍이 잘되게 해서 항상 건조함을 유지하도록 한다.

### (5) 동해에 대한 대책

우리나라는 겨울철에 동해(凍害)로 인한 건물의 파괴, 균열 등의 피해발생이 많이 나타나고 있다. 동결선은 지방에 따라 다르며, 또한 동해의 정도는 기온, 기초부분 흙의 입도, 함수율(含水率) 등에 따라 다르게 나타나고 있다. 이에 대한 대책으로는 무엇보다도 기초를 동결선 이하로 깊이 파거나 튼튼하게 하며, 함수율이 낮은 재료사용과 구조에 각별한 유의 등을 들 수 있다. 급·배수관을 지하에 매설할 경우에는 특히 주의가 필요하다.

### (6) 설해에 대한 대책

눈이 많이 오는 추운 지방에서는 설해(雪害)로 인해 건물의 파손이 발생되고 있으며, 대책으로는 지붕의 급한 경사도(60° 이상) 유지, 건물주변에 공지확보, 그리고 적설량에 따른 구조적 고려 등을 들 수 있다.

### (7) 상해에 대한 대책

주택 내에서의 상해(傷害)는 주로 타박상, 화상, 전락상(轉落傷) 등이 많으므로 열원(熱源)의 취급, 계단, 창, 발코니 등에 설치된 난간대의 구조, 바닥의 재료 등에 유의하며, 비상시의 탈출 등도 처음부터 고려해 두는 것이 좋다. 특히 노약자 주택에서는 일상적인 재해를 최소화하기 위해 미끄러지기 쉬운 바닥재사용 지양, 바닥의 불필요한 단차 없애기, 부딪치기 쉬운 곳에 선반이나 돌출부설치 금지 등을 설계 시 배려하는 것이 더욱 요망된다.

### (8) 도난에 대한 대책

가족의 안전과 재산의 보호를 위하여 도적침입에 대한 절절한 대비책이 요구된다. 근본적으로는 대지의 선정이나 담장 등에서 방지책이 강구되어야 하겠으나, 창이나 출입구 등 개구부의 구조에도 유의해야 한다. 야간에 주택의 외부를 밝게 하는 것도 심리적인 효과를 얻을 수 있으며, 비상벨의 설치나 이웃 간의 공동조직망 구성 등도 한 방법이 된다.

## 5-2-2 주생활의 보건화

주택은 가족들이 대부분의 시간을 보내며 생활하는 곳으로 거주자의 건강유지와 깊은 관계를 갖고 있으므로 건강한 생활을 유지하기 위해서는 외부의 자연적 조건이나 사회적 환경조건으로부터 가정생활을 보호할 수 있는 쾌적한 주거공간이어야 한다. 따라서 주택은 기온, 습도, 일조, 통풍, 채광, 소음, 연기, 먼지, 가스 등에 대한 충분한 고려가 있어야 한다. 특히 부엌이나 식당은 음식물을 취급하는 공간이며, 변소나 욕실 등은 위생설비를 필요로 하는 공간이므로 위생적인 면에서 각별한 주의가 필요하다.

### (1) 실내온도

실내온도는 피부로 직접 느끼는 것이므로 주택의 쾌적감에 중요한 역할을 하므로 주택 내에서는 항상 적정온도를 유지하는 것이 가장 바람직하다. 일반적으로 실내온도는 외부의 온도에 좌우되나 우리나라의 경우 에너지의 효율적 이용이라는 관점에서 23℃±5를 권장하고 있어 여름철에는 28℃ 이하, 겨울철에는 18℃ 이상에 도달하지 못할 경우 냉난방이 필요해 진다.

### (2) 실내습도

습도는 일반적으로 온도만큼 인간생활에 큰 영향을 미치지는 않으나 우리나라의 경우 연간 강우량이 많고, 온도가 높은 여름철에는 특히 습도가 매우 높으므로 문제가 되고 있다. 인간생활에 쾌적한 습도는 40~60%로 그 폭이 넓다. 따라서 겨울철에는 습도가 높으면 난방효과가 적으므로 40~45%로 낮게 하며, 여름철에는 70%까지 높게 설정하는 것이 필요하다.

### (3) 일조

태양광선은 주거환경에 대해 조명효과, 온열효과, 살균효과 및 생리적 효과 등을 가지고 있어 건강유지상 절대적으로 필요하므로 주택 내에 가능한 많은 햇빛을 받아들이도록 하는 것이 매우 중요하다. 일조는 춘·추분과 동·하지의 태양고도를 기준으로 하여 계산하는데, 주택을 남향으로 배치하는 것은 일조상 유리함은 물론 방서, 방한상에도 유리하다.

### (4) 채광 및 조명

실내를 밝게 하는 채광은 일조와 관계가 있다. 채광을 충분히 하기 위해서는 채광면적이 넓어야 하는데, 주택에서는 건강유지 측면에서 실 바닥면적의 1/7 이

**표 5-1** 외부조건 및 대책

| 외 부 조 건 | 대 책 |
|---|---|
| • 온도, 습도 | → 방습, 방서, 방한 |
| • 태양광선 | → 조명, 채광, 일조 |
| • 먼지, 가스, 연기 | → 환기, 통풍 |
| • 소음 | → 소음방지 |

상이 바람직하다. 채광이 불충분하면 실내가 어두워 눈이 쉽게 피로해지며 작업 능률에도 좋지 않은 영향을 주므로 충분한 채광을 받아들이도록 해야 한다.

조명이란, 인공적으로 실내를 밝게 하는 것으로서 사물을 보기 쉽게 함과 동시에 쾌적한 분위기를 만들어내는 데 큰 효과가 있으므로 공간의 용도에 따라 적당한 밝기, 광색, 적당한 음영, 균일성 등에 유의해야 한다. 따라서 조명기구나 조명방식의 선택에 유의하여 조명계획을 해야 한다.

### (5) 실내기류

실내의 공기는 개구부가 닫혀 있어도 틈 사이로 끊임없이 움직이고 있다. 이 움직임을 기류라고 하며 이 기류에는 통풍과 환기가 있다.

통풍과 환기는 다 같이 실내의 오염된 공기를 밖으로 내보내고, 외부의 신선한 공기를 받아들여서 실내의 온도, 습도, 기류의 조건을 쾌적하게 하는 것이 목적이다. 통풍을 좋게 하기 위해서는 바람이 불어오는 쪽에 창을 내어야 함은 물론이나 반대쪽에도 창이 있어야 된다. 이와 같이 통풍의 효과는 창의 위치와 크기, 실내 칸막이벽의 위치 등에 의해서 차이가 있다.

환기는 최근 건축기술의 발달로 기밀성이 높은 건축재료가 생산되고 이용됨으로써 밀폐성이 높아져 그 필요성이 더욱 나타나고 있다. 환기에는 실내외의 온도차, 풍력 등 자연의 힘에 의한 자연환기와 환기통이나 기계에 의한 강제환기 방법이 있으며, 특히 부엌이나 화장실 같은 곳에서는 일반적으로 강제환기 방법이 사용되고 있다.

### (6) 방습

주택에 습기가 차게 되면 세균, 곰팡이, 해충 등이 번식하게 되어 거주자의 건강은 물론 주택 자체에도 피해를 주게 된다.

이에 대한 대책으로는 우선적으로 도로면보다 낮거나 습한 대지를 선정하지 않아야 한다. 대지를 건조하게 유지하기 위해서는 배수구를 만들어 배수가 잘되게 하고 지반에 접하는 부분이나 지붕 그리고 물을 사용하는 부분에서의 방수 및 방습처리를 완벽하게 해야 한다. 외벽 및 지붕재료는 흡습성이 적은 재료를 사용하고 마루 밑이나 천장 속에는 환기공을 두어 통풍이 잘 되도록 한다.

### (7) 방한 및 방서

우리나라는 겨울이 길고 추워서 방한에 각별히 유의해야 한다. 외벽은 이중벽으로 하거나 두껍게 하고 창문은 2중창을 설치하며 여기에 두꺼운 커튼을 설치하여 열손실을 막도록 해야 한다. 공간의 면적을 필요 이상 크게 하거나 천장고를 높게 하는 것도 방한상 불리하다. 평면형을 단순하게 하여 외벽면적을 줄이는 것이 좋으며, 일사열을 많이 받도록 남쪽에 창을 크게 내거나 지붕이나 외벽재료는 열 흡수성이 좋은 재료를 사용한다.

한편, 여름철의 더위는 일사가 직접적인 원인이 되므로 일사열을 방지할 수 있는 주택의 배치와 함께 개구부의 설치, 지붕재료나 외부와 접하는 부분의 단열재 사용 등에 주의하여야 한다. 남향이나 북향이 유리하며 서향은 오후에 직사열을 많이 받게 되므로 불리하다. 지붕과 외벽 등은 반사재로 마감하고, 천장고는 되도록 높게, 벽은 이중벽으로 하거나 두껍게 하고, 개구부를 적게 하는 것이 방서(防暑)상 효과적이며, 처마나 차양 등을 설치하여 일사를 방지하는 것도 좋다. 정원에는 나무나 잔디 등을 심어 지면의 복사열을 막도록 하고 실내는 시원한 감을 주는 한색(寒色)계열의 색채로 마감하면 심리적인 효과를 얻을 수 있다.

방서와 방한은 서로 상반되는 조건이므로 어느 쪽을 중요시하느냐 하는 것은 그 지방의 기후조건을 잘 생각하여 결정해야 한다.

### (8) 소음과 차음

우리의 생활이나 신체에 해가 되는 음을 소음이라고 한다. 이 소음은 공부, 작업, 수면, 휴식 등에 방해가 될 뿐 아니라, 심리적으로나 사회적으로도 많은 해를 끼치게 된다.

소음에는 외부의 소음과 내부의 소음으로 구분할 수 있다. 외부의 소음은 외벽을 두껍게 하고 기밀하게 처리하여 차음효과를 높이고 개구부 등은 이중으로 하고 두꺼운 커튼을 설치하는 것이 효과적인 방지책이 되나, 주변에 소음원이 없는 대지를 선정하는 것이 가장 좋은 방법이며, 평면계획에서 소음을 피해야 할 침실이나 서재 등을 되도록 소음원에 직면하지 않도록 배치하도록 한다.

내부의 소음은 흡음성이 높은 재료를 사용하거나, 출입구 등은 개폐 시 소리가 나지 않도록 처리하는 등 방음효과를 고려해야 한다.

### 5-2-3 주생활의 능률화

능률(efficiency : 효율, 합리성)이란, 목적과 수단이 일치되어 있는 상태를 의미한다. 사람이 행동을 일으키는 데에는 목적이 있으며, 이 목적을 달성하기 위한 수단으로서 행동을 일으키게 된다. 예를 들면 밥을 먹기 위해 식사를 준비하거나, 잠을 자기 위해 침실로 간다. 따라서 주생활의 능률화를 위해서는 목적을 달성하기 위한 수단에서 무리, 헛됨, 거짓, 착오 및 차(差)를 없애는 것이 원칙이 된다. 즉, 주생활의 능률화는 무엇보다도 주부의 가사작업에 필요한 시간이나 노력에 무리나 헛됨, 거짓, 착오 및 차를 없애는 데 있다.

주부의 가사작업은 그 내용이 복잡, 다양하며, 생산활동이 아닌 소비활동이다. 또한 가족생활의 요구에 따라 수시로 행해지고 있으며, 그 행위가 단속적이므로 눈에 보이지 않아 피로도가 적어 보이나 실제로는 소비되는 시간이 길며 노동의 강도 또한 경미한 것이 아니라는 성격을 갖고 있다. 따라서 주생활의 능률화는 이 가사작업의 능률화가 가장 중요하다.

가사작업의 비능률화의 원인으로는 다음과 같은 이유를 들 수 있다.

- 가사작업에 대한 인식부족과 가족들의 협력부족
- 주생활관의 봉건성
- 생활수준의 저하에 따른 설비의 미비
- 주거환경의 불비(不備) : 상하수도, 전기, 가스 등 도시하부 시설의 불비와 함께 적정 주거면적 미확보, 기능별 소요실의 미분화 등과 같은 주택평면의 비능률성 등
- 작업환경의 불비 : 식사실, 가사실 등 필요한 공간의 결여, 설비의 기능결함 및 설비의 배열상의 비능률성, 채광 및 통풍의 부족 등
- 사회환경의 불비 : 생활의 공동화 및 사회화에 대한 인식부족, 유아교육 시설 및 사회보건 시설의 부족, 교통기관 이용불편 등

가사작업의 능률화를 위한 방법으로는 다음과 같은 것이 있다.

- 동선의 단축 및 원활화를 통한 기능적인 평면계획을 수립한다.
- 가사작업의 일부를 기계화시켜 작업에 드는 노력과 시간을 경감시키고 아울러 작업의 질을 향상시킨다.

• 작업대의 배치를 작업순서에 따라 배치하되, 연관된 작업은 연결 · 배치하여 작업공간의 절약을 도모하고 작업에 드는 노력 및 시간 등을 절감한다.
• 수납장은 그 내용이나 크기, 무게, 사용빈도 등에 따라 분류하되 항상 일정한 장소에 두도록 한다.

따라서 주택의 능률화 또는 편리성은 주택 내의 동선처리가 잘 되어야 하며, 특히 주부의 가사작업 동선에 대한 처리가 특히 중요하다. 지금까지는 이와 같은 측면에 초점을 맞추었으나, 최근에는 노인 및 장애자 등의 약자에 대한 편리성을 필요로 하고 있다.

### 5-2-4 주생활의 경제화

경제화란, "최소의 비용으로 최대의 효과를 얻는 것"이다. 즉, 비용이 먼저 정해졌을 경우 이것을 충분히 활용하여 최대의 효과를 올리거나, 반대로 어떤 효과가 요구되었을 경우 최소의 비용으로 그 요구를 달성하는 것을 말한다. 건축은 후자의 것이다.

장기간에 걸쳐 계속적으로 영위되는 주생활의 경제화란 주생활이 이루어지는 주택사용에 소요되는 비용 전체를 궁극적으로 최소화하는 것으로, 즉 장기적인 안목에서의 경제성을 말한다. 따라서 최초의 건설비(initial cost)뿐만 아니라, 유지 · 관리비(running cost)도 함께 고려해야 한다.

주택을 경제적으로 건축하는 방법으로는 다음 몇 가지가 생각된다.

• 기능상 : 무리가 없고 헛됨이 없는 간단하면서 능률적인 평면계획
• 구조상 : 단순하고 합리적인 구조계획
• 재료상 : 공장에서 대량생산된 질 좋고 경제적인 재료사용
• 시공상 : 기계화에 의한 합리적인 시공방법 사용
• 디자인상 : 장식적 마감을 지양하고 구조재의 솔직한 표현
• 인건비상 : 공사기술의 개량, 기계화, 규격화에 의한 인건비의 절감
• 계약상 : 신용 있고 경험이 풍부한 건축가 및 시공자 선정

### 5-2-5 주생활의 예술화

인간생활은 모든 면에서 미를 추구하여 생활을 풍요하게 즐기려고 노력하는 과정이다. 따라서 우리가 생활하고 있는 주택은 아름다워야 한다. 주택수준이 일정수준이 되고 형태를 선택할 수 있는 여유가 생기면서부터 경우에 따라서는 가장 중요시되기도 한다. 물론 주택은 살기 위한 것이지, 보기 위한 것은 아니나 항상 눈에 띄고 우리가 그곳에 거주하는 이상 아름답고, 즐겁고, 기분이 좋은 것이어야 하므로 이를 위한 주택의 표현성은 의미가 있다.

그러나 건축의 본질은 내부공간에 있으며 결코 구조체가 가지는 상징성에 있는 것이 아니기 때문에 주택의 미화는 무리 없고, 자연스러워야 하며, 정직・소박・명쾌한 것이어야 한다. 특히 주택은 인간의 생활을 담는 공간을 구조체에 솔직히 표현하는 것이 중요하다.

주택은 생활하는 장소이므로 시각 외에 생리감각, 안정감, 청결감, 기타 윤리 등에 관한 감각도 문제가 되므로 전 감각에 관한 종합적이고 지속적인 것으로 생각해야 할 것이다.

### 5-2-6 주생활의 윤리화

인간은 사회적 동물이므로 인격이라든가 정서 등은 사회생활 환경에 의해 만들어진다고 하겠다. 특히 인격형성은 무엇보다도 생활의 근거지인 주택을 중심으로 행해지는 주생활에서 형성된다고 해도 과언이 아니므로 무엇보다도 주생활의 윤리화가 중요하고 필요하다.

유교적 전통에 의거한 우리의 가족제도 아래에서는 가족들에게 즐겁고 편안해야 할 주생활이 딱딱하고 긴장된 생활이 되었으며, 이것이 가족의 융화나 주생활의 향상・발전의 저해요인이 되기도 하였다. 이제는 이러한 주생활을 반성하여 좋은 점은 받아들이고 나쁜 점은 개선하여 나가야 할 것이다. 즉, 봉건적인 요소를 제거하고 개인의 인격존중으로 민주주의에 입각한 가족생활의 확립이 필요하며 주택 역시 이러한 새로운 주생활에 맞도록 개선하여 새로운 전통으로 발전시켜 나가야 할 것이다.

가족들 간의 단란을 통해 가족적인 융화분위기를 조성하여 상호 유대감을 갖도록 해야 하며, 개인의 인격형성을 위해서는 개인의 사생활을 간섭, 침해, 무시해서는 안 될 것이다. 개인의 독립성, 책임감, 인격형성, 정서생활 등을 위해서는 가족 개개인의 독립된 개실의 확보와 함께 가족 전체의 단란을 위한 거실 및 식사실 등의 공간확보가 절실히 요구된다.

## 5-3 미래 주거환경의 변화

미래의 주생활이나 주거환경이 어떻게 변화될 것인가, 또는 인간의 의식 및 가치관, 그에 따른 생활방식은 어떻게 변화할 것인가를 예측하는 것은 중요하고도 어려운 일이다. 미래의 주거환경은 주로 과학기술의 발전에 힘입어 변화해 나아갈 것으로 예측하지만, 실질적으로 그 이전에도 그래왔던 것처럼 과학기술만이 미래의 주생활이나 주거환경을 변화시켜 나가는 힘으로 작용한다고 보기에는 어렵다. 주거는 사회적 산물이므로 미래 사회환경의 변화가 결과적으로는 미래 주거환경의 모습을 결정하는 힘으로 작용할 것이다.

따라서 주택계획의 미래상을 예측하는 데 필요한 가치관의 변화, 생활행태의 변화, 거주환경의 변화요소를 사회환경의 변화와 관련지어 살펴보면 표 5-2와 같다.

**▌표 5-2▌ 미래 주거환경의 변화요소**

| 구 분<br>사회<br>환경의 변화 | 가치관의 변화 | 생활행태의 변화 | 거주환경의 변화 |
|---|---|---|---|
| 1. 고령자의 증가<br>사회의 성숙화<br>(사람의 변화) | • 물질적 만족에서 정신적 만족으로<br>• 안심하고 살 수 있는 환경<br>• 삶의 보람, 개성존중<br>• 휴식, 편안, 건강<br>• 인간적 만남(교류)의 존중 | • 가족형태의 다양화<br>• 친기동거, 근린주거, 이웃주거<br>• 여성의 사회진출, 독신 증가<br>• 산책, 조깅, 체조<br>• 지역사회 활동, 종교 활동 | • 생활주기, 생활행패에 맞춘 주택공급<br>• 3세대 동거형, 간호 배려 주택<br>• 24시간 생활지원 서비스<br>• 산책로 공원, 의료 서비스<br>• 집회시설, 각종 종교 시설 |

| | | | |
|---|---|---|---|
| 2. 여가시간 증대<br>시간적 여유<br>(시간의 변화) | • 일중심→ 여가중심으로<br>• 교양, 취미, 스포츠<br>• 보는 것→ 참가하는 쪽으로<br>• 수동→ 능동적으로<br>• 관광형→ 장기체재형으로 | • 여가활동의 다양화<br>• 동아리활동<br>• 이벤트, 축제<br>• 봉사활동<br>• 생활의 리조트화 | • 테니스장, 수영장, 운동장<br>• 문화센터, 체육관, 동호인실<br>• 홀, 광장, 공용공간<br>• 정보망의 조직화<br>• 별장, 리조트 호텔 |
| 3. 소득향상<br>경제적 여유<br>(금전의 변화) | • 수입→ 자기달성형으로<br>• 미식, 아름다운, 피부관리<br>• 균질→ 이질적인 개성으로<br>• 물량→ 개성중시로<br>• 전통문화의 재발견 | • 개성을 살린 직업선택<br>• 고급품, 진품지향<br>• 의식주의 개성화<br>• 환경미화의 활동<br>• 지역문화의 부활<br>• 전통문화의 발굴, 보존 | • 직주근접<br>• 고규격, 영주지향형 주택<br>• 자유평면, 변화성, 판매주택<br>• 마을 및 가로의 미화, 건축협정, 녹화협정<br>• 전통건축, 미술관, 박물관 |
| 4. 과학기술 진보<br>편리성의 향상<br>(물건의 변화) | • 습관→ 합리성<br>• 금전, 물건→ 정보<br>• 경제성→ 쾌적성<br>• 하드→ 소프트<br>• 돈→ 시민<br>• 자원의 한정의식 | • 재택근무<br>• 홈쇼핑, 인터넷 뱅킹<br>• 공동주택의 충실, 영주지향<br>• 주거분리, 이주의 자유<br>• 자원절약, 에너지 절약 | • OA, 인텔리전트 사무실<br>• 위성방송, 디지털 TV<br>• 부동산시장의 활성화<br>• 쓰레기의 고도처리<br>• 자기부상 열차, 모노레일, 무공해 · 무운전 버스 |
| 5. 국제교류 증가<br>영역의 확대<br>(정보의 변화) | • 우리나라→ 세계화<br>• 세계→ 우리나라<br>• 외국문화의 이해<br>• 외국어의 중시<br>• 세계적 움직임의 현실감<br>• 1차원적→ 다차원적 가치관 | • 해외거주자 증가<br>• 외국인 증가<br>• 국내거주 외국인과의 교류<br>• 외국문화의 도입, 흡수<br>• 해외출장의 증가<br>• 24시간 대응의 생활 | • 귀족자녀의 교육시설<br>• 대형주택, 유학생 기숙사정보 서비스<br>• 홈스테이, 홈파티<br>• 어학교육 시설, 해외여행<br>• 24시간 서비스의 도시시설 |
| 6. 도시인구 집중<br>지가상승<br>(공간의 변화) | • 토지취득의 어려움<br>• 공간에 대한 새로운 가치관<br>• 취득→ 차용으로<br>• 시간과 공간의 균형<br>• 기존 거주자와 신규 거주자의 의식적 지지 | • 고향으로 U-턴<br>• 입체적 다층거주의 정책<br>• 도시기능 이용 생활행태<br>• 렌탈 생활행태<br>• 고속전철 통근 | • 직장 지방분산, 다극형 도시<br>• 초고층주택, 건물옥상 지하실<br>• 생활 서비스의 공동시설 충실<br>• 렌털 시장 활성화 및 확대<br>• 교통수단 시간단축<br>• 재개발, 리폼 |

자료 : 고상균 외 6, 『건축설계론』, 2003, pp.68~69에서 재구성하였음.

## 5-4 주택계획의 방향

### 5-4-1 생활형태 측면

#### (1) 생활의 쾌적함을 증대

서구문명의 도입에 따라 민주주의적인 사고가 발달하게 되었다. 즉, 모든 사람이 현대문명의 혜택을 이용하여 건강하고 쾌적한 인간 본래의 생활을 되찾으려는 요구가 증가하였으며, 주택계획의 방향 또한 이러한 생활의 변화에 따른 주생활의 내용을 만족시키는 쪽으로 설정되어야 할 것이다.

#### (2) 가사노동의 경감

주부의 과중한 가사노동으로부터 부담을 덜어 주기 위해서는 필요 이상의 넓은 주거를 지양(止揚)하고, 평면기능상 주부의 동선을 단축시키는 등 주거의 단순화가 요구된다. 아울러 부엌 및 가사실의 경우 평면 및 작업대의 배치를 능률화시키고, 설비를 고도화 내지는 현대화시킨다.

#### (3) 가족본위의 주거

가장중심에서 가족중심으로의 주거를 지향하기 위해서는 가족 전체의 단란을 위한 거실, 가족실 등의 필요성이 제기되며, 또한 가족 각 구성원의 개실(個室) 요구를 수용하기 위한 개실의 확립이 요구된다.

과거에는 접객위주의 사고방식에 의해 손님방, 응접실 등이 중요시되었으나 이러한 공간을 주택 내에 들여놓는 것은 개실의 독립성을 침해하는 결과를 초래하므로 특수한 경우에만 별도의 응접실 설치하고 있다. 따라서 이제는 접객위주에서 탈피하여 가족본위의 주거만을 생각한다.

#### (4) 절충식 생활에서 입식 생활로의 전환

좌식 생활은 우리의 사회에서 오랜 전통을 갖고 있으므로 일시에 우리의 주생활양식을 입식 생활로 개편하는 것은 매우 어려운 일이다. 즉, 우리의 기거양식은 풍습, 가족의 취미 및 취향, 희망, 체질적인 면, 직업에서 오는 생활양식이나 생활태도, 성격 등 생활방식에 일치되어야 하므로 당분간은 좌식 생활과 입식 생활을 혼용하는 절충식 생활이 요구된다 하겠다. 그러나 우리의 주생활 수준이 급격히 향상되고 있어 앞으로는 입식 생활로의 전환이 불가피하다고 생각된다.

## 5-4-2 평면계획 측면

### (1) 간명한 평면구성

간명(簡明)한 평면구성이란, 전체적으로 정돈되어 있고 불필요한 요철이 없이 다듬어진 공간배치를 의미한다. 여기서 정돈되어 있다는 것은 현관에서 거실, 계단, 침실 등에 이르는 동선이 명확하고 기능에 따라 제자리에 배치되어 있는 것을 의미하며, 불가피하게 요철이 있는 평면을 만들 경우에는 될수록 평면을 크게 하여 요철의 형태를 완화시키도록 한다.

건물모양은 평면적으로는 지중응력 분포와 상부구조의 강성 등에, 입면적으로는 건물의 중량분포에 관계가 깊으므로 사각형에 가깝게 단순화시키는 것이 바람직하다. 또한 요철이나 굴곡이 없는 것이 좋다. 왜냐하면 평면과 구조형태가 복잡할수록 제반측면에서 많은 문제가 발생하며 기초구조의 선정도 곤란하고 복잡하게 된다. 그러나 요철이 없는 경우 외관이 단조롭고 각실 상호 간의 관계 변화와 이용률은 낮아지는 경우가 많다.

### (2) 가족구성에 맞는 주택평면 계획

평면계획 시 제일 먼저 전체규모와 소요실의 종류 및 규모를 결정해야 한다. 결정조건으로 경제력, 사회적인 직위, 생활수준, 대지조건 등이 있으나, 무엇보다

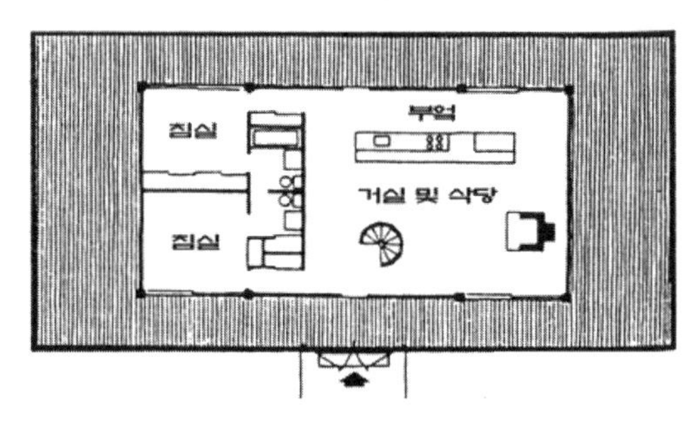


**그림 5-5** 간명한 평면구성을 한 주택평면 예

도 모체가 되는 것은 가족구성 조건이다. 즉, 가족 수, 가족구성(가족형)에 따라 주택의 규모나 소요침실 수에 차이가 발생한다. 가족구성 조건에는 가족 수, 성별, 연령별, 부부 수, 세대구성, 세대주와 각 가족들과의 관계 등 여러 가지 요소가 있으며, 이들이 침실 수에 영향을 주게 된다.

가족구성의 관계는 시대의 변천에 따라 많은 변화를 가져왔다. 옛날 우리나라의 가족제도는 가장을 중심으로 한 대가족이 한 주택에서 생활하여 왔으나, 현대에 와서는 가족구성이 단순화되고, 부부를 중심으로 한 핵가족으로 변화하였다. 또한 주생활의 내용 자체도 많은 변화를 가져와 과거 주택 내에서 행해지던 생활들이 사회생활에 흡수되고, 주택 내에서는 단지 가족들의 일상생활만을 중심으로 하는 장소로 변화하였다.

가족구성은 가족의 생활주기(life cycle)에 따라 성장, 확대, 분화, 축소된다. 여기에 가족구성과 주택평면 계획과의 대응관계의 중요성이 있다고 하겠다. 앞으로의 평면계획에서는 가족구성의 변화에 대응할 수 있는 대책이 강구되어야 할 것이다. 즉, 생활주기의 변화에 따른 소요침실 수를 산정하는 데 있어 과밀주거로서 최소한의 침실 수를 산정하는 경우와 적정주거로서의 침실 수를 산정하는 경우로 구분하여 생각해 볼 수 있는데, 이 두 가지의 경우에서 모두 우리는 먼저 몇 살부터 독립된 침실을 제공하는 것이 합리적인가를 생리적, 윤리적, 정신적인 측면에서 검토해야만 소요침실 수를 산정할 수 있다. 여기서는 가족구성에 따라 필요한 침실 수를 산정함에 있어 몇 가지 전제조건을 설정하여 여기에 부합되는 소요침실 수를 2가지 경우로 구분하여 산정하여 보기로 한다.

〈가족구성 관계〉

○ 남편(1968년생) : 1995년 결혼, 2041년 사망 추정

○ 부인(1971년생) : 1995년 결혼, 2047년 사망 추정

○ 첫째 자녀(1997년생, 여자) : 26세에 결혼 예정(즉, 2023년 예정)

○ 둘째 자녀(1999년생, 여자) : 28세에 결혼 예정(즉, 2027년 예정)

〈가족주기의 변화추이〉

1995년 결혼한 것을 시점으로 현재의 가족구성 관계를 결혼 및 사망 등의 요인 변화에 따라 변화하는 것을 나타내 보면 그림 5-6과 같다.

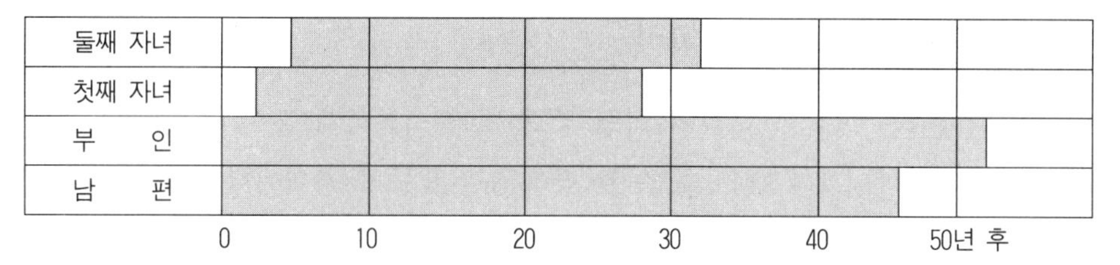


**▌그림 5-6▐ 가족구성 관계변화도**

〈전제조건 1〉 최소주거의 경우

- ○ 부부는 한 공간에서 거주하는 것으로 본다.
- ○ 유아(6세 이하)의 경우는 부부와 동일공간에서 거주하는 것으로 본다.
- ○ 7세 이상부터는 개인의 침실이 필요한 것으로 보되, 1실에서의 취침인원 수는 최대 2인까지로 본다. 이 경우 이성 간에는 취침을 금한다.
- ○ 13세 이상부터는 성인으로 보고, 각각의 침실을 제공한다. 왜냐하면 이때부터는 성인과 비슷한 육체적 성장을 보이고 있으며, 또한 침실의 크기산정 시 소요공기량에 의해 산정하는 경우도 있으므로 성인으로 본다.

이러한 전제조건 아래 산정된 소요침실 수의 변화추이는 그림 5-7과 같다.

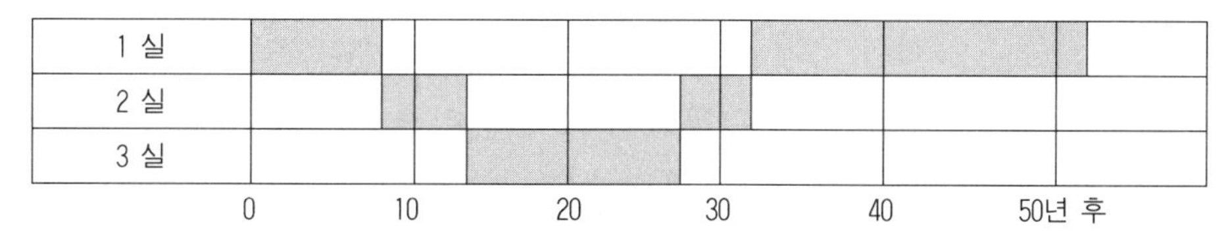


**▌그림 5-7▐ 소요침실 수의 변화추이**(최소주거의 경우)

〈전제조건 2〉 적정주거의 경우

- ○ 부부는 한 공간에서 거주하는 것으로 본다.
- ○ 유아(6세 이하)의 경우는 부부와 함께 거주하는 것으로 보되 자녀 1인까지만 허용한다. 왜냐하면 1실당 최대 취침인원 수를 성인 2.5인으로 본다.
- ○ 7세 이상부터 개인의 침실이 필요한 것으로 본다.
- ○ 분가시킨 후 자녀의 방문을 고려하여 예비침실을 1개 확보한다.

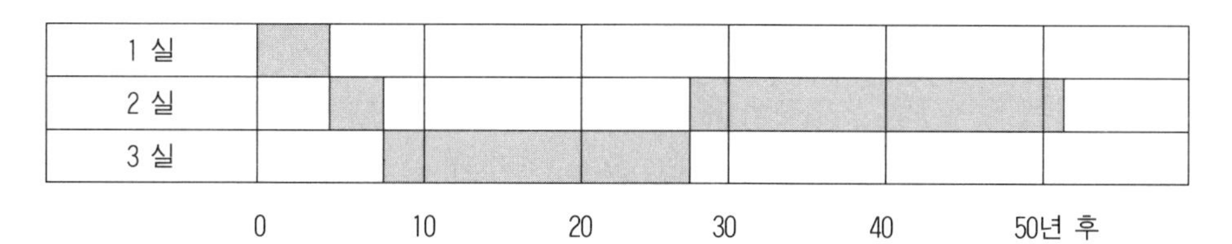


**▌그림 5-8▐ 소요침실 수의 변화추이**(적정주거의 경우)

### (3) 동선(moving line)계획 고려

인간의 행동은 시간과 더불어 어떤 공간 내를 이동하게 되며 그 이동을 추적하면 하나의 선이 그려진다. 즉, 이와 같은 인간행동의 궤적이나 사람이나 물자의 이동에 의해 그려지는 선을 동선(動線)이라 한다.

동선은 물건을 들고 간다든지, 손을 위로 올리고 걷는다든지 하는 움직임으로 넓어지기도 하고 좁아지기도 하며, 또한 느리기도 하고 빠르기도 한다. 그리고 빈도가 높은 것과 낮은 것도 있다. 예를 들면, 부엌과 식사실, 싱크대와 렌지대 등은 빈도가 높고 침실과 식사실과는 빈도가 낮다. 따라서 건축공간 내에서의 동선이란 공간과 공간 또는 장소와 장소를 연결하는 통로라고 할 수 있으며, 거리의 장단, 폭의 광협(廣狹), 빈도의 다소 등의 성질을 가지고 있다.

그리고 동선에는 개인적인 동선과 가족적인 동선이 있으며, 사람이나 시간에 따라 다르게 나타난다. 공간 내의 동선을 시간적 측면에서 중복시켜 보면 동선은 중복, 교차, 우회, 혼란 등의 문제가 발생하게 된다.

따라서 우리의 주생활행동을 검토, 분석하여 이것을 공간과 관련시켜 거리의 장단, 폭의 광협, 빈도의 다소 등의 측면에서 동선의 중요성에 따라 우선순위를 정하고 이것을 정리하는 것이 동선계획이다. 동선을 계획할 경우 중요 동선부터 우선시키는 것이 좋다. 즉, 주인의 동선보다는 주부의 동선을, 침실과 식사실보다는 부엌과 식사실과의 동선을 우선해야 할 것이다.

동선계획은 짧고 직선적인 것이 좋으나 무조건 짧게 하는 것만이 가장 좋은 계획이라고는 할 수 없으며, 복도와 계단에 대한 피로의 정도비교라든가 공간의 프라이버시 문제 등도 잘 검토되어야 하며, 동선계획에 있어서는 동선의 원활함, 편리함, 거리의 짧음, 피로의 감소, 공간의 독립성 유지 등을 고려한 종합적인 계획이라야 한다.

따라서 동선에는 공간이 필요하며, 그곳에는 가구를 놓을 수 없다. 공간이 동선에 의해 끊어질 경우, 그 공간은 안정감을 잃고 통로나 홀의 역할밖에 할 수 없게 되므로 어느 정도의 공간을 두고 동선을 정리해 주어야 실의 독립성뿐만 아니라 인간생활의 아늑한 거점으로서도 바람직하다.

이와 같은 동선계획은 주택의 평면계획에서 가장 중요한 요소이므로 동선관계를 잘 계획하려면 각 공간의 연관성을 분석하고, 각 공간 내에서 이루어지는 활동을 자세하게 살펴서 알아야 한다.

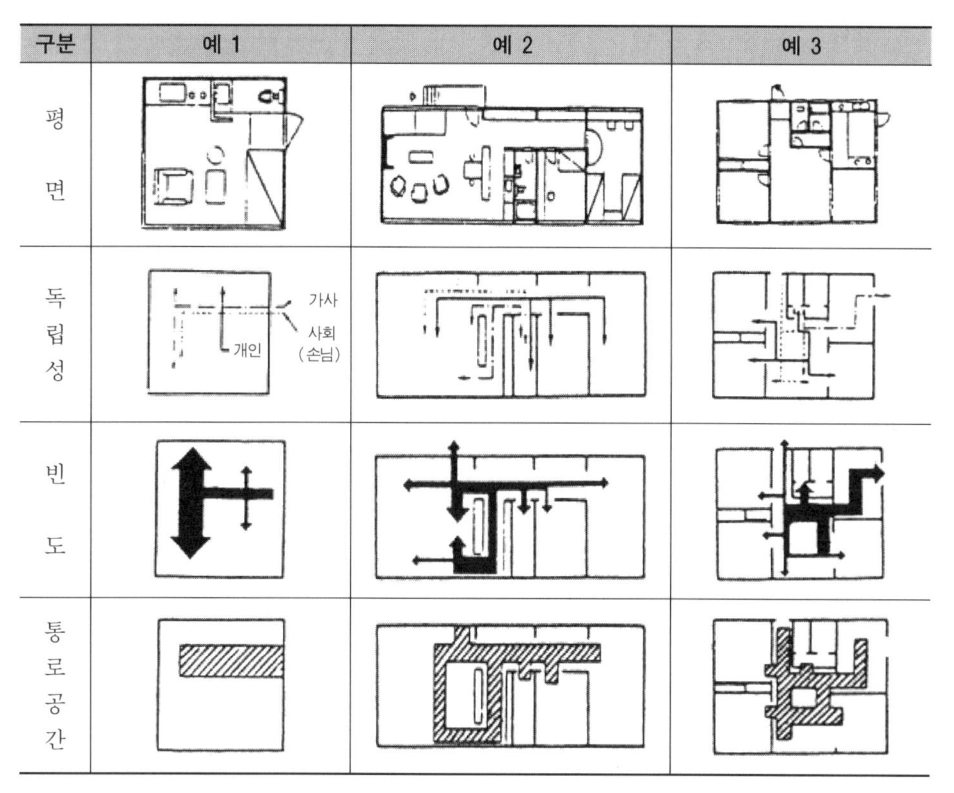


▌그림 5-9▐ 동선계획의 예

### (4) 평면계획의 융통성(flexibility) 확보

우리의 생활조건은 하루도 쉴 새 없이 변화하고 있다. 즉, 생활주기, 생활수준, 사회환경, 그리고 공공시설 등의 변화 등과 같은 외부조건의 변화에 따라 주생활 내용의 변화가 나타난다. 이러한 주생활내용의 변화는 주택의 변화를 요구하게 된다. 융통성 있는 계획이란, 주생활내용의 변화요구에 따라 쉽게 대응할 수 있는 것을 말한다.

시시각각으로 변화하는 주생활내용에 대해 어떻게 주택을 대응시켜 나아갈 수 있을까가 평면계획상 하나의 문제가 되고 있다. 이러한 문제를 해결하는 방법으로는 건축적인 접근과 생활적인 접근이 필요하다.

건축적으로는 공간의 융통성이 요구된다. 융통성확보를 위해서는 주택 내의 전 공간이 될 수 있는 한 고정적인 성격을 갖지 않도록 하는 것이 바람직하며, 또한 건축공간의 치수, 형태, 구조, 재료, 설비 등 모든 건축적인 요소가 단순하게 통제된 상태이어야 할 것이다.

생활적으로는 사는 사람 자신이 주생활에 대한 인식을 새롭게 하고 주행동을 그 주택에 대응해 나가야 할 것이다. 같은 주택에 살아도 생활행동이나 생활감정은 사람에 따라 다르기 때문이다. 따라서 아무리 건축적으로만 대처해도 사는 사람의 생각이나 태도가 그 주거조건에 대처해 나가지 않으면 주생활의 합리화는 이루어질 수 없다.

## 5-4-3 구조 및 시공기술 측면

### (1) 내구성 검토

주택의 내구성은 그 기본이 구조적인 내구성이다. 특히 주택은 오랫동안 살면서 유지・관리비용이 많이 소요되기 때문에 튼튼하고 청소가 용이하며, 필요에 따라 쉽게 바꿀 수 있는 재료 등으로 건축되어야 한다. 다만 최근 재건축되고 있는 아파트들을 보면 이러한 물리적 수명 못지 않게 사회적 내구성이 더 우선시됨을 알 수 있다.

### (2) 건축의 양산화(pre-fabrication)

건축의 각 부분을 공장에서 대량생산된 자재를 이용하여 현장에서 조립하는 것은 공기단축뿐만 아니라 공사비절감에도 많은 도움을 준다. 또한 작업능률 및 시공정도를 향상시킬 수 있으므로 노동력의 부족을 해결할 수 있는 장점이 있으나, 표준화되어 양산되므로 각 개인의 주요구에 완전히 부응할 수는 없으며, 부재의 접합에 다소 문제가 나타나고 있다.

### (3) 기준척도(modular)의 활용

근년에 와서 모듈 문제가 건축생산 측면에서 중요시되고 있다. 모듈을 사용하여 건축의 각 부분을 수평과 수직방향으로 연관시켜서 합리적인 공간구성을 하려면 건축 전반에 사용되는 재료, 구조, 설비 및 가구 등 각 부분의 여러 가지 치수들을 계열화, 규격화하여 조정해서 사용할 필요가 생기는데, 이를 치수조정(modular coordination)이라고 한다.

이에 따라 앞으로 주택계획 및 설계에 있어서 기준척도와 그 적절한 조정화방안의 활용이 매우 중요해질 것으로 생각된다.

## 제 6 장

# 배치계획

## 6-1 대지선정 조건

주택설계 시 기본이 되는 중요한 요소인 대지선정 조건은 자연적인 요소와 사회적인 요소로 구분하여 생각할 수 있다. 대지선정 시 이러한 요소를 광범위하게 검토하고 평가하여 가장 유리한 대지를 선정하여야 한다. 그러나 토지부족 현상이 심각한 도시지역 내에서 이와 같은 조건들을 구비한 대지를 선정하는 것은 쉽지 않으므로, 일반적으로 개인의 경제적인 형편이나 기호 등에 따라 중요시되는 몇 가지 조건만 갖추어지면 선정하는 중점주의적인 조건평가 방법이 주로 사용되고 있는 실정이다. 예를 들면, 생활환경 조건이 나빠도 교통이 편리하면 된다든가, 주위환경만 좋으면 여타조건은 별 문제가 되지 않는다든가, 극단적으로는 앞으로의 지가상승에 기대한다든가 하는 관점에서 대지를 선정하는 경우가 많다.

### 6-1-1 자연적인 요소

#### (1) 크기 및 형태

대지의 크기는 건축 연면적과 밀접한 관계가 있기 때문에 일조 및 통풍에 지장이 없는 주환경 조건상 만족할만한 크기의 대지가 필요하며, 또한 장래의 확장을 고려하여 충분한 크기의 대지를 선정한다. 대지의 규모가 너무 작으면 일조, 통풍, 조망, 프라이버시 등의 측면에서 불리하고 평면을 계획할 경우에 많은 제약을 받게 된다. 특히 건축법에서의 최소대지면적에 대한 규정뿐만 아니라 국토의 계획 및 이용에 관한 법률에서의 용도지역에 따른 건폐율 및 용적률규정을 고려해야 하므로 주택의 대지는 최소한 법의 규정에 맞는 규모로 하되, 바람직한 규모는 건축면적의 3~5배 정도다.

또한 대지의 형태는 가급적 황금비를 가진 장방형에 가까운 정형(整形)인 것이 좋으며, 부정형(不整形)의 대지는 배치계획 시 복잡하고 이용할 수 없는 부분(dead space)이 생겨 크기에 비해서 대지이용의 효율이 매우 나쁘게 되므로 가급적 피한다. 대지가 좁은 경우는 동서방향으로, 넓은 경우는 남북방향으로 긴 것이 일조, 통풍 등을 고려한 평면계획상 유리하다고 하겠으나, 일반적으로는 남측에 도로가 있는 대지의 경우를 제외하고는 어느 정도는 남북으로 긴 대지가 바람직하다.

### (2) 향 및 지형

일조문제는 방위에 따른 주택의 배치관계와 평면계획에 따라서도 좌우되나 기본적으로는 대지의 방위, 크기 및 형태, 그리고 주변 건축물의 높이와 인동간격 등에 의하여 크게 영향을 받는다. 통풍문제 또한 그 지방의 상풍방향(常風方向)을 조사하여 주택의 배치와 평면계획 시 통풍이 잘되도록 고려하여야 할 것이다. 따라서 이러한 점을 고려해 볼 때 주택에서의 방위는 우리나라의 경우 정남향이 가장 이상적이나, 여건이 불가능할 경우에는 동으로 18°, 서로는 16° 정도 기운 남동향이나 남서향의 계획을 유도하는 것도 양호하다. 반면에 서향과 북향은 가능한 피해야 하며, 동향도 그리 바람직하지는 않으나, 개방되거나 좋은 전망을 유지하고 있는 경우에는 이것을 적극적으로 활용하는 것도 중요하다.

또한 지형은 경사지인 경우 구배(slope)가 1/10 이하의 완만한 경사이면 대체적으로 대지로서는 적합하나 급경사지는 시공 및 비용상 어려움이 많으므로 좋지 못하다. 남사면은 일조, 통풍상 유리하고 배수도 잘되어 건조하므로 대지로서는 최적이라고 할 수 있으나, 북사면은 겨울에는 북풍을 받아 춥고, 하계에는 통풍이나 일조에도 불리하다. 또한 건물을 남향으로 배치할 경우 성토한 부분 위에 건물이 들어설 경우가 많으므로 기초공사에 어려움이 있다.

평탄한 대지는 건물배치 시 제한적 요소가 감소되므로 계획의 가변성이 증대될 수 있는 장점이 있다. 반면에 경사지를 대지로 이용할 경우에도 평탄하게 정지하여 이용하는 경우보다는 사면(斜面)을 그대로 잘 이용하여 건축하면 지반정지 작업에 따른 토목공사 비용도 절약할 수 있으며 아울러 변화 있는 좋은 평면을 얻을 수가 있다. 대지가 평탄할 경우는 주위의 대지나 도로면보다 높은 것이 배수가 용이하고 방습이나 일조조건상 유리하다.

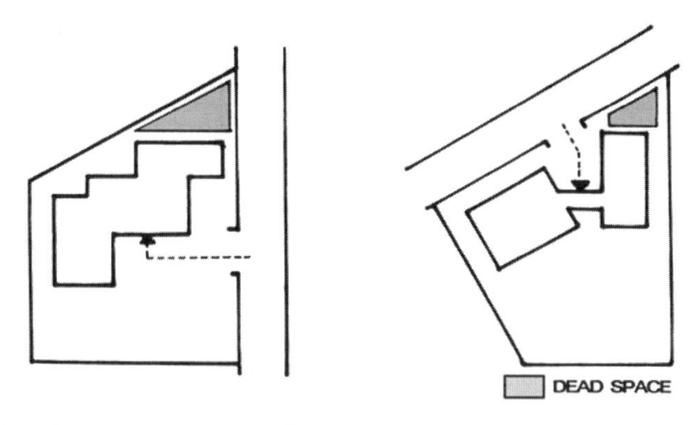


▌그림 6-1▌ 부정형 대지에서의 건물배치 방법

### (3) 토질 및 지하수위

대지의 토질은 배수가 잘되고 주택의 하중을 안전하게 지탱할 수 있을 정도로 지내력(地耐力)이 높고 부동침하의 가능성이 없는 견고한 대지를 선택하여야 한다. 성토한 대지는 성토한 후 2~3년 정도는 경과하여야 토질이 튼튼하게 된다는 점을 주의하여야 하며, 쓰레기나 기타 이와 유사한 것으로 매립된 토지는 지반이 연약하고 유해 가스가 발생할 우려도 있는 등 위생상, 구조내력상 불리하므로 피하는 것이 좋다.

또한, 지하수위가 깊고 습윤(濕潤)하지 않은 대지를 선택하여야 한다. 지하수위가 깊지 않은 대지는 습기가 많아 보건위생상 바람직하지 못하며, 강우 시 배수가 잘 되지 않으므로 대지를 도로면보다 높게 조성하는 것이 바람직하다.

수질은 지하수를 이용하고자 할 경우에 고려해야 할 요소이다. 특히 하수처리가 완비되어 있지 않으면 오수가 침투되어 양질의 물을 얻을 수 없으므로 각별히 유념해야 한다.

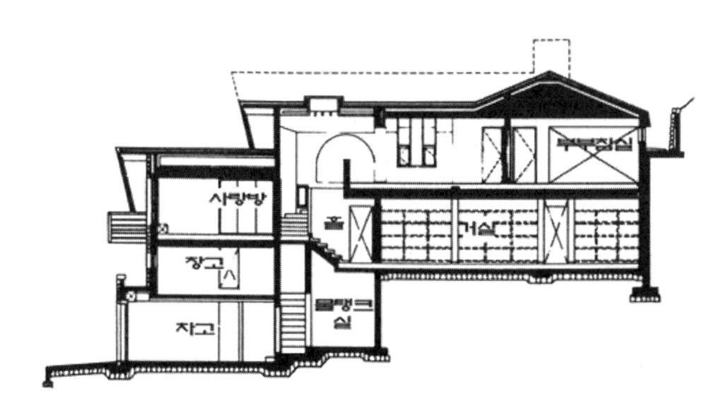


▌그림 6-2▌ 경사지를 그대로 이용한 대지의 경우

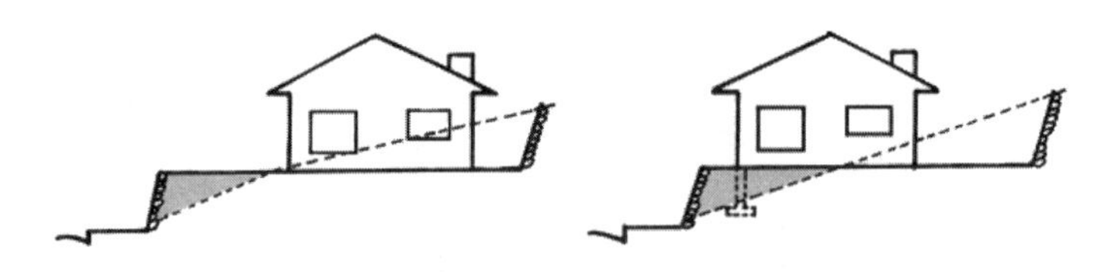

견고한 지반 위에 주택이 들어서므로 구조적으로 안전하다.

성토한 지반에서는 주택의 기초가 원지반까지 도달하도록 한다.

**▮그림 6-3▮ 경사지를 평탄하게 정지한 대지의 경우**

## 6-1-2 사회적인 요소

### (1) 도로 및 교통

건축법규상 건축물의 대지는 최소한 4m 이상 되는 도로에 폭 2m 이상을 접해야 하나 4m 도로는 폭이 좁은 관계로 차량의 통행 및 주차가 곤란하므로 일반적으로는 6~8m 정도의 도로에 접한 것이 좋다.

대지에 접한 도로가 동서남북 어느 쪽에 위치해 있는가에 따라 주택의 배치에 영향을 받게 되므로 이를 잘 고려해야 한다. 따라서 전면도로의 폭 및 위치, 포장의 유무, 자동차통행 여부 등을 충분히 고려하여 대지를 선정해야 한다.

교통은 버스 및 지하철과 같은 대중교통 수단의 이용조건인 거리, 소요시간, 배차간격, 종점 등의 요소를 고려해야 하지만, 이 중 통근 및 통학 등에 소요되는 시간이 가장 중요한 요소다. 이러한 조건들은 경제적인 생활상의 문제에도 관계가 크지만, 체력소모나 생활감정에까지 영향을 미치게 된다.

### (2) 근린환경

대지선정 시 고려해야 할 사항 중 무엇보다도 근린환경이 중요하므로 대지주변의 자연적인 환경과 사회적인 환경이 양호한 곳을 선택해야 한다. 즉, 맑은 공기를 제공할 울창한 숲의 유무, 유해 가스나 악취를 발생하는 공장이나 쓰레기 소각장의 유무, 화재나 폭발의 위험이 있는 위험물저장 및 처리시설의 유무, 소음이나 진동이 많이 발생하는 공장, 비행장, 철도 및 간선도로의 유무, 먼지가 많이 발생하는 운동장이나 공지 유무, 그리고 교육 및 주거환경상 바람직하지 못한 위락 및 숙박시설의 유무 등이 주변지역에 위치해 있는가를 잘 조사, 검토한 후에 이와 같은 요소가 미치는 영향을 고려하여 대지를 선정해야 한다.

### (3) 도시하부 시설

일상생활에 필요한 상·하수도, 전기, 가스, 전화, 광(光)케이블 등 도시하부 시설에 관한 다음 사항을 고려하여 대지를 선정해야 한다. 다른 제반 대지선정 조건들이 아무리 좋아도 아래와 같은 도시하부 시설이 완비되어 있지 않으면 주생활에 많은 불편을 주게 되므로 반드시 확인해야 하는 조건이다.

- 도시하부 시설의 유무, 설치 가능성 및 난이성 등
- 상수도의 수압, 우물을 굴착할 경우에는 수질, 지질 및 그 비용 등
- 하수도시설의 유무, 하수관까지의 배관난이도, 가스의 인입상태 또는 장래의 가능성 등
- 기존 전화선 및 광케이블의 인입 유무, 국선의 여유, 앞으로의 설치 가능성 등
- 분뇨 및 쓰레기 처리방법 등

### (4) 도시계획적인 환경

대지 주변에 일상생활에 필요한 생활편익 시설, 즉 상점, 시장, 동사무소, 파출소, 우체국, 약국, 의원, 유치원, 초등학교, 공동목욕탕, 어린이놀이터, 공원 등의 설치 여부 및 도시계획상 설치계획의 결정 여부를 조사해야 한다. 특히 유치원이나 초등학교는 교통이 빈번한 간선도로나 철도를 횡단하지 않고 통학할 수 있는 것이 좋다.

### (5) 법규적인 제한규정

대지에 관한 건축법, 주차장법 및 국토의 계획 및 이용에 관한 법률 등의 규정 중 다음과 같은 사항을 충분히 조사, 검토해서 대지를 선정할 필요가 있다.

- 용도지역(전용주거 지역이나 일반주거 지역이 가장 이상적이다)의 적합성 여부
- 용도지구(경관지구, 미관지구, 고도지구, 방화지구, 보존지구 등) 안에서의 행위제한
- 건폐율, 용적률, 건축선, 대지면적의 최소한도, 대지 안의 공지, 사선제한, 일조권에 의한 건축물의 높이제한 등 형태제한에 관한 사항
- 최소대지 면적, 막다른 도로에 접한 경우에 도로의 폭, 4m 미만 도로에 접한 경우 등
- 도시계획 구역 안의 행위제한 규정 및 입안사항

## 6-2 대지조건과 배치계획

대지가 선정되면 입지조건을 조사, 분석한 연후에 건축주의 생활요구 조건을 파악하고 이에 적합하도록 주택을 설계하게 되는데 주택설계 작업의 첫 순서가 배치계획이 된다. 배치계획이란, 대지에 건물을 합리적으로 배치하는 과정이다. 주택의 배치계획의 경우, 대지와 건축물, 정원, 서비스 야드(service yard) 등과의 관계, 사람이나 자동차의 어프로치(approach), 정원, 수목 등과의 관계를 결정하는 작업이 포함되며, 주어진 대지조건을 효율적으로 이용하여 효과적인 생활공간을 종합적으로 구성하는 데 그 목적이 있다.

따라서 배치계획은 대지의 특성과 건물의 특성이 일치하도록 위치를 결정하지 않으면 안 된다. 이를 위해서는 대지의 입지조건과 함께 가족구성원의 생활내용을 명확하게 파악하는 것이 반드시 필요하며, 입지조건의 단점을 계획적인 수법에 의해 보완하는 것 또한 중요하다.

### 6-2-1 대지의 향, 형태와 건물배치

대지의 향은 정남향이 이상적이며, 대지의 향에 따라 건축물의 향을 배치하는 것이 바람직하다. 대지의 형태는 너무 세장(細長)한 장방형이나 부정형인 경우, 배치계획에 어려움이 있고, 대지이용 측면에서도 매우 불리하다.

주택의 배치만을 고려한다면 남쪽 부분을 남겨 여유 있는 공지를 확보하고, 주택을 대지의 북쪽으로 최대한 위치시킴으로써 남향으로 배치하는 것이 가장 이상적이다. 건물의 평면형태도 일반적으로 동서로 긴 것이 남향의 실면적을 증대시키는 측면에서 유리하나, 이러한 배치가 곤란한 동서로 짧고 남북으로 긴 대지의 경우는 건물을 이층으로 처리하거나, 남동향 배치가 되도록 건물을 동쪽으로 약간 방향을 돌려 배치하며, 동서로 길고 남북으로 짧은 대지의 경우는 북서쪽으로 건물을 당기고, 남동쪽을 개방하여 남, 동 양쪽에서 일조를 받게 한다.

도로변이나 인접주택에서 주택의 내부가 보이는 곳에는 상록수를 심어 프라이버시를 확보하되, 햇빛을 겨울철에는 받고, 여름철에는 차단하고 싶을 경우에는 활엽수를 심어 해결하는 방법도 있다.

### 6-2-2 주택의 평면형과 건물배치

주택의 평면형은 대지조건에 따라 여러 가지 형이 나올 수 있다. 그러나 이러한 평면형은 대지의 크기 및 형태에만 적합하도록 만들어지는 것이 아니라, 가족의 생활요구 조건에도 적합하도록 상호 간에 보완적으로 고려하면서 결정될 문제이므로, 각 공간의 상호 위치관계와 함께 각 공간과 대지와의 관계 등을 검토하여 결정해야 한다. 따라서 생활의 요구조건과 대지조건과의 관계를 어떻게 풀어 가는가에 따라 좋은 평면이 만들어질 수 있다.

주택의 평면형은 필요한 각 공간을 어떻게 배치하고 연결시키는가에 따라 결정되지만 이와 같은 각 공간은 만족할 수 있는 위치에 배치되어야만 사용상 불편이 없어진다.

그러나 대지조건에 따라 남쪽에 배치되어져야 할 공간이 북쪽에 배치되어지거나, 1층에 있어야 할 공간이 2층에 배치되어지는 경우 또는 동서축(東西軸)으로 약간 긴 남향으로 된 장방형의 평면형이 가족들의 생활요구에 가장 적합한 형인데도 불구하고 그림 6-4와 같이 동남향의 'L자형'으로 배치할 수밖에 없는 경우도 많이 나타난다.

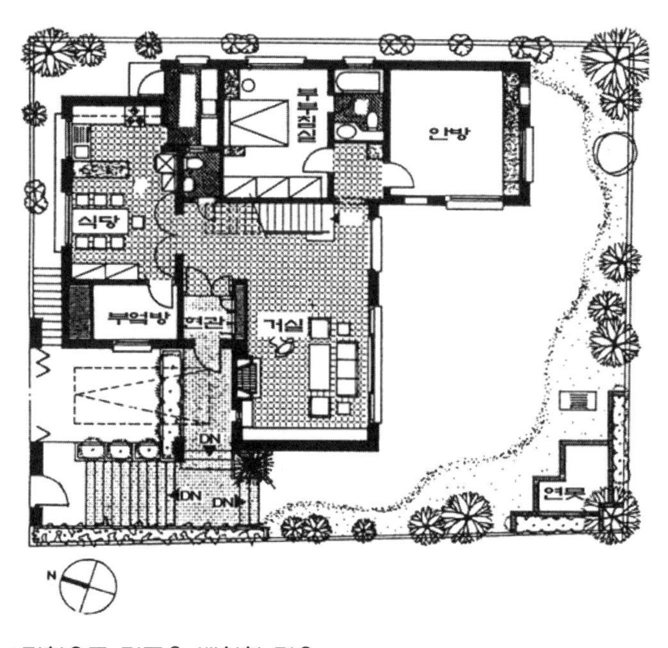


**그림 6-4** L자형으로 건물을 배치한 경우

평면계획은 건물 내에서 일어나는 모든 행위들의 상호관계를 종합적으로 고려하여 합리적이고 조화롭게 각 실들을 연결하는 것이 중요하다. 또한 외부공간 계획에서는 내부공간과의 연계성을 충분히 고려해야 한다.

이와 같이 배치계획과 평면계획은 매우 밀접한 관계에 있으며, 또한 동시에 진행되므로 상호 간에는 지속적인 수정의 과정(feed back)이 이루어져야 한다.

평면계획과 대지와의 관계를 그림 6-5와 같은 주택평면의 기능도를 중심으로 검토해보면 각 공간 간의 관계와 각 공간과 대지와의 관계가 나오게 된다.

가족생활의 중심적인 장소인 거실은 휴식, 단란, 식사 등의 기능을 가지고 있으며, 그 중 휴식부분은 침실로 연장되고, 식사부분은 조리공간인 부엌으로 직결되고, 부엌은 다시 옥외 서비스 야드로 연결되어 창고, 장독대나 빨래 건조장 등과 직결된다. 이를 위해서는 별도의 서비스 출입구가 필요해진다. 식사나 단란부분은 테라스나 발코니를 통해 외부의 정원에까지 연장되고, 외부와의 출입구인 현관은 거실과 연결되는 동시에 어프로치 통로를 통해 대문이나 도로와 연결된다. 이때 현관이나 차고와 도로와의 관계는 깊숙하거나 멀면 대지의 희생이 많으며, 정원이 분할되지 않도록 현관의 위치를 고려해야 한다. 욕실이나 화장실 등은 거실, 침실과 연결되고, 부엌과도 인접되는 것이 바람직하다. 그림 6-6은 건물 배치의 검토 예를 보여주고 있다.

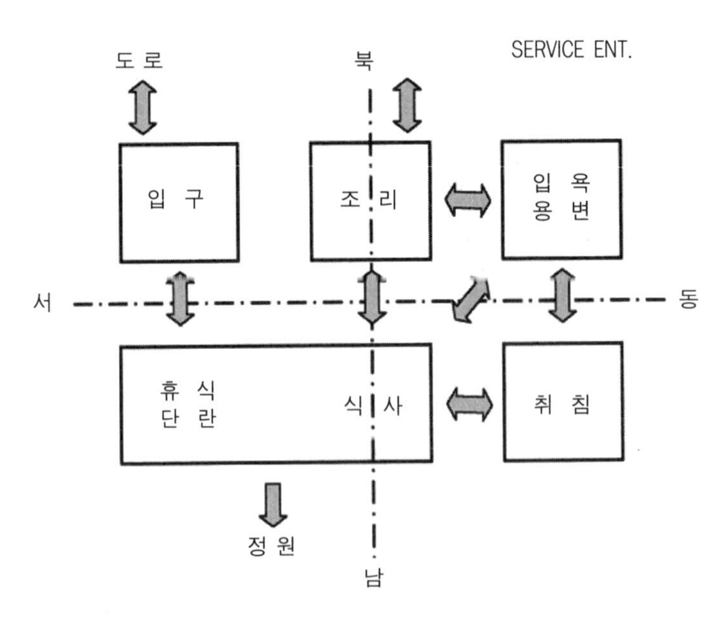


**▌그림 6-5▐ 주택평면의 기능도**

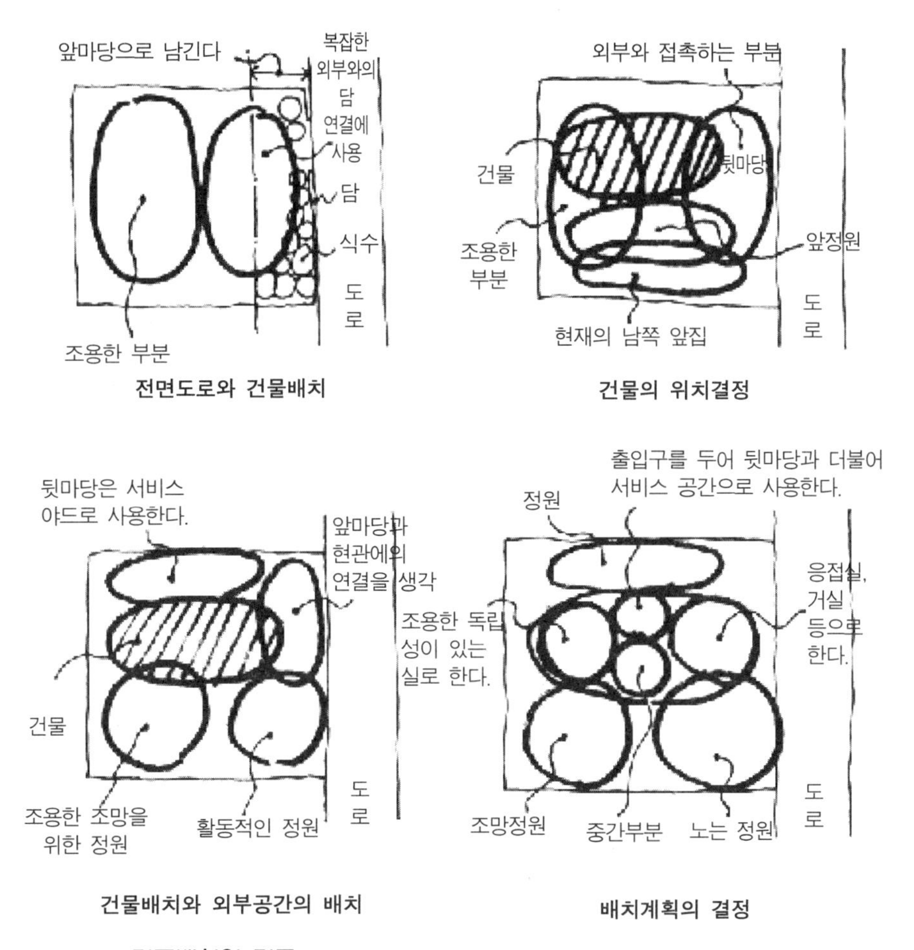


**전면도로와 건물배치**

**건물의 위치결정**

**건물배치와 외부공간의 배치**

**배치계획의 결정**

**▮그림 6-6▮** 건물배치의 검토

### 6-2-3 대지와 도로와의 관계

대지에 대한 도로의 위치에 따라 주택의 대문위치가 결정되며, 이 대문위치는 공간배치에도 많은 영향을 미치기 때문에 현관의 위치결정, 어프로치 문제, 주택의 배치, 정원의 사용, 일조 및 조망 등을 포함해서 총체적인 계획을 하는 것이 바람직하다.

대문에서 현관까지의 어프로치 및 진입공간은 도로에서 주택으로 들어서는 공간으로서, 방문자로 하여금 그 주택의 첫인상을 갖게 하는 공간으로 거주자의 성향에 따라 개방적 또는 폐쇄적으로 디자인될 수 있다.

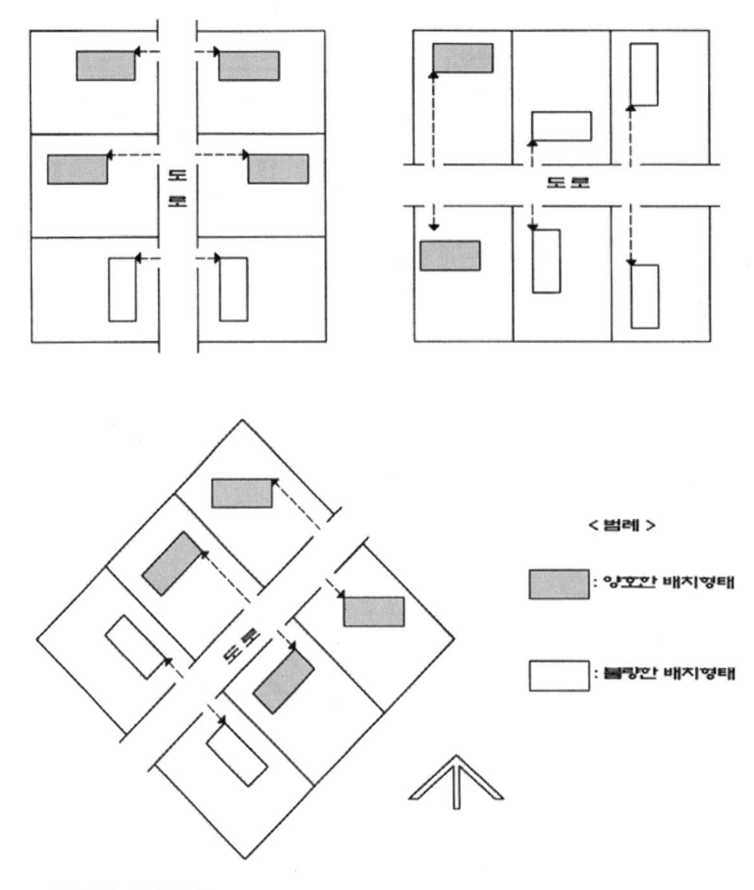


▌그림 6-7▐ 도로와 배치계획

도로의 위치가 어디에 위치하는 것이 가장 좋은가는 대지의 크기 및 형태, 주택의 크기 등에 관계가 있으므로 상황에 따라 다르며, 현관의 위치 또한 대지와 도로와의 관계에 의해 많은 제약을 받으나, 자유로이 정할 수 있는 경우에는 서쪽 또는 북쪽에 두는 것이 평면계획상 유리하다.

### (1) 남측에 도로가 있는 경우

건물 남쪽의 가장 좋은 대지가 통로로 이용되기 때문에 정원계획이나 평면계획에 다소 어려움이 있다. 즉, 정원의 이용도가 낮아지며, 남쪽에 면한 거실이나 침실 등의 프라이버시 확보 또한 곤란하다.

이 경우, 현관을 남측에 둘 경우에는 일조 및 통풍과 같은 거주조건이 양호한 남쪽에 면하는 공간들의 면적에 제약을 받을 수밖에 없으므로 현관을 동측 또는

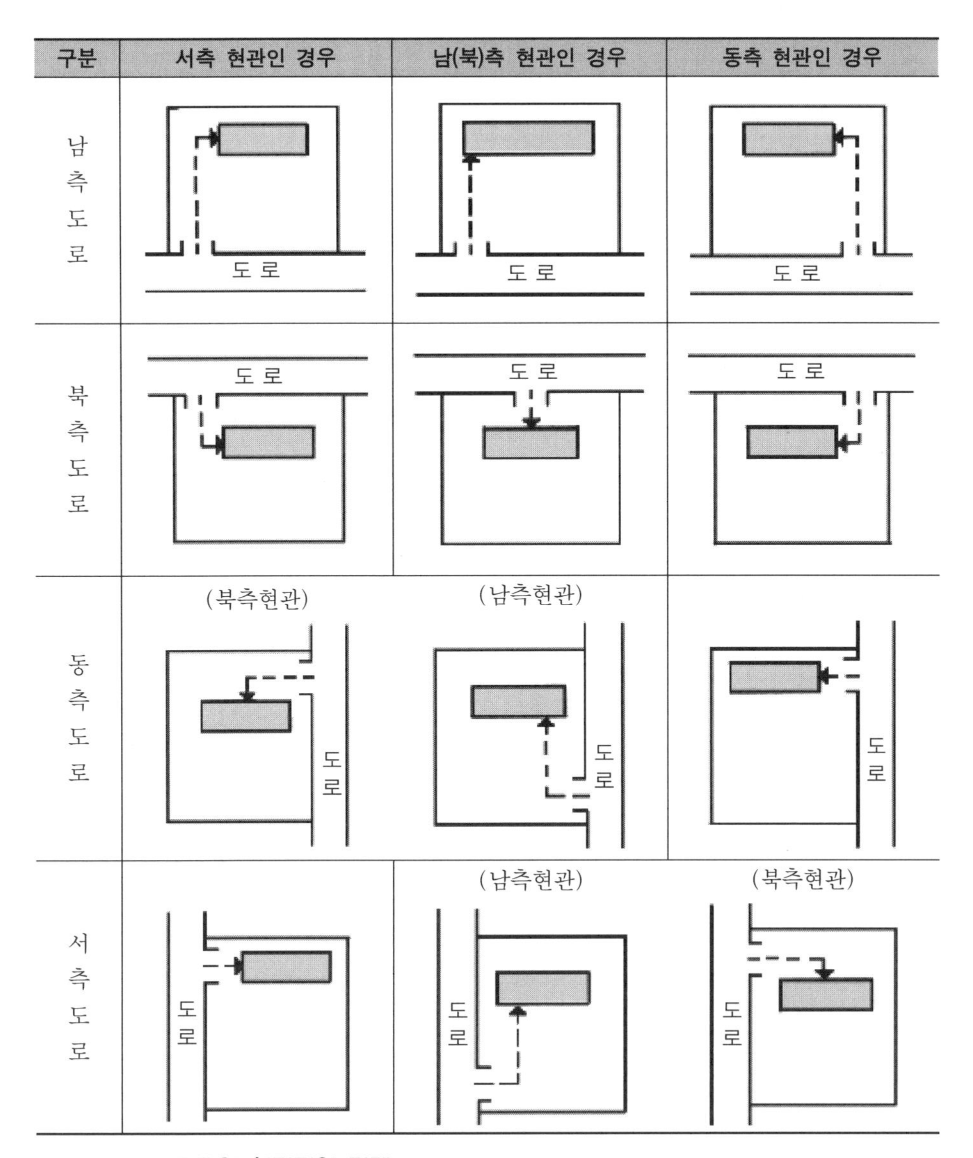


**▌그림 6-8▐ 도로와 현관과의 관계**

서측에 설치하는 것이 평면계획적 측면이나 정원의 활용성 측면에서 유리하다. 이러한 결점을 보완하기 위해서는 주택의 평면형을 'L자형'으로 한 배치를 고려해 볼 수도 있다.

### (2) 북측에 도로가 있는 경우

북측에 도로가 있는 경우, 평면계획상 가장 유리하나, 우리나라의 관습상 북측이나 서측에 대문이나 현관을 두지 않으려는 생각 때문에 다소 문제가 있다.

이 경우 일반적으로 북측에 면해 배치되는 욕실, 화장실, 부엌 등이 도로에서 직접 들여다보이지 않도록 계획함이 좋다. 대지가 좁은 경우에는 남쪽에 정원을 배치하기 어려우며, 넓은 경우는 후정(後庭)을 처리하므로서 남쪽의 이용가능성이 커지고, 남쪽정원을 완전히 독립된 외부공간으로 계획하는 것이 가능하다.

### (3) 동측에 도로가 있는 경우

대문이나 현관을 두는 방위는 도로의 너비와 도로의 인접 여부에 따라 다르다. 그러나 우리나라는 과거부터 풍수지리설의 영향을 많이 받아 동측에 대문이 있는 경우를 가장 선호하여 온 관계로 인해 동측에 도로가 있는 경우가 가장 많이 나타나고 있다.

이 경우에는 동쪽 가까운 곳에 자리 잡은 현관의 위치를 고려하여 거실이나 부엌 등은 현관에 가까운 동측에, 침실들은 모아서 하나의 군으로 형성하여 서측에 배치하는 것이 바람직하다.

또한 동측에 도로가 있는 경우에는 현관의 위치를 북쪽에 두는 경우, 남쪽에 두는 경우, 동쪽에 두는 경우 등, 도로로부터의 접근방법이 다양하고 남측에 도로가 있는 경우에 비해 정원의 충분한 활용이 가능하며, 주택내부와의 시선차단도 자연스럽게 해결이 가능하다.

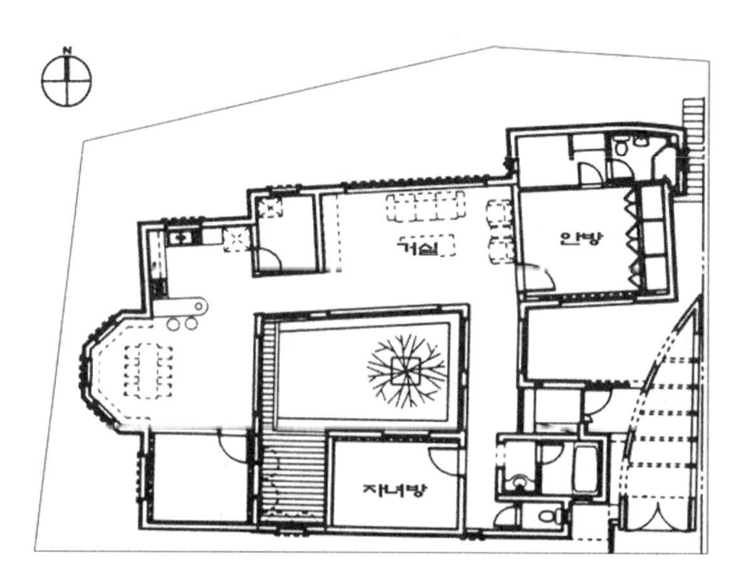


▌그림 6-9▌ 동측에 현관이 있는 평면

### (4) 서측에 도로가 있는 경우

서측에 도로가 있는 경우는 동측에 도로가 있는 경우와 마찬가지로 도로로부터의 접근방법이 다양하고 정원의 충분한 활용이 가능하며, 주택내부와의 시선차단도 자연스럽게 해결이 가능한 장점이 있다. 이 경우 거실이나 식사실 등은 현관에 가까운 서측에, 침실군은 동측에 배치함이 무방하다. 남측에 도로가 함께 면해 있으면 더욱 이상적이다.

이와 같이 주택의 외부공간은 대지와 도로와의 관계에 의해 매우 다양하게 구성된다. 특히 내부공간과의 연계성을 충분히 고려해야 하며 대지의 지형, 차량 및 보행자동선, 주차공간 등이 종합적으로 배치계획의 내용에 포함되어야 한다.

따라서 대지가 도로면보다 높을 경우에는 도로에서 바로 진입할 수 있는 지하차고를 설치하는 것이 좋으며, 도로와 현관과의 거리가 너무 가까울 경우에는 고저차를 이용한 어프로치 계획개념을 도입하여 거리감을 확보하는 것도 좋은 배치방법이 된다.

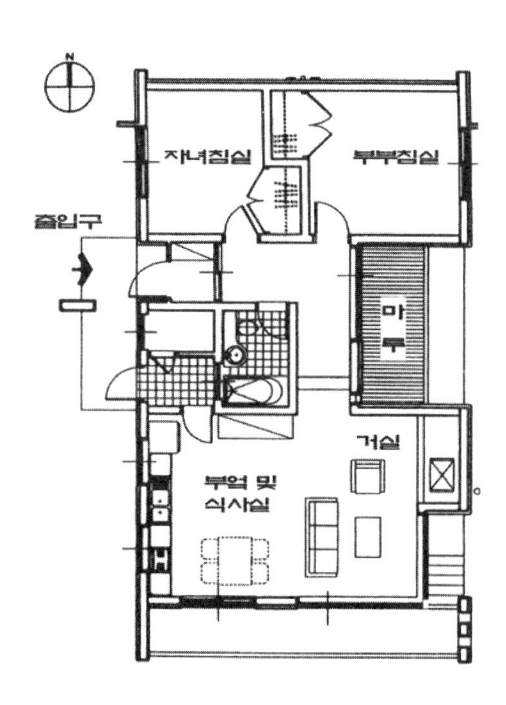


**▌그림 6-10▐** 서측에 현관이 있는 평면

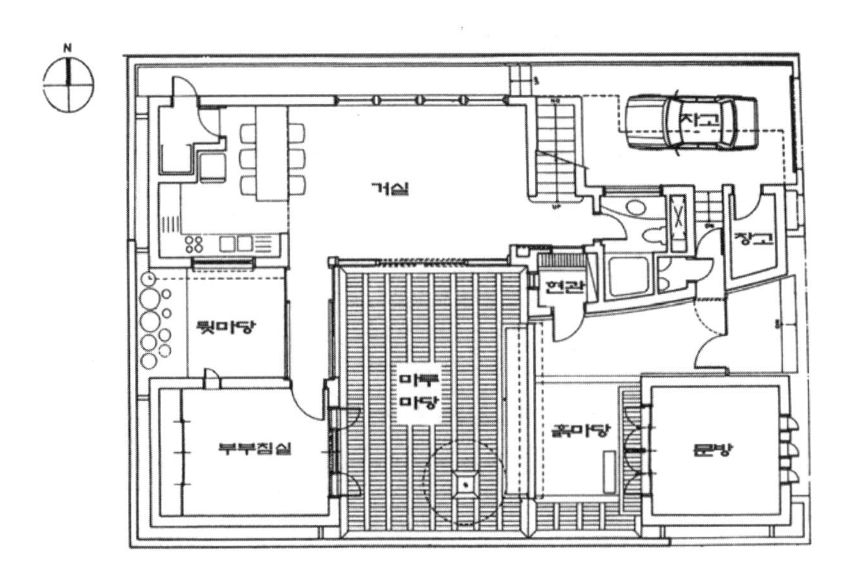


▌그림 6-11▐ 남측에 현관이 있는 평면

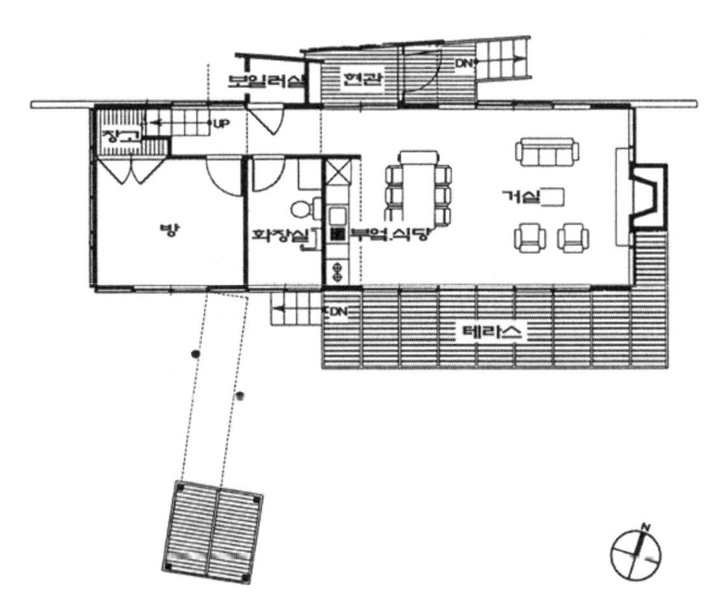


▌그림 6-12▐ 북측에 현관이 있는 평면

제7장

# 평면계획

## 7-1 주택의 평면형식

### 7-1-1 평면구성을 위한 기본개념

고대로부터 현대에 이르기까지 주거공간의 평면구성을 위한 기본개념은 2가지 형식으로 대별할 수 있으며, 이 2가지 형식이 시대의 흐름에 따라 번갈아가면서 사용되어 왔다고 할 수 있다. 즉, 수혈(竪穴)주거와 같은 주거공간의 미분화에 따라 나타난 개방형 평면(open plan)으로부터 B.C. 4200년경 고대 메소포타미아 지방에 세워진 '핫수나(hassuna)의 우물이 있는 흙집'에서부터 나타나기 시작해, 20세기 중엽까지의 주거공간이 분화된 폐쇄형 평면(closed plan), 그리고 최근의 생활형태가 자율화되고 개방되어감에 따라 생활방식도 동적이며 이동성이 강해 비형식적인 것을 희망하고 있음을 반영하기 위해 주거공간이 개방적이고 가변성 있는 평면을 활용하는 방향으로 변하고 있다. 특히 식생활의 변천과 함께 고도화된 설비기구의 발전은 개방형 평면의 활용가능성을 더욱 높여주고 있다.

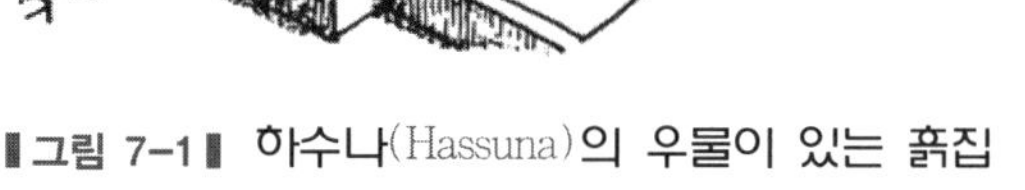

▌그림 7-1▌ 하수나(Hassuna)의 우물이 있는 흙집

### (1) 개방형 평면

주거공간 내에 바닥에서 천장까지 닿는 고정된 칸막이벽을 최소화하고 가능한 많은 공간을 개방하여 줌으로써 주거공간을 융통성 있게 활용하도록 한 형식인 개방형 평면의 장점은 다음과 같다.

- 공간의 연속성을 갖도록 하여 작은 공간에서도 크고 넓은 느낌을 준다.
- 공간사용의 다양성을 제공한다.
- 생활의 흐름과 많은 행위와의 상호관련성을 인식케 한다.
- 모든 가족의 활동을 함께 보고 느끼며 참여함으로써 고립감에서 벗어나게 해준다.

또한 단점은 다음과 같다.

- 모든 것에서 프라이버시를 유지할 장소가 부족하다.
- 소음이 많이 발생하므로 내밀성이 필요한 주생활에는 적합하지 않다.
- 세밀한 계획이 따르지 않으면 비어 있는 창고와 같은 기능을 한다.

그러나 이러한 단점은 부분벽 설치, 바닥높이 조절, 가구배치, 흡음재사용, 격리된 영역계획 등 여러 가지 계획기법을 사용함으로써 보완이 가능하다.

### (2) 폐쇄형 평면

주생활의 기능에 따라 방으로 구분하여 공간의 독립성을 갖도록 구성한 형식으로 여러 가지 장점이 있어 주택설계 시 보편적으로 사용되고 있는 형식인 폐쇄형 평면의 장점은 다음과 같다.

- 연령별, 활동별로 프라이버시를 보장해 준다.
- 일상적으로 유지·관리되는 영역과 비교적 정돈된 영역의 유지·관리로 구분할 수 있다
- 관리, 난방, 조명 등을 개별적으로 할 수 있으며, 에너지가 절약된다.

이에 반해 단점은 다음과 같다.

- 공간의 사용에 있어 융통성이 부족하고, 동선이 엄격하게 통제되어 있다
- 시선이 차단되어 멀리 내다볼 수 없다.
- 참기 어려운 답답함을 느끼게 하는 경우도 있을 수 있다

따라서 실내에 밝은 색을 사용하거나, 내부의 가구를 가능한 적게 배치하는 등의 방법으로 공간을 보다 넓게 보이는 것이 필요하다.

## 7-1-2 평면형식상 분류

주택을 평면형식의 관점에서 분류하면 그림 7-2와 같이 구분할 수 있으며, 각각의 평면형식의 특성을 보다 자세히 살펴보면 다음과 같다.

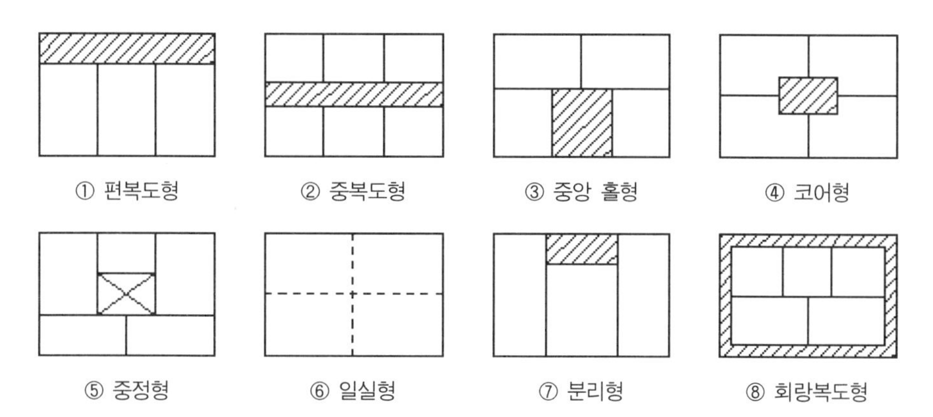


그림 7-2 주택의 평면형식상 분류

### (1) 편복도형

각 방을 한 방향으로 배치하고, 다른 쪽에 복도를 둔 형식이다. 즉, 전면복도나 마루에 접해 각 실이 일렬로 배치된 형식으로 우리나라 남부지방의 일자형 민가에서 주로 찾아볼 수 있다.

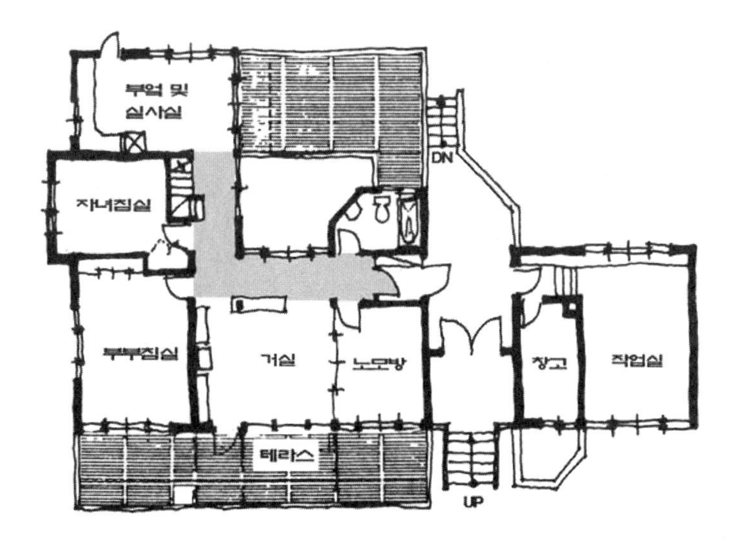


▌그림 7-3▌ 편복도 형식의 주택평면 예

이 형식의 장점은 각 공간의 환경조건을 모두 좋게 할 수 있으며, 동선이 단순하고 평면이 간단하다. 또한 구획된 벽재료만 잘 선택하면 각 공간의 독립성을 확보하기 쉽다.

단점은 공간이 많을 경우에는 동선이 길어지고 복도면적의 비율이 커지며, 건물 전체가 축방향으로 길어지는 경향이 있다. 소규모의 주택이나 메조넷형 주택에는 적당한 유형이다.

한편 이와 유사한 형식으로 회랑복도형이 있다. 이 형식은 복도의 외부 어디에서나 출입할 수 있는 편리함이 있으나, 각 실의 개방면이 복도라는 통로공간이기 때문에 실의 독립성이 희박하고, 복도면적 비율 또한 매우 높다.

### (2) 중복도형

주택의 중앙에 복도를 두고 그 양측에 각 실을 배치하는 형식이다.

이 형식의 장점은 편복도형에 비해 동선길이가 짧고, 복도면적 비율도 낮아진다. 단점으로는 각 실이 마주보고 있으므로 각 실의 프라이버시가 좋지 못하며 개구부 방향이 180도 다르게 되므로 각 실의 환경조건이 불균등하다. 또한 복도의 채광이나 통풍이 불량하므로 이에 대한 대책마련이 필요하다.

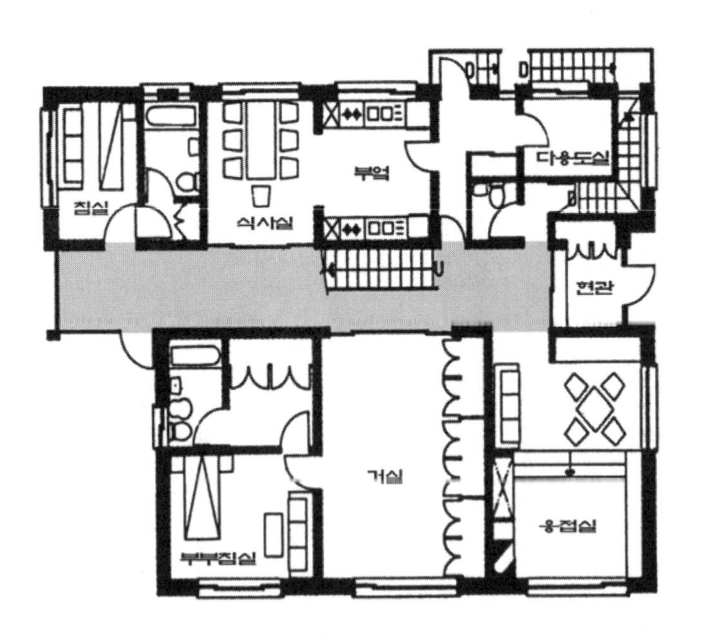


▮그림 7-4▮ 중복도 형식의 주택평면 예

### (3) 중앙 홀(hall)형

현관 홀 또는 거실 등에서 직접 각 실로 출입하는 형식이다. 장점으로는 간결하고 밀도 높은 평면이 가능하며, 각 실의 연결성이 좋아 사용상 편리하다. 또 거실을 복도 대신 넓은 공간으로 유용하게 사용할 수 있고, 가족의 교류시간도 많아진다. 이 형식은 소규모 주택에 효과적이다.

단점은 홀의 면적이 너무 작으면 사용상 불편하며, 각 실의 환경조건이 불균등하다. 또한 거실이 홀 역할을 할 경우 거실 자체의 분위기확보가 곤란하다.

### (4) 코어형(core system)

사무소건축에서 사용된 것을 주택에 응용한 형식으로 물을 사용하는 공간을 한 곳에 모아 코어를 형성하고 그 주변에 각 실을 배치한 형식으로 주로 개방된 평면(open plan)을 만들고자 하는 경우에 사용된다.

주택계획에서는 단독적인 성격의 코어보다는 복합적인 성격을 가진 코어로 계획하는 경우가 많다. 설비면에서 유리하고, 불필요한 면적을 극도로 줄일 수 있다는 장점이 있으나, 프라이버시 측면에서는 문제가 많다.

그림 7-5는 미스(Mies van der Rohe)가 설계한 일리노이 주에 있는 판스워드(Farnsworth) 주택의 평면으로 코어형으로 계획되었다.

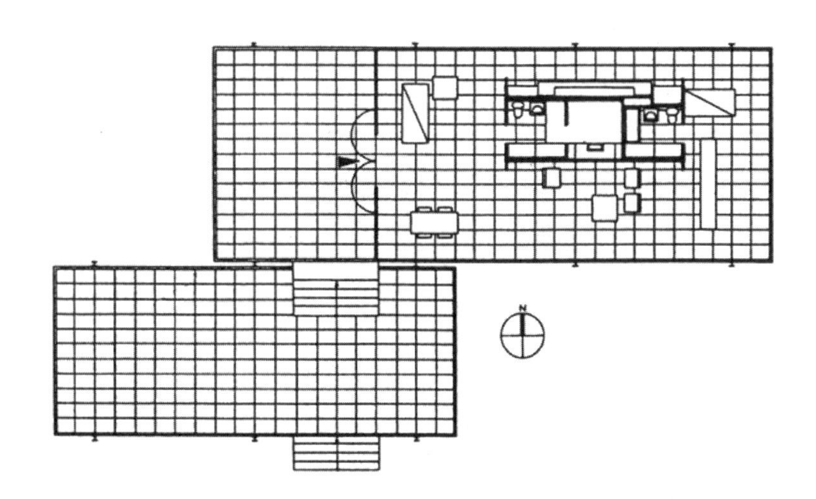


▌그림 7-5▐ 코어 형식의 주택평면 예

### (5) 중정형

중정을 중심으로 주택 내 각 실이 배치되는 형식으로 기후조건이 불리하거나 대지가 협소할 때 주로 사용한다. 이 형식은 외부공간에 대해서는 완전히 폐쇄적이고, 중정을 향해 각 실이 개방되므로 일조나 통풍에는 불리하나 강렬한 직사광선을 피하는 데는 유리하므로 옥외공간을 주택 내부에 설치하고자 중동이나 남유럽 지방에서 발달하였다. 과거 우리나라의 'ㅁ자형' 한옥이나 중국의 '사합원(四合院)' 주택 등에서도 많이 볼 수 있는 형식이며, 오늘날에는 대지의 규모가 작은 도심지에서 독자적인 옥외공간을 갖고자 할 경우에도 많이 채택하고 있다.

그림 7-6은 엘리엇 노이즈(Eliot Noyes)가 설계한 미국 코네티컷 주 그리니치(Greenwich)에 있는 호튼(Horton) 주택의 평면으로 중앙의 중정을 둘러싸고 침실, 부엌, 식사실, 거실 등이 배치되어 있다. 침실이나 부엌, 욕실 등은 네모 반듯한 형태로서 합리적으로 디자인되어 있으며 주침실이나 독서실, 가족실, 거실, 식사실, 중정, 현관, 복도 및 계단 등은 네모진 형태에서 벗어난 변형된 자유스러운 형태감 속에서 주어진 실의 기능을 충족시키는 평면형태로 설계되어 있다.

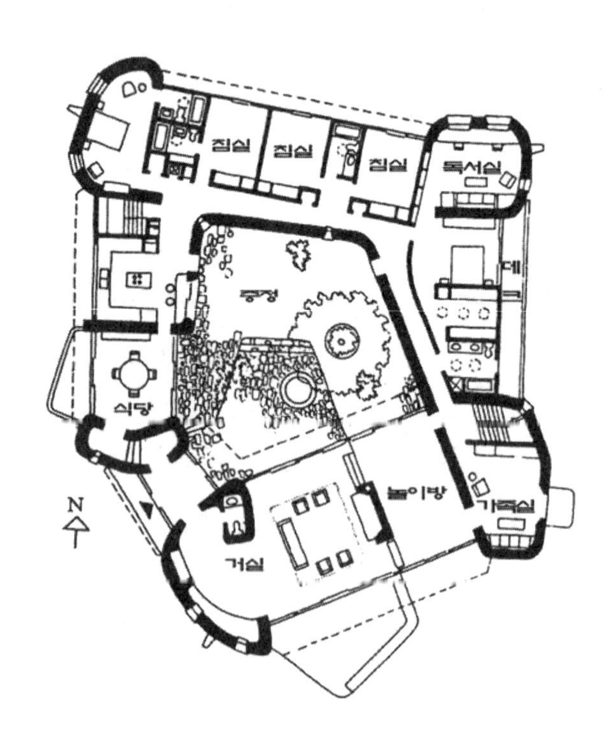


▌그림 7-6▐ 중정형식의 주택평면 예

### (6) 일실(one room)형

각 실을 독립된 공간으로 구획하지 않고 한 공간 안에서 유기적인 연관성을 갖도록 한 평면형식으로 화장실, 욕실만 벽으로 구획하고, 다른 모든 주생활 공간은 이동식 칸막이로 유동적인 구획을 하는 형식이다. 즉 현대의 개방형 평면의 개념에 의해 나타난 것으로 생활의 미분화 시대의 일실형과는 다르며, 다이닝 키친이나 리빙 키친의 평면형식을 확대시킨 형식이라고도 할 수 있다.

장점으로는 평면, 구조 및 설비의 단순화에 의한 건축비 절감, 주생활 동선의 단순화에 의한 주생활비 경감, 주거공간을 유기적으로 일체화시킴으로써 공간의 연속성 부여, 그리고 내부공간의 자유로운 변경가능 등이 있다.

단점으로는 주거 내의 프라이버시 확보가 곤란하고, 고도의 설비와 이에 부합되는 수준 높은 생활내용이 요구된다. 따라서 가족구성이 단순한 독신자나 부부만의 단순한 가족에게 합리적인 형식이라 할 수 있다.

그림 7-7은 필립 존슨(Philip Johnson)이 설계한 주택으로 일실형으로 계획되어 실내공간이 넓게 느껴지며, 대부분의 벽체가 유리로 되어 시원스러우며 유리를 통해 사방의 자연경관이 공간 내로 유입되도록 하였다. 침대 쪽과 부엌 쪽에 칸막이를 설치하여 공간이 구획되면서도 상부에서는 연결되도록 계획하였다.

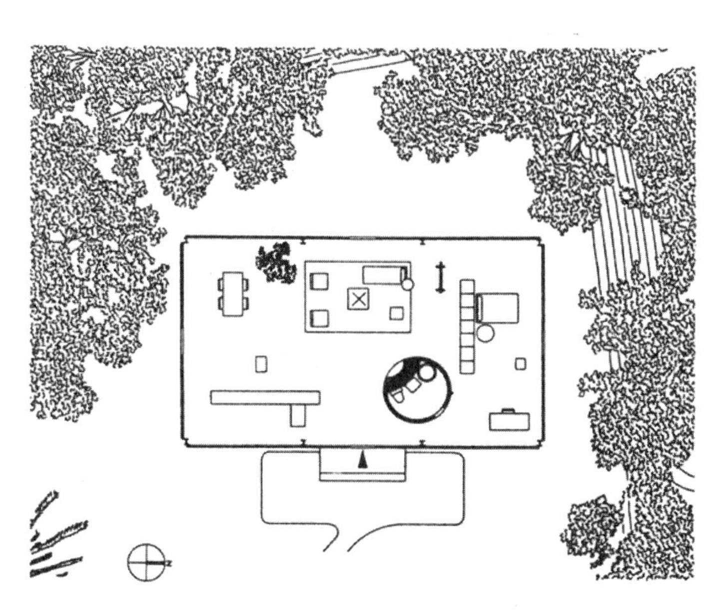

**그림 7-7** 일실형식의 주택평면 예

### (7) 분리형

각 실의 기능이나 성격, 사용시간 등에 따라 주택 내 각 실을 인접 또는 분리시키는 형식으로 인접 및 분리의 원칙은 상호 간 연관성 여부다.

일반적으로 가족이 공용으로 사용하는 거실, 식사실 등 동적인 공간과 침실, 서재, 욕실 등과 같은 정적인 공간을 분리하여 홀이나 복도로서 연결하는 방법, 자녀침실이나 노인침실 등과 특수한 직업을 가진 사람의 작업실이나 서재 등을 주된 건물에서 분리하는 방법 등이 많이 사용되고 있다.

이 형식의 장점으로는 생활의 효율을 높일 수 있으며, 주거환경을 좋게 할 수 있다는 점을 들 수 있으며, 단점은 동선이 길어져 불편함이 생기게 되며, 건물의 형태가 복잡해지고 공간의 이용효율이 낮아진다는 점이다.

그림 7-8은 마르셀 브로이어(Marcel Breuer)가 설계한 주택의 평면으로 낮과 밤의 사용에 따른 공간들의 명확한 구분이나 거실과 식사실, 부엌의 개방된 공간감 속에서의 시각적 프라이버시의 확보 및 벽난로(fire place)를 둘러싼 바닥재료의 분리에 따른 시각적 안정감과 그에 따라 이루어진 거실공간과 식사실공간의 명확한 구분을 보여주고 있다.

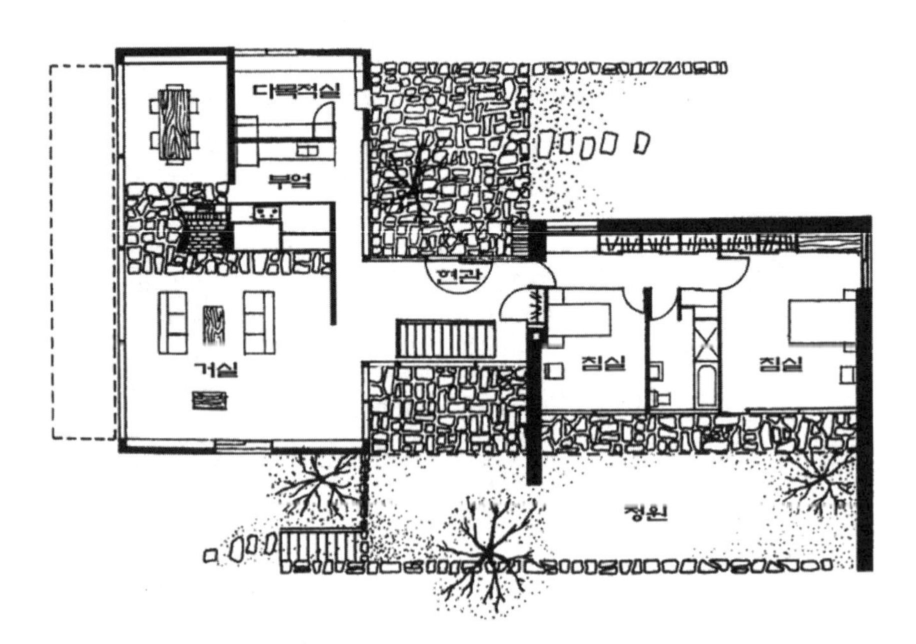


▌그림 7-8▌ 분리형식의 주택평면 예

## 7-1-3 단면형식상 분류

수평적 공간(단층공간)과 수직적 공간(다층공간), 수직으로 개방된 공간 등으로 분류될 수 있는 공간계획 방식 중에 어느 것을 선택하느냐 하는 것은 무엇보다도 대지의 이용 가능성, 가족 수, 건축적인 관심 등에 좌우된다.

주택을 단면(입면, 입체)형식의 관점에서 분류하면 그림 7-9와 같이 구분할 수 있으며, 각각을 보다 자세히 살펴보면 다음과 같다.

### (1) 단층형

주택 내 모든 방들이 지면에 가깝게 접지되어 있는 형으로 소규모 주택에 적합하다. 미국에서는 20세기에 들어서면서 단층형이 소위 전원주택이라는 이름으로 널리 보급되어 왔다.

이 형식의 장점은 공간의 자유성이 많으며, 모든 방에서 지면에 쉽게 접근이 가능하며, 계단을 오르내릴 필요가 없으며, 평지에 잘 조화되는 수평형이라는 점이다. 단점으로는 중층형에 비해 대지 구입비 및 건축비가 많이 소요되며, 냉난방용 에너지 사용이 비효율적이라는 점이다. 특히 시가지 주택의 경우는 일조, 통풍, 프라이버시상 문제가 있다.

이 형식은 대지가 넓은 경우에는 채택할 만한 이상적인 형식이다.

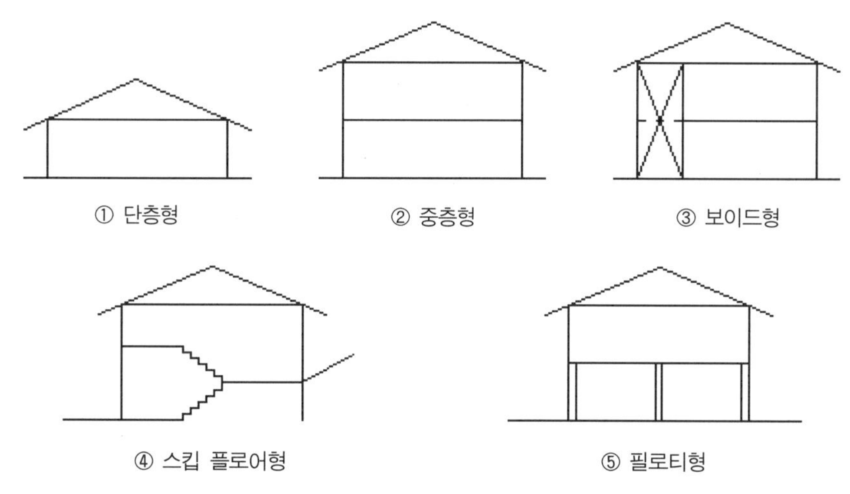


**▮그림 7-9▮ 주택의 단면형식상 분류**

### (2) 중층형(복층형)

2층 이상으로 주거공간이 구성된 형식으로 특히 대지면적에 제약이 있을 때 사용되는 형식이다.

이 형식의 장점은 대지비나 건축비 측면에서 볼 때 경제적인 부담이 훨씬 적으며, 냉난방비가 적게 든다. 공간이 상·하층으로 분리되어 있어서 영역구분이 간단하며, 각 공간의 연결동선이 단축된다. 또한 상층의 경우는 일조, 통풍, 프라이버시 조건 등이 좋아진다는 점이다.

단점으로는 재해 시 피난상 어려움이 있으므로 계단의 위치에 대한 배려가 필요하며, 계단이용이 불편한 노약자 및 어린이의 경우에는 1층에 배치하는 것이 요망된다. 따라서 공간구성을 하는 경우 계단위치가 가장 중요한 요건이 된다.

### (3) 보이드(void)형

동일 주거공간 내에서 일부는 단층으로 일부는 중층으로 한 형식으로 공정형이라고도 한다. 일반적으로 공간의 성격상 거실이나 식사실 등 천장고가 높아야 할 부분을 단층부분에 두고 화장실, 욕실, 침실 등 천장고가 낮아도 될 부분은 중층부에 둔다. 특히 편경사 지붕인 경우는 높은 부분을 중층으로 처리하고 낮은 부분을 보이드(void)시켜 단층으로 처리하는 방법이 많이 사용된다.

이 형식의 단점은 천장이 높은 실내공간은 바닥면적이 비교적 좁다는 느낌과 함께 소음이 위로 올라가기 때문에 내부가 조용하지 못하며, 아래에서 생긴 열

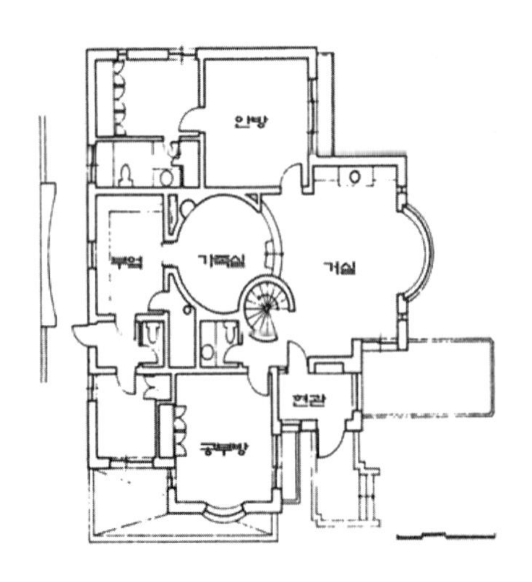


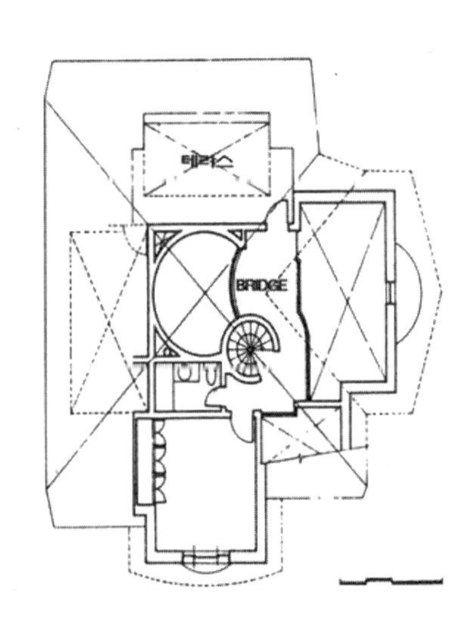

▌그림 7-10▌ 보이드 형식의 주택평면 예

이 높은 공간으로 상승하기 때문에 여름에는 좋으나 겨울에는 에너지가 낭비된다. 또한 높은 곳에 설치된 창문은 청소하기에 어려우며 위험하다.

따라서 이러한 형식을 채택하는 주거공간 계획의 방법은 미적 측면을 강화시키다 보면 실제 계획상에서 나타나는 이와 같은 어려운 문제를 등한시하기 쉬우므로 주의하여야 한다.

### (4) 스킵 플로어(skip floor)형

바닥면에 고저차가 있는 형으로 고저차는 일반적으로 반층 높이 정도의 차만큼 둔다. 구릉지 등 경사진 대지를 이용하는 경우나 의도적으로 각 공간의 바닥 높이에 변화를 주어 시각적으로 평면의 분리를 얻고자 하는 경우에 사용되는 형식이나, 일반적으로는 후자의 경우에 많이 이용된다. 한편 대지가 경사지인 경우에 경사지를 이용하여 저지대는 중층으로, 고지대는 단층으로 처리한다. 그러나 계단의 단차가 큰 경우, 노약자 및 어린이가 있는 가정에서는 적당하지 않다.

그림 7-11은 부부 건축가 앤더슨(Anderson)이 설계한 주택이다.

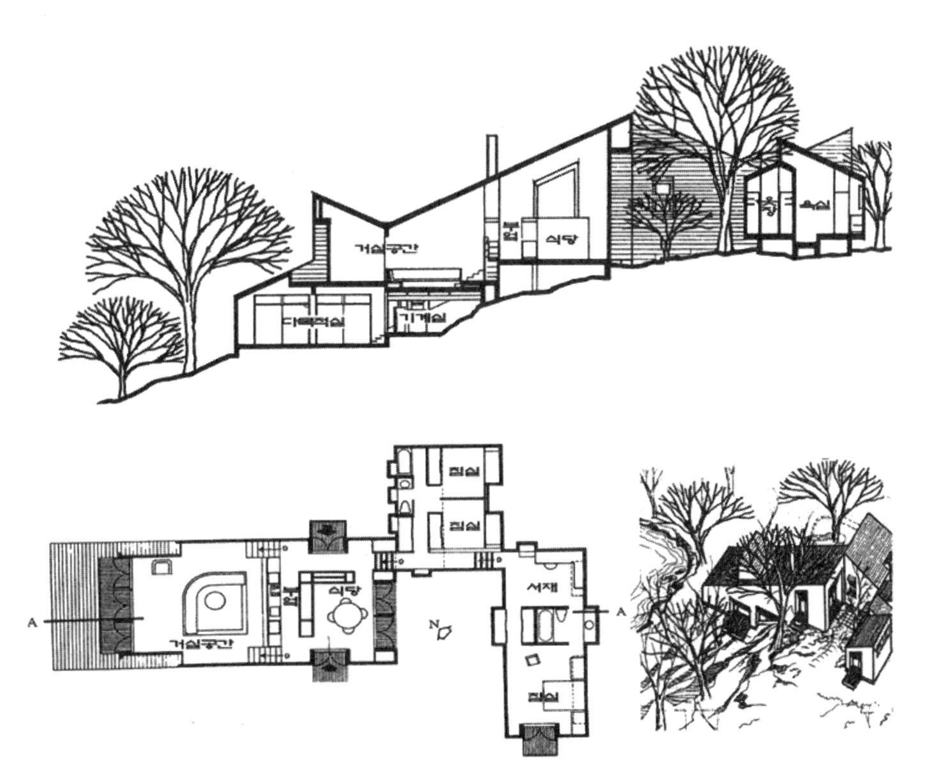


**▮그림 7-11▮ 스킵 플로어 형식의 주택평면 예**

### (5) 필로티(pilotis)형

1층은 기둥만 있고 2층 이상에 각 공간을 두는 형으로 건물 전체가 기둥에 의해 공중에 떠 있는 느낌을 주며, 지상부분은 개방적인 공간이 된다. 코르뷔지에가 마르세유 아파트 설계 시 처음으로 제안하였으며, 지면을 보행자에게 개방하자는 의도에서 나온 것이다. 일조, 통풍, 전망, 프라이버시 등의 거주환경 조건이 양호하고 지면을 보행자를 위해 개방할 수 있다는 장점이 있으나, 접근성이 떨어지는 단점도 갖고 있다.

이 형식은 지상을 차고, 서비스 공간, 녹지대, 보행로 등의 목적으로 이용하고자 할 때 사용되나, 단순히 디자인의 목적으로 도입하기는 어렵다.

그림 7-12는 코르뷔지에가 설계한 사보이 주택의 평면 및 외관이다.

이상과 같이 대표적인 각종 평면형을 열거하고 그 특징을 살펴보았으나 실제적으로는 순수하게 여기에 열거한 어떤 형에 속하는 주택은 거의 없으며, 몇 가지의 형이 복합된 형식을 취하는 경우가 대부분이다.

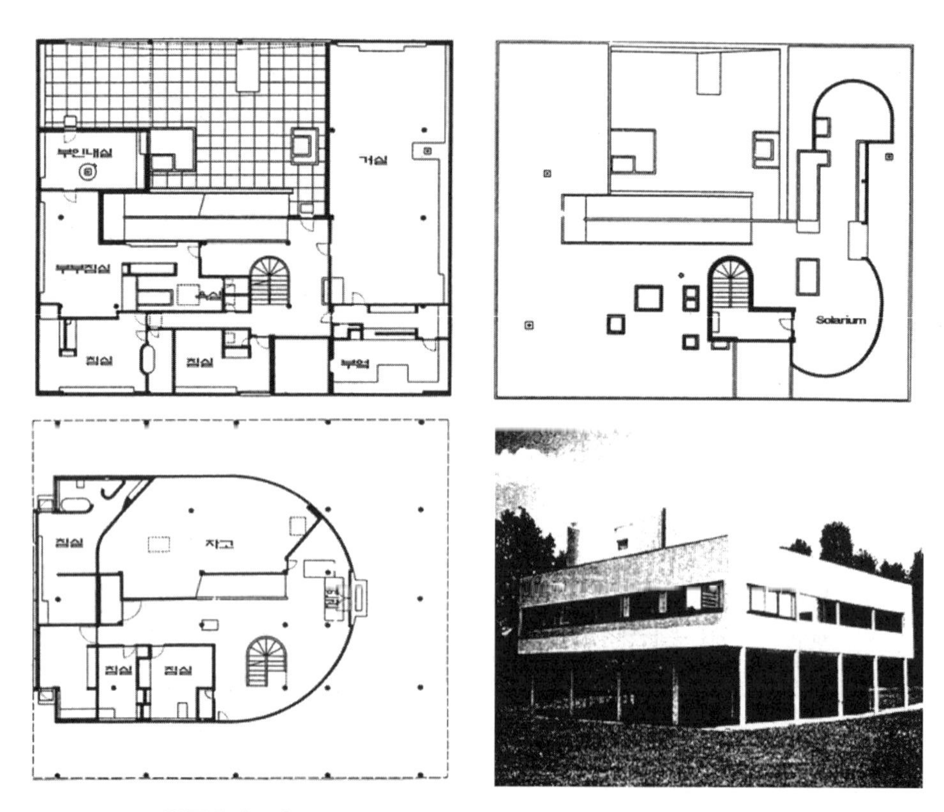


▌그림 7-12▌ 필로티 형식의 주택평면 예

## 7-2 평면계획의 방법

주택의 평면계획(planning)이란, 건축주의 요구에 근거하여 가족구성원 각자의 주생활에 가장 적합하게 생활공간을 기술적으로 구성하는 것이다. 즉, 생활공간은 생활내용에 따라 여러 가지 기능을 가진 공간으로 구분되며, 이들 공간은 상호 밀접한 관련을 맺고 있는 것도 있고, 반대로 전혀 성격을 달리하는 것도 있다. 이와 같은 여러 가지 성격을 가진 공간들을 합리적이고 조화롭게 연결 또는 분리시켜서 주생활요구를 충족시킬 수 있도록 각 공간의 배치를 결정해 나가는 작업인 것이다.

건축주의 요구에 따라 필요한 공간의 종류 및 수, 각 공간의 크기 및 형태, 수납공간의 규모와 위치, 주택의 총면적 등을 대지조건이나 건축관계 법규의 규정에 맞도록 결정하고 각 공간의 상호관계에 따라 이들을 조화 있게 잘 연결·배치시키면 평면이 나온다. 이때 각 단위공간의 규모산출은 사용자의 생리적, 심리적 측면을 고려하여 합리적으로 설정하고, 위치 또한 일조, 통풍 등 환경조건에 적합하도록 배치해야 한다.

평면계획은 종합적인 계획이기 때문에 항상 유동적이고 또한 변경이 뒤따르기 마련이므로 여러 가지 가능성을 연구하여 그 장단점을 비교·검토한 후 최종적인 안을 결정하는 것이 좋다. 따라서 경제력이나 권력, 권위의식 등에 좌우되어서는 안 되며 공간의 기능적인 면에 역점을 두고 계획이 이루어져야 한다.

주택의 평면계획은 주택설계의 기본이 되는 것으로 다음과 같은 점을 고려하여 계획하는 것이 바람직하다.

- 가족구성원의 생활(양식, 행위, 패턴 등)을 기초로 건축물의 수준 파악
- 충당할 수 있는 예산범위에 따른 건축할 수 있는 범위 결정
- 가족구성원의 직업, 취미, 가족 수, 연령 등을 고려한 소요실 결정
- 주생활 양식의 결정
- 식침분리와 취침분리 등 주택수준 결정

특히, 주택의 평면양식(type)을 결정하기 위해서는, 특히 주생활 양식의 결정이 중요하다. 예를 들면, 좌식이냐 입식이냐 하는 문제인데, 가족구성원 각자의 생활습관, 경제적 수준, 가족구성원의 활동성 그리고 주택의 규모를 고려하는 것이 바람직하다.

### 7-2-1 생활공간과 평면구성 요소

주택은 인간이 살기 위한 생활공간이므로 그곳에 사는 사람들의 생활에 알맞아야 한다. 따라서 건축주를 비롯한 가족구성원들이 현재 어떠한 생활을 하고 있으며, 어떠한 생활을 원하고 있으며, 장차 어떠한 생활을 할 것인가에 대한 문제까지 예측한 후 생활의 요구에 응할 수 있는 공간의 창조를 항상 목표로 하여 계획에 임하여야 한다. 그에 대한 전제로서는 주생활을 과학적으로 관찰, 분석하는 것이 무엇보다 중요하다.

주택은 작은 건축이면서도 그 시대의 생활상을, 그리고 가족이나 개인의 생활을 반영하는 건축이라는 점에서 많은 사람들이 주택 및 주생활을 사회·과학적으로 분석하고 있다.

주택은 취침, 휴식, 식사, 공부, 단란, 접객, 조리, 세탁, 목욕, 배설 등 여러 가지 생활행위에 대응하는 침실, 식사실, 서재, 거실, 응접실, 부엌, 다용도실, 욕실 등의 생활공간으로 분화·구성되며, 이와 같이 분화된 생활공간들은 또한 그 공간의 성격에 따라 공간 내에서 행해지는 여러 가지 행위에 필요한 장소들의 결합에 의해 구성된다. 예를 들면, 침실의 경우, 잠을 자는 장소, 공부를 하는 장소, 수납을 위한 가구를 놓는 장소, 탈의를 위한 장소 등에 의해 하나의 침실공간이 구성된다. 이와 같이 생활공간의 내부를 구성하는 요소들을 우리는 평면구성 요소라 한다.

한편, 각종 생활행위는

- 시간적으로 병행해서 행해지거나(예: 식사준비, 청소, 목욕준비, 정리정돈 등),
- 연속적으로 행해지거나(예: 조리→ 배선→ 식사→ 뒷설거지 등),
- 독립적으로 행해지는(예: 취침, 공부 등) 경우가 있다.

따라서 평면구성 요소도

- 서로 접하거나(예: Dining Kitchen = 부엌 + 식사실),
- 합하거나(예: Living Dining = 거실 + 식사실),
- 독립하여(예: 침실) 하나의 생활공간을 형성하게 된다.

특히 소규모 주택에서는 상호 관련성 있는 평면구성 요소들을 접하거나 합해서 하나의 생활공간을 구성하는 것도 좋은 방법이 될 수 있다.

**표 7-1** 주택의 생활공간과 평면구성 요소

| 생활내용 | 각종 생활행위 | | | 생활공간 | 평면구성 요소 |
|---|---|---|---|---|---|
| 노동 | 가사 | 취사 | 조리, 배선, 설거지 | 부엌 | · 작업대의 설치와 조리작업을 위한 장소<br>· 배선대의 설치와 배선작업을 위한 장소<br>· 설거지 장소<br>· 식품, 식기 및 조리기구류의 수납장소 |
| | | 세탁, 재봉 | | 가사실 | · 세탁기의 설치 및 세탁을 위한 장소<br>· 재봉틀의 설치와 재봉을 위한 장소<br>· 세탁물, 재봉용품 등의 수납장소 |
| | | 육아, 청소 | | 다용도실 | · 작업대의 설치와 작업을 위한 장소<br>· 각종 물품의 수납장소 |
| | 공부연구 | 주인의 직업활동 | | 서재 | · 책상, 의자, 책장의 설치장소<br>· 접객용 가구의 설치장소<br>· 작업 및 활동장소 |
| | | 자녀의 공부 | | 자녀실 | · 책상, 의자, 책장의 설치장소<br>· 침구, 의류 등의 수납장소<br>· 공부, 단란, 취침장소 |
| 휴양 | 취침 | | | 부부침실 | · 침대, 화장대, 옷장 등의 설치장소<br>· 탈의를 위한 장소<br>· 각종 물품의 수납장소 |
| | | | | 노인실 | · 취침 및 휴식을 위한 장소<br>· 각종 물품의 수납장소 |
| | | | | 자녀실 | · 공부, 취침 및 휴식을 위한 장소<br>· 각종 물품의 수납장소 |
| 여가 | 단란 | | | 거실 | · T.V, 음향기구 등 오락기구의 설치장소<br>· 소파, 테이블 등 담소용 가구의 설치장소<br>· 장식용 선반 및 각종 물품의 수납장소 |
| | 식사 | | | 식사실 | · 식탁의 설치와 식사를 위한 장소<br>· 식기 등 수납장소 |
| | 세면·목욕·배설, 기타 | | | 욕실 변소 | · 양변기, 욕조, 세면기의 설치장소<br>· 목욕 등의 활동을 위한 장소 |

## 7-2-2 주거공간의 기능분화

주택 내에서 행해지는 많은 생활행위들은 개인적 행위, 사회적 행위, 그리고 노동적 행위로 구분된다. 개인적 행위에는 취침, 휴식, 공부, 놀이, 취미활동, 목욕, 배설 등이 있고, 사회적 행위에는 식사, 단란, 접객 등이 있으며, 노동적 행위에는 조리, 청소, 세탁, 다림질, 재봉, 수납, 아이 돌보기 등이 해당된다.

이와 같은 생활행위가 하나의 생활공간 내에서 하나의 생활행위만 행해지는 경우가 있으며, 또는 두 개의 생활행위가 동시에, 또는 연속적으로 행해지는 경우도 있다. 따라서 각 공간 간의 배치를 결정해 나갈 때 각 생활공간을 기능별로 분화해 나가야 하는 경우와 통합시켜야 하는 경우가 생기게 된다. 생활공간의 분화나 통합은 주택의 규모, 가족구성, 생활양식, 경제력, 생활요구 등에 의해 크게 영향을 받게 된다. 소규모 주택일수록 통합시키는 것이 좋다.

기능분화에 있어서 가장 중요한 것은 개실의 확립이며 이를 위해서는 최소한 식침분리가, 이상적으로는 취침분리의 확립이 요구된다.

주택계획에 있어서 주택의 생활공간을 기능별로 분화하거나, 통합하는 데 사용되는 지표로는 다음과 같은 방법 등이 검토될 수 있다.

- 취침공간, 단란공간, 식사공간, 접객공간, 가사작업 공간, 설비공간, 수납공간 등으로 구분하여 생각해 보는 방법.
- 취침공간과 식사공간을 완전히 분리하는 방법.
- 개인의 침실을 확보하여 개인의 프라이버시를 확보해주는 방법.
- 접객공간을 거실과 통합시켜 가족중심 공간으로 유도하는 방법.
- 가사작업 공간은 유기적으로 상호 연결토록 하고 거실, 식사실 등과도 연결시켜 작업의 능률을 높이도록 하는 방법 등이 있다.

## 7-2-3 주거공간의 구분

### (1) 기능에 따른 분류

#### 1) 개인권(사적 공간, private space)

개인권이란, 가족 각 개인의 사생활을 위한 공간으로서 누구에게도 간섭이나 방해를 받지 않고 자기 혼자만의 수면과 휴식, 안정, 공부, 사색 등을 자유로이

행할 수 있는 장소다. 따라서 무엇보다도 독립성이 확보되어야만 하는 공간이라 하겠으며, 침실, 서재, 침실부속 욕실 등이 여기에 속한다.

개인의 프라이버시가 요구되는 공간이며, 개인의 취미, 개성에 맞도록 계획함이 필요하다. 갱의, 물건정리와 저장을 위한 반침 등 수납공간이 부속되어야 하며, 화장실, 욕실 등과의 연관성이 좋아야 한다. 규모가 큰 주택의 경우에는 침실을 군(群)으로 형성시켜 공적 공간과 구분·배치하는 것이 필요하다.

### 2) 사회권(공적 공간, public space)

사회권이란, 주택 내에서의 사회적인 생활장소로서 가족들의 단란, 휴식, 사교, 접객, 오락, 식사 등에 이용되는 가족들의 공용(共用) 공간이다. 따라서 독립성보다는 개방성이 요구되는 공간이라 하겠으며, 거실, 식사실, 응접실, 현관 등이 여기에 속한다.

가문의 전통, 사회적 지위, 교양, 취미 등의 영향을 많이 받는 공간이므로 주택계획 시 주택의 특색을 나타낼 수 있는 곳이다. 따라서 시각적으로 공간의 넓은 기분과 유동적인 느낌을 갖게 하면서도 가족의 활동을 가장 효율적으로 구분하여 사용할 수 있게 만들어야 한다. 이를 위해 공간이 클 경우에는 거실이나 식사실의 바닥높이에 단차(3단 이상의 차가 바람직)를 두거나, 천장의 높이에 변화를 주어 구역을 구분하는 것도 한 방법이다. 또한 일반적으로 공적 공간의 외부에는 테라스나 발코니 등을 설치하여 정원과 같은 외부공간과의 유기적, 시각적 연결을 갖도록 계획함이 필요하다.

### 3) 노동권(가사노동 공간, working space)

노동권이란, 가사의 관리와 지원을 위해 필요한 공간으로 조리, 세탁, 재봉, 수장 등의 활동을 하게 되며, 주로 주부가 가사노동을 하는 공간이다. 따라서 위생적인 면, 능률적인 면이 중시되는 공간이므로 동선계획이나 설비계획 등에 특히 유의하여야 한다. 부엌, 가사실, 세탁실, 욕실, 변소, 창고, 보일러실 등이 여기에 속한다.

이 공간은 주택평면의 중앙부에 위치하여 각 방에서의 동선관계가 좋게 하는 것이 가족의 주생활활동에도 편리할 뿐 아니라 각종 설비의 배관, 배선 및 유지·관리 등에서도 경제적이어서 좋다.

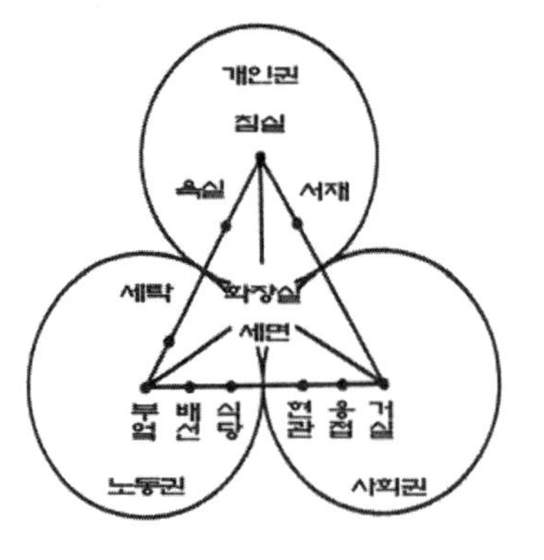


▮그림 7-13▮ 주거공간의 기능별 분류

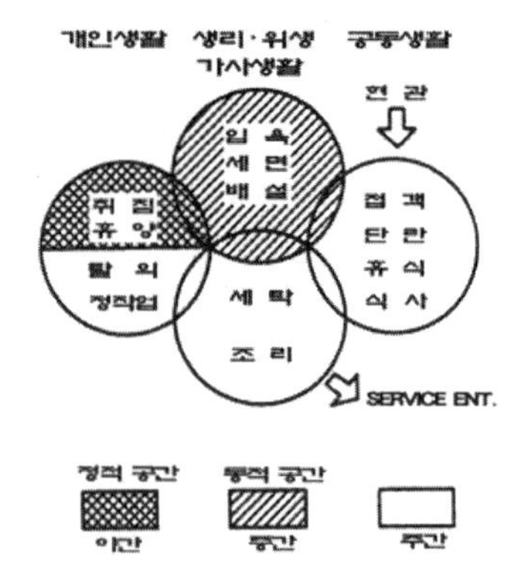


▮그림 7-14▮ 주거공간의 구성도

## (2) 공간성격에 따른 분류

### 1) 정적 공간(static space)

정숙한 분위기를 필요로 하는 공간으로서 완전한 독립성이 요구되며, 특히 동적 공간과는 완전분리가 바람직하다. 개인침실, 서재 등이 여기에 속하며, 기능별 분류에서의 개인권과 사용시간별 분류에서의 야간공간이 주로 여기에 해당된다.

### 2) 동적 공간(dynamic space)

활동적인 공간이므로 능률성이 매우 중요시되는 공간이다. 따라서 정적 공간과는 정반대의 성격을 갖는 공간으로서 독립성보다는 개방성이 요구되는 공간이다. 거실, 식사실, 부엌, 다용도실, 욕실, 현관 등이 여기에 속하며, 기능별 분류에서의 사회권, 노동권과 사용시간별 분류에서의 주간공간이 주로 여기에 해당된다.

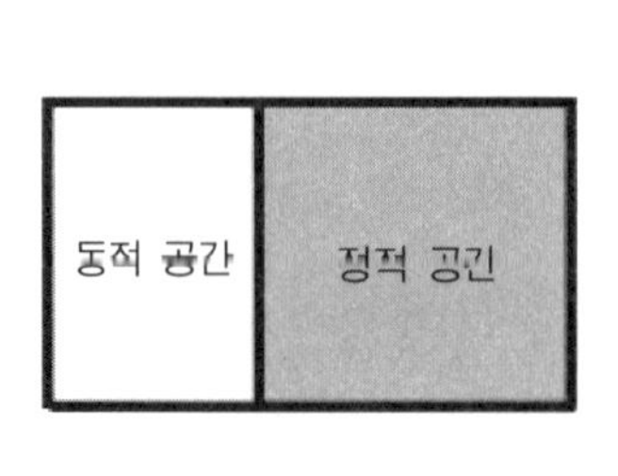


정적 공간
동적 공간

평면적 분리　　입체적 분리

▮그림 7-15▮ 주거공간의 공간성격별 분리

### (3) 사용시간에 따른 분류

#### 1) 주간공간(daytime space)

공간활용에 있어 시간별 행동유형을 조사하여 종합·분석해보면 주간에 주로 사용되는 공간으로 거실, 식사실, 부엌 등이 여기에 속한다.

#### 2) 야간공간(nighttime space)

야간에 주로 사용되는 공간인 부부침실, 아동침실, 노인실 등이 여기에 속한다.

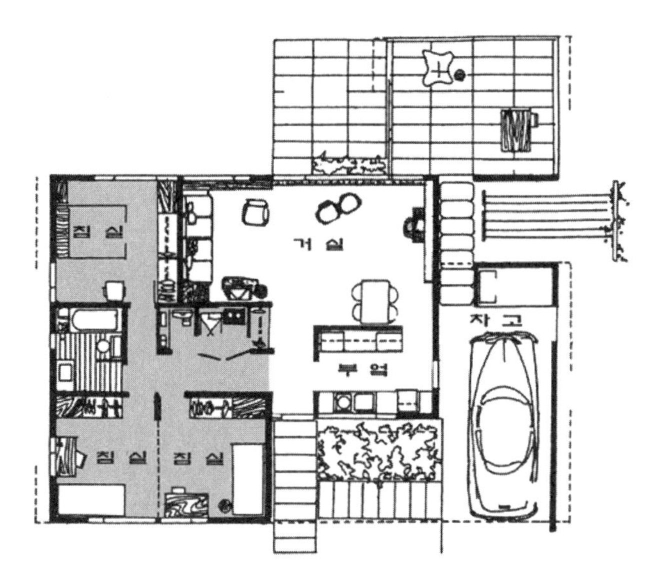


▌그림 7-16▌ 정적 공간과 동적 공간을 분리시킨 주택평면 예(1)

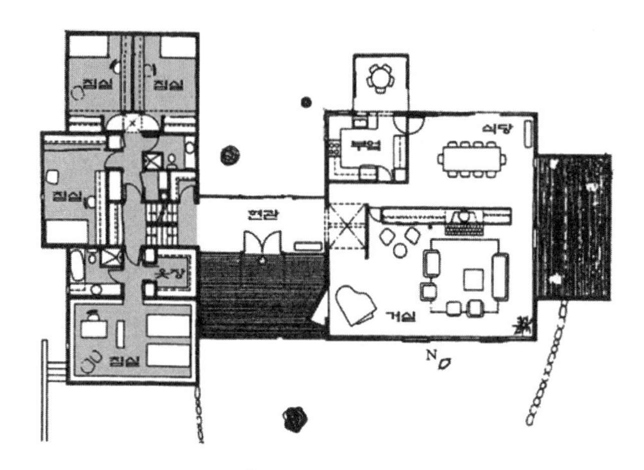


▌그림 7-17▌ 정적 공간과 동적 공간을 분리시킨 주택평면 예(2)

### 7-2-4 평면계획의 구체적인 방침

평면계획 시 고려해야 할 구체적인 방침을 열거하면 다음과 같다.

- 건물 및 각 공간의 향은 일조, 통풍, 소음, 조망, 도로와의 관계, 그리고 인접 주택에 대한 프라이버시 등을 잘 고려해서 결정한다.
- 각 공간의 상호관계는 관계가 깊은 것은 인접시키고, 상반되는 성질의 것은 격리시킨다.
- 침실은 독립성을 확보하고 타공간의 통로가 되지 않게 하며, 거실, 식사실 등은 통로로 이용해도 좋으나 이용되는 면적은 가급적 줄인다.
- 부엌, 욕실, 세탁실 등 배관설비를 필요로 하는 공간은 가능한 한 집중 배치 시키며, 부엌에서는 직접 밖으로 나갈 수 있도록 계획한다.
- 평면형은 너무 복잡하지 않도록 하되 공간의 이용률을 높이는 방향으로 하며, 대지의 이용률 또한 최대한 높이도록 한다.
- 내부공간과 외부공간을 유기적으로 결합시켜 생활을 윤택하게 하며, 설비나 가구류의 배치장소를 계획 시부터 고려한다.

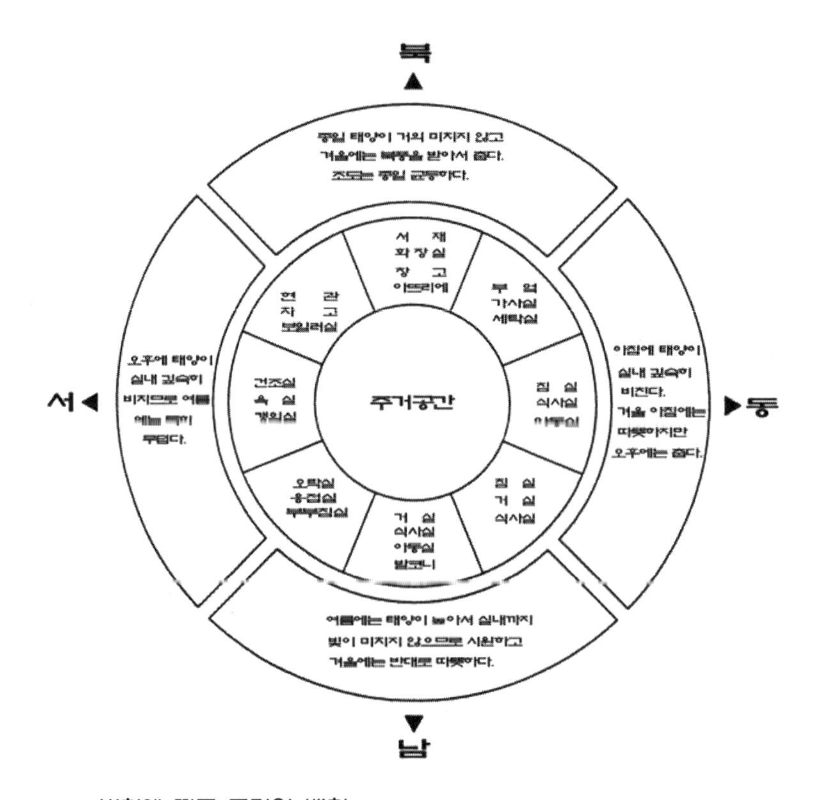


▮그림 7-18▮ 방향에 따른 공간의 배치

제8장

# 세부공간 계획

주택의 각 공간을 기능에 따라 공동생활 공간, 개인생활 공간 그리고 가사 및 부수공간으로 분류하고 각 공간을 구성하고 있는 주요 실별로 개념, 기능, 위치, 규모, 형태 그리고 내부계획 등의 측면에서 기술하였다.

## 8-1 공동생활 공간

### 8-1-1 거실

우리나라의 전통주택에서는 거실(living room)이란 명칭을 가진 실은 없었으며, 대청(大廳)과는 기능적으로 크게 다른 공간이다. 서구의 영향으로 가족관계가 변화하고 새로운 주생활방식을 형성함에 따라 개인의 프라이버시를 위한 개실의 요구와 가족 전체의 공동생활을 위한 거실의 존재 필요성이 나타나게 되었다. 거실이란 명칭은 1930년대 이후 근대건축 교육을 받은 건축가들에 의해 사용되어 오다가 근래 아파트의 보급과 함께 정착되기 시작하여 오늘날의 주택에서는 가장 중요한 공간으로 자리 잡고 있다.

이러한 거실은 한마디로 말해 가족공용의 공간, 주택 내에서의 공적인 공간, 그리고 가족생활의 중심이 되는 공간으로서 주생활의 핵(核)이며, 구심체가 되는 공간이다. 광의로 해석하면 가족 각 개인의 침실에서 행해지는 개인적인 생활 이외의 모든 생활이 거실에서 행해진다고 해도 과언이 아니다.

그러나 거실은 주택 내에서 가족 전체의 공동생활을 위한 공간이나, 주택계획 시 가족구성원의 요구를 모두 반영하는 것은 쉽지 않으므로 각자의 요구를 최대 공약수적으로 만족시킬 수 있는 공간으로 계획해야 하며, 가족구성원의 변화나 사회, 경제적인 여건변화에 따라 적응할 수 있는 가능성과 탄력성을 가진 융통성 있는 공간으로 계획해야 한다.

### (1) 기능

거실의 기능은 거주자의 생활방식이나 주거공간의 용도분화의 정도에 따라 달라질 수 있으나 대체로 거실에서 행해지는 생활행위로는 가족단란, 휴식, 사교, 접객, 독서, 식사, 어린이놀이, 가사작업 등으로 세분할 수 있다.

#### 1) 단란의 장소

거실은 가족 전체의 단란을 위한 장소이므로 각 공간로부터의 동선이 잘 고려되어야 한다. 일반적으로 거실은 소파가 설치되어 있는 양실(洋室)을 생각하게 되나 가족 전체의 모이는 장소이면 되므로 양실이든, 한실(韓室)이든 상관은 없다.

#### 2) 휴식의 장소

가족이 편안하게 휴식을 취하는 장소이므로 각자가 편안한 자세로 휴식을 취할 수 있는 배려가 있어야 한다. 이를 위해서는 기성 응접 세트의 고정적인 배치보다는 가족구성원 각자가 자기 나름대로 편안하게 휴식을 취할 수 있는 가구를 선택하고 이를 융통성 있게 활용할 수 있도록 배치한다.

#### 3) 오락의 장소

가족들의 단란과 동시에 TV 시청, 음악감상 및 연주, 게임 등 가족들의 오락이 행해지는 장소다. 따라서 가족 전체의 기호에 따라 특별한 기능이 강조되어야 할 경우에는 이에 알맞은 계획이 필요하다. 특히 밤에 TV를 중심으로 가족들이 모여 TV를 보는 것이 우리나라 가족의 전형적인 모습이라 할 수 있다. TV 시청, 음악감상 그리고 가구배치를 위한 공간의 크기는 그림 8-1과 같다.

#### 4) 개인행위의 장소

독서(신문, 잡지, 서적 등), 꽃꽂이, 뜨개질, 공작 등 가족 각자의 개인적인 행위가 행해지는 장소이므로 잡지꽂이, 책장, 편물바구니, 선반 등 제반시설이 필요하나 이로 인하여 거실 전체의 분위기가 깨뜨려지지 않게 고려해야 한다.

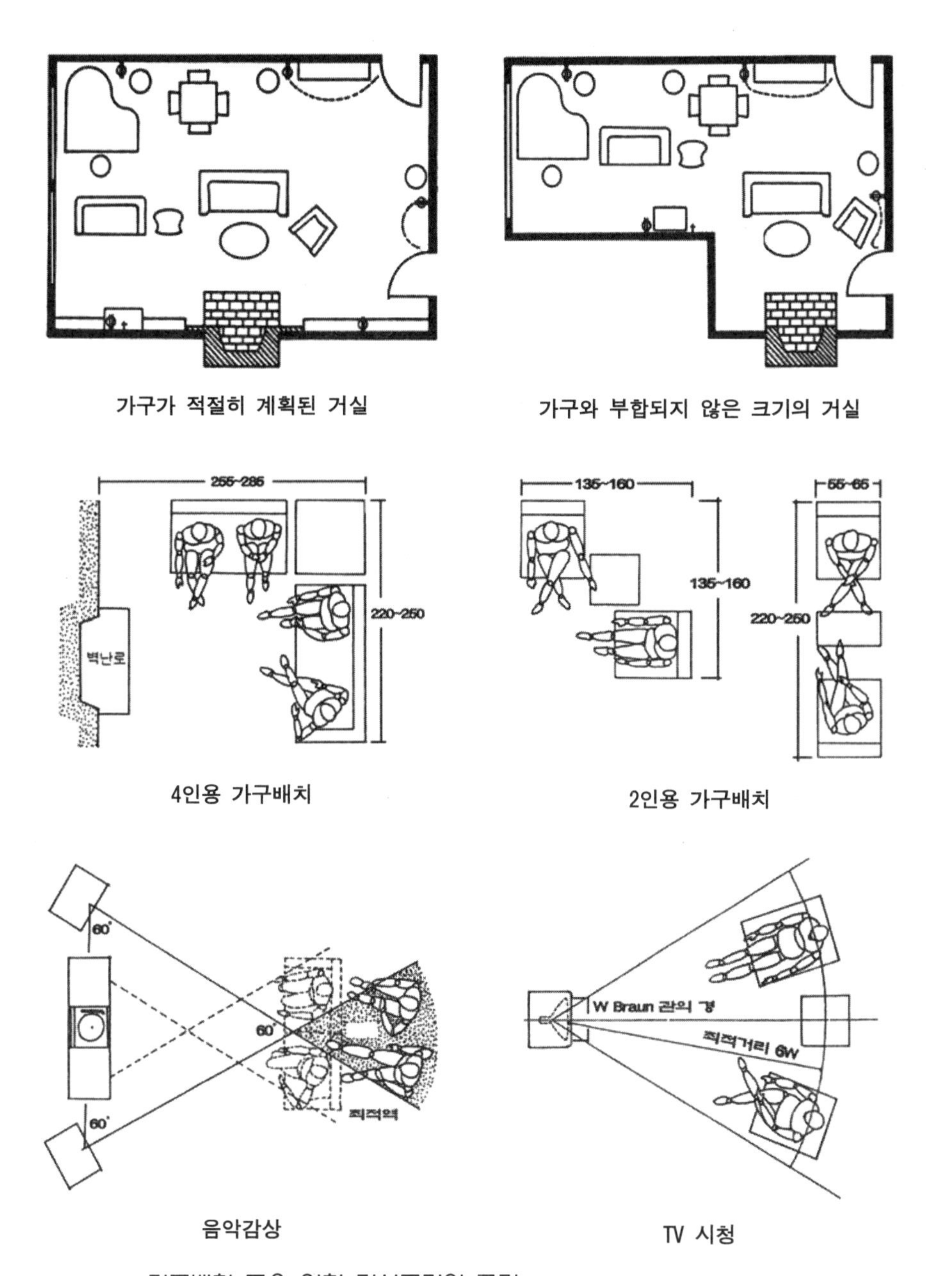


**▌그림 8-1▌** 가구배치 등을 위한 거실공간의 크기

### 5) 어린이놀이의 장소

유아의 경우는 대부분의 생활이 주부와 더불어 행해지므로 거실이 놀이의 장소로 이용되는 경우가 많다. 따라서 마감재료 선정 시 넘어져도 다치지 않고, 또한 더럽혀지지 않는 바닥재료를 선택하는 등 이에 대응한 고려가 필요하다.

### 6) 접객의 장소

접객에 대한 태도변화에 따라 새로운 접객의 장소로 이용되고 있다. 전통적인 주택에서는 접객위주의 사고방식에 의해 손님방, 응접실 등이 중요시되어 왔으나 이러한 용도의 공간을 주택 내에 들여놓는 것은 개실의 독립성을 침해하는 결과를 초래하므로 특수한 경우에만 별도의 응접실을 설치하고 있다. 따라서 이제는 새로 확립된 거실공간 안에서의 접대, 즉 가족중심 안에서의 융화가 오히려 진지한 손님접대를 한 것으로 생각되고 있다.

## (2) 위치

거실의 위치는 침실, 현관, 계단, 부엌, 식사실 등 주택 내 각 공간과의 배치상의 균형을 고려하여야 하나 거실의 기능이나 성격상 소규모 주택인 경우에는 특히 주택 내 중심적인 위치에 놓여져야 한다. 거실이 갖고 있는 응접의 기능을 고려하여 도로와 근접시키거나 가급적 현관과 가까운 곳에 위치하되 현관이 거실과 직접 면하는 것은 피해야 한다. 또한 내・외부 공간의 유기적, 시각적인 연결을 도모하여 정원을 거실의 연장으로 이용할 수 있도록 위치를 결정해야 한다.

방위상으로는 일조 및 채광을 충분히 확보하기 위해 가능한 우리나라의 기후조건을 고려하여 볼 때 정남향이 가장 이상적이나 남동, 남서쪽에 면하는 것도 무방하다.

한편 거실과 타실과의 위치관계를 침실, 현관, 계단, 정원 등을 중심으로 보다 구체적으로 살펴보면 다음과 같다.

### 1) 침실과의 관계

거실과 침실은 동적 공간과 정적 공간이라는 상반되는 성격을 가진 두 개의 공간으로서 서로 간에 완전한 독립성을 가지고 있음과 동시에 또한 항상 유기적으로 결합하여 주거로서의 일체화를 도모해야 한다. 평면계획상 거실과 침실과의 위치관계는 다음과 같은 3가지 형태로 구분할 수 있다.

① 거실이 중앙에 위치한 경우

거실이 중앙에 위치할 경우 침실은 양쪽으로 갈라져 위치하게 되므로 침실의 독립성은 희박해 진다. 이 경우 거실의 양쪽에 침실로 들어가는 출입구가 설치되고, 부엌 등의 가사공간은 북쪽에 위치하는 예가 많다. 동선처리와 경제적인 면에서 유리한 장점이 있으나, 거실의 개방면이 남쪽 한 곳이므로 통풍 및 채광 등이 불충분하며, 거실이 각 공간의 교통로로 이용되는 경향이 있어 거실의 안정성을 해치게 되어 휴식 및 단란의 분위기 조성이 곤란하다는 단점이 있다. 또한 북쪽에 위치하게 될 부엌과 같은 작업부분은 여유 있는 면적을 가지기 힘들어 협소한 공간이 되고 만다. 일반적으로 그 동안 많이 사용되어온 형태로서 소규모 주택에 적합하다.

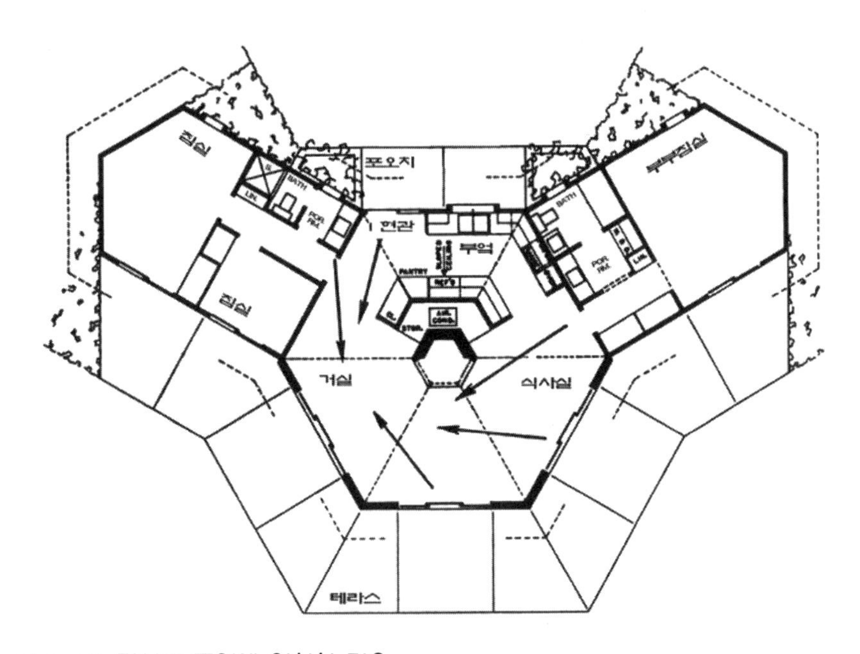


▌그림 8-2▌ 거실이 중앙에 위치한 경우

② 거실이 한쪽으로 치우쳐 위치한 경우

침실을 군(群)으로 형성하여 한곳에 집중하여 배치할 경우 거실은 그 반대편에 배치된다.

장점으로는 거실이 2방향 이상으로 개방되어 통풍 및 쾌적한 분위기 조성이 가능하며, 정적 공간과 동적 공간의 분리가 비교적 정확히 이루어지므로 거실의 공적인 성격을 유효하게 활용하는 것이 가능하고 방문객이 있을 경우에도 침실의 프라이버시가 지켜질 수 있다. 또한 부엌을 포함한 다른 침실과의 관계 또한 비교적 원만하다. 단점은 침실의 방향성과 통풍상 불리하고, 교통을 위한 통로면적이 증대하며, 침실이 많은 경우에는 거실, 화장실, 욕실 등과의 동선처리에 문제가 발생한다.

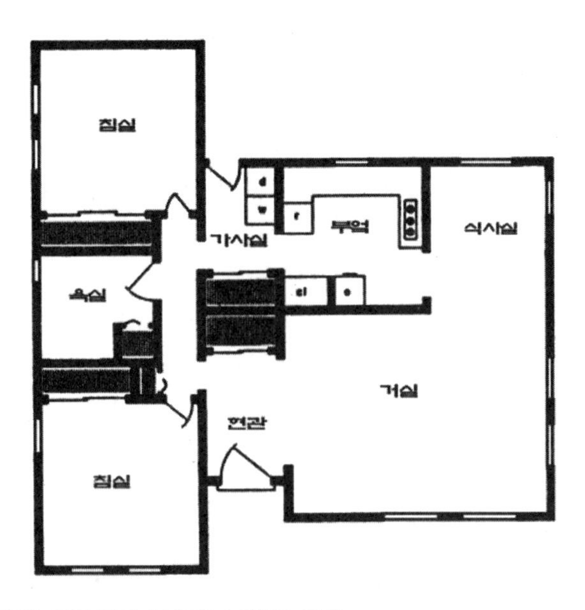


▌그림 8-3▌ 거실이 한쪽으로 치우쳐 위치한 경우

③ 거실이 층으로 구분되어 위치한 경우

구미에서 일반적으로 나타나고 있는 예로서 계단에 의해 정적 공간과 동적 공간을 층으로 구분하여 배치하는 형태다. 1층에는 거실과 식사실 등을 중심으로 한 동적 공간을, 2층에는 침실 등 정적 공간을 배치하는 경우가 일반적이다. 경우에 따라서는 가파른 언덕에 위치한 대지에서 펼쳐진 전망을 위해 3층으로 높게 건축된 주택에서도 1층에는 거실이, 2층에는 가족실, 식사실, 부엌 등이, 3층에는 침실 및 서재 등이 배치되기도 한다.

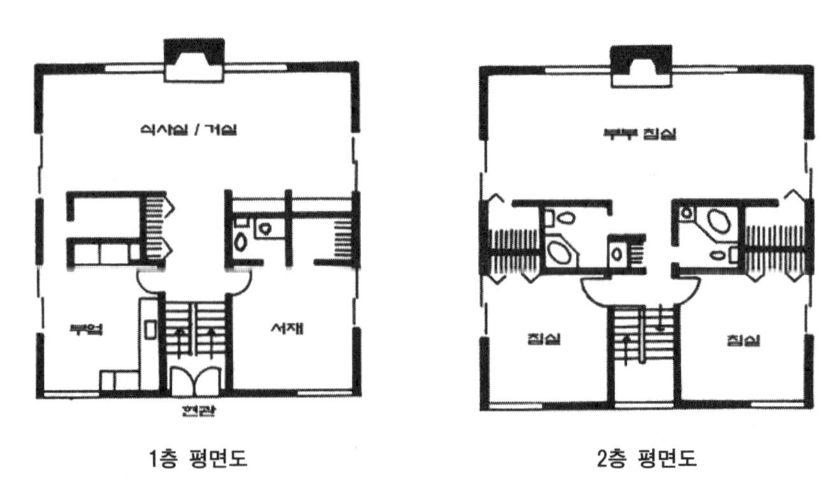


▌그림 8-4▌ 거실을 층으로 구분하여 위치한 경우

장점으로는 거실과 침실 등 성격이 다른 공간을 분리·배치함으로써 각 기능을 충분히 충족시킬 수 있다는 점이다. 단점은 소규모 주택에서는 통로면적의 증대로 인해 채용하기 어려우며, 계단의 위치나 욕실, 현관과의 관계 등을 잘 고려하여 계획하지 않으면 불편을 줄 수 있다. 이 경우 욕실을 한 곳에만 설치할 경우에는 침실이 위치한 2층에 설치하는 것이 좋다.

### 2) 현관과의 관계

현관의 위치는 주택평면 결정을 좌우하며, 특히 거실의 위치선정에 중요한 요소가 되는 등 밀접한 관계가 있으므로 인접시켜 배치한다. 거실과 현관, 침실과 현관의 연결을 합리화하되, 일반적으로 현관의 위치는 도로상태와 대지의 형태에 따라 결정되지만 후면부보다는 전면부가 선호된다. 다만, 현관을 거실과 침실과의 중간적인 위치에 두는 것이 동선적인 면에서 유리하다. 현관을 남쪽에 두는 경우에는 현관을 밝고 개방적인 분위기로 조성하는 것이 가능하나, 소규모 주택의 경우에는 거실과 침실의 면적이 줄어들 가능성이 있다.

### 3) 계단과의 관계

2층 이상의 주택에서는 계단의 위치가 거실의 위치결정에 중요한 역할을 한다. 현관에서 홀이나 복도 등을 통해 계단으로 이어지고 여기서 다시 2층 이상에 배치된 공간으로 동선이 연결된다. 이 동선은 거실공간을 침해해서는 안 되나, 개방적인 분위기를 갖는 거실에서는 계단을 거실 디자인의 하나의 포인트로 보고 배치해도 좋다.

### 4) 정원과의 관계

거실은 외부로 크게 개방하여 옥외로의 연장을 꾀할 경우 외부공간으로 연속되어 짐으로써 단란의 공간이라는 거실 본래의 기능충족에 접근할 수 있다. 거실에서 테라스, 정원으로의 시각적, 유기적 연결은 한정된 공간에서 무한의 공간으로, 내부공간에서 외부공간으로와 같이 제한된 공간에서 매우 효과적인 계획방법이다. 여기서 테라스는 실내와 옥외를 직결시켜주는 완충지대로서 거실이 가지는 성격을 더욱 높여주고 있다. 이 경우, 테라스와 정원의 높이차가 많지 않은 것이 바람직하다.

### (3) 규모 및 형태

#### 1) 규모

거실의 규모는 식사실, 부엌, 가사실 등 타공간과의 연결방법이나 공간의 전용성 등에서 차이가 있으므로 일정한 적정수치로 규정할 수는 없다. 실제로 설계할 때에는 가족 수, 가족구성, 경제적인 제약, 심리적인 요소, 손님의 방문빈도, 가구의 유무 및 배치방법, 가족의 생활 패턴이나 주생활양식, 주택 전체면적에 대한 비율 등을 고려하여 결정하여야 한다.

통계적으로 볼 때 주택 연면적의 20~25% 정도되는 거실이 많으나, 보통 1인당 바닥면적을 4~8㎡로 하고, 면적구성비로 볼 때 주택 연면적의 30% 정도로 계획하는 것이 적당하다. 양식거실의 경우 최소규모 로는 4×5.5m, 표준규모로는 5×6m, 큰 거실의 경우에는 6×8m 이상이 필요하나, 일반적으로 50㎡ 내외의 소규모 주택에서는 16.5㎡ 내외로, 100㎡ 내외의 주택에서는 20㎡ 내외로, 200㎡ 규모의 대규모 주택에서는 30㎡ 내외로 계획한다. 한편 물리적으로는 동일한 크기의 거실도 심리적으로는 전혀 다른 크기로 지각될 수 있다. 예를 들면, 작은 규모의 거실을 개방하여 식사실과 연결시키면 훨씬 넓고 시원하게 느낄 수 있다.

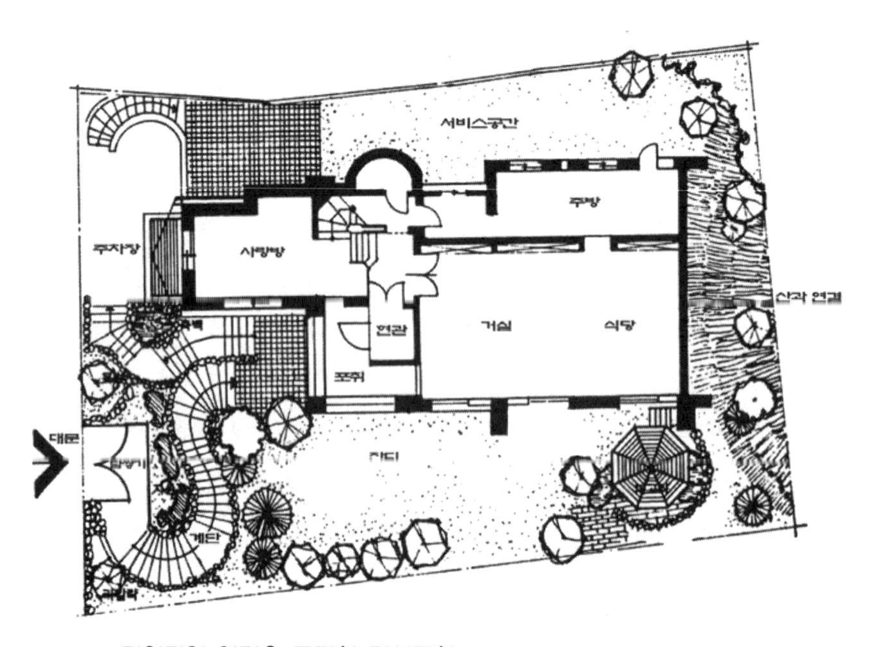


▮그림 8-5▮ 정원과의 연결을 고려한 거실계획

## 2) 형태

거실의 형태는 주택 전체의 계획이나 그 위치 등에 따라 다양해지나, 공간의 성격상 많은 가구를 필요로 하므로 가능한 필요한 가구를 효율적으로 배치할 수 있는 형태가 고려되어져야 한다.

연속된 긴 벽면은 책장, 음향기기, 응접세트 등의 가구를 배치하는 데 매우 효과적이며 출입문이나 창문 등의 위치는 가구배치를 고려하여 계획하여야 한다.

일반적으로 장방형이 정방형보다는 공간활용의 융통성이 크고, 효율적인 가구배치가 용이하다는 측면에서 유리한 형태다. 특히 넓지 않은 거실의 경우는 가구를 배치할 때 공간이 분할·이용되지 않도록 유의해야 한다.

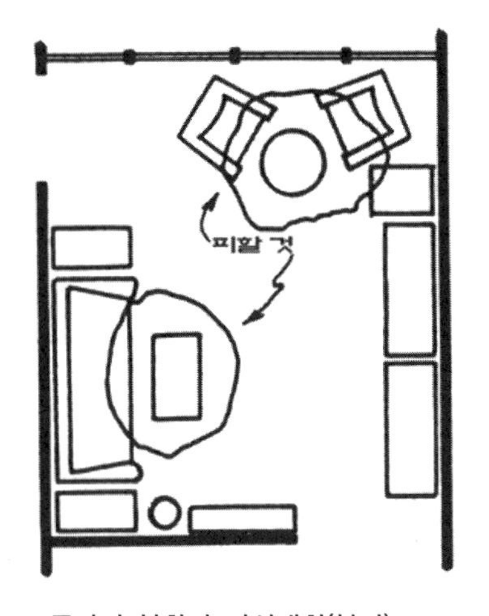


공간이 분할된 거실계획(불량)

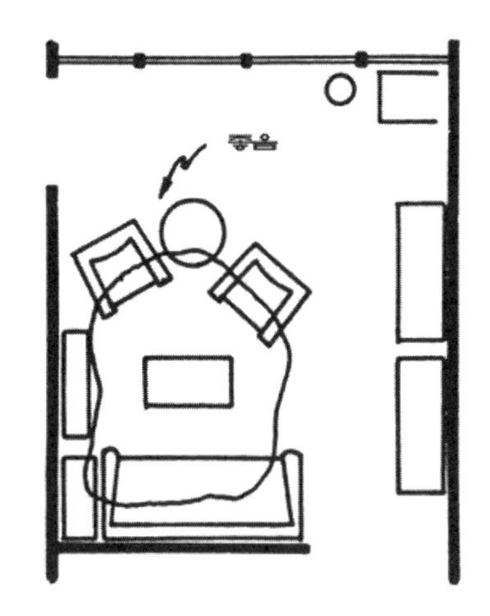


공간이 통합된 거실계획(양호)

▮그림 8-6▮ 거실의 공간분할

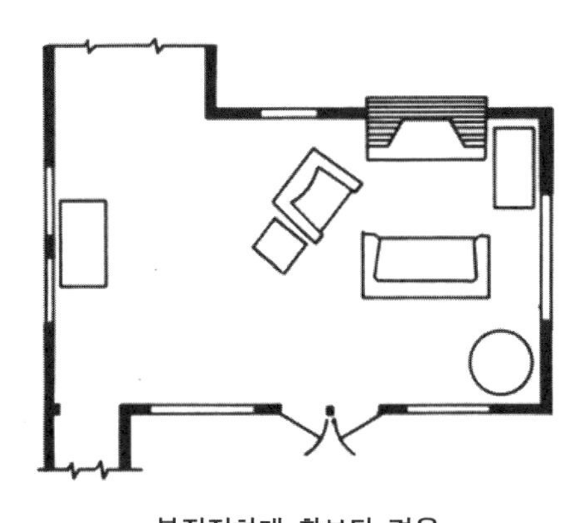

부적절하게 확보된 경우

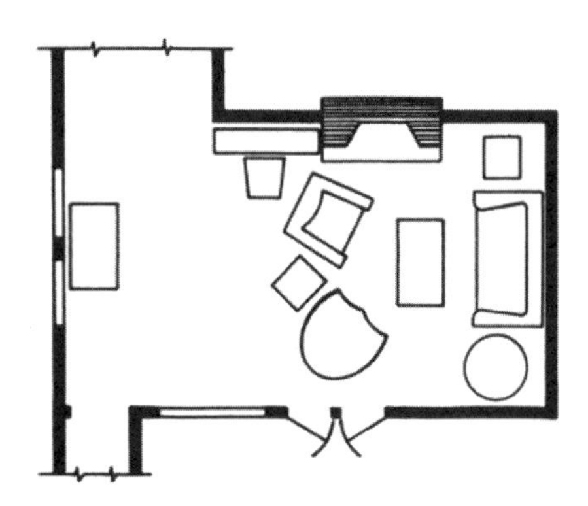

적절하게 확보된 경우

▮그림 8-7▮ 가구배치에 필요한 벽길이의 확보

### 8-1-2 응접실

응접실이란, 접객을 위한 공간이라고 할 수 있으며, 또한 그 가문의 권위를 나타내는 특별한 장소로도 인식되고 있는 공간이다.

전통주택에서는 사랑채가 주된 손님접대 공간의 역할을 수행해 왔으나, 서양문물의 도입에 따라 오늘날에는 응접실이라는 접객공간으로 그 모습이 변화되었다.

그러나 현대의 주택에서는 가족을 위한 주생활이 무엇보다 중요시되고, 손님을 가족의 중심공간인 거실에서 접대하는 새로운 경향으로 변화・발전하게 되어 손님을 위한 전용의 응접실을 계획할 필요성은 줄었으나, 직업상 내객의 빈도가 높고 특정한 응접공간이 없음으로 인해 가족의 생활에 불편을 초래하는 경우가 빈번한 가정에서는 전용의 응접실을 두는 것이 좋다. 이때의 응접공간은 현관 홀 부분에 간이 코너로서 독립시킬 수도 있으며, 주인의 서재가 별도로 있을 경우에는 서재를 사용하는 것도 무방하다.

직업상의 특별한 경우를 제외하고는 방문객의 내용도 친척이나 친지, 가족적인 교제를 위한 손님 등이므로 가족적인 분위기 속에서 접대하는 것이 이들에게 더욱 친밀감을 느끼게 해주며, 아울러 방문의 참뜻도 여기에 있으므로 격식을 갖춘 독립된 응접실은 대부분의 주택에서 필요가 없게 되었다. 또한 이렇게 하는 것이 간접적으로는 주부의 노력 및 시간절감, 그리고 주택의 면적 절감까지도 꾀할 수 있다.

위치는 전용의 응접실인 경우는 현관에서 가깝고, 가족들의 동선과 교차되지 않는 위치가 바람직하나, 거실겸용인 경우는 현관에 가깝게, 서재겸용일 경우는 주택 내에서 비교적 한정한 장소를 필요로 한다. 크기는 2.7×2.7m에서 3.6×4.5m까지가 일반적이다.

### 8-1-3 식사실

우리나라 전통주택에서는 식사와 취침이 동일한 공간에서 행해져 왔으나, 점차 주생활방식이 서구화되고 현대화됨에 따라 취침과 식사의 분리를 기본으로 하여 식사를 위한 별도의 공간이 마련되었다. 또한 식사의 방법도 좌식과 입식의 2가지로 나눌 수 있는데 주부의 작업능률을 생각할 때는 입식이 효과적이라 할 수 있다.

식사의 목적은 먹는다는 것과 즐긴다는 것으로 볼 수 있는데, 전자는 생명을 유지하기 위한 것이며, 후자는 가족 간의 유대감 및 일체감을 형성하는 데 중요한 역할을 하므로 인간생활의 큰 즐거움이며, 건전한 가정형성의 기본적인 요소이다. 이에 따라 식사실은 가족이 모여서 단란하게 식사하는 장소이지만 그밖에 가족들의 대화의 장소나 손님의 접대, 아동의 학습장소 등으로 이용되기도 하므로 제2의 거실역할을 한다고 할 수 있다.

이러한 식사행위는 인간관계에 있어 친화(親和)의 감정을 제공한다. 그러나 최근에는 사회생활 속의 사교적인 회식이나 손님접대 등이 주택 외에서 행해지는 경우가 일반적이므로 주택 내에서는 오로지 가족중심의 식사만을 위한 장소로 계획한다.

### (1) 기능

식사실(dining room)의 기능은 기본적으로는 다음 3가지 요소로 요약할 수 있으며, 기능을 강조하는 부분에 따라 식사실의 형이 결정된다.

- 가족 전체의 식사를 위한 장소 (→ 전용의 식사실)
- 식사준비 및 식사 서비스 등 가사노동의 장소 (→ 다이닝 키친)
- 가족 간의 담소, 접객 등을 위한 거실적인 장소 (→ 리빙 다이닝)

이 3가지 요소는 별도로 떨어져 있는 것이 아니라 서로 혼합되어 지속적으로 행해지며, 또한 식사 이외의 생활이 이 요소에 직결되어 접속되고 있다. 예를 들면, 주부의 가사노동은 조리, 세탁, 청소 기타 여러 가지 가사노동과 엉켜서 행해지며 가족 간의 대화나 접객 등의 요소도 거실적 요소와 직결된다. 따라서 식사실은 이 3가지 기능을 만족시키고 타공간과도 밀접한 관계를 가질 수 있는 위치, 규모, 그리고 설비를 갖추어야 한다.

### (2) 위치

식사실의 위치는 식사와 관계있는 공간과의 관계 및 실외공간과의 연결 등을 고려하여야 하나, 근본적으로는 부엌과 근접시키되 다음으로는 거실에 가깝게 하는 것이 좋다. 따라서 식사와 관계가 있는 공간의 한 코너에 공간을 마련하면 실질적으로 일하기 편리하고 면적도 적게 든다.

일반주택에서는 면적상 전용의 식사실을 둘 여유가 없고 또한 무리해서 두어도 기능상 조잡해질 우려가 많으므로 규모가 큰 저택이나 특별히 손님이 많은 경우 외에는 독립된 전용의 식사실을 계획할 필요가 없다

방위상으로는 단란이라는 측면에서 볼 때 거실과 같이 남향이나 동남향으로 배치하는 것이 좋으며, 다음과 같은 여러 가지 형식이 있을 수 있으므로 주택의 환경, 설비상태, 주택의 규모, 생활양식 등에 따라 결정한다.

### 1) 다이닝 키친(dining kitchen)

부엌의 한 부분에 식탁을 설치한 경우로 아파트 평면에서 가장 보편적으로 보이는 유형이다. 작업하는 사람의 노동과 시간을 최소로 절약하려는 데서 생긴 형식이다.

① 장점

바닥면적이 절약되며, 부엌 내 작업대와 식탁과의 거리가 짧은 관계로 동선이 단축되고 간결해지므로 주부의 가사노동이 절감된다. 또한 겨울철 조리 시 발생되는 여열(餘熱)로 실내가 따뜻해지므로 난방비가 적게 들어 경제적이다.

② 단점

조리작업 시 발생하는 열기나 냄새, 작업대 위의 식품 등이 눈에 띄어 기분이 좋지 않으며, 침착한 기분으로 식사를 즐길 수 없어 단란의 분위기가 희박해 진다. 따라서 이 형식은 연료, 급수, 환기설비 등을 완비하고, 식탁의 위치나 식기장의 배치 등을 잘 연구하면 사용상 편리한 형이다.

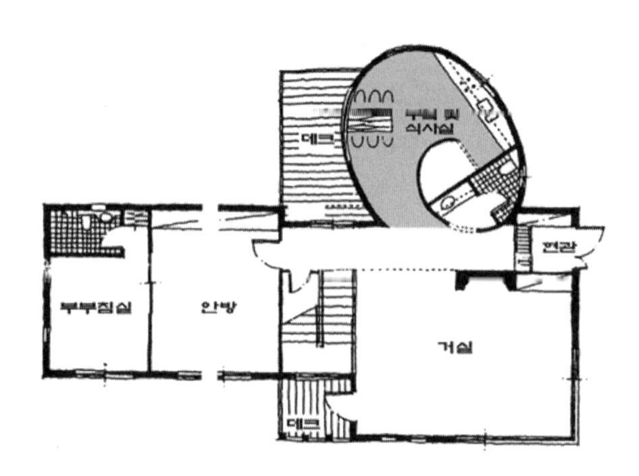


▌그림 8-8▌ 다이닝 키친으로 계획된 식사실

### 2) 리빙 다이닝(living dining)

거실의 한 부분에 식탁을 설치한 경우로 다이닝 키친의 결점해결을 위해 단란의 요소에 중점을 둔 형식이다. 미국의 중류 주택에서 많이 보여지며, 이와 유사한 형태로는 다이닝 알코브(dining alcove)가 있다.

① 장점

거실의 분위기 속에서 식사를 하면서 가족 간의 대화나 단란이 자연스럽게 이루어지기 때문에 식사의 분위기가 좋다. 특히 부엌 내부가 직접 눈에 안 보이며, 식사실과 거실의 기능에는 여러 가지 공통적인 분위기와 TV나 음향기기 등 거실의 기구들을 공동으로 이용할 수 있는 이점이 있다.

② 단점

부엌이나 가사실과 멀어질 우려가 있어 작업동선이 길어지며, 식사 중 손님이 방문할 경우 사용상 불편하다. 따라서 이 형식은 손님이 적은 가정에 적합하며, 작업동선과 잘 직결시켜 사용에 편리하게 배치해야 한다.

### 3) 리빙 키친(living kitchen)

리빙 다이닝 키친(living dining kitchen)이라고도 부르는 유형으로 거실, 부엌, 식사실을 하나의 공간으로 배치한 유형이다. 소규모 주택 및 아파트 등에서 많이 나타나는 형태로 가사노동을 절감하고, 고도의 식생활을 영위하려는 데 뜻이 있다. 이 유형은 앞의 다이닝 키친이나 리빙 다이닝과는 달리 식사실의 3가지 기능을 모두 만족시킬 수 있는 형식이다.

**▌그림 8-9▐ 리빙 키친으로 계획된 식사실**

① 장점

주부의 동선이 짧은 관계로 가사노동이 절감되며, 공간의 이용률이 극대화되므로 능률적이며, 단란한 분위기 속에서 식사를 할 수 있어 기능상으로는 가장 합리적인 형식이다.

② 단점

설비가 미약할 경우 냄새, 연기, 습기처리가 곤란하므로 다이닝 키친보다 부엌 부분의 설비를 더욱 고도화해야 한다. 조리에 필요한 식기류, 용기류의 정리에 신경을 쓰지 않으면 거실의 분위기가 흐트러질 우려가 있으며 마감재료를 거실과 동일하게 사용해야 한다. 또한 손님이 왔을 경우에 불편하다는 문제를 지니고 있으므로 이 형식은 고도의 설비 및 식생활의 개선이 선행되어져야 한다. 가족구성이 단순하거나 손님이 적은 가정, 경제적 여유가 있는 가정 등에서는 채택할 만한 형식이다.

### 4) 전용의 식사실을 두는 경우

이 유형은 독립형이라고도 하며, 대규모 의 주택에 적합한 형으로 식사실이 거실이나 부엌과는 완전히 독립된 유형을 의미한다. 전망이 좋은 곳에 배치가 가능함으로써 식사 및 식사실 분위기가 양호하다. 전용의 식사실을 두는 경우에는 보통 거실과 부엌 사이에 설치하는 것이 일반적이다.

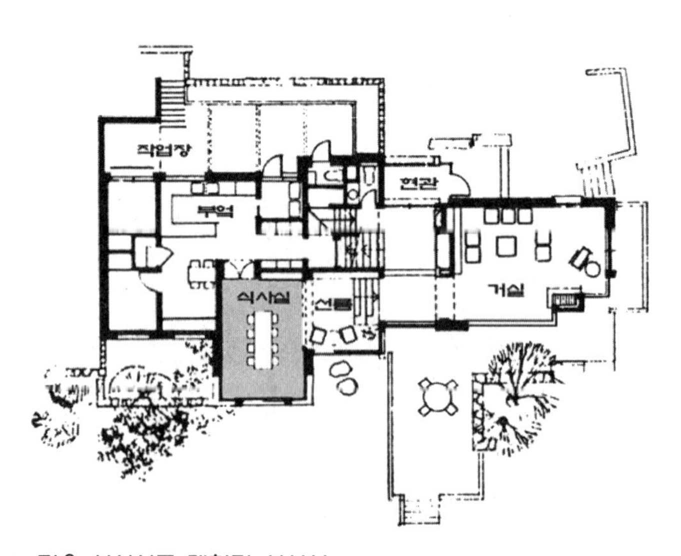


**그림 8-10** 전용 식사실로 계획된 식사실

식사실로서의 완전한 기능을 갖출 수 있으나 주부의 동선이 길어져 작업능률의 저하가 우려된다. 식사실이 대규모 인 경우 간단한 아침식사를 위해 부엌의 일부에 식탁을 설치한 형태인 블랙퍼스트 룸(breakfast room)이 설치되기도 한다.

#### 5) 옥외에 별도의 식사실을 두는 경우

날씨가 맑고 따뜻한 날에 이용될 수 있도록 옥외에 식사공간을 설치하는 것도 좋은 방법이다. 옥외 식사공간은 식사실 또는 거실 앞쪽에 바람을 맞고 햇볕을 잘 받는 곳에 둔다. 옥외에서 식사하는 관계로 내부 부엌이나 식사실과의 인접한 계획이 요구된다. 주로 정원이나 옥외경관이 조성된 테라스나 포치에 주로 설치되는 것으로서 다이닝 포치(dining porch), 다이닝 테라스(dining terrace) 등이 있다. 이 경우 테라스는 발코니와 같은 좁고 긴 형태는 지양하고 옥외식사를 할 수 있는 적당한 규모의 계획이 필요하다.

### (3) 규모 및 형태

식사실의 규모는 식사실의 유형에 따라 다르나, 일반적으로는 1인당 점유면적과 주택 전체평면에서의 위치를 고려하여 결정한다. 가족 수가 기본이 되며, 여기에 1~2인 정도의 손님을 고려하여 산정하는데, 가족 수에 따라 식탁의 크기, 의자 수, 수납장의 크기가 결정된다.

규모는 가족 수에 따른 식탁, 의자, 식기장 등을 둘 수 있는 면적과 식사행위 및 통행에 필요한 면적으로 결정되나 3인 가족의 경우 5.5㎡, 4인 가족의 경우 7.5㎡ 그리고 5인 가족의 경우 10.0㎡가 표준면적이다. 1인당 필요한 식탁의 크기는 길이는 60~70㎝, 폭은 40~50㎝ 정도다. 소규모 주택의 경우에는 식사실이 식사행위뿐만 아니라 단란, 접객 등 공동생활에도 이용되므로 최소한의 넓이에서 다소의 여유가 필요하다. 형태는 장방형이 가구배치나 공간이용 측면에서 유리하다.

### (4) 내부계획

#### 1) 조명

식사실의 조명은 공간 전체조명보다는 식탁 위의 조명에 중점을 두어야 한다. 즉, 사람이나 식기의 그림자가 나타나지 않는 위치인 식탁의 중앙부가 조명기구를 설치하는 장소다.

식사실은 조도보다는 분위기가 중요하므로 국부조명 방식에 가까운 조명기구, 즉 천장에 매달린 펜던트 조명(pendent light)을 사용하여 식탁부분만을 밝게 하여 식사분위기를 집중시키는 것이 좋으며, 이때 조명기구는 형광등보다는 백열등이나 할로겐램프 등을 사용하는 것이 식욕에 도움을 주므로 좋다.

▌그림 8-11▌ 식사실의 필요면적

#### 2) 마감재료

음식물을 다루는 곳이므로 밝은 재료를 사용하되 청결을 유지할 수 있는 재료를 선택해야 한다. 또한 식사실의 분위기가 좋아야 하므로 소박하고 단순한 형태를 취하되, 산뜻하며 온화한 느낌의 색조로 하는 것이 좋다.

## 8-1-4 출입구

출입구(entrance)는 주택의 내부와 외부를 연결해 주는 곳으로서 출입문과 출입문 밖의 포치, 그리고 출입문 안의 현관 홀 등으로 구성된다. 출입구는 설치목적에 따라 주출입구, 부엌 등에 설치하는 서비스 출입구, 거실이나 침실에서 테라스나 정원 등으로의 출입을 위해 설치하는 부출입구 등으로 구분할 수 있으나, 여기서는 주출입구인 현관을 중심으로 설명하기로 한다.

### (1) 현관의 기능

#### 1) 본질적인 기능

현관은 주택의 외부와 내부와의 동선적인 연결구로서 내・외부의 공간을 연결하는 준비공간이다. 즉, 사회적인 생활과 개인적인 생활의 접촉점, 동적인 공간과 정적인 공간의 접촉점, 거친 재료와 부드럽고 섬세한 재료의 접촉점이라는 데서 현관의 필요성은 나타나나 주택 전체를 생각할 때에는 중요한 공간이라고는 할 수가 없다. 따라서 협소한 주택에서는 무리해서 설치할 필요는 없는 공간이다.

그러나 현관은 그 집의 얼굴이며 주택의 외관을 결정하는 포인트의 하나로서 방문객이 주택과 거주자의 성격이나 마음가짐 등 첫인상을 결정짓는 공간이므로 개성적이고 밝은 분위기로 디자인하되 주택 전체와 조화를 이루도록 계획하여야 한다.

#### 2) 일반적인 기능

신발, 외투, 우산 등의 수납과 함께, 방문객을 맞아들이는 공간이다. 특히 신발을 벗어 놓는 장소를 겸한다는 점이 서구와 우리나라의 차이이다. 따라서 현관은 기능상 출입 및 청소가 용이하고, 밝고 적정한 크기를 가지며, 도적 및 강매상인 등에 대해 안전할 것이 요구된다.

### (2) 현관의 위치

현관은 대문이 있는 도로 측에 면하고 대문에 가깝게 위치하는 것이 출입에 편리하고 대지의 효율적인 이용으로 봐서도 유리하나, 주택 내부가 외부로 직접 노출될 정도로 지나치게 개방적이어서는 안 된다. 즉, 아늑한 느낌을 줄 수 있도록 도로에 너무 직면하지 않고 도로와 방향을 바꾸거나 도로에서 약간 들어와 있는 것이 보다 이상적이다. 즉, 현관의 위치는 도로상태와 대지의 형태에 따라 결정되지만 주택의 측면이나 후면보다는 전면에 배치하는 경우가 바람직하다. 후면에 위치하면 비중이 높은 공간의 남향배치가 보다 용이하지만, 주택의 후면을 바라보면서 진입해야 하는 단점이 있다.

현관의 위치는 전체적인 평면계획 등에 영향을 주므로 주택 내 중심적인 위치가 좋다. 그 이유는 동선처리와 어프로치가 용이하고 복도를 짧게 계획할 수 있기 때문이다.

방위상으로는 남쪽이나 동쪽에 두려는 경향이 강하나, 남쪽 이외의 방향은 무방하므로 도로와의 관계, 어프로치 계획 등에 따라 결정하는 것이 바람직하다. 서비스 출입구의 위치는 차고에 근접한 곳으로서 부엌이나 가사실 등과 가까운 곳에 위치하는 것이 능률적이다.

### (3) 현관의 형태, 규모 및 설비

형태는 현관 홀에서 직접 주택 내부가 직접 노출되는 것은 막아주어야 하나 시선차단 정도로 족하며 지나친 밀폐공간으로 처리하여 답답함을 느끼지 않도록 해야 한다. 방문자에게는 좋은 첫인상을 주고 가족에게는 편안한 마음을 갖도록 디자인한다.

내부의 크기는 가족들이 출입할 때의 생활활동에 필요한 공간이 기본적이지만 접객의 용무도 고려해야 한다. 따라서 가족 수, 내객 수, 즉 출입자의 수 및 빈도, 주택 전체규모, 현관에서 행하여지는 신발, 우산 등의 처리와 손님접대와 같은 동작에 필요한 최소한의 규모 등을 고려하여 산정하되, 주택 연면적의 3%(홀을 포함할 경우는 6%) 정도가 필요하다. 최소규모는 그림 8-12에서와 같이 문을 밖으로 여는 경우에는 0.9×1.25m, 안으로 여는 경우에는 1.4×1.25m이며, 일반적으로는 1.8×1.8m(약 1평) 정도가 바람직하다. 현관의 바닥과 실내바닥의 높이차는 9~21㎝(평균 15㎝)가 적당하다.

현관문은 보편적으로 바깥 여닫이로 계획하는 것이 원칙이지만 현관이 넓은 경우에는 안여닫이로 계획하여도 무방하다. 특히 밝은 분위기를 위해 한쪽 벽면에 채광창을 만들거나 조명이 확보되도록 하며, 벽면마감도 청결하고 밝은 동시에 따뜻한 색조의 마감재로 계획하는 것이 바람직하다.

설비로는 신발장, 우산장, 코트 및 모자걸이, 배전함, 인터폰(홈 오토메이션), 거울, 신발닦이 등이 필요하다.

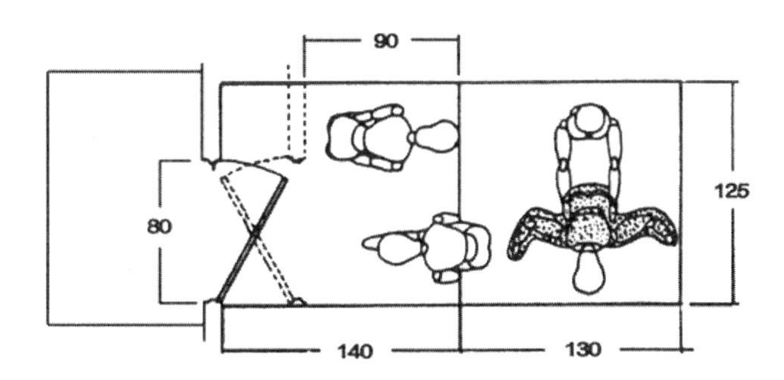


▮그림 8-12▮ 현관 및 현관 홀의 치수

## 8-2 개인생활 공간

### 8-2-1 침실

침실(bed room)은 휴식을 위한 대표적인 장소이며, 사생활을 위한 공간, 정적인 공간, 개인의 프라이버시가 요구되는 공간으로 주택 내에서 가장 기본적인 생활공간이며, 중요한 공간 중의 하나다. 우리의 생활의 1/3 이상의 시간을 잠을 자는 데 소비하는 만큼 침실은 최대한 안락한 수면과 휴식을 취할 수 있도록 계획되어야 한다.

#### (1) 기능

침실의 주된 기능은 안락하게 잠들 수 있는 장소를 제공해주는 데 있다. 취침 이외에도 실의 성격에 따라 의류수납 및 탈의, 화장, 바느질, 독서 및 공부, 음악감상, 개인적인 휴식 등의 기능을 포함하기도 한다.

## (2) 위치

### 1) 대지조건상

주택 내에서 정적 공간이며, 사생활을 위한 중요한 공간이므로 시끄러운 곳이나 소음의 원인이 되는 도로 측은 피하고 정원 등과 같은 안정적이고 기밀성 있는 오픈 스페이스에 면하게 배치하는 것이 효과적이다.

### 2) 방위상

야간에 주로 사용하는 공간이므로 굳이 남향을 고집할 필요는 없으나 우리 생활에서 안방적 개념을 부부침실에 적용시킨다면 향도 중요하다. 따라서 남, 동남향이 일조나 통풍조건상 유리하고 위생적이어서 이상적이다. 그러나 모든 공간을 이와 같이 할 수는 없으므로 경우에 따라서는 하루에 한 번 정도 직사광선을 받을 수 있고 통풍이 양호한 위치면 무난하다.

### 3) 평면계획상

현관, 거실, 식사실, 부엌 등 동적 공간과는 분리하여 배치하되 화장실, 욕실 등과는 가까운 위치가 좋으며 가능하면 침실 내에 배치하는 것이 보다 사용상 편리하다. 이 경우에는 특히 환기에 유의해야 한다.

한군데 모아서 배치하는 것이 좋으나 각 침실은 독립성이 확보되어야 하며, 유아실, 아동실 등은 부부침실과 직결시키는 것이 보호관계상 유리하나 노인실이나 성인침실과는 서로 떨어져 배치시키는 것이 좋다. 2층 주택인 경우에는 2층에 배치하는 것이 프라이버시 확보 및 일조조건상 유리하다. 다만 노인실이나 아동실의 경우에는 계단을 오르내리는 것이 불편하므로 가능한 1층에 배치한다.

## (3) 규모

침실의 크기는 각종 가구류의 종류나 크기에 따라 결정되며, 부부침실의 경우는 전용욕실, 화장실, 갱의실 등의 부속실 유무와 서재역할의 겸용 여부에 따라 크게 달라진다. 설비로는 TV, 음향기기, 전화, 인터폰, 시계 등이 필요하다.

침실의 크기를 결정하는 요소로는 다음의 사항들이 고려될 수 있다. 즉,

- 취침인원 수 : 특별한 경우를 제외하고는 최대 2인(부부침실 : 2.5인까지)을 기준
- 가구의 종류 : 책장, 이불장, 옷장, 화장대, 탁자, 간단한 소파 등 가구의 점유면적

• 침구의 종류 : 이불 또는 침대의 치수(최소한의 잠을 잘 수 있는 면적)
• 통행 등 여러 가지 동작에 필요한 면적 : '침대의 배치' 참조
• 기적 등의 문제 : 성인 1인당 신선한 공기 요구량은 50㎥/시간(아동은 성인의 1/2)이며, 이때 실내 자연환기 회수율을 2회/시간으로 가정하면 1인당 소요 침실체적은 25㎥가 된다. 따라서 천장고를 2.5m로 할 경우 1인당 소요 바닥면적은 10㎡가 산정된다.

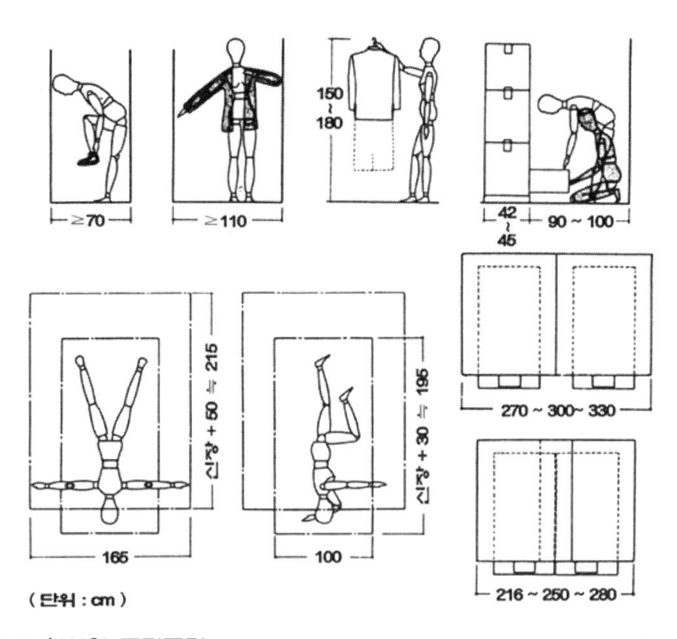


▮그림 8-13▮ 침실의 동작공간

## 1) 한식 침실

낮에는 침구로 인한 구속을 받지 않으므로 이불장, 옷장, 화장대 등 가구설치를 위한 면적을 제하고 최소한 취침인원수에 따라 침구를 펼 수 있는 면적을 확보하면 되나, 머리맡에 스탠드, 시계, 재떨이 등을 둘 수 있는 공간과 침구를 밟지 않고 걸어다닐 수 있는 여유공간이 있으면 된다. 가구설치를 위한 면적을 제외한 최소면적은 다음과 같다.

• 1인용 침실의 경우 : 2.7m×1.8m(약 1.5평)
• 2인용 침실의 경우 : 2.7m×2.7m(약 2.5평)
• 부부침실의 경우 : 2.7m×3.6m(약 3평)

2) 양식 침실

침대가 필수적이므로 침대의 종류나 침대의 위치, 각종 가구의 종류나 크기, 그리고 갱의실, 파우더룸(powder room)과 전용욕실 등의 유무 등에 따라 크기가 결정되나, 비교적 작은 침실의 경우는 8~10㎡, 표준적인 것은 10~15㎡, 여유공간을 고려할 경우는 20㎡ 정도의 면적이 요구된다.

| | 취침내용 | | 침실면적(단위 : m) | 비 고 |
|---|---|---|---|---|
| 주침실 | 부부침실<br>+<br>유아 1인 | | 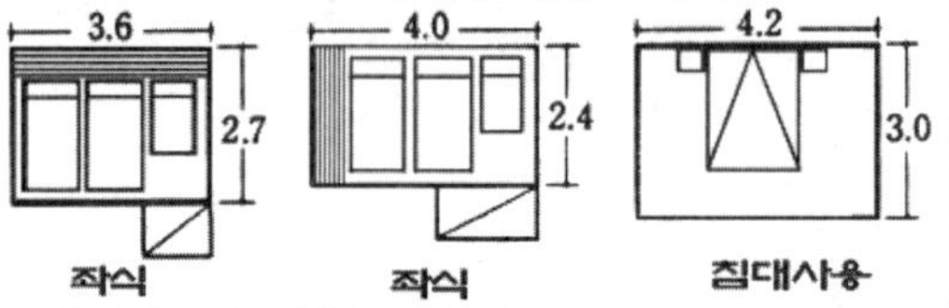 3.6 / 2.7 좌식<br>4.0 / 2.4 좌식<br>4.2 / 3.0 침대사용 | · 한식인 경우<br>10~11㎡<br>· 양식인 경우<br>12~15㎡ |
| 부침실 | 2인용 | 성인 2인<br>(타인) | 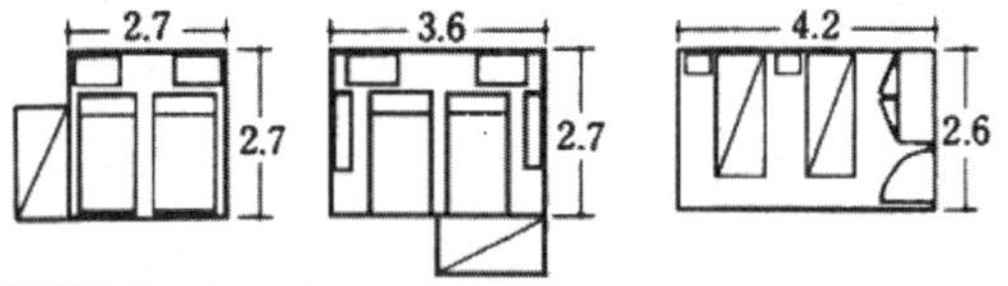 2.7 / 2.7<br>3.6 / 2.7<br>4.2 / 2.6 | · 한식인 경우<br>7~10㎡<br>· 양식인 경우<br>11㎡ 내외 |
| | 1인용 | 성인 1인<br>(노인 1인) | 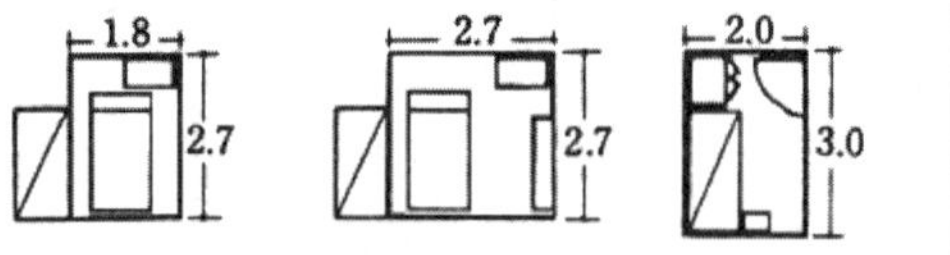 1.8 / 2.7<br>2.7 / 2.7<br>2.0 / 3.0 | · 한식인 경우<br>5~7㎡<br>· 양식인 경우<br>6㎡ 내외 |

▌그림 8-14▐ 침실의 최소면적

### (4) 침실의 독립성

1) 침실의 독립성

침실은 그 성격상 시각적, 청각적, 심리적으로 완전히 구분된 개실로서의 독립성이 요구된다. 독립성이 있다는 것은 벽으로 다른 방과 구분되며, 문을 잠글 수 있어야 하고, 다른 목적과 공유를 안 한다는 뜻이며, 침실의 독립성이란 침실 이외의 타용도의 공간(거실, 식사실, 부엌, 욕실 등)이 있고, 가족 수 만큼 침실이 확보된 경우를 의미한다.

우리의 현실은 충분한 독립된 침실을 갖지 못한 실정이나, 어린이가 없는 부부뿐인 가족이라 할지라도 손님을 위한 여유의 방을 포함하여 최소한 2개의 침실이 요구되며, 2인 이상의 자녀가 있는 경우에는 자녀의 성장을 고려하여 최소한 3개의 침실을 확보하는 것이 좋다.

### 2) 식침분리

식침분리란, 주택 내에서 최소한 식사하는 공간과 잠자는 공간을 완전히 분리시키자는 뜻이다. 동적인 생활인 식사행위와 정적인 생활인 취침행위가 같은 장소에서 행해질 경우, 가족 상호 간의 생활시간의 차이에서 생기는 개인의 프라이버시 침해, 침실기능의 침해, 식사분위기의 저하, 가사노동의 증가, 비위생적 등과 같은 많은 문제가 야기된다. 따라서 취침공간과 식사공간을 분리함으로써 이와 같은 문제를 해결하자는 것이다.

### 3) 취침분리

취침분리란, 잠자는 장소를 각각 분리시키자는 뜻이며, 이를 위해서는 각자의 독립된 침실이 있으면 가장 이상적이겠으나 현실적으로는 어려움이 많다. 따라서 최소한 부부와 성장한 자녀, 성장한 이성형제 간 등 한 침실에서 같이 자서는 곤란한 가족만이라도 분리해서 자는 것이 바람직하다는 것이다.

구미에서는 철저히 행해지고 있으나, 우리의 생활수준 면에서는 아직은 어려워 가족 각 개인의 인격존중, 개성의 형성, 자각심의 배양, 자기만의 휴식 등을 위해서 최소한 부부침실, 자녀침실, 노인침실의 분리를 생각하게 되었다. 한 침실에서 여러 사람이 잠으로 인해 발생하는 혼잡, 사생활의 침해, 안락한 취침기능의 저하, 윤리문제 등을 해결하자는 것이며, 가족 각자의 독립된 개인침실을 확보해 주자는 것이 취침분리다.

## (5) 침실의 평면계획

안락하게 잠을 잘 수 있는 공간계획으로서 뿐만 아니라 개인의 사생활을 위한 공간계획도 필요하다. 침실은 기능상 정숙하고, 아늑해야 하며, 사용자의 개성과 취미, 기호에 따라 디자인되어지고, 개인의 프라이버시가 확보될 수 있도록 독립성이 강한 공간이어야 하므로 각 개인별로 독립된 침실을 확보하는 것이 가장 이상적이다.

침실계획은 침대를 사용하는 양식(입식)이냐, 이불을 사용하는 한식(좌식)이냐 하는 취침방식에 따라 크게 달라지며, 사용자의 연령, 성별, 성격, 취미 등에 따라 침실의 크기나 성격, 설비 등이 달라진다. 양식과 한식의 결정은 습관이나 생활수준, 취향 등에 따라 결정된다. 일반적으로 양식이 바람직하나 오랜 습관과 경제적인 이유로 인해 한식도 노년층이나 서민층에서는 많이 사용되고 있다.

양식 침실의 장점은 독립된 침실로서의 기능을 충족시켜주며. 취침을 위한 노력의 절감과 위생적인 면에서 유리하며. 부부침실은 야간에 거실의 역할도 할 수 있어 편리하다. 또한 침대에 기대앉아 TV 시청, 담소, 독서도 하는 등 편안해 좋다. 단점은 한식 침실에 비해 보다 넓은 공간면적이 요구되고, 가구구입비가 많이 드는 등 경제적으로는 불리하다.

한식 침실은 우리의 정서에 맞고, 친근감이 들며, 바닥이 온돌로 되어 혈액순환에 좋은 우리의 전통적인 침실이나, 공간의 사용 면에서 융통성이 있어 경제적이나, 독립성의 결여에 따른 침실기능의 약화, 공간의 전용에 따른 침구정리나 가구이동에 비교적 많은 노력이 필요, 위생적인 면 등에서는 불리하므로 주택의 규모가 협소하고 침실 수가 적은 주택에 적합하다.

창호의 위치를 적절하게 계획하는 것도 침실계획에서는 매우 중요하다. 특히 문을 열었을 때 방안이 쉽게 들여다보이지 않게 계획하는 것은 프라이버시 확보상 매우 중요하다. 조용하고 아늑한 침실공간을 만들기 위해서는 외부 소음원과 격리 및 2중창 설치, 커튼 및 흡음재의 사용 등과 같은 방지대책이 필요하며, 창호의 위치, 가구배치, 색채, 조명방법 등에도 많은 신경을 써야 한다. 특히 조명은 침실의 분위기 조성에 중요하므로 광색은 부드럽고 눈부시지 않아야 하며, 전체조명은 간접조명 방식을, 침대 머리맡 및 책상 위에는 스탠드나 고정된 국부조명을 별도로 설치하는 것이 좋다.

### (6) 침대의 배치

침대를 배치할 때 고려해야 할 사항으로는 다음과 같은 것이 있다.

- 침대의 상부머리 쪽은 될 수 있는 한 외벽에 면하게 한다.
- 출입문에서 침대가 직접 보이지 않도록 설치한다.
- 더블베드인 경우에는 침대 양쪽에 통로를 설치하되 한쪽은 75㎝ 이상, 다른 쪽은 90㎝ 이상이 되게 한다.
- 침실의 주요통로 폭은 90㎝ 이상으로 한다.
- 침대의 하단부는 폭 90㎝ 이상의 여유공간이 필요하다.
- 침실의 창문에는 2중창 및 커튼을 설치한다.
- 침대 머리맡에는 가능한 창문을 설치하지 않는다.
- 출입문은 안여닫이로 한다.

### (7) 분류

#### 1) 부부침실

주침실 등으로 부르기도 하는 부부침실(master bedroom)은 주택 거내의 대표적인 사적 공간으로, 우리나라의 전통주택에서의 안방과는 그 개념이 다르다. 생활수준의 향상과 주의식의 변화로 공간별 기능분화가 이루어짐에 따라 수면과 휴식, 독서, 사색 등을 위한 부부만의 공간으로 계획한다. 특히 시각적, 음향적, 심리적인 측면에서 프라이버시가 유지되어야 한다. 화장실, 욕실 등을 가능한 직접 독립적으로 이용할 수 있게 하며, 특히 침실에 부속시킬 경우에는 방습, 방수, 환기 등을 고려하여야 한다. 근래에는 부부침실을 완전한 침실공간으로만 구성하고 별도의 안방을 계획하는 경우도 나타나고 있다.

규모는 가구의 점유면적, 자녀와의 동침 여부, 공간형태에 대한 심리적 작용 그리고 침실 내에서 행해지는 생활내용 등 여러 가지 요인에 따라 적절하게 계획해야 하나 대략 25㎡ 정도의 규모가 적당하다.

조명은 실내 전체가 안정된 분위기를 유지할 수 있도록 계획하여야 하는데, 가능한 빛을 분산시키는 간접조명을 이용하도록 하며, 침대머리 쪽에는 스탠드와 같은 국부조명을 설치하기도 한다. 그 밖의 공간에 여유가 있는 경우에는 침실의 한 부분에 붙박이 수납공간을 계획하거나 서재를 인접시키기도 한다.

#### 2) 자녀침실

최근 인간의 지능과 창조력은 인간발육과 관계가 있다는 연구결과가 발표되면서 자녀침실에 대한 관심이 커지고 있다. 자녀침실은 취침, 놀이, 학습, 사색 등 자녀생활의 종합기능을 수용하는 공간으로 계획하여야 하나, 한마디로 자녀라 해도 유아에서부터 대학생까지 범위가 넓고 연령계층에 따라 신체·생리적 조건, 정신적 조건, 생활시간과 행동, 사고방식 등에 있어 개인차가 크므로 계획의 출발은 어느 시점의 가족구성에 맞게 계획되어야 하겠으나, 성장단계를 고려하지 않을 수 없으므로 제반조건을 잘 분석·검토하여 성장의 변화에도 대응할 수 있도록 각종 설비나 타공간과의 관계, 가구배치, 칸막이 등에 의한 가변성 있는 계획이 필요하다.

자녀침실을 연령에 따라 4단계로 구분하여 평면계획 시 고려사항을 생각해보면 다음과 같다.

① 유아에서 취학 전까지의 시기

취학 전 자녀침실은 취침과 놀이를 위한 공간이다. 특히 이 시기는 부모의 보살핌이 많이 필요한 시기이므로 부모의 생활과 완전히 분리시키는 것보다는 부부침실과 직결시켜 항상 감시, 관리가 용이하도록 계획하는 것이 좋다. 별도의 자녀실을 갖추었더라도 놀이방의 성격이 보다 강하며, 공간의 여유가 없을 경우에는 부부침실과 공동 사용할 수 있다.

② 초등학교 저학년의 시기

이 시기에는 공부할 수 있는 학습공간이 필요하므로 독립된 방이 필요하다. 유아기에 비해 기동성이 요구되므로 좌식보다는 입식 생활을 하도록 하는 것이 효과적이다. 또한 사회적인 활동을 갖고 친구의 방문도 잦으므로 가능한 한 가구를 벽면에 붙여 배열함으로써 빈 공간을 남겨두어 놀이에 이용할 수 있도록 한다.

③ 초등학교 고학년에서 중학생까지의 시기

신체상으로는 성인에 가까우나 정신적으로는 아직 어린이의 범주를 벗어나지 못한 상태이므로 독립된 공간을 확보해 주되, 부모의 보호와 관리 아래에 두는 것이 좋다. 또한 개인에 따라 주생활에 뚜렷한 차이가 나므로 취침분리가 되어야 하며, 학습과 개인적인 취미생활을 할 수 있는 분위기를 조성해 주어야 한다. 동성(同性)의 자녀인 경우에는 공동 사용할 수도 있으나, 이 경우에는 옷장, 책꽂이, 커튼 등으로 공간을 구분해 줌으로써 독립적인 영역을 확보해 주도록 한다.

침대나 책상 등의 가구를 새로 구입하는 경우에는 성인용 치수로 준비하며, 그 밖에 악기, 운동기구, 학용품, 공작을 위한 각종도구, 기타 수집품 등을 정리·보관할 수 있는 공간을 마련해 준다.

④ 고등학생 이상 대학생 또는 독립하기 전까지의 시기

신체적, 정신적으로 볼 때, 성인으로 취급해야 하므로 공간의 독립성이 더욱 요구된다. 따라서 가능한 한 자기 나름대로의 생활을 영위할 수 있도록 동일한 성의 형제나 자매일지라도 별도의 개실을 확보해 주는 것이 바람직하다.

위와 같이 자녀침실은 자녀의 성장과정에 따라 그 계획요건이 달라지므로 되도록이면 각 단계별로 적절한 시기에 구조, 시설, 설비 등을 개조할 수 있도록 융통성 있는 공간으로 계획한다.

자녀침실의 위치는 연령에 따라 다르지만 전반적으로 부모가 항상 볼 수 있도록 부부침실, 부엌 및 가사실 등으로부터 가까운 곳에 배치하여야 하며, 어느 정도 자립심을 갖고 독립생활을 할 수 있는 자녀의 침실은 일조, 통풍이 잘되고 자연스럽게 가족들과 접촉할 수 있는 곳에 배치하는 것이 바람직하다.

마감재료는 장난이 심한 자녀들의 생활에 견딜 수 있는 재료를 택하되, 재료 선정 시 일반적인 유의사항은 다음과 같다.

- 내구성이 있는 재료(단, 위험방지상 단단한 재료는 피한다)
- 보수나 채색이 용이한 재료
- 쉽게 더러워지지 않고 청소가 용이한 재료
- 보건위생상 유리하고 음의 반사가 적은 재료

색채는 각자의 취향에 따라 결정하되 중간색, 잘 조화된 색을 택하는 것이 무난하다. 그러나 유아기의 경우에는 일반적으로 화려하고 자극이 강한 원색에 가까운 색을 좋아하므로 이러한 점을 고려하여 계획해야 한다.

### 3) 노인침실

노인침실을 설계하기 위해서는 먼저 노인의 생활이나 심리를 잘 알아야 한다. 노인이라고 모두 똑같이 생각하지는 않으며 연령, 성격, 사회적·경제적 지위, 가정 내에서의 위치 등에 따라 개인차가 있다. 그러나 개인차를 고려하더라도 노인들의 공통된 특징은 소위 고독하며, 고정관념이 강하다는 점과 번잡함을 싫어하기 때문에 자녀들과의 융화(融和)가 곤란하다는 점이다. 따라서 이러한 점을 고려한 노인침실의 계획이 필요하다.

이상적인 노인침실의 조건은 다음과 같다.

- 기능상으로 화장실이나 욕실에 가까운 것이 좋다. 왜냐하면 현재는 건강하더라도 언제 병으로 누울지 모르며, 밤에 자주 화장실을 이용하기 때문이다.
- 가족이 단란하게 지내는 방과 연락이 잘 되는 곳이 좋다.
- 외부와의 연결이 잘되도록 계획한다. 방 앞에는 테라스나 마루를 설치하여 친구들과 쉽게 즐길 수 있도록 하며, 화초 가꾸기 같은 노인들의 취미활동이나 가벼운 운동 등을 위해 정원과의 연결을 고려한다.
- 노인부부의 프라이버시를 존중하는 뜻에서 가족들과는 분리시켜 별도의 욕실 등을 부속시키는 것이 좋으며, 간단한 조리나 차를 끓일 수 있는 간이부엌도 부속시킬 수 있으면 더욱 좋다.

- 자녀침실, 거실, 부엌 등의 공간과 연결이 잘 되도록 계획한다. 이는 노인이 집 지키기, 어린이 돌보기, 가사보조 등 주부의 대리역할을 하는 경우가 있기 때문이다.
- 햇볕이 잘 들고, 통풍이 잘 되는 정숙한 곳이 좋다.
- 계단을 오르내리는 것이 불편하고 안전을 고려하여, 경우에 따라서는 집을 지키는 경우가 많으므로 2층보다는 1층에 위치하는 것이 좋다.
- 아직까지는 습관적으로 좌식을 좋아하므로 온돌방이 적합하다.

### 8-2-2 서재

서재는 사회생활로 이어지는 가장의 지적(知的) 활동의 장소다. 최근 들어 지적 생활에 대한 동경과 정보화시대에 대응하고자 하는 욕구, 생활에 여유를 갖고 싶어 하는 경향 등이 생기면서 서재에 대한 관심은 더욱 높아지고, 주거공간 안에 연구공간인 서재를 갖고 싶어 하는 사람이 특히 많아지고 있다.

서재는 원래 책을 읽거나 문서를 작성할 수 있는 지적 생활공간이지만 요즈음은 더욱 다양하게 이용되고 있으며, 넓게 보면 개인의 취미생활 공간이 되기도 한다. 일반적으로 서재의 위치는 주택 내에서 조용하고 일조, 통풍, 채광 등이 잘 되는 곳으로서 산만한 광경이 보이지 않고 소음이나 가족들의 통행으로 방해를 받지 않는 곳이 좋으나 응접 겸용일 경우는 현관부근에 둔다. 그러나 이 경우 소음 때문에 침착한 분위기를 가지기 어렵다는 단점이 있다. 2층 주택에서는 조용한 2층에 위치하는 것이 좋으며, 다른 공간과의 연결은 고려할 필요가 없으며, 소음방지와 조용한 분위기조성 등에 각별한 유의가 필요하다. 방위상으로는 환기, 통풍, 일조 등의 환경이 양호하고 서적 보호에도 유리한 남향이 이상적이다.

서재의 크기나 설비는 직업에 따라 다르고, 장서 수와 응접실과의 겸용 여부에 따라서도 달라진다. 책장은 천장까지 최대한 이용할 경우 폭 180㎝당 약 700권을 수용하는 것으로 보고 산정한다. 설비로는 책장, 책상, 휴식용 소파, 응접세트 등이 필요하며, 약 3~4평 정도면 적당하다. 서재의 형으로는 독립형, 응접형, 침실형 그리고 개방형 등이 있으나, 일반가정에서는 침실이나 거실의 한 부분을 이용하여 간단한 서재 기능으로 활용하는 것도 하나의 방법이 된다.

# 8-3 가사 및 부수공간

## 8-3-1 부엌

오늘날 현대주택의 부엌(kitchen)은 부엌설비와 기구의 발달과 식생활양식의 변화에 따라 가족구성원 모두가 부엌일에 참여하는 경향을 보이면서 취사뿐만 아니라 주부의 휴식 및 가족의 단란을 위한 공간으로 변화되어 가고 있다. 따라서 최근에는 쾌적한 부엌공간의 연출을 위한 설비와 기구들이 다양하게 개발되고 있으며, 주택 내 다른 공간과의 조화를 위해 디자인 면에서의 개발도 행해지고 있다. 즉, 기존의 부엌설계는 작업의 기능성과 안전성 등에 중점을 두어 왔으나 주부들이 부엌공간을 자신의 개성표현 공간 등으로 인식하게 되면서 부엌용품의 장식화, 수납의 합리화 등에도 많은 관심을 가지게 되었다.

### (1) 기능

가족들의 식사를 위한 음식물의 보관, 조리 및 설거지 등 식생활과 관련된 제반작업이 부엌의 주된 기능이라 할 수 있으며, 가사실이나 세탁실의 기능을 겸하기도 한다. 부엌에서 행해지는 각종 작업은 주부의 책임으로 행해지며 특히 조리작업은 주부의 가사노동 중 가장 많은 시간을 필요로 하고 매일 행해지는 것이므로 어떻게 하면 위생적이고 능률적인 조리작업 공간을 만들어 줄 것인가가 설계자에게 주어진 과제다.

부엌계획의 가장 기본적인 목적은 보다 효율적이고 편리한 가사작업이 행해지도록 한다는 데 있으므로 이와 관련하여 기능적인 부엌계획을 위해서는 다음 세 가지 개념이 고려되어야 한다.

- 인체동작의 범위와 한계에 의한 작업면적 : 작업시 불필요한 에너지 낭비를 줄이고 보다 능률적인 작업환경을 만드는 데 반드시 필요한 결정요인이다.
- 작업대 : 작업면적과 수납공간이 충분한 작업대를 갖출 뿐만 아니라 합리적인 배치가 이루어져야 한다.
- 효율적인 수납공간 : 식기 및 각종 조리기구를 수납할 경우에는 용도 및 사용빈도 등에 따라 이루어져야 한다.

### (2) 위치

#### 1) 평면상

부엌의 위치는 주택 전체의 평면계획, 주생활방식, 설비의 정도, 거실, 식사실, 가사실 등과의 관계에 의해 결정되어야 하지만, 부엌은 가사작업 공간(부엌, 다용도실, 세탁실, 작업실, 창고, 차고 등)의 핵이 되는 곳이므로 이들 공간의 중심이 되는 곳으로서 식사실과 인접한 곳에 위치하여야 하며 작업 중 어린 자녀의 놀이 등을 관찰할 수 있는 곳이면 더욱 좋다.

#### 2) 방위상

재래식 부엌의 경우 설비부족에 따른 식품의 부패방지 등의 이유로 북쪽에 위치한 경우가 많았으나, 각종 설비를 갖춘 현대식 부엌의 경우는 채광이나 환기 등에 유의한다면 향에 따른 제약은 거의 받지 않게 되었다. 그러나 작업환경 면에서 볼 때 남향이나 동남향이 이상적이지만 이러한 방위는 부엌이 차지할 여유가 없으므로 동향 또는 동북향을 이용하는 것이 무난하며, 서향의 경우는 여름철 일사로 인해 식품의 부패 등 작업환경 면에서 불리하므로 피하는 것이 좋다.

### (3) 규모

부엌의 규모를 결정하는 요소로는 다음과 같다.

- 주택 전체면적과 평면계획 방침
- 싱크대, 조리대, 가열대 등 작업대의 수와 크기
- 작업대의 배치방법과 설비의 정도
- 수납공간의 크기(식료품, 식기류, 조리용 기구류 등의 수납)
- 동작에 필요한 공간(가족 수와 작업인수)
- 식생활양식과 방문객의 정도(수와 빈도)
- 부엌 내에서의 가사작업 내용(조리의 양과 질, 조리 이외의 작업 등)

부엌의 규모는 주택 전체의 규모에 크게 영향을 받는다. 즉, 주택 전체의 규모에서 차지하는 비율을 보면 20평 이하의 소규모 주택에서는 약 12% 내외, 30~40평 내외의 주택에서는 약 10% 내외, 그 이상의 주택에서는 약 8% 내외로 나타나고 있다. 따라서 주택규모의 8~12%를 기준으로 하여 결정한다. 너무 협소한 경우는 작업에 불편을 주며, 너무 넓은 경우는 작업동선이 길어져 쉽게 피로를 느끼게 되므로 유의해야 한다. 또한 부엌의 형태에 따라서도 부엌의 규모에 차이가 있게 되므로 특히 소규모 주택인 경우에는 부엌을 다른 부분의 생활과 결합하여 비교적 적은 면적으로 효율적 배치를 하기도 한다.

### (4) 내부설비의 배치

#### 1) 설비배치의 기본적인 치수

인체동작의 범위와 한계는 개인의 키에 따라 차이가 있겠으나 일반적으로 인체의 평균치수에 근거하여 작업대와 수납장을 계획하는 데는 표준적인 인체동작(人體動作)의 한계를 알아야 한다.

능률적인 작업을 위해서는 무엇보다도 좋은 설비를 좋은 방법으로 배치해야 한다. 설비의 배치는 평면적인 배치가 주가 되겠으나 벽면이용의 입면적인 배치도 함께 고려하지 않으면 능률적이며 편리한 부엌을 만들 수는 없다.

① 평면적인 치수

각 작업대에서 주로 사용하는 물건들을 양손의 작업영역(作業領域) 내에 두는 것이 작업능률을 올리는 요점이다. 따라서 그림 8-15에서와 같이 주로 사용하는 것은 양손의 정상적인 작업영역 범위 내에, 그 다음 잘 사용하는 것은 최대작업 영역범위에 배치하는 것이 가장 능률적이다.

② 입면적인 치수

입면상의 작업영역은 그림 8-16에서와 같이 바닥에서부터 59~153㎝ 높이의 범위가 작업을 편하게 할 수 있는 영역이므로 이 범위 내에 사용도가 높은 물건들을 배치하는 것이 좋으며, 153~188㎝의 범위에 다음으로 많이 사용하는 것을 수납하고, 188㎝ 이상의 높은 곳에는 의자 등을 의지하여야 하므로 간혹 사용하는 가벼운 물건을 수납하고, 무거운 물건은 작업대의 밑바닥 부분에 수납하는 것이 좋다.

③ 작업대의 치수

작업대의 폭은 60㎝ 정도이고, 길이는 작업대의 종류에 따라 다르다. 작업대의 높이는 주부의 키와 관계가 있으나, 일반적으로 바닥에서 작업대면까지는 80~90㎝ 정도가 적당하며, 이것은 서 있는 상태에서 손을 내린 손목의 위치다. 키와의 관계는 (신장$\times\frac{1}{2}$) + 5㎝가 기준치가 된다.

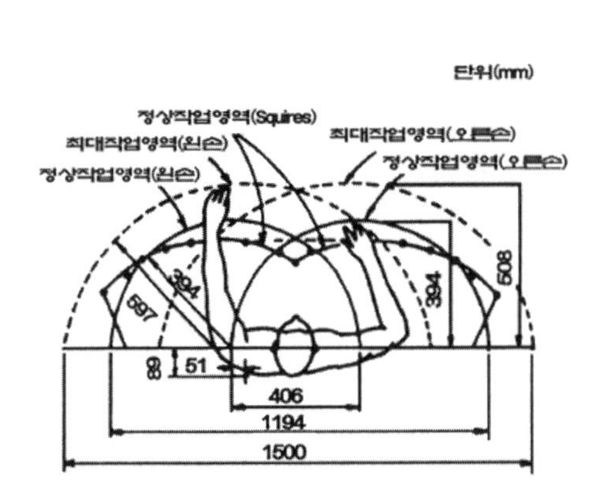


▌그림 8-15▐ 평면상의 작업영역

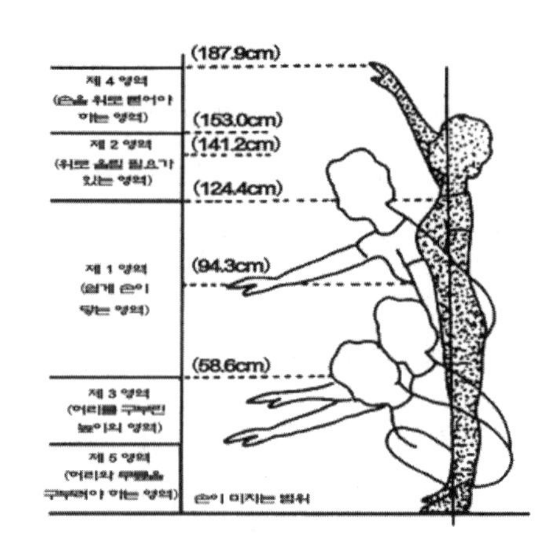


▌그림 8-16▐ 입면상의 작업영역

## 2) 작업대의 배치

작업에 편리한 부엌을 위해서는 조리작업 순서에 따라 작업대를 배치하되, 부엌에서 외부로의 출입구나 식사실과의 관계를 고려하여 배치한다.

① 작업의 순서

작업의 순서는 일반적으로 외부 또는 냉장고→ 준비대→ 싱크대→ 조리대→ 가열대→ 배선대→ 식탁의 순으로 진행된다. 작업순서의 방향은 우측에서 좌측으로 행해지는 경우와 그 반대의 경우가 있으나 이것은 외부로 나가는 출입구의 위치나 식사실과의 관계에 따라 결정되며, 통상적으로 좌측에서 우측으로 움직이도록 배치하는 것이 좋다.

② 작업의 삼각형

부엌 내 작업공간은 보관하는 부분, 세척하는 부분, 조리하는 부분의 3가지 영역으로 구분될 수 있으며, 이를 각 공간의 대표적인 주방기구로는 냉장고, 싱크대, 가열대를 들 수 있다. 이 3가지 주방기구를 연결하는 선을 그으면 3각형이 형성되는데 이것을 작업 삼각형(work triangle)이라 한다.

이 삼각형이 클수록 동선이 길어지고 작으면 작업공간이나 수납공간이 협소하므로 이 3변 길이의 합계가 3.6~6.5m 범위가 되도록 주방기구를 배치하여야 사용에 편리한 부엌이 된다. 즉, 냉장고와 싱크대의 거리는 1.2~2m, 싱크대와 가열대의 거리는 1.2~1.8m, 가열대와 냉장고의 거리는 1.2~2.7m가 적당하며, 삼각형의 총 길이가 6.5m를 넘으면 작업동선이 길어져 좋지 않다.

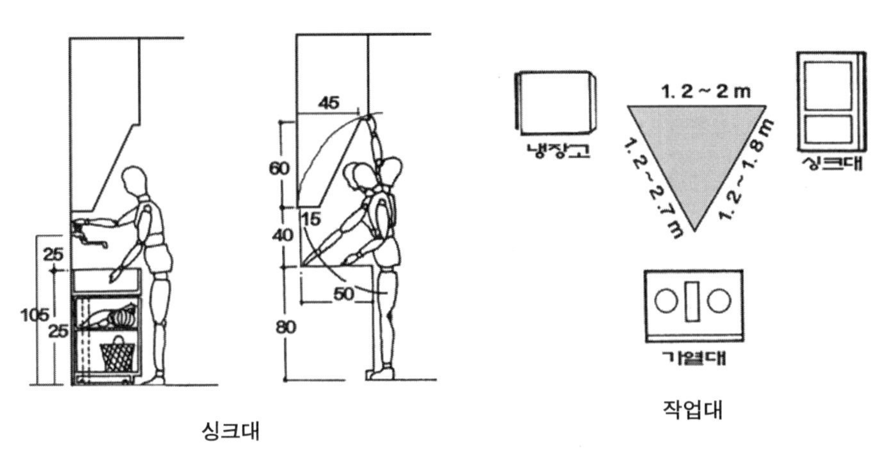


▮그림 8-17▮ 작업대의 기본치수

▮그림 8-18▮ 작업의 삼각형

③ 작업대의 이용빈도

작업대의 이용빈도는 표 8-1과 같이 싱크대, 가열대, 준비대 등의 순으로 나타나 싱크대의 위치선정이 매우 중요함을 알 수 있다.

▮표 8-1▮ 작업대의 이용빈도

| 종 류 | 싱크대 | 가열대 | 준비대 | 배선대 | 냉장고 | 식사실 | 찬장 |
|---|---|---|---|---|---|---|---|
| 빈도(%) | 43~48 | 14~18 | 12~13 | 3~6 | 7~8 | 7~8 | 6~8 |

### 3) 작업대의 배치형식

작업대의 배치형식은 부엌의 규모, 형태, 작업대의 종류 등에 따라 다음과 같이 구분해 볼 수 있다.

① 일렬형(일자형, 직선형, straight wall plan)

작업대를 한쪽 벽면에만 일렬로 배치한 형으로 가장 단순하다. 면적이 협소하거나 세장한 형태의 부엌에 적합한 형으로 다이닝 키친이나 리빙 키친에서 많이 사용된다.

동선의 혼란이 없고 작업내용을 한눈에 볼 수 있다는 장점이 있으나, 수납공간이 부족하기 쉬우며, 작업대가 많은 경우에는 작업동선이 길어져 비능률적이 된다. 전체길이는 3.0m를 넘지 않도록 한다. 즉, 1.8m 이하이면 불편하고 2.7m 정도가 적당하다.

② 이열형(병렬형, corridor plan)

작업대를 마주보는 두 벽면에 배치한 형태로 부엌의 폭이 길이에 비해 비교적 넓은 경우에 적합한 형이다. 양측의 작업대 중간부분이 작업활동 공간이 되며, 통로로도 사용된다. 이때 이 부분이 자주 출입하는 통로가 되는 경우에는 비능률적이 되며 안전하지 못하게 된다. 양측 작업대의 간격은 1.2~1.5m 정도가 적합하며, 그보다 넓으면 불편하다. 리빙 키친의 경우 거실에서 부엌이 직접 보이지 않도록 거실 쪽 작업대의 폭을 넓혀서 식탁으로 사용하는 것도 좋은 방법이다.

부엌의 폭이 넓은 경우에 편리하며, 이상적인 작업의 삼각형을 형성하고 있어 작업동선을 줄일 수 있으나, 작업 시 몸을 좌/우, 전/후로 자주 돌아서야 하는 불편 때문에 피로가 빨리 오며, 또한 작업의 삼각형 사이를 통과하는 통행동선이 발생하기 때문에 가사작업 시 불만족스럽다는 점 등의 단점을 가지고 있다.

③ L자형(ㄱ자형, 'L' shape)

이웃하는 두 벽면을 이용하여 작업대를 꺾어서 배치한 형태로 한 벽면에 싱크대, 다른 벽면에 가열대를 배치하는 것이 능률적이다. 정사각형에 가까운 부엌에 적합한 형이며, 나머지 공간을 식사나 세탁공간으로 이용이 가능하므로 다이닝 키친에 적합하다.

작업동선이 길어지지 않고 넓은 부엌이라도 효율적으로 작업할 수 있는 장점이 있으나, 모서리부분의 활용도가 낮으므로 이 부분(dead space)의 처리를 잘 연구하여 무난히 처리해야 한다.

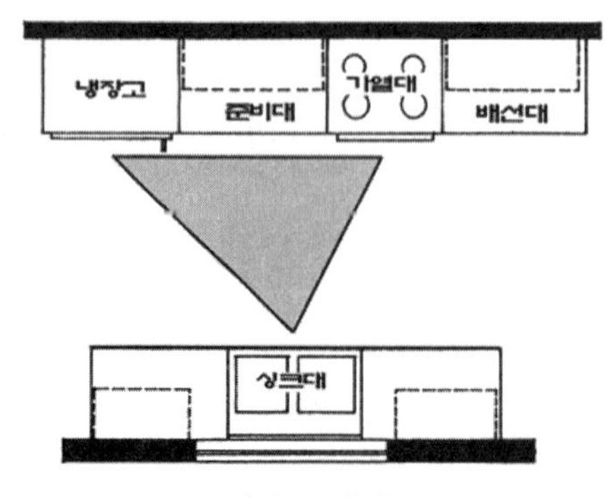

▌그림 8-19▐ 이열형 부엌의 예

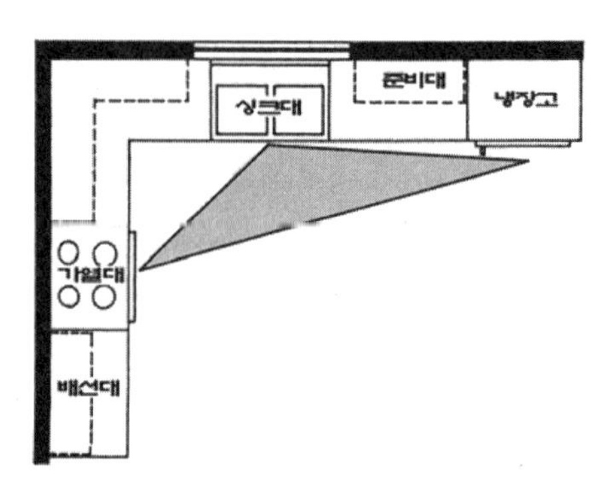

▌그림 8-20▐ L자형 부엌의 예

④ U자형(ㄷ자형, 'U' shape)

부엌 내 세 벽면을 이용하여 작업대를 배치한 것으로, U자형의 중앙부에 싱크대를 배치하고 좌우 대향부(對向部)에 냉장고와 가열대를 배치하는 형이다. 작업동선이 단축되며 다른 동선의 방해를 받지 않아 사용에 편리하며, 대향하는 작업대 사이의 간격은 1.2~1.5m 정도가 적당하다.

또한 수납면적도 3면으로 확보되므로 가장 효율적이며 짜임새 있는 배치형이다. 부엌면적에 비해 넓은 작업면적을 얻을 수 있는 능률적인 배치방법이나, 협소한 공간에서는 복잡해 질 가능성이 있다. 또한 여러 사람이 같이 일하기에는 불편하며, 활용도가 낮은 모서리부분이 발생한다.

⑤ 분리형(도서형, island plan)

부엌 내 다른 작업대와는 독립된 형태의 작업대를 별도로 갖는 형태로서 모든 방향에서 접근 및 이용이 가능한 독립된 작업대에는 보통 싱크대나 가열대 혹은 그 둘 모두를 설치하며, 간단한 식사를 위한 카운터(counter)를 설치하기도 한다.

이 형은 넓은 부엌에 적합하며 별도의 배기설비가 필요하다. 작업대가 분리되어 있으므로 조리작업 중 가족과 얼굴을 마주할 수 있어 가족단란에 적합하며, 자녀들의 행동을 쉽게 관찰할 수 있는 장점이 있다. 주말주택, 별장 등 가족이나 친구들이 모여 음식을 즐기는 경우에도 적합하다.

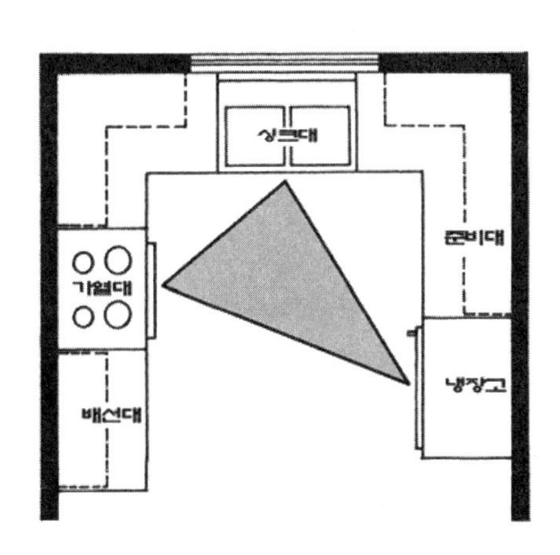


▮그림 8-21▮ U자형 부엌의 예

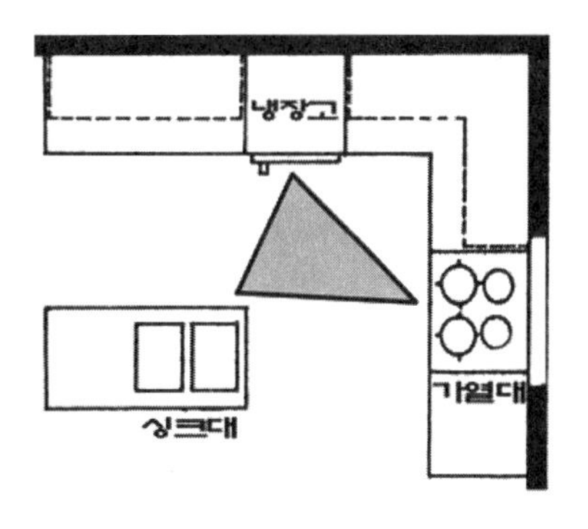


▮그림 8-22▮ 분리형 부엌의 예

### (5) 부엌의 형

식사실 및 거실 등과의 관계에 의해 결정되는 부엌의 형은 보편적인 리빙 키친이나 다이닝 키친 이외에도 개방형(open style), 독립형(kitchen), 해치형(hatch type), 코어형(core system), 다용도 부엌(utility kitchen) 등의 형이 있다.

#### 1) 개방형(open style)

종래의 부엌과 같이 부엌을 벽으로 구분하지 않고 오히려 적극적인 공용의 장소 또는 가족단란의 장소로 하려는 의도에서 나타난 것으로 조리장소와 식사장소가 공간적으로는 연결되어 있으면서 낮은 칸막이나 가구 등으로 구분해 줌으로써, 심리적으로는 구분된 느낌을 주는 형이다

#### 2) 코어형(core system)

개방된 평면의 활용 가능성을 높여 준 것으로 종래의 계획에서는 생각하지 못할 대담한 부엌형이다. 이 형은 급수, 급탕, 전기, 가스 등 설비가 필요한 부엌, 화장실 등을 한 곳에 집약시킨 형으로 고도의 문화적인 생활을 하려는 데서 나타난 형이다.

#### 3) 다용도 부엌(utility kitchen)

부엌과 그 외의 가사작업 공간을 하나로 묶어 주부의 가사노동을 경감하려는 의도에서 나온 형이다. 식사준비를 하면서 세탁, 청소, 재봉, 다림질, 어린이 감시 등을 병행할 수 있어 가사작업에 매우 편리한 형이다.

### (6) 부엌계획의 요점

#### 1) 기능성

작업에 편리하고, 능률적인 부엌이 되기 위해서는,

- 작업순서에 따라 동선처리를 한다.
- 작업에 필요한 각종 설비를 갖추어야 한다.
- 작업공간은 단순하도록 해야 한다.
- 수납공간은 작업대 가까이에 배치하되, 무거운 것은 아래쪽에 보관한다.

### 2) 청결성

청결하고, 위생적인 부엌이 되기 위해서는,

- 채광과 환기에 유의한다.
- 방수, 방습처리에 유의한다.
- 청소가 용이한 마감재료를 선정한다.

### 3) 안전성

안전하게 작업할 수 있는 부엌이 되기 위해서는,

- 바닥은 고저차를 없애고 미끄럽지 않아야 한다.
- 가열대 주변의 내화성 및 급탕설비의 안전성에 유의한다.
- 머리나 몸에 부딪치는 돌출부가 없어야 한다.
- 콘센트, 조명기구, 스위치 등을 적재적소에 설치해야 한다.

### 4) 정서성

주부의 개성이 표현될 수 있는 부엌이 되기 위해서는,

- 쾌적한 작업환경이라야 한다.
- 인테리어 소품, 색채, 조명 등을 적절히 이용해야 한다.
- 부엌용품의 장식화를 유도하여야 한다.

## 8-3-2 다용도실

다용도실(utility room)은 부엌 이외의 가사실로 여러 가지 작업목적으로 사용되는 공간이다. 미국의 주택에서는 어느 가정에서나 부엌에 부속시켜 설치하고 있으며, 소규모 주택에서는 부엌 내에 설치하고 있다. 이러한 목적을 가진 공간이 일본에서는 가사실이라는 이름으로 설치되고 있다.

### (1) 기능

다용도실은 주부의 생활공간으로서 큰 의미를 가진다. 가족생활에 필요한 각종 복잡한 작업, 즉 세탁, 건조, 다림질, 재봉, 청소비품의 보관 등을 질서 있고, 능률적으로 운영하기 위해 그 중심이 되는 장소다. 또한 전기, 수도, 가스의 계량기나 보일러 설비 등도 설치되는 장소다. 이와 같은 여러 가지 복잡한 작업을 한

곳에 모으면 가사작업을 능률적으로 행할 수 있으나, 우리나라의 주택에서는 이러한 공간을 별도로 설치한 경우가 드물다. 왜냐하면 작업의 성질상 한 공간에 들어앉아서 일을 할 정도의 것이 못되므로 특별한 경우를 제외하고는 독립된 공간을 둘 필요는 없다.

### (2) 크기 및 위치

1) 크기

다용도실에서 행해지는 가사작업의 종류나 주택 전체의 규모에 따라 달라지나 대체로 5~10㎡면 충분하고, 세탁과 간단한 작업만 하는 경우에는 일반적으로 1.8~4㎡의 범위가 보통이다.

2) 위치

부엌, 식사실, 거실, 욕실 등에서 가까운 곳으로 작업이 편리한 곳이 좋으나 주로 부엌에 부속시켜 설치하고 있으며, 부엌이나 식사실의 한 코너의 일부에 설치하여도 무방하다. 아울러 옥외 서비스 야드와 근접한 위치가 바람직하다. 방위는 일반적으로 동북쪽에 위치하는 것이 좋다.

### (3) 설비

다목적으로 이용되는 공간이므로 다림질대, 재봉틀, 작업대, 청소도구, 쓰레기통, 세탁기, 건조기, 수납장 등이 필요하며, 전기, 가스, 수도 등의 계량기 및 보일러 특히 가스보일러의 작동설비가 설치된다. 전기 콘센트나 수도 등을 사전에 계획하여 적당한 위치에 설치해야 하며, 특히 환기에 유의해야 한다.

## 8-3-3 욕실

우리나라 전통주택에서는 욕실(bathroom)공간이 없었는데 이는 기후, 자연경관, 종교 등과 관계가 있었던 것으로 보인다. 1960년대에 들어와서부터 위생설비의 발달과 서구식 평면형태의 보급과 더불어 변기와 세면기, 욕조를 한곳에 집약시킨 욕실형태가 보급되기 시작하였다. 욕실, 세면실, 변소는 설비를 필요로 하는 공간으로써 상호 불가분의 밀접한 관계, 즉 물을 사용하는 장소, 배관과 위생설비가 필요한 장소, 생리적인 것을 처리하는 장소라는 공통적인 요소가 있다. 따라서 평면계획에 있어서 이들 공간 간의 상호 연결관계를 가장 합리적으로 나타낸 예가 욕실형(bathroom system)과 코어형(core system)이라는 형식이다. 욕실형이란, 욕실 내에 변기와 세면기를 설치하는 형식이며, 코어형이란, 위의 3가지 장소와 조리장소를 하나의 핵으로 주택의 중심부에 설치하고 그 주위에 다른 생활공간을 배치하는 형식이다.

각 침실별로 독립된 욕실을 갖는 것이 이상적이나 현실적으로 불가능한 경우가 많으므로 최소한 가족공용의 욕실과 부부침실에 부속된 욕실을 갖추도록 계획하는 것이 필요하다. 욕실과 침실 사이에는 갱의실(dressing room)이나 화장공간(powder room)을 두는 것이 이용에 편리할 뿐만 아니라 냄새방지나 환기 등을 위한 완충공간으로의 이용이 가능하다.

좋은 욕실이란, 사용이 편리하고, 청결 유지가 용이하며, 경제적이고, 안전성이 있으며, 좋은 분위기를 갖춘 욕실이다.

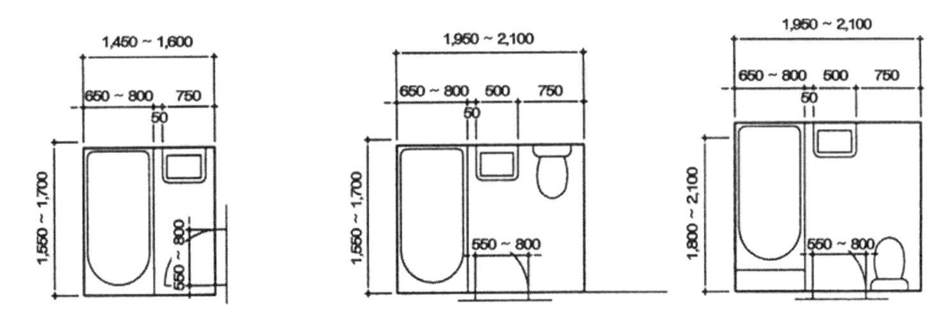


▌그림 8-23▐ 욕실의 평면 예

### (1) 기능

욕실은 과거에는 단순히 생리적 요구를 해결하는 공간으로만 기능을 하였으나, 최근에는 피로를 풀고 에너지를 충전하는 공간으로 변화해가고 있다. 따라서 욕실은 입욕, 용변, 세면 등의 일반적인 기능과 함께 탈의, 세탁, 휴식과 사색 등의 기능을 포함하기도 한다.

### (2) 위치

욕실은 매우 사적인 생활공간으로서 침실과 같은 개인생활 공간 주변에 인접하는 것이 좋으나 배수나 타공간과의 동선 등을 고려하여 부엌 혹은 현관 근처에 위치하기도 한다. 즉, 설비배관의 경제성과 관리, 방수, 방습적인 면에서 물을 사용하는 부엌과 가사실 등과 인접한 위치나 가족들의 이용에 편리한 위치가 유리하다.

각 침실별로 독립된 욕실을 갖는 것이 이상적이지만 현실적으로 불가능한 경우가 많으므로 최소한 가족공용의 욕실과 부부침실에 부속된 부부침실 전용의 욕실을 갖추는 것이 바람직하다. 이 경우에는 동선의 분기점이 되는 현관이나 계단 근처 혹은 거실 등 가족의 단란공간 가까이에 가족공용 욕실을, 부부침실에는 부부전용 욕실을 그리고 노인실에 인접하여 노인용 욕실을 각각 배치한다.

그러나 소규모 주택에서는 욕실이 하나만 설치되는데 이 경우에는 가족 모두가 이용하기 편리하도록 모든 공간에서 쉽게 접근할 수 있도록 거실과 침실에서의 동선을 고려하여 배치하는 것이 바람직하며, 2층 주택인 경우에는 침실이 위치하고 있는 층에 설치한다.

### (3) 규모 및 형태

욕실의 규모는 주택의 규모와 관계없이 대개 일정한 면적을 가지나, 욕실의 기능, 내부 위생기구의 종류 및 배치형태, 급탕방식, 설비의 정도, 욕조의 크기, 입욕(入浴)동작에 필요한 면적 등에 의해 결정된다. 우리나라의 소규모 주택이나 아파트 등에서의 욕실의 이용특성이 욕실 본래의 기능 외에도 세탁이나 비일상적인 가사작업에 많이 활용되고 있으며 오랜 좌식 생활습관으로 인해 욕실바닥을 이용하는 경향이 높은 것으로 나타나고 있으므로 서구의 기준보다는 더 넓게 계획되어야 한다.

규모는 양변기와 소규모 의 세면대만을 설치할 경우 2㎡ 내외, 양변기, 세면대, 소규모 의 욕조를 설치할 경우 3㎡ 정도, 양변기, 세면대, 욕조를 설치한 일반적인 경우에는 4㎡ 내외이며, 보통 (1.6~1.8m)×(2.4~2.7m), 최소 (0.9~1.8m)×1.8m가 적당하다. 이때 천장높이는 2.2~2.3m 정도로 하되 수증기가 맺혀서 바닥에 떨어지지 않도록 적당한 경사를 유지시킨다.

욕실의 형태는 욕실 내 각 기능에 따라 미닫이문 등으로 구획을 지어주는 방법과 욕실 내 모든 시설이 한 눈에 들어오는 개방적인 형태의 것으로 나누어 생각할 수 있는데 주택 내 한 곳의 욕실을 가족 전체가 이용하는 경우에는 다소 면적이 크게 요구되더라도 변기부분을 욕조나 세면대와 분리시켜 주는 것이 사용에 편리하다. 한편 욕실의 형태를 지나치게 단조롭게 하기보다는 여러 가지 자유로운 형태를 취하는 것도 좋은 방법이다.

### (4) 마감재료

욕실 내에 사용하는 마감재료는 내수, 내습적인 재료, 청소 및 관리 용이한 재료, 시공이 용이한 재료, 결로 방지용 재료, 위생적인 환경을 유지할 수 있는 재료, 미관 및 감촉이 우수한 재료, 미끄럽지 않은 재료이어야 하는데 주로 타일, 리놀륨, 대리석, 플라스틱, 유리, 슬레이트, 인조석, 테라조 등이 사용된다.

### (5) 내부계획

대부분의 욕실은 세면대, 양변기, 욕조 및 샤워 등 3가지 기본적인 내부설비를 갖추고 있으므로 기능적인 욕실이 되기 위해서는 이들의 적절한 배치가 중요한 문제가 되므로 사전에 충분한 검토를 거친 후 그 위치를 선정하여야 한다. 특히 요즈음에는 욕조 대신에 샤워실(shower booth)을 설치하는 가정이 많이 나타나고 있어 이에 대한 고려도 필요하다.

생산되는 위생기구 제품의 크기가 회사마다 다르므로 시중제품의 규격을 고려한 적절한 욕실의 크기결정이 필요하며, 특히 조립식 욕조(UBR)를 사용할 경우에는 이에 대한 고려가 필수적으로 요구된다.

양변기의 위치를 선정할 때에는 벽체나 다른 기구들로부터 변기 중심선까지 약 40㎝ 정도는 이격(離隔)시켜 배치하여야 사용에 편리하며, 변기의 앞부분은 벽체 등으로부터 최소한 50㎝ 이상 떨어져 있어야 한다.

욕실의 창은 채광 및 통풍이 양호하도록 설치하되, 외부로부터의 시선차단을 위해서는 고창(高窓)설치도 고려해 봄직하다. 조명은 세면대와 화장대 주변에서 그림자가 생기지 않도록 유의해야 하며, 전체조명을 위한 조명등 외에 세면대부분에 국부조명 등을 설치하는 것이 사용상 편리하다.

효율적인 배관을 위해서는 물을 사용하는 다른 공간과 욕실을 가능한 한 인접배치하며, 2층 이상에 욕실을 둘 경우에는 아래층의 욕실과 동일한 위치에 두어 수직방향으로 일치시키는 것이 필요하다.

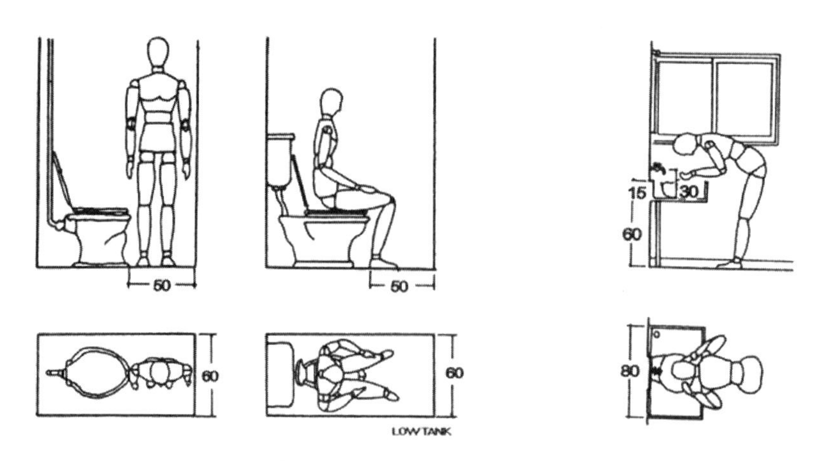


▌그림 8-24▌ 위생기구의 배치

## 8-3-4 통로공간

통로공간에는 복도와 계단이 있으며, 이들은 공간이라는 개념에서 벗어난 공간으로 존재하며 각 공간이나 각 층을 연결하는 통로로서 동선을 원활하게 하는데 중요한 의미가 있다. 따라서 이러한 공간을 계획할 경우에는 각 공간의 연락, 각 공간의 독립성 유지, 동선의 단축과 원활화 등의 조건을 근본적으로 고려하여야 한다.

통로공간은 점유면적과 그 길이가 가능한 작고 짧게 할수록 합리적이다. 그러나 너무 면적이나 길이를 줄이면 원활한 동선처리에 지장을 주거나 거실 등 공간의 일부분이 통로로서 사용되는 경우가 발생할 우려가 있으며 이에 따라 생활이 매우 불편하게 된다.

### (1) 복도

#### 1) 기능

복도(corridor)는 각 공간을 연결해 주는 통로로서의 기능, 각 공간의 독립성을 높이기 위해 각 공간을 소음, 시선, 냄새로부터 차단시키는 기능, 그리고 폭이 150㎝ 이상인 경우에는 어린이의 놀이공간으로서의 기능도 수행한다.

#### 2) 폭

복도의 폭은 그 복도 내 동선의 길이나 빈도 등에 따라 결정되어야 하나, 최소

90㎝ 이상, 적정치수는 105~120㎝로 계획한다. 복도면적은 주택 연면적의 10% 정도가 적정하나, 50㎡ 이하의 소규모 주택에서는 단지 통로로 사용하기 위해 복도를 만드는 것은 비경제적이므로 홀 형식의 평면계획이 바람직하다. 복도의 천장고는 230㎝ 내외가 일반적이다.

#### 3) 마감재료

통로인 만큼 내구성이 있는 재료가 좋다. 바닥은 미끄럽지 않고 탄력성이 있는 견고한 재료, 즉 플로링(flooring), 쪽마루, 아스타일, 비닐타일 등이, 벽은 쉬 더러워지지 않고 청소가 편리한 재료로 무늬목, 무늬합판, 비닐벽지나 내수성 페인트 마감 등이 주로 사용된다.

#### 4) 복도의 설계

복도형식은 편복도형, 중복도형이 있으며, 벽면은 수납공간을 마련하거나 그림이나 사진 등을 걸어 갤러리의 기능도 겸할 수 있도록 디자인하면 개성적인 공간을 연출할 수 있다. 문의 개폐는 공간의 독립성과 방범상의 이유로 일반적으로 안으로 여는 것이 원칙이다. 중복도의 경우는 채광, 통풍상 불리하므로 천창이나 복도 끝에 창을 설치하도록 계획한다.

### (2) 계단

계단은 수직통로로서 일종의 경사진 복도라고 할 수 있으므로 복도에서 생각한 조건은 대부분 계단에서도 적용되나, 다만 상하를 연결하므로 오르내리기 쉬워야 한다는 점만이 다르다. 따라서 계단을 설계할 때는 안전성을 고려해야 하는데 이는 경사도와 폭, 계단참, 난간, 디딤판의 마감 등에 의해 결정된다. 경사를 급하게 하여 지나치게 계단면적을 줄일 경우 오르내리기 힘들거나, 위험한 형태의 계단이 되기 쉬우므로 유의해야 한다.

주택을 계획할 때 소규모 주택인 경우는 계단면적을 최소로 하여 공간이용률을 극대화할 필요가 있으나, 면적에 다소 여유가 있는 경우에는 동선처리를 위한 역할뿐만 아니라 시각적 효과를 고려하여 주택의 전체분위기와 잘 조화되는 디자인을 선택하도록 한다. 특히, 계단의 위치설정이 주택 전체의 공간계획에 결정적인 영향을 주므로 출입구와 기타 동선과의 관련을 고려하여 결정하여야 한다.

### 1) 위치

현관이나 현과 홀에 근접한 위치에 두되, 욕실, 변소, 식사실 등과 근접한 위치가 바람직하다.

### 2) 치수

주택계단의 경사는 20°~50° 정도를 갖는데 그 중에서 29°~35°의 범위가 이상적이다. 20° 이하로 완만하게 경사가 진 것은 경사로(ramp)이며, 50° 이상의 급한 것은 비상계단이나 사다리(75° 이상)에 해당된다. 계단의 경사가 적을수록 좋은 것으로 생각하는 경우가 많지만 사용하는 연령층에 따라 적합한 단높이와 단너비를 결정하여야 한다. 일반적으로 계단(stairs)의 단너비(tread, 디딤판)는 25~29cm(법규상 15cm 이상), 단높이(riser, 챌판)는 16~18cm(법규상 23cm 이하)가 적정하다.

계단의 폭은 법규상 75cm 이상이나 일반적으로 90~140cm의 범위 내에서 복도폭과 관련지어 결정하되, 105~120cm가 적당하다. 또한 계단참은 대개 계단의 폭으로 하는 것이 바람직하며 계단높이가 3m를 초과할 경우 3m 이내마다 설치해야 한다. 난간의 높이는 바닥면에서 70~90cm의 높이가 적당하며, 1층 바닥면에서 1m까지는 없어도 상관없다.

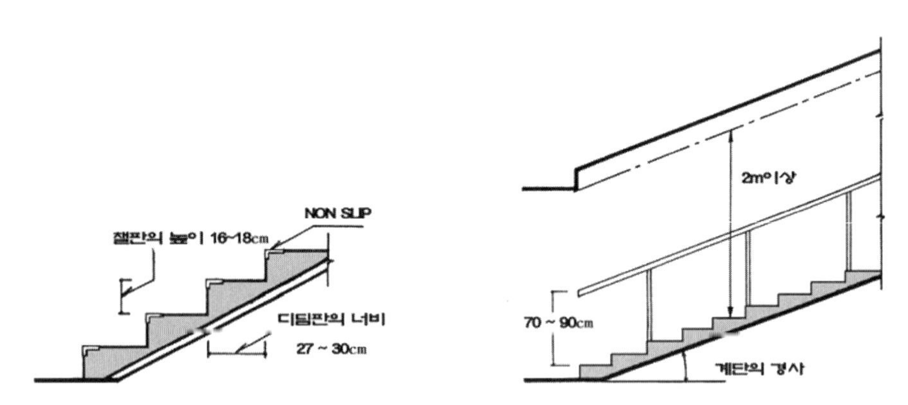


▌그림 8-25▐ 계단의 치수

### 3) 종류

① 직통계단(곧은 계단)

계단참이 필요 없는 가장 단순한 형태로 면적이 적게 드는 장점은 있으나, 방향성이 자유롭지 못하고 너무 긴 경우에는 사용이 불편하다.

② 꺾임계단

계단참이 필요하므로 면적은 많이 드나 방향성이 자유롭고 사용에 편리하므로 가장 일반적으로 사용하는 형태이다.

③ 회전계단(돌음계단)

꺾임계단의 계단참 부분도 단을 만들어 면적을 적게 한 계단으로 면적은 적게 드나 사용에 불편하며, 극단적인 예가 나선형 계단(spiral stair)으로 면적은 가장 적게 드나 사용상 불편하고 위험하므로 간혹 사용하는 부계단으로 사용하는 것이 좋다.

#### 4) 설계시 유의사항

잘 설계된 계단은 집안의 아름다운 공간구성 효과를 살리는 요소가 되므로 재료 및 구조의 선택 시 잘 고려해야 한다. 계단 밑부분은 노출시켜 디자인 요소로 이용하거나 화장실, 어린이 놀이공간, 수납공간 등으로 활용할 수 있으나 잘못 설계하기 쉬운 부분이므로 유의해야 한다.

일반적으로 소규모 주택에서는 계단부분이 차지하는 면적을 무시할 수 없으므로 가능한 적은 공간을 이용하도록 계획하는 것이 좋다. 그러나 면적에 여유가 있는 주택에서는 계단이 장식적 효과를 갖는 경우가 많으므로 모양과 구조를 여러 가지로 바꾸어 어느 정도는 호화스러운 기분이 나도록 디자인하는 것도 필요하다.

## 8-3-5 차고

### (1) 기능

차고(garage, car port)는 자동차를 보호하고 보관하는 주된 기능 외에도 각종 작업을 위한 작업장 또는 창고 등의 부수적인 기능도 가지고 있다.

### (2) 위치

주택 내에 설치하는 경우와 별동의 차고나 옥외시설과 같이 별도로 설치하는 경우가 있는데 이것은 대지와 도로와의 관계나 주택 전체의 평면계획 등에 의해 여러 가지 형태로 결정된다. 전면도로로부터 운전이 원활하게 이루어질 수 있으며, 특히 비를 맞지 않고 출입이 가능하도록 하는 것이 이상적이므로 차고로부터 현관이나 거실 등으로의 동선배치를 고려하여야 한다. 차고는 주택이나 대지 내의 많은 면적을 차지하게 되므로 계획에 신중을 기해야 하며, 대지와 도로와의 높이차가 충분히 있는 경우에는 이를 이용하여 지하 또는 반지하에 차고를 설치하는 것이 대지의 효율적인 이용측면에서 매우 유리하다.

차고는 그 성격상 현관에 가깝게 위치하는 것이 편리하며, 물품의 반입 등을 고려하여 부엌 등 서비스 부분과의 동선관계도 고려하는 것이 좋다.

### (3) 규모

차고의 크기는 자동차의 크기, 주차대수, 그리고 차고 내에서의 작업내용 및 각종 수납공간 등에 의해 결정된다. 차고의 최소기준은 자동차의 폭, 길이보다 1.2m 정도 여유를 두어 고려한다. 주택전용 차고일 경우 차고의 크기를 3.0m×5.5m로 하고, 자동차와 한 측벽 사이는 최소 20~30㎝ 이상의 여유를 두며, 다른 측벽 사이는 승하차를 위하여 최소한 70㎝ 이상의 여유를 둔다. 이보다 다소 여유 있게 하는 것이 장래차종의 변화나 각종 연장의 보관을 위해서 필요하다.

### (4) 내부계획

차고 내에서는 휘발유 등의 인화성 물질을 취급하기 때문에 화재의 위험이 우려되므로 차고의 벽, 바닥, 천장과 출입문은 내화 또는 방화구조로 하여야 하며 특히 바닥은 견고하고 손쉽게 관리할 수 있는 구조로 하되 배수가 잘될 수 있도록 1/30~1/50 정도의 구배를 주며, 반드시 배수시설을 설치해야 한다.

차고 내에는 매연 등 유독 가스가 발생하므로 환기나 채광을 위한 창의 설치가 필요하며, 실내와 면하는 창에는 철제 망입유리 등을 사용하는 것이 방화상 유리하다. 한편 창을 내지 않을 경우에는 환기용으로 바닥으로부터 30㎝ 정도의 높이에 약 12㎠의 환기공(換氣孔)을 설치하고 천장 부근에도 상부 환기공을 설치한다. 출입문은 개폐방식에 따라 철제 셔터, 접문, 쌍여닫이, 위로 올려 회전하는 방법 등이 있으며, 출입에 편리한 형태로서 폭 2.4m 이상을 확보하되 주택의 외관을 고려하여 결정하는 것이 좋다.

한편 차고는 자동차의 주차, 세차, 정비뿐만 아니라 자전거나 기타 주택 외부에서 사용하는 각종 기구를 보관하거나 작업공간으로 사용되기도 하므로 각종 공구 및 기계류의 수납을 위한 수납공간과 작업대를 마련한다. 특히 수납공간은 바닥으로부터 약간 높게 설치하는 것이 방습에도 유리하고 바닥청소에도 편리하므로 바람직하다.

제 9 장

# 공동주택

## 9-1 집합주택의 개념 및 분류

### 9-1-1 개념 및 발생

#### (1) 개념정의

집합주택이란, 자연발생적으로 형성된 주거지가 아니라 의도적으로 주택을 집합화하여 양호한 주거환경을 조성하고 이에 따라 생활의 질 향상을 지향하고자 인위적으로 계획한 주거군을 말한다. 집합주택을 구성하고 있는 단위세대, 즉 주호는 단독주택과 달리 거주자가 특정인으로 한정될 수 없어 각 세대를 집단으로 취급할 수밖에 없는 관계로 개개인의 주요구나 기호에 대한 만족감은 비록 적지만, 집합화함에 따라 나타나는 호당 건축비와 관리비의 절감, 토지이용의 효율성 제고, 각종 공동시설의 설치에 따른 바람직한 주거환경의 조성 등에서는 많은 이점을 얻을 수 있다.

지금까지 집합주택이란 명칭은 매우 포괄적으로 사용되어 왔다. 즉, 단독주택을 계획적으로 집단화시킨 것에서부터 저층의 연속주택, 그리고 중·고층의 아파트와 같은 공동주택에 이르기까지 모두를 지칭하는 개념으로 사용되고 있다. 그러나 여기서는 주로 중·고층의 아파트와 같은 공동주택을 주된 대상으로 보고 그 내용을 전개하고자 한다.

#### (2) 발생연혁

집합주택의 발생은 기원전 19세기경 피라미드 건설노동자를 위해 건설된 카훈(Kahun)의 연립주택에서 찾아볼 수 있으나, 근대적 의미에서의 집합주택은 산업혁명을 계기로 영국에서 사회적인 문제로 등장한 주거환경의 악화와 주택부족

현상을 해결하기 위해 19세기 말경부터 시작한 불량주택 개량사업과 하워드(E. Howard)가 제창한 전원도시 이론을 받아들여 레치워스(Letchworth)에서 실현된 전원도시(1903) 등으로부터 시작되었다. 그 후, 1차 세계대전 후 세계 각국이 도시주택난에 대처하기 위해 본격화되었고 특히 프랑스의 지드럭 시스템(siedulug system) 건설을 거쳐 2차 세계대전 후에는 인구의 도시집중 현상으로 거대도시권 형성에 따라 나타난 주택난의 해소와 주거환경 개선을 목적으로 대규모 집합주택 건설계획이 전 세계적인 추세로 나타나면서 집합주택 특히 아파트와 같은 공동주택이 오늘날 현대 도시의 대표적인 주거유형으로 등장하게 된다.

우리나라는 1934년에 제정된 조선시가지계획령에 의해 택지조성 사업이 시행되면서 계획적인 주거지 개발이 시작되었으며, 1950년대 말에는 한남동 외인주택단지를 비롯한 정릉, 회기동, 불광동 등의 주거단지들이 대한주택영단에 의해 건설되었다. 한편 중앙산업이 종암 아파트 3개 동을 1958년 건설함으로써 아파트라는 주택형식이 처음으로 소개되었다.

1962년 대한주택공사가 건설한 마포아파트는 우리나라 최초의 아파트 단지였으며 대단위개발의 효시라는 점에서 중요한 의미를 갖고 있다. 1960년대 말부터는 지방자치 단체와 대한주택공사에 의해 공공부문의 아파트 공급이, 1970년대 초부터는 민간기업에 의한 아파트 공급이 시작되었다. 1980년 영국의 뉴타운을 모델로 개발 착수한 과천 신도시는 대규모 주거단지 개발이 도시차원의 계획개념으로 진전되는 계기가 되었다. 1988년 정부의 200만 호 건설계획이 추진됨에 따라 수도권에 분당 등 5개 신도시가 개발되었으며, 이후 이러한 개발방식이 주택의 공급수단으로 자리 잡으면서 용인 수지, 수원 영통 등에 대규모 택지개발사업이 계속되었다. 한편 신규 가용택지가 한계에 달한 도시 내부에서는 재개발 및 재건축이 중요한 개발사업으로 급속히 확대되고 있다.

### (3) 집합주택의 성립요인 및 문제점

#### 1) 성립요인

① 사회적 요인

- 도시지역의 인구밀도 증가와 지가상승은 고밀도의 주거단지의 필요성을 가져왔다.
- 핵가족화 현상에 따른 가구증가는 주택의 부족현상을 부채질하고 있다.

- 도시생활자의 이동성으로 인한 토지소유에 대한 관념부족과 빈곤한 자본력으로 인해 거주이전이 자유롭고 저렴하며 유지·관리가 용이한 공동주택을 선호하는 경향이 나타나고 있다.
- 도시의 평면적 확산으로 인한 출퇴근시간의 증대로 도심 가까이에 고층 아파트 건설이 불가피해졌다.

② 경제적 요인

- 입체적으로 집합화함으로써 대지비, 건축비 및 유지·관리비 등의 절감이 가능하다.
- 집합화에 따라 대지의 효율적 이용 및 주거환경의 질적 향상이 가능하며, 아울러 필요한 공지확보가 가능하다.
- 불연고층 건축물로 건축됨에 따라 도시의 불연화에 도움을 준다.

### 2) 요구조건 및 문제점

집합화에 따른 여러 가지 장점이 있으나, 이러한 장점들을 충족시키기 위해 요구되는 점들도 있을 수 있다. 예를 들면,

- 밀도가 높아짐에 따라 공동생활에 따른 소음과 발코니나 복도 등의 사용에 억제기능이 요구되며, 동시에 내부공간의 설비기능이 고도화되어야 한다.
- 단지의 주거환경을 유지하기 위해서는 기능적인 교통체계의 수립, 생활에 필요한 녹지공간의 확보 및 상하수의 기능적 분화체계가 요구된다.
- 건물 전체에 대한 제반배려가 필요하다. 특정개인을 위해 설계되는 것이 아니므로 어떠한 세대에도 적합한 계획이 되어야 하며, 공동시설의 충분한 확보가 요구된다.

한편 집합주택의 문제점은 다음과 같다.

- 공간의 획일화에 따른 단조로움 및 생활의 변화에 자유롭게 대응하는 것이 곤란하다.
- 개인의 프라이버시 침해 및 각 세대별 독자성이 결여된다.
- 고층화에 따른 건축비 상승 및 설비·유지·관리의 개별적인 조절이 불가능하다.
- 건축의 공법, 재료, 상세 및 설비의 유지·관리 등 기술면의 확립이 불충분하다.

### (4) 집합주택의 계획방향

최근의 집합주택은 집합의 장점을 최대한 살린 새로운 주거유형이 시도되고 있는데, 앞으로 집합주택이 나가야 할 방향은 다음과 같다.

- 거주자의 다양한 생활방식에 대응하는 평면의 개발과 함께 전통적인 평면과 조화를 이룰 수 있는 융통성 있는 평면이 요구된다.
- 접지성, 거주자의 자기표현이 가능한 상징성, 외기에 면하는 개방성 등 집합주택의 단독주택화를 지향해야 한다.
- 우리 집, 우리 동의 분위기, 독자성 등 고유의 특성을 부여할 수 있어야 한다.
- 공용의 공간을 건물 내외부에 설치해 사회적 접촉의 기회를 높이며, 안전성을 증진시켜야 한다.
- 토지의 효율적 이용과 생활의 편리성, 쾌적성 등이 양립될 수 있는 고밀도의 기능이 융합되어야 한다.
- 주변의 지역사회에 적극 기여할 수 있어야 한다.
- 적극적인 거주자의 참여가 요구된다. 즉, 거주자 스스로가 주택 만들기에 직접 참여하는 방식의 코퍼레이티브(cooperative) 주택을 추진하고, 건설단계의 공동화와 관리의 공동화가 필요하다.
- 장애자와 노약자를 위한 각종 공간 및 시설이 마련되어야 한다.

## 9-1-2 분류

집합주택이란, 단독주택을 계획적으로 집합화한 것으로서 수평 또는 수직으로 연결 또는 구성하는 방법이나 법규정 등에 따라 주택형식이 분류된다.

### (1) 연립주택

1~3층의 각 주택이 벽을 공유하고 거의 수평방향으로만 연결된 형태로서 대시변석을 줄일 수 있으면서도 각 주호별로 독립적인 옥외공간 및 출입구를 갖고 있는 공동주택을 말하며, 연결되는 호수와 층수에 따라 2호 2층 연립주택, 4호 단층 연립주택 등으로 호칭된다. 연립주택의 유형은 최근에는 아파트나 다세대주택으로 인하여 거의 소멸된 상태이나, 지금도 계획 여하에 따라서 많은 장점을 갖고 있는 집합주택이라 하겠다. 이러한 연립주택에는 구미의 타운 하우스(town house), 로우 하우스(row house), 중정형 주택(patio house) 등이 있으며, 이들의 특징을 정리하면 다음과 같다.

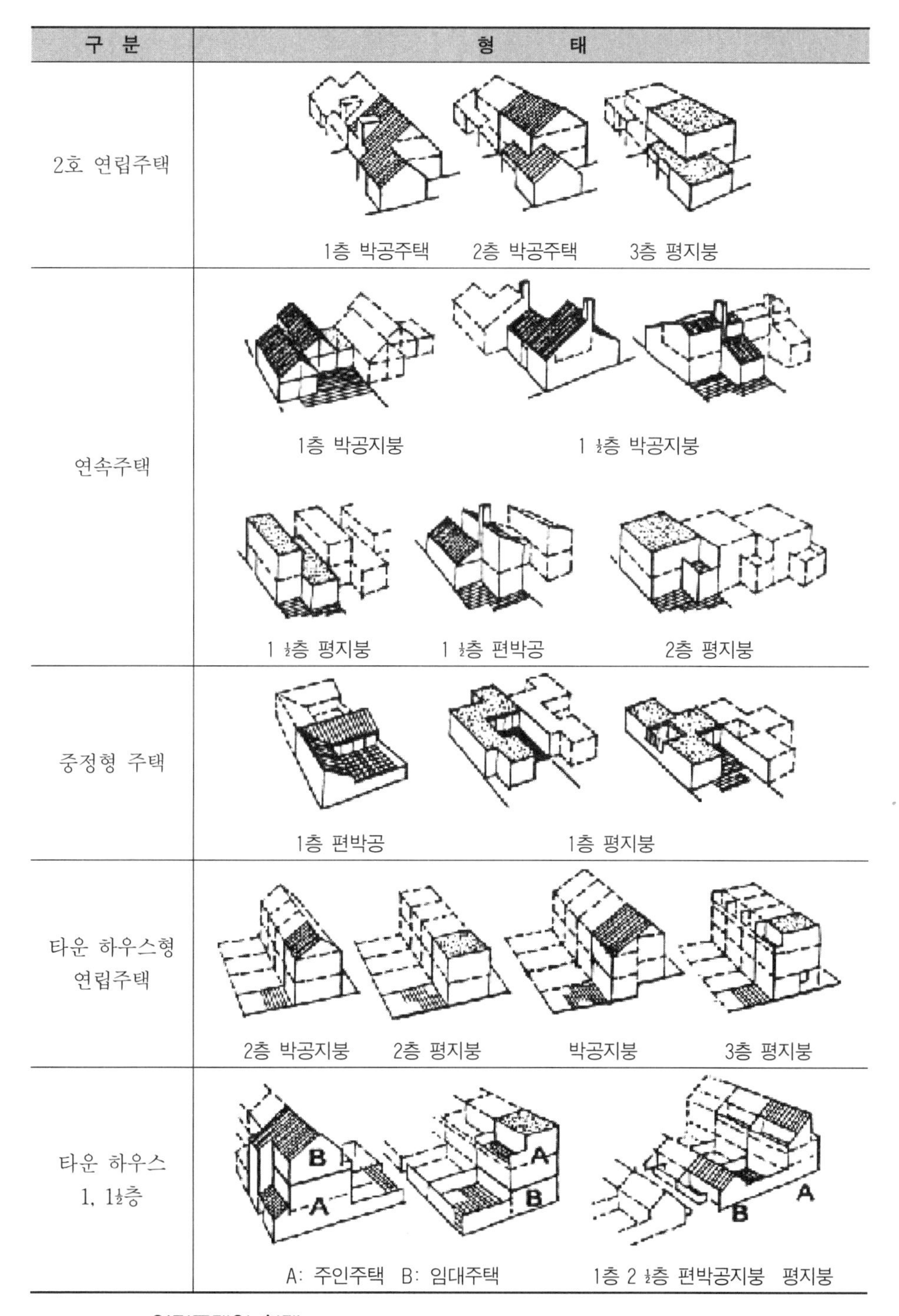


**▌그림 9-1▐ 연립주택의 형태**

### 1) 타운 하우스

타운 하우스는 토지의 효율적인 이용 및 건설비와 유지·관리비의 절약을 잘 고려한 연립주택의 형태로서 단독주택의 장점을 최대한 활용하고 있는 주택형식이다.

주로 2층으로 지어지는데 1층은 거실, 식사실, 부엌 등의 생활공간이, 2층에는 침실, 서재 등 수면 및 휴식공간이 배치된다. 향배치는 주로 남향 및 남동향이 양호하며, 부엌은 서비스를 고려하여 출입구 가까이에 위치하며, 거실 및 식사실은 테라스나 정원과 인접한 곳에 두며, 2층 침실에는 일반적으로 발코니가 설치된다. 각 세대 간 경계벽의 공유로 인한 건축비의 절감과 자신들의 집으로 직접 들어가고 싶어 하는 욕구를 충족시켜주며, 개인정원이나 뜰, 그리고 어린이를 감시하기 쉽게 주택 근처에 어린이놀이터 등을 갖추고 있다.

### 2) 로우 하우스

토지의 효율적 이용 및 건축비와 유지·관리비의 절약을 고려한 형식이다. 단독주택보다 높은 밀도를 유지할 수도 있으며, 제반 공동시설도 단지규모에 따라 적절히 배치할 수 있으므로 도시형 주택으로 바람직하다. 배치 및 구성 등은 타운 하우스와 유사하다.

로우 하우스를 계획할 경우 유의사항으로는 각 주호는 일반적으로 전면을 7.5~10.5m로 하며, 자동차의 접근과는 직접적으로 연결될 필요가 없다. 군화(群化, cluster)하는 가장 간단한 방법은 주차장에 직각으로 두 개의 하위 주호군(sub-cluster)을 입지시키는 것이며, 몇 세대를 후퇴시킴으로써 특징 있는 소공간을 형성시킬 수 있다. 즉, 중앙의 2~3세대를 효율적으로 후퇴시킴으로써 측세대에 의해 위요(enclosed)된 공간이 형성된다.

### 3) 중정형 주택

중정이 평면구성의 중심이 되고 동시에 생활의 거점이 되는 집합주택이다. 주택중앙의 중정을 중심으로 각 공간을 개방시켜 배치하는 반면 외부공간에 대해서는 폐쇄적인 형으로 중동지방이나 남유럽 지역과 같은 덥고 건조한 기후의 지역에서 발달한 주거형태다.

그런데 중정은 원래 사방이 건물로 둘러싸인 폐쇄된 외부공간을 의미하지만 중정이라 부를 수 있는 공간이 되기 위해서 네 방향 모두가 건물로 둘러싸일 필요는 없다. 보통 두 방향 이상이 건물로 둘러싸이고 나머지는 벽으로 둘러싸여서 폐쇄된 외부공간을 형성하고 있으면 중정이라 부를 수 있다. 즉, 중정이란 폐쇄된 외부공간으로서 자연과의 접촉, 프라이버시의 확보, 시각적인 즐거움 등을 실내공간과 연계되어 내향적으로 제공하고 있는 외부공간이다.

중국이나 한국의 전통주택, 농촌주택 그리고 대규모 주택 등에서도 볼 수 있다. 이들은 한 세대 혹은 가족이 중정을 가지고 있으나 외국의 경우 규모에 따라서 보통 한 세대가 한 층을 점유하는 주거형식에서부터 몇 세대가 중정을 공유하고 있으며, 작게는 수호에서 수십 호까지 중정을 둘러싸고 있다.

이 유형의 가장 큰 특징인 중정은 여기에 면한 공간들에 채광과 통풍을 제공해 주는 매개공간인 동시에 마당, 정원 등의 역할을 하는 옥외 생활공간이기 때문에 주호(住戶)의 적주성(適住性)을 높이는 수단이 된다.

### (2) 다세대주택

우리나라에서 1986년부터 대도시 지역에 많이 건설된 공동주택이다. 서민주택의 부족현상을 해결할 수 있는 방안으로 제한된 대지를 최대한으로 활용하여 여러 가구가 거주할 수 있도록 여러 개의 단위주거를 집합 구성한 새로운 주거형태가 제시되었다. 도시의 소규모 가족 또는 저・중 소득층을 위하여 지하 1층 지상 2~4층의 단일건물에 각 층별로 2~4세대가 출입구를 달리하여 입주한 연면적 660㎡ 이하의 공동주택이다.

아파트가 대규모 단지를 필요로 하는 정책적 공급방식인데 반해 적은 대지를 활용할 수 있으며 주로 경제적 부담이 적은 임대공급 방식으로써 저층 고밀도형 주택개발의 좋은 예라고 할 수 있다.

### (3) 테라스 주택

일반적으로 아래층의 지붕을 위층의 테라스로 이용하는 형식인데, 이것을 자연지형에 적용할 경우에는 계단처럼 생긴 자연형 테라스 주택(terrace house)이 만들어지며, 도시주거지에서 이용되는 인공형 테라스 주택은 상기유형과는 달리 평지에서 2층 또는 3층 주택의 상층부분을 하층보다 후퇴시켜 테라스로 이용한 것이다.

테라스 주택은 보통 3~4층 건물이며, 그 특징으로서는 지하층이 있으며, 이지하부분이 있는 쪽을 전면으로 사용하여 도로와 긴밀한 관계를 가지고 있다. 지형적 특성은 전면 폭의 협소함에 대한 깊이방향의 변화를 이용한 주거형식이다.

테라스 주택은 경사도에 따라 그 밀도가 크게 좌우된다. 주거단위가 단층일 때 남향의 경사지 기울기가 증가함에 따라 인동간격이 좁아져도 되지만 약 18°가 되면 아랫집의 뒷면 경계선이 윗집의 앞면 경계선이 될 수 있어 인동간격이 일조로 인하여 없어져도 된다. 30°가 되면 윗집과 아랫집이 절반 정도 겹치게 되므로, 평탄한 대지에서 2호를 건립할 수 있는 대지에 4호까지 가능하게 된다.

그림 9-2는 노르웨이의 리야브루(Ljabru)에 위치한 테라스 주택으로 부족한 일조를 최대한 주택 속으로 끌어들이기 위한 노력을 기울이고 있다.

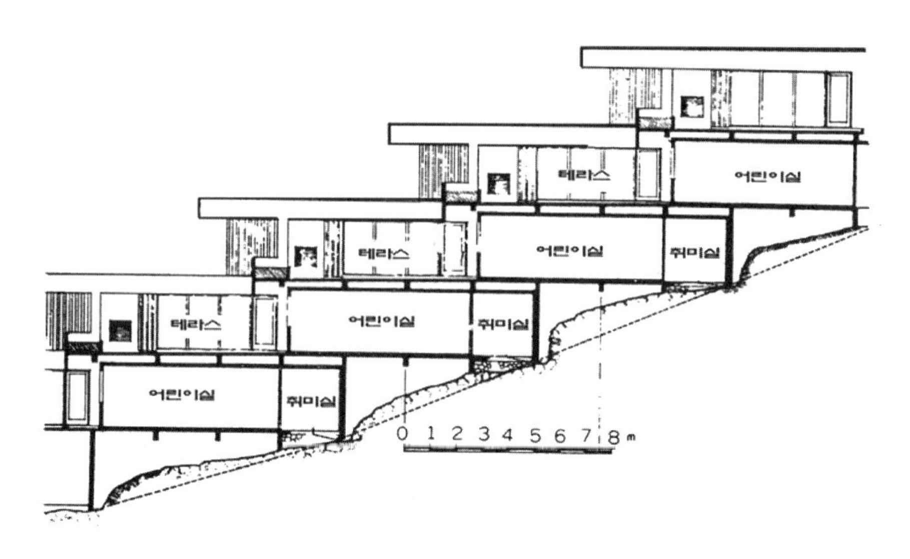


▮그림 9-2▮ 테라스 주택

### (4) 아파트

아파트는 단층 또는 중층으로 구성된 각각의 주호가 수평방향 및 수직방향으로 결합하여 벽과 지붕을 인접 세대와 공유하는 주택형식을 말한다. 우리나라의 경우 1958년에 처음으로 소개된 새로운 주택형식이나, 1960년대 말에 들어서면서 본격적으로 보급되기 시작하여 현재에는 도시지역에서 가장 보편적인 주거형태로 발전하였다. 대지비, 건축비, 설비비 및 유지·관리비 등이 절감되는 장점이 있으나, 밀집되어 건축되는 관계상 프라이버시 침해, 소음발생, 화재 시 연소우려, 그리고 채광 및 통풍상의 문제점 등의 단점도 가지고 있다.

## 9-2 배치계획

### 9-2-1 주동 및 외부공간 배치

주동 및 외부공간 배치는 주거환경의 결정에 매우 중요한 인자일 뿐 아니라, 배치가 결정되면 그 이후로 변경이 거의 불가능하기 때문에 초기의 계획단계부터 신중을 기해야 한다. 따라서 양호한 거주성 확보를 위한 주동 및 외부 공간배치는 다음과 같은 요구가 충족되어야 한다.

#### (1) 향과 인동거리

인동간격과 단지의 경사 등을 고려하여 일조 및 채광을 확보할 수 있도록 주호군의 배치향(配置向)에 세심한 고려가 필요하다. 특히 단지 내 특정세대보다는 전체세대가 골고루 혜택을 볼 수 있도록 한다.

#### (2) 조망

주택의 개방성을 극대화하여 가장 우수한 조망을 가질 수 있도록 하되, 가능한 한 원경(遠景)을 감상할 수 있는 조망을 확보토록 한다. 또한 주동의 배치에 따라서는 단지의 내부 조망을 고려하며, 자연환경과 인접해 있는 단지의 경우 단지 내에서의 자연환경에 대한 통경축을 확보할 수 있도록 배치한다.

#### (3) 개성 있는 배치

격자형 배치의 단조로움을 피하고, 대지형태와 주변의 여건을 반영한 다양한 배치를 통하여 개성 있는 생활공간의 창출을 도모한다. 이 경우 양호한 거주환경을 위해 남향을 우선하되, 가능한 한 북향과 서향은 지양한다.

#### (4) 위계 있는 공간구성

단지의 규모가 비교적 큰 경우에는 주민의 영역성 확보를 위해 주동 간의 거리, 주동의 배치, 출입구의 방향 등을 조정하여 사적, 반공적, 공적 공간을 위계적으로 구성한다.

### (5) 스카이라인

아파트 단지계획에서 스카이라인은 주동의 높이변화를 통해 추구되며 도시 전체의 경관축과 연계하여 계획하여야 한다. 주변과의 조화를 통해 도시맥락적인 경관을 창출할 수 있도록 하며, 변화 있는 경관을 창출하도록 한다.

### (6) 공동체 의식형성

단지 내 공동체 의식의 형성을 위해 주민 간의 유대(communication)가 활발히 이루어질 수 있도록 중심광장, 보행자동선, 커뮤니티 시설 등을 연계시켜 배치한다.

### (7) 프라이버시

건축물, 수목 및 구조물 등에 의한 분리, 사회적 습관에 의한 분리, 주택의 창과 다른 요소 간에 적절한 분리 및 거리확보 등을 통한 프라이버시를 확보하고, 소음대책을 고려한다. 다만 지나친 이격거리는 이웃과의 접촉빈도를 낮게 하여 관계형성에 악영향을 끼칠 수 있기 때문에 배치시 유의한다.

### (8) 방범과 피난

안전하고 건강한 주거단지를 조성하기 위해서 시각적으로 단절되며 구석지고 태양광선이 미치지 않는 공간이 발생되지 않도록 계획하되, 비상 시 소방 및 피난의 문제도 함께 고려한다.

### (9) 주변환경에 대한 배려

주변환경에 미치는 영향을 고려하여 단지개발로 인한 일조침해, 기후변화, 전파장애, 공간적 압박감 등의 악영향이 미치지 않도록 충분히 배려한다.

## 9-2-2 주동의 배시기준

### (1) 밀도기준

주동배치에 있어 가장 영향을 미치는 것은 밀도규정이며, 이는 주로 용도지역 안에서의 건폐율과 용적률 제한규정에 의한다. 즉, 단지의 용량은 국토의 계획 및 이용에 관한 법률에 정해진 범위 안에서 각 지방자치 단체의 도시계획조례가 정하는 규정에 따라 단지의 평면적인 밀도가 건폐율 제한규정에 따라, 입체적인 밀도는 용적률 제한규정에 따라 정해진다.

### (2) 이격거리 및 높이제한 기준

#### 1) 도로에 의한 사선제한

도로에서의 사선제한은 도로에서의 개방감과 시야확보 차원에서 가로구역 내 건축물의 각 부분의 높이를 제한하는 것으로서, 대지와 도로의 여건에 따라 달리 적용을 받기 때문에 건축가능 범위에 차이가 나며, 개발밀도에도 영향을 미친다.

#### 2) 일조권 확보를 위한 높이제한

일조 등의 확보를 위한 건축물의 높이제한은 건축법에 의해 규정되고 있다. 전용주거 지역이나 일반주거 지역에서는 정북방향으로 인접대지 경계선에서 해당 건축물의 각 부분높이의 1/2 이상을 이격해야 한다. 특히 공동주택은 채광방향 일조권 규정을 별도로 받는다.

### (3) 조경 및 녹지확보 기준

단지 내에 설치되는 조경은 외부도로에서 오는 소음이나 공해 등으로부터 주거공간을 분리해 주는 기능뿐만 아니라 거주자의 휴식공간으로서의 기능도 갖도록 녹지공간에 적절한 휴게시설을 설치하여 주민휴식을 위한 공간을 제공하여야 한다. 이에 따라 법규에서는 쾌적한 단지환경을 위해 단지면적의 30% 이상을 녹지공간으로 확보토록 규정하고 있다.

### (4) 주차장 설치기준

주차장은 세대당 비율로 주차대수를 산정하는 것을 원칙으로 하며 그 기준은 표 9-1에 의한 기준 이상을 확보해야 한다. 오늘날에는 좀 더 자연친화적이며, 커뮤니티가 중요시되는 단지조성을 위해 비상차량 동선과 하역공간을 제외하고는 지상을 녹화시키고 지하공간을 이용하여 주차하는 방식을 많이 채택하고 있다.

### 9-2-3 동선계획

동선계획은 단지에서 발생하는 사람, 자동차, 자전거 등의 통행을 안전하고 효율적이며 쾌적하게 도모하려는 데 그 목적이 있다. 이러한 계획과정에서 접근성, 안정성, 쾌적성, 활력, 커뮤니티 활성화 등을 고려해야 한다.

그러나 기존의 동선계획들은 관행적으로 차량동선 위주로 계획이 이루어짐으로써 보행자의 안전을 위협하고 쾌적성을 저하시키는 주요 요인으로 작용하였으며, 목적동선 위주로 계획됨으로써 외부 공간 자체를 즐길 수 있는 향유의 기능을 소홀히 한 점도 있다. 따라서 활력 있는 외부 공간과 더불어 커뮤니티의 증진을 위한 회유동선이 적극적으로 계획되어야 한다.

보행동선은 커뮤니티 형성을 도모하기 위해 단지 내의 녹지와 연계하여 공공공간을 유기적으로 연결해야 하며 주민들의 이용빈도가 높은 공간을 안전하고 쾌적한 보행로로 연결하여 단지에 활력을 주어야 한다.

**표 9-1** 주차장 설치기준

| 주호의 전용면적 | 주차장 설치기준(대/㎡) | | | |
|---|---|---|---|---|
| | 특별시 | 광역시 및 수도권 내의 시 지역 | 시 지역 및 수도권 내의 군 지역 | 기타 지역 |
| 85 ㎡ 이하 | 1/75 | 1/85 | 1/95 | 1/110 |
| 85 ㎡ 초과 | 1/65 | 1/70 | 1/75 | 1/85 |

## 9-3 주동계획

### 9-3-1 개설

공동주택 계획에 있어서는 사회적인 조건에 대응할 뿐 아니라 생활면에서의 요구조건이 만족되어야 한다. 여기에서 사회적인 조건이란 건축형태에 영향을 주는 밀도가, 생활면에서의 요구는 집합의 단위가 되는 단위주거 또는 주호(住戶)가 문제가 된다. 주호가 집합하여 하나의 주동(住棟)이 되고 주동이 모여서 하나의 주구(住區)를 이루게 된다.

단지 내 인간관계는 건축공간의 구성여하에 따라 크게 달라지므로 주동계획은 이것이 원활하게 유지될 수 있도록 계획하는 것이 필요하다. 인간생활의 터전으로서의 즐거운 분위기를 느끼기 위해서는 변화가 있는 다양성이 필요하며, 생활의 윤택과 활기가 넘치는 분위기 조성이 필요하다. 주동계획에서 동일한 형태의 단위주거를 반복하여 배치한다든가 쌓아올리면 형태가 단조로울 뿐 아니라 거주자의 가족구성이나 계층이 한쪽으로 편중될 가능성이 있으므로 서로 다른 단위주거를 복합시킴으로써 훨씬 자연스러운 근린사회를 형성할 수 있을 것이다. 다만, 아직까지는 우리의 현실이 여기에 미치지 못하고 있다.

또한 주동의 규모가 커지면 휴먼스케일에서 멀어질 수밖에 없으므로 적절하게 분절시키는 것도 필요하다. 똑같은 모양을 단조롭게 반복하는 것이나, 비인간적인 거대한 스케일은 피하고 자연과의 접촉을 통한 인간적인 스케일로 구성하도록 하는 것이 바람직하다.

이러한 주동계획을 실현하기 위해서는 계획의 초기단계부터 주동의 구성을 고려해야 한다. 주동계획 시 기본적으로 고려해야 할 조건들을 요약하면 다음과 같다.

- 다양한 주거요구에 대응하여 다양한 평면형의 혼합배치가 되도록 할 것.
- 지형에 따른 단조로운 형태를 피하여 외관 형태상의 변화를 도모할 것.
- 지붕과 개구부 형태의 변화를 주어 주거단지의 다양한 분위기와 느낌을 연출할 것.
- 통로에서 각 단위주거의 프라이버시가 침해되지 않도록 할 것.
- 주동입구에서 각 단위주거에 이르는 거리가 너무 길지 않도록 하며, 또한 각 단위주거의 현관은 계단, 엘리베이터 홀에서 너무 멀지 않도록 할 것.
- 공용부분의 면적은 될 수 있는 한 적게 할 것.
- 각 단위주거의 단위평면은 2면 이상 외부에 면하도록 계획할 것.
- 거실이나 안방 등 주요한 공간이 모서리에 배치되지 않도록 계획할 것.
- 각 단위주거에서 주요한 공간의 환경조건은 균등하도록 계획할 것.
- 엘리베이터는 주동 중앙에 위치하는 것이 서비스 측면에서 좋으나, 대지조건이나 접근(approach)방향 등을 고려하여 결정하며, 설치대수는 엘리베이터의 이용률을 제고하되, 이용률이 높을수록 서비스 면에서는 불리하므로 이에 대한 해결책을 강구할 것.

## 9-3-2 주동(住棟)의 유형분류

### (1) 평면형식에 따른 분류

#### 1) 홀형(hall system)

계단실형이라고도 하며, 계단실 또는 엘리베이터 홀에서 직접 출입이 가능한 2개 이상의 단위주거들이 2~4개씩 병렬로 연결된 형식이므로 현재 대부분의 공동주택에 적용되고 있다.

이 형식의 특징은 각 단위주거의 균등한 주거성(住居性), 즉 채광, 통풍, 프라이버시 등의 거주조건이 양호하고 동선이 짧아 출입이 용이하므로 우리나라에서 가장 일반적으로 사용되고 있는 형식이다. 그러나 고층화했을 경우에는 엘리베이터가 필요하며, 사용 단위주거의 수가 한정되므로 이용도는 낮다.

홀형은 홀의 이용도에 따라 2개의 단위주거가 홀을 공유할 경우와 다수의 단위주거가 홀을 공유할 경우로 구분할 수 있다. 전자는 가장 일반적인 형태로서 각 단위주거가 균등한 거주조건으로 배치가 가능하여 채광, 통풍, 프라이버시 등이 양호하나, 엘리베이터의 이용률은 비교적 낮으므로 중층 이하에 적합한 형식이다. 반면에 후자는 각 단위주거의 거주조건이 상이하나, 통로면적과 설비비용의 절감이 가능하므로 고층 아파트에 유리한 형식이다. 이 경우에는 그림 9-3에서와 같이 'I', 'L', 'T', 'Z', '+', '전(田)' 등 다양한 평면형식이 가능하다.

▮표 9-2▮ 공동주택의 평면형식별 분류에 따른 특성

| 구분 \ 특성 | 단위주거의 프라이버시 | 단위주거의 거주성 | 엘리베이터의 효율성 | 통로면적(㎡) |
|---|---|---|---|---|
| 계단실형 | 양 호 | 양 호 | 불 량 | 4.5~ 5 |
| 편복도형 | 불 량 | 중 간 | 중 간 | 7~ 12 |
| 중복도형 | 불 량 | 불 량 | 양 호 | 5~ 10 |
| 집중형 | 중 간 | 불 량 | 중 간 | - |
| H형(TC형) | 불 량 | 중 간 | 양 호 | 9~ 15 |

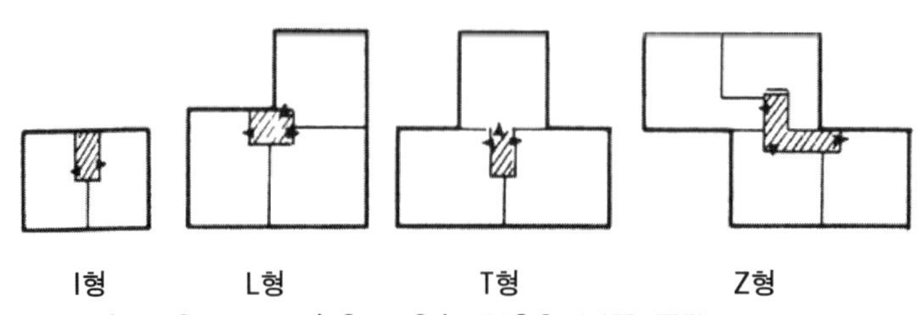


▮그림 9-3▮ 다수의 단위주거가 홀을 공유할 경우의 블록 플랜

### 2) 편복도형(open corridor plan)

외기에 면한 복도를 통해 각 단위주거로 진입하는 유형으로 갓복도형, 한쪽 복도형이라고도 하며, 고층 아파트에 흔히 사용되는 형식이다. 균등한 거주조건을 부여할 수 있으며, 1대의 엘리베이터에 대한 이용가능한 단위주거가 많기 때문에 고층화할 때 건축비, 유지·관리비 면에서 유리하나 중복도형만은 못하다. 복도를 이용하는 이웃 간의 친교기회는 많아지나, 복도에 면한 실의 경우 프라이버시가 침해되기 쉽다. 이에 대한 개선책으로는 복도를 단위주거로부터 분리시키거나 바닥을 낮게 하여 시선을 차단하는 방법 등을 고려해봄직 하다. 복도측 개구부의 크기나 위치에 제한을 받으므로 통풍이 불량하며, 복도설치에 따른 통로면적이 증대되는 단점을 갖고 있다.

### 3) 중복도형(center corridor plan)

이 유형은 중앙에 복도를 설치하고 양측에 각 세대가 배치된 관계로 속복도형, 가운데 복도형이라고도 하며, 단위면적당 가장 많은 단위주거를 수용할 수 있으며, 건물의 속깊이가 증가하므로 구조상 유리한 형식이지만, 거주조건이 불균등하고 통풍·채광·프라이버시 등을 포함한 주거성이 현저히 떨어지는 형식이다. 복도부분의 채광, 환기, 소음 등에 대한 문제해결과 화재 시 매연을 처리하기 위

**표 9-3** 중복도형의 유형 및 사례

| 각층 복도형 | 격층 중복도형 | 3격층 중복도형 | split level형 |
|---|---|---|---|
| | | | |
| 일반적인 중복도형으로 복도의 양끝에 개구부가 있는 경우와 단위주거가 배치되는 경우가 있다. | 코르뷔지에의 마르세유 아파트 이후로 일반화된 형으로 복도형 거실과 상층부 침실이 층으로 분리되므로 각 단위주거 내부에 전용 계단이 설치된다. | 격층 중복도형과는 달리 거실이 2개 층으로 분리되는 형식이다. | 각 층마다 복도의 위치가 엇갈리면서 배치되는 것으로 이를 이용하여 대소의 단위공간이 결합되어 하나의 단위주거를 구성하는 형식이다. |
| 대부분의 경우 | 한남 외인 | 사례 없음 | 사례 없음 |

해서는 설비면에서 충분한 고려가 요구되므로 특별한 경우가 아니면 흔히 채용되는 유형은 아니다. 이 형식은 지가가 높아 고밀도가 요구되는 도심지의 고층 아파트나 독신자용 아파트 등에 유리하다.

한편, 중복도형을 확대한 것과 같은 형식으로 중앙부에 엘리베이터 홀과 계단실을 두고 그 주위에 각 단위주거를 배치한 형식인 집중형(concentration type)도 있다.

### 4) 양복도형(twin corridor type)

양복도형은 ㅁ자형 주동을 기본으로 내부면에 복도가 형성된 것으로 중정을 갖는 방식으로, 양복도형은 기본적으로는 고밀개발의 한 방편으로 중복도형과 함께 이용되어지는 형식이다. 따라서 이 방식을 채용하는 계획상의 논거는 밀도상승의 필요성에 우선적으로 기반을 두는 것으로 우리나라에서는 1965년도에 건설된 동대문 아파트에서 최초로 시도되었으나 그 후 상당기간 동안 적용된 사례가 없었고, 1990년대 이후에 산본 주공5단지아파트, 포철 서울 임대아파트, 도개공 거여아파트 등에서 도입된 사례가 있다.

이 형식은 내부에 중정이 형성된다는 점에서 적절한 계획이 이루어질 경우 건물 내부를 외부 공간화하고, 복도와 중정의 상호관계를 통한 거주자의 공동생활공간의 형성 가능성이 높아지는 장점이 있다. 그러나 고밀도 주거에 의한 생활소음 문제, 시지각적 불안감, 공용공간의 사유점유 우려 등의 문제점도 갖고 있으므로 이러한 점을 해결할 개선하기 위한 각종 건축계획적 방법이 검토되어야 한다.

**표 9-4** 양복도형의 유형 및 사례

| 중앙 코어형 | 편측 코어형 | 양측 코어형 |
|---|---|---|
| 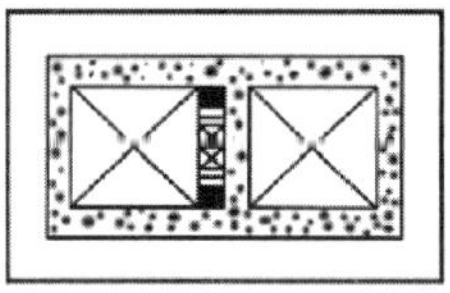 | 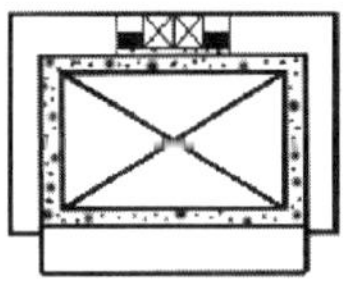 | 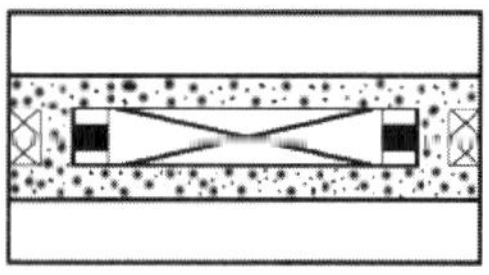 |
| 구조체의 4면에 주호가 배치된 형식으로 양측 코어형에 비해 고밀화가 가능하고, 복도를 연결하는 통로를 통하여 동일 층 내 동선감소 및 사회성 증진의 가능성을 제고할 수 있다. | 탑상형과 같이 장단변비가 1:1에 가까운 형식으로 대지의 형상이 돌출된 경우에 사용 가능하다. | 코어를 양측면에 배치하면서 개구부를 구성하는 방식으로 블록 내부의 채광은 양호하지만, 내부 중정의 형상 및 규모에 따라 심리적 불안정을 초래할 가능성도 있다. |
| 사례 없음 | 도시개발공사 거여 | 산본 주공, 포철 임대, 동대문 |

### 5) 코어형

복도형과 홀형을 절충시킨 유형으로 고층 아파트에서 홀과 짧은 복도를 중심으로 많은 단위주거를 집결시킬 수 있다. 탑상형에서 주로 이용되는 형식으로 최근 지구단위 계획제도의 도입에 따라 탑상형 배치구간이 설정되고 이에 대한 해결방안으로 많이 보급되기 시작하였다. 각 단위주거의 주거성 및 프라이버시 확보에 가장 유리한 것으로 이해되는 유형이다. 세대 간 커뮤니티 형성 및 코어의 쾌적성에 대한 추가적인 고려가 필요하다.

## (2) 입체형식에 따른 분류

주동의 입체형식은 층수나 층의 구성 측면에서 분류가 가능하며, 이에 따른 각 유형별 특성은 다음과 같다.

### 1) 층수에 따른 분류

공동주택은 건축물의 높이에 따라 크게는 저층과 고층으로, 이를 다시 세분하면 저층, 중층, 고층, 초고층 등으로 분류된다(표 9-5 참조). 이러한 유형들의 특성은 다음과 같다.

저층형은 2~3층의 연립주택이 여기에 속하며, 구조적으로 간단하며, 각 단위주거가 대지에 직접적으로 접할 수 있어 자연과 가까이 할 수 있는 장점이 있으나 주거밀도를 높였을 때 프라이버시나 일조상의 문제가 뒤따르므로 불리하다.

중층형은 엘리베이터 없이 보행으로 이용할 수 있는 4~6층의 아파트가 여기에 속한다. 우리나라의 경우는 5층 이하의 공동주택을 지칭하는데, 현행 법규상 단위주거의 규모가 작은 6층 아파트도 엘리베이터 없이 건축이 가능하므로 나타나고 있다.

고층형은 엘리베이터를 이용하는 7~15층의 아파트로서 주거밀도를 높일 수 있으며, 지상에 많은 공지를 확보할 수 있다. 그러나 지면과 격리된 생활로 인해 생활면에서는 저층형의 장점을 따라갈 수 없다.

특히 초고층형은 16층 이상(건축법에서는 50층 또는 200m 이상으로 규정)의 고층 아파트로서 건축비가 많이 요구되는 형식이다. 우리나라의 경우는 오늘날 도시지역에서 초고층형의 아파트가 가장 보편적으로 보급되고 있으며, 최근에는 60층 이상되는 초고층 아파트도 서울, 부산지역에 나타나고 있다.

**▮표 9-5▮ 집합주택의 높이에 의한 분류**

| 구분 | 1970년대 | 1980년대 | 1990년대 이후 |
|---|---|---|---|
| 저 층 형 | 1~2층 | 3층 이하 | 5층 이하 |
| 중 층 형 | 3~5층 | 10층 이하 | 15층 이하 |
| 고 층 형 | 8층 이상 | 20층 이하 | 24층 이하 |
| 초고층형 | - | 20층 이상 | 24층 이상 |

### 2) 층의 구성에 따른 분류

① 단층형(flat type)

하나의 단위주거가 1층(단층)으로 구성되고 또한 동일한 층에 배치·구성되는 형식으로 각 층에 통로 또는 엘리베이터를 설치하게 된다. 우리나라 대부분의 공동주택이 여기에 속하며, 일반적으로 아파트의 대명사로 불린다. 평면구성의 제약이 적으며, 소규모의 평면계획도 가능하나, 각 단위주거의 프라이버시 유지가 곤란하고 공용면적이 증가한다.

② 복층형(maisonette type)

a) 듀플렉스형(duplex type)

하나의 단위주거가 2개 층에 걸쳐 구성된 형식이다. 각 층마다 복도가 필요 없으므로 유효면적이 증가하며, 복도가 없는 층은 양면이 개방되므로 채광, 통풍, 전망, 소음 측면에서 유리하고, 거주성, 특히 프라이버시가 양호할 뿐 아니라 단위주거 내의 공간의 변화를 줄 수 있는 장점이 있는 반면, 소규모 단위주거에서는 적용이 곤란하고, 화재발생 시 대피상 문제점이 발생하며, 또한 상·하층의 평면이 서로 다르므로 구조계획이나 설비계획 시 세심한 검토가 요구된다.

또한 중복도를 사용하여 상·하로 두 단위주거를 엇물리게 배치하는 교합 메조넷형(interlocking maisonette type)도 있다. 이 형식은 중복도형의 단점을 어느 정도는 보완할 수 있다. 그림 9-4는 코르뷔지에가 설계한 마르세유 아파트의 단위주거 평면으로 이것은 3개 층마다 나타나는 중복도를 통해 출입하는 듀플렉스형 단위주거들을 서로 얽히게 구성하는 방식으로 계획되어 있다. 이 외에도 1976년 뉴욕 시에 건설된 리버벤드(Riverbend) 주택단지에서는 복층형과 2개층 높이의 편복도를 계획하고 있다. 우리나라에서는 1970년대 반포 주공1단지아파트, 한남 외인아파트 등에서 처음 시도되었으며, 1990년대부터는 서울지역의 고급의 연립주

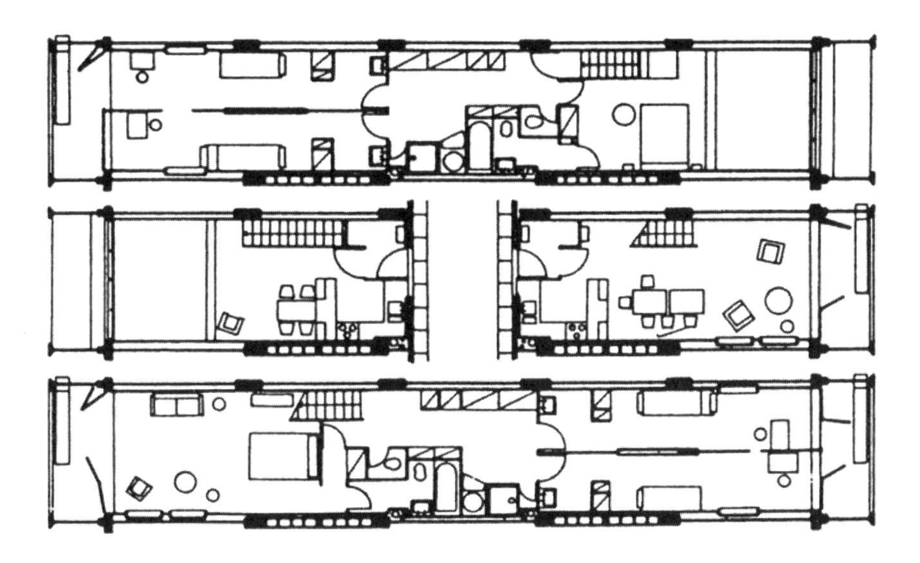

▮그림 9-4▮ 르 코르뷔지에의 마르세유 아파트 평면

택에서 많이 사용되어 왔으며, 특히 최상층 또는 1층의 단위세대에만 도입한 아파트가 전국적으로 나타나고 있다.

b) 트리플렉스형(triplex type)

트리플렉스형은 하나의 단위주거가 3개 층에 걸쳐 구성된 형식이다. 프라이버시 확보율이 높고 통로면적도 듀플렉스 방식보다 절약되나, 소규모 의 평면에서는 내부상의 동선계획에 소요되는 면적이 증가하므로 주거규모가 대단히 크지 않으면 적합하지 않으며, 통로면적의 확보나 피난계단을 비롯하여 기타시설 배치상의 문제점이 발생되는 우려가 있다.

③ 스킵 플로어형(skip floor type)

통로가 1층 이상 건너뛰는 형식으로 격층 복도형이라고도 한다. 즉, 1~2층 간격으로 엘리베이터가 정지하는 공용복도를 설치하고 복도가 없는 층에는 계단을 통하여 각 단위주거로 진입하는 형식이다. 이 형식은 편복도 또는 중복도형의 변형으로 볼 수 있으며, 복도형이 갖는 단점을 보완하기 위한 방법으로 복도층의 수를 줄였다.

장점으로는 비통로측 단위주거의 일조·통풍의 유리 및 프라이버시 확보가 가능하고, 동일 주동 내에서 다른 모양의 단위주거를 혼합하여 배치할 수 있어 단위주거의 다양성 및 입면상의 변화가 가능하며, 엘리베이터의 정지층 수의 감소로 효율성을 제고할 수 있으며, 통로면적이 절감된다. 단점으로는 동선이 복잡하므로 설계나 구조측면에서 유의해야 하며, 엘리베이터가 정지하지 않는 층의 단위주거에서는 피난이 어렵고, 동선이 길어진다.

우리나라에서 이 형식이 적용된 사례는 주공의 상계동 3대 아파트가 최초인데, 이 아파트는 복층형에 적용한 2격층형이며, 이후 도개공의 수서 1, 7단지아파트에서 편복도 3격층 복도형이 두 번째로 적용되었다. 그러나 복층형이 아닌 경우에는 공용면적의 축소효과를 기대하기 어려우므로 입면의 변화효과만을 위하여 적용하기에는 그 설득력이 약하다 하겠다.

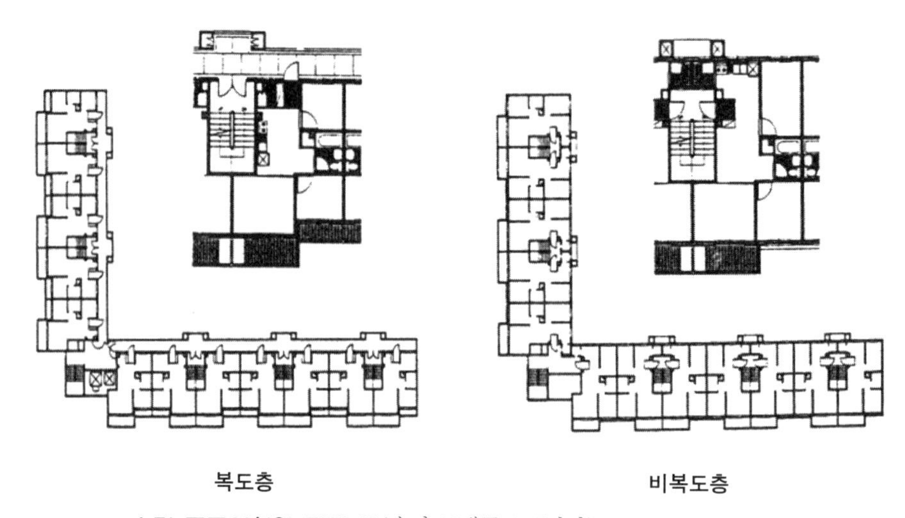


**▌그림 9-5▌ 스킵 플로어형의 평면 예**(수서 도개공 1, 7단지)

### (3) 주동의 형태에 의한 분류

#### 1) 판상형

가장 일반적으로 사용되고 있는 주동형태로서, 단위주거를 상하좌우로 잇고 주동 전체를 길다란 모양으로 한 형식으로 홀형, 복도형 등에서 많이 볼 수 있다.

특징적인 요소로는 주동의 길이를 대지상황에 따라 자유롭게 정할 수 있어 배치상 효율적인 계획이 가능하며, 각 단위주거의 거주조건을 동일하게 처리할 수 있으며, 같은 형식의 단위주거를 배열하기 때문에 시공이 용이하나, 주동의 길이가 길 경우 시야를 차단하므로 대지를 전후로 분단하고, 경관이 단조롭고, 압박감을 준다.

특히 一자형은 인동간격과 향의 균일성을 쉽게 확보할 수 있으며, 단위주거의 단위구성이 쉬어 우리나라에서 가장 많이 사용되는 형식이다. 그러나 주동이 지나치게 길면 외부공간 구성이 단조로워지고 시각적으로도 지루함을 느끼게 하므로 주동의 길이는 일반적으로 70~80m를 한도로 계획하는 것이 바람직하다.

### 2) 탑상형(tower type)

탑상형은 통상 판상형과 비교하여 이해되며, 외형상의 차이뿐 아니라 단위주거를 결합시키는 방식에서도 차이를 보이고 있다. 즉, 계단이나 엘리베이터 홀을 둘러싼 단위주거가 주로 상하방향에만 겹친 형식으로 집중형(방형, 성형)에서 많이 볼 수 있는 유형이다. 장점으로는 전망이 양호하고, 개방감을 주며, 변화를 줄 수 있는 점 등이 있으나, 각 단위주거의 거주조건이 불균등하고, 각층의 단위주거의 수에 제약을 받으며, 외벽길이가 길어지고, 구조적으로 난점이 있다.

탑상형이 사용되는 배경에는 단지에 랜드마크(landmark)적인 요소를 도입하기 위한 경관적 필요에 의해 사용되는 경우와 단지배치상 판상형만으로는 토지의 효율적 이용이 곤란한 경우가 있는데 일반적으로는 전자의 경우가 우선시되고 있으며, 이러한 기조는 현재까지도 지속되고 있다. 그림 9-6은 기존 탑상형의 단점인 향의 문제를 해결하기 위해 사용된 예다.

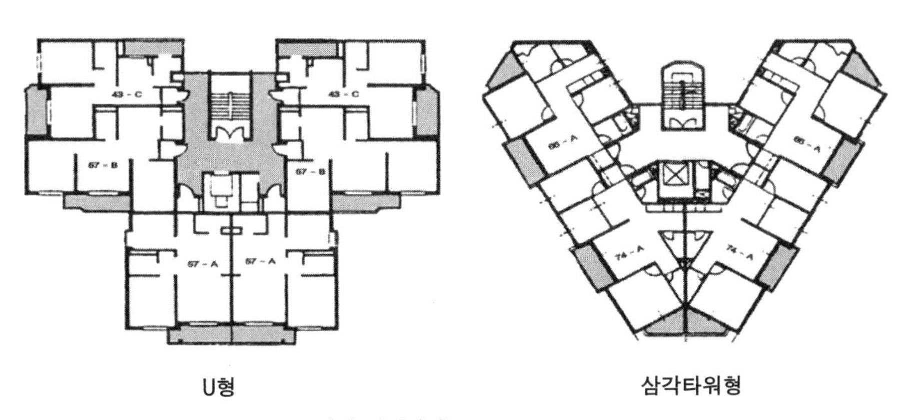


**▌그림 9-6▐ 탑상형의 평면 예**(상계 신시가지)

### 3) 복합형

판상형과 탑상형 두 형식의 특징을 가미한 형식으로 'H', 'L', 'Y' 등 복잡한 형태가 된다. 대지의 형태에 의해 제약을 받는 경우에 발생하나, 최근에는 이러한 형을 택하는 경향이 많아졌다.

## 9-3-3 주동 내 공용부분 계획

### (1) 계단 및 복도

공용의 계단실은 각 단위주거로 올라가는 통로뿐만 아니라 이웃 간의 만남의 장소, 어린이 놀이공간도 겸하는 인간관계의 장소가 된다. 따라서 법규상의 최소 기준에 의할 것이 아니라 좀 더 쾌적한 공용공간으로 계획하는 것이 바람직하다.

계단 및 계단참의 폭은 최소한 1.2m 이상, 단 높이는 18cm 이하, 단 너비는 26cm 이상으로 계획하되 비상용 피난계단을 겸하기 때문에 이에 대한 배려도 필요하다. 각 단위주거 내 각 부분으로부터 계단까지의 보행거리가 주요구조부가 내화구조 또는 불연재료인 경우 법규상 50m(16층 이상은 40m) 이내로 되어 있으나 40m를 넘지 않도록 계획하는 것이 좋다.

공동주택에서의 복도는 각 단위주거로 직접 진입하는 관계로 프라이버시에 대한 세심한 배려가 필요할 뿐 아니라 직선적인 단조로움도 피하기 위해서 각 단위주거의 출입구 부분에 알코브를 설치하거나, 복도의 폭과 동선에 변화를 주는 것이 좋다. 이 외에도 각 세대의 통풍상 문제 및 화재발생 시 중요한 역할을 하는 점 등을 고려하여 복도의 폭은 편복도에서는 1.2~1.5m 이상, 중복도에서는 1.6~1.8m 이상으로 계획한다. 중복도인 경우에는 복도의 길이가 40m를 초과할 경우에 길이 40m 이내마다 자연적인 환기를 위한 환기창을 설치해야 한다.

### (2) 엘리베이터(elevator)

엘리베이터는 계단과 함께 공동주택에서 주요한 수직 교통수단의 하나이며, 주로 6층 이상의 규모에 설치하도록 한다. 고층의 공동주택에서는 대부분의 수직동선이 엘리베이터에 의해 이루어진다는 점을 고려하여 배치, 용량, 안전성 등은 면밀하게 검토하여 계획하는 것이 중요하다. 일반적으로 출입구 홀에 비상계단과 함께 설치하며, 홀에서 대기하는 동안 지루하지 않도록 조망을 확보하거나 디자인의 변화를 주는 것이 좋다.

주동 내 공용부분은 경제성을 확보하기 위해 효율적인 공간으로 계획하지만 환기, 조망, 방재, 피난 등에 대한 고려로 다양한 변형이 이루어진다. 전이공간으로서의 성격을 고려한 공간적 특성화를 위해 계획적 배려가 이루어지기도 한다.

## 9-4 단위주거 계획

### 9-4-1 단위주거의 개념 및 디자인 목표

#### (1) 개념

공동주택에서의 단위주거 또는 주호는 단지계획의 구성단위인 주동을 이루는 기본단위다. 또한 공동주택의 입지조건에 따른 사회・경제・문화적 그리고 지역적 특성을 고려하고 양질의 거주성 확보를 기본으로 하는 다양한 소비계층의 이해와 맞물리는 높은 상품성이 요구되는 가장 중요한 계획요소이기도 하다.

#### (2) 디자인 목표

단위주거의 평면계획은 본질적으로는 단독주택과 크게 다를 바 없다. 그러나 입주자가 미정이므로 불특정 다수를 대상으로 설계를 해야 한다는 점이 가장 큰 차이점이다. 따라서 특정한 개인의 생활요구에 대응하는 것이 아니라 공급하는 주호를 구매할 수 있는 수요계층을 파악하고 이 수요계층의 생활상에 의해 일반적인 계획이 이루어지므로 이들을 일련의 수요계층으로 파악하는 일은 공동주택을 계획하는 과정에서 제일 먼저 해야 할 일이며, 또한 중요한 일이라 하겠다. 입주자의 계층은 건설지역이나 임대조건 등에 따라 달라지며, 생활상은 개인별로 차이가 있으나 계층별로는 많은 공통점을 갖고 있다.

단위주거 디자인의 궁극적인 목표는 거주자를 위한 최적의 주거성능 확보이며, 이를 위해서는 먼저 생활양식, 가족구성, 실구성(3LDK형), 거주성(일조, 조망, 개방성, 프라이버시, 환기, 통풍, 차음 등), 구조방식, 창호의 위치, 가구의 크기 등을 심도 있게 고려하여 계획해야 한다. 일상생활과 관련된 재해의 예방을 위하여 구조의 안전, 방화, 추락방지, 가스의 안전 등 관계법령과 관련된 사항을 검토하고 설비계통을 간단명료하게 하는 코어 시스템을 유도한다. 그러나 본질적 한계인 불특정 다수를 위한 보편적인 평면유형은 개인의 개성을 살릴 수 있도록 확장 및 가변의 여지를 남겨두고 있지만 아직까지는 만족스럽지 못한 실정이나, 이 또한 머지않아 활성화될 것으로 본다.

## 9-4-2 단위주거의 규모 및 단위형식

### (1) 규모

단위주거의 규모는 가족구성을 기준으로 침실 수를 결정하는 것이 원칙이며, 여기에 입주자의 생활내용과 수준, 경제적 측면을 고려하여 산정한다. 일반적으로 2DK, 2LDK, 3DK, 3LDK, 4LDK 등이 주로 사용된다.

가족구성이나 경제적인 수준에 따라 주택형을 3개 유형으로 구분하고 단위주거의 규모범위와 계획지침을 살펴보면 다음과 같다.

첫째, 소규모 주택형은 가족 수가 적은 소규모 가족이나 저소득층을 위한 주택형으로 우리나라에서는 영구 임대주택이나 시영주택이 이에 속한다. 주거규모가 60㎡ 이하이므로 면적을 최대로 이용하기 위해서는 부엌과 식사실, 거실과 침실의 겸용 등이 불가피해 진다. 또한 공간이 협소하므로 부엌, 식사실, 거실, 침실을 개방적으로 연결한다.

둘째, 중규모 주택형은 중산층을 위한 주택형으로 건전한 주생활을 영위할 수 있는 실용적인 주택이다. 주거규모는 60~120㎡ 정도로서 입식 생활을 원하는 경우에도 경제적으로 가구를 배치할 수 있으며, 침실은 거실이나 식사실과 분리되어 완전한 프라이버시를 확보할 수 있다.

셋째, 대규모 주택형은 고소득층을 위한 주택형으로 그 규모는 120~240㎡까지 다양하다. L・D・K 평면형식이 적합하므로 넓은 거실과 식사실이 부엌공간과 분리하여 계획될 수 있으며, 욕실도 2개 이상이 설치된다.

### (2) 단위형식

공동주택의 단위주거는 그림 9-7에서와 같이 다음의 4가지 기본형식 중 하나에 속하며, 이에 따른 다양한 변화가 생긴다.

첫째, 1면이 개방되어 있는 경우로서 편복도형이나 중복도형 등이 여기에 속하며, 프라이버시나 채광・통풍상 불리하므로 좋은 단위평면을 만들기 곤란하다

둘째, 단부 2면이 개방되어 있는 경우로서 개별통로형이나 홀형 등이 여기에 속하며, 프라이버시나 채광・통풍상 유리하나 안 깊이가 깊을 경우에는 중앙부는 채광상 불리하다.

셋째, 모서리 2면이 개방되어 있는 경우로서 클러스터(cluster)형이나 풍차형 등

이 여기에 속하며, 주로 탑상형에서 나타난다. 각 주호가 집합하는 데서 오는 결점을 보완하고 개방된 평면을 만들고자 하는 시도로서 비교적 새로운 형식으로 소규모 에서 많이 볼 수 있다.

넷째, 3면이 개방되어 있는 경우다.

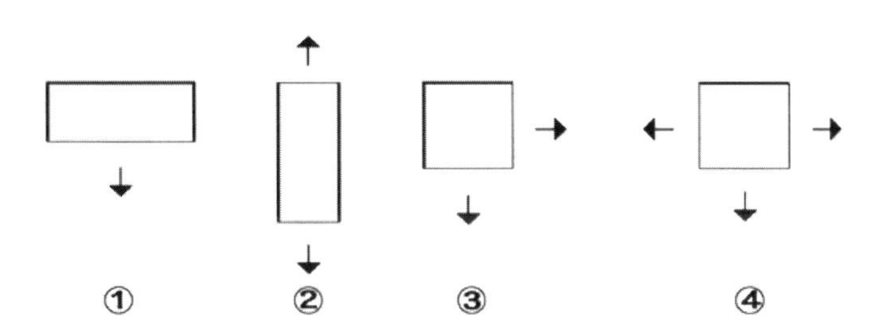


▌그림 9-7▌ 주호 평면의 기본형식

## 9-4-3 단위주거의 평면계획

### (1) 단위평면 결정조건

세대별 단위평면의 생활공간 계획은 단독주택의 경우와 큰 차이가 없으므로, 여기서는 중규모 주택형을 기준으로 하여 공동주택에서 특별히 유의해야 할 사항들에 대해서만 기술하기로 한다.

- 거실과 침실은 다른 공간을 거치지 않고 직접 출입이 가능해야 한다.
- 부엌은 식사실 및 다용도실과 직접 연결시켜야 한다.
- 거실, 침실, 부엌 및 식사실은 분리하되, 소규모 주택형에서는 면적을 절약하기 위해 DK, LDK, L+DK와 같은 형식을 사용한다.
- 부엌은 가능한 한 외부(서비스 발코니, 다용도실, 복도 등)와 직접 출입이 가능하도록 계획한다.
- 동선은 단순하고, 각 공간의 배치가 합리적이고 기능적이 되도록 한다.
- 각 공간에 필요한 가구나 설비는 처음부터 놓을 위치를 고려한다.
- 부엌, 욕실, 화장실 등 배관을 필요로 하는 공간은 한곳에 모아서 배치한다.
- 주요한 공간인 거실이나 부부침실, 자녀의 공부방 등은 좋은 위치에 배치한다.
- 단위평면의 깊이는 채광에 지장이 없는 한 가급적 깊게 하는 것이 에너지의 절약과 외부의 환경조건을 위해 유리하다.

• 설비부분을 제외한 각 공간은 칸막이벽으로 구획하여 각 세대의 기호에 따라 다양하게 변화될 수 있는 가능성을 제공한다.
• MC(modular coordination)를 적용하여 규격화에 유리하도록 치수를 계획한다. 주택건설기준 등에 관한 규칙에서는 침실, 거실 등은 각 변의 길이를 30㎝ 단위(세대당 전용면적이 60㎡ 이하인 주택의 경우는 10㎝ 단위)로 증가시키도록 규정하고 있으며, 천장고는 10㎝ 단위의 기준척도를 적용하도록 규정하고 있다.

### (2) 단위주거의 구성요소

#### 1) 침실

각 침실에는 반침 등 수납공간을 설치하며, 가구의 배치를 고려하여 벽 길이는 가능한 길게 한다. 2침실형인 경우에는 프라이버시 확보상 종배치보다는 횡배치가 좋다. 복도형의 경우는 침실을 복도에서 떨어진 곳에 배치한다.

부부침실은 프라이버시가 중요하므로 차면(遮面)이나 소음에 대한 고려가 요구된다. 자녀침실은 공부방으로 사용되도록 가구배치를 고려하여 계획하되 성별로 분리시킨다. 침실의 크기는 침실에 설치하는 가구의 종류, 크기, 수량 등에 따라 달라진다. 부부침실은 부부욕실, 갱의실, 파우더룸 계획 등의 부속실과 함께 계획하여 특화하고, 자녀침실의 경우, 확장·통합을 고려하여 계획한다.

#### 2) 거실

거실은 가족 전체의 단란을 위한 공간으로 계획하며, 위치는 자연조건이 가장 양호한 남향이 이상적이며 발코니와의 연결을 고려하여 배치하되, 크기는 최소 4인 정도가 모일 수 있도록 가구배치를 고려하여 결정한다.

#### 3) 부엌 및 식사실

부엌은 외기에 접하는 위치에 배치하되, 그렇지 못할 경우에는 배기 팬(fan) 및 후드(hood) 등으로 강제 환기해야 한다. 또한 주부의 가사노동을 경감시키는 방향으로 계획하며, 서비스 발코니와의 연결을 고려해야 한다.

소규모 단위주거에서는 취침공간과 분리한 식사공간의 확립이 설계의 목표이므로 LK, DK 등이 일반적으로 사용되나, 중규모 단위주거에서는 L+DK, LD+K 등을 사용하여 거실의 기능에 충실을 기하는 것이 좋다.

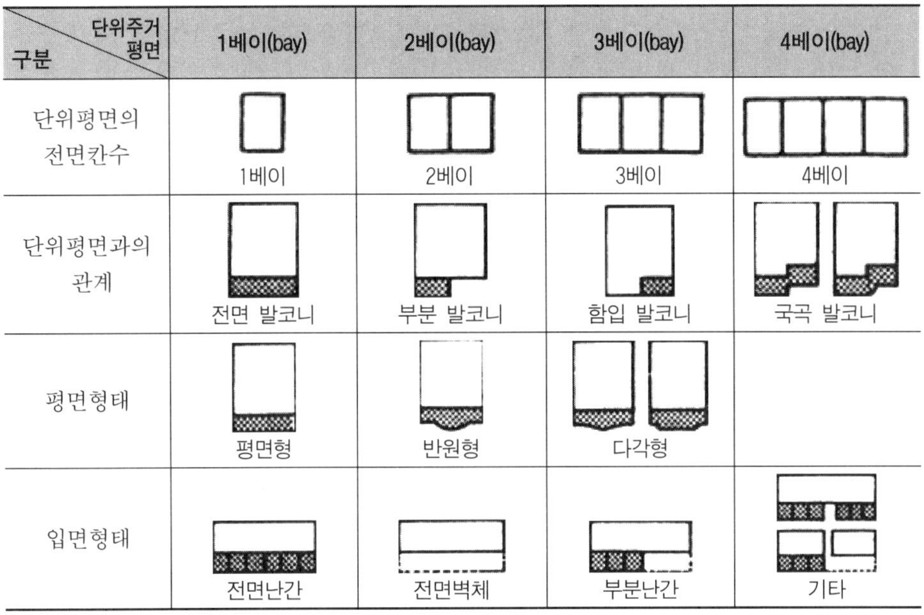

| 구분 \ 단위주거 평면 | 1베이(bay) | 2베이(bay) | 3베이(bay) | 4베이(bay) |
|---|---|---|---|---|
| 단위평면의 전면칸수 | 1베이 | 2베이 | 3베이 | 4베이 |
| 단위평면과의 관계 | 전면 발코니 | 부분 발코니 | 함입 발코니 | 국곡 발코니 |
| 평면형태 | 평면형 | 반원형 | 다각형 | |
| 입면형태 | 전면난간 | 전면벽체 | 부분난간 | 기타 |

**그림 9-8** 아파트 발코니의 유형

### 4) 발코니

건축법에서는 발코니라 함은 건축물의 내부와 외부를 연결하는 완충공간으로 전망, 휴식 등의 목적으로 건축물 외벽에 접하여 부가적으로 설치되는 공간을 말한다고 규정하고 있다. 따라서 발코니는 외기에 접하는 유일한 장소로서 유아의 놀이, 어른의 일광욕, 화단의 설치, 침구나 세탁물의 건조 등을 위한 공간으로 이용된다. 이와 같은 발코니는 단위평면과의 관계나 평면이나 입면상의 형태 등에 따라 그림 9-8과 같이 그 유형을 분류할 수 있다.

발코니의 형식은 위치와 기능에 따라 거실의 연장으로서 거실전면에 설치되는 리빙 발코니와 부엌의 연장으로서 부엌에 인접하여 설치되는 서비스 발코니로 구분할 수 있으나, 소규모 단위주거에서는 겸용의 발코니가 설치되는 것이 일반적이다. 크기는 법규상 유효폭이 1.1m 이상으로 규정되어 있으며, 전락방지를 위해 난간의 높이는 1.2m 이상, 난간 살 사이의 간격을 10㎝ 이하의 간격으로 설치하되 세로 책(冊)으로 설치하여야 한다. 옆집과의 경계벽은 비상 시 옆집과 연결될 수 있는 구조로 해야 한다.

한편 최근에는 발코니를 확장하여 전용면적화하는 경향이 매우 높으므로 이 경우 발코니 부분에 인접세대와 공동으로 설치하는 경우에는 3㎡ 이상, 각 세대별로 설치하는 경우에는 2㎡ 이상의 대피공간을 설치하는 것을 의무화시키고 있다.

면적규모와 실별특성에 적합한 확장범위, 확장방식, 공간활용 계획 등을 검토하여 확장효과를 최대화하며, 확장 후 설계는 평면, 마감, 창호, 단열, 결로방지, 난방, 소방, 가스, 전열설비 등이 종합적으로 검토되어야 한다.

### 5) 현관

현관은 각 단위주거가 공용공간인 복도, 홀, 계단 등으로 통하는 유일한 접점이 되는 곳이다. 물품의 반출입이 이곳에서만 가능하므로 대형가구의 운반에 대비하여 다소 여유 있게 계획하되 법규상 현관의 유효폭은 85㎝ 이상으로 되어 있다. 문의 구조는 갑종방화문으로 하되, 문의 개폐는 피난을 고려하여 피난의 방향인 피난계단을 향하여 열도록 계획한다. 각 세대 현관에서 거실이 직접 노출되지 않으며, 신발장 등의 수납공간이 최대화될 수 있도록 계획한다.

### 6) 욕실

공동주택에서는 세면소, 화장실, 욕실을 하나로 통합한 형식인 욕실(bathroom)형이 적합하다. 최근에는 욕조 대신에 그 위치에 샤워 공간(shower booth)을 설치하는 예가 많이 나타나고 있다. 욕실은 물을 사용하는 공간이므로 환기나 방수 등에 특히 유의하여 계획하되, 일반적으로 부엌과 인접한 위치에 배치하며, 바닥은 낮게 하고, 문은 안으로 열도록 하여 수증기와 물이 욕실 안쪽에 떨어지도록 계획한다. 또한, 욕실은 공용욕실과 부부욕실로 분리하여 계획하고, 욕실용 슬리퍼가 걸리지 않도록 문짝 하단과 욕실바닥까지의 충분한 높이를 확보한다.

### 7) 다용도실

가사작업을 위한 다용도실은 부엌과 가깝게 배치하는 것이 좋으며, 일반적으로 서비스 발코니에 설치된다. 다용도실에는 가스보일러가 설치되므로 화재 및 환기에도 유의해야 한다. 또한 세탁물과 세제류 등을 보관할 수 있는 충분한 수납공간 설치가 요구되며, 아울러 세탁기의 대형화 추세를 고려하여 다소 여유 있는 면적을 확보할 필요가 있다.

### 8) 실내받침 및 창고

단위세대 내부에는 평면적인 수납공간 이외에 가능한 한 입체적인 수납공간 설치 등 충분한 수납공간을 확보하도록 계획한다.

# 상업 · 업무시설

제 10 장

# 사무소건축

## 10-1 개설

### 10-1-1 개요

#### (1) 사무소건축의 개념

산업화의 산물로 만들어진 사무소건축(office building)은 근대건축의 대표적인 건축 중의 하나로서, 주요부분이 사무실과 그 부속실용으로 계획된 건축물을 말한다. 사무소건축은 대부분이 수익성을 목적으로 건축된 것으로서 건물의 저층부에는 상가나 은행이 배치되는 경우가 많다. 특히 도시 중심부는 가로경관의 대부분이 사무소건축군에 의해 형성되고 있다.

19C 후반에 들어서면서 사무소건축은 산업혁명에 의한 기술적인 배경과 자본주의 사회의 출현이라는 경제적 배경을 바탕으로 급속히 발전하였다. 특히 시멘트, 유리, 철의 생산과 엘리베이터의 발명(1852)은 이러한 발전을 가속화시켜 왔다 하겠다. 오늘날에는 슈퍼 블록에 의한 초고층화된 사무소건축의 대중화가, 1980년대 후반부터는 사무 및 업무내용의 고도화에 의해 세계각지에서 오피스 혁신이 일어나고 있다.

#### (2) 계획상의 특징

사무소건축은 기능과 건축적 구성이 비교적 단순하며, 기술적으로도 순수한 추구가 가능한 건축물이다. 집무공간을 중심으로 하기 때문에 사무공간을 어떻게 하면 기능적, 능률적, 경제적으로 설계할 것인가에 초점을 두고 사무공간을 최대화할 수 있는 건축형식을 도입하는 경향이 그동안 강했으나, 사람이 상주하는 거실공간이라는 관점에서 볼 때는 이보다는 인간성과 쾌적성을 갖는 환경조성이 더욱 중요하다 하겠다. 또한 방문객의 입장에서 편리하게 모든 시설이 갖추어져야 하며, 외관상 형태미를 갖추어 도시경관과도 잘 어울리도록 계획되어야 한다. 특히, 사무소건축의 규모 및 그 파급효과를 고려할 때 도시의 이미지, 경관, 스카이라인, 스케일 등에 대한 다양한 검토와 분석이 요구된다. 한편 지식정보화 사회로의 전환은 사무공간의 효율적 이용, 새로운 사무소의 특징, 사무환경의 쾌적성을 다루는 것이 중요한 과제로 등장함으로써 사무소건축 계획의 또 다른 변화를 요구하고 있다.

## 10-1-2 사무소건축의 새로운 경향

### (1) 복합건축화하는 경향

최근의 사무소건축 가운데는 한국종합무역센터 건물에서와 같이 사무소와 함께 전시장, 공항 터미널, 백화점, 호텔, 국제회의장까지도 포함하는 복합건축화(multiple building)하는 경향을 보이고 있다.

복합건축은 지적 생산을 위해 사람이 모이고 그 활동을 보완하는 기능들이 복합화 함으로써 사무소건축의 자산가치를 높이고, 도시의 매력을 유도할 수 있는 장점이 있으나, 표 10-1에서와 같이 기능의 복합에 따라 전체구성, 완충공간, 인프라 계획, 사용시간에 따른 동선분리, 안전계획, 방재계획, 그리고 정보화계획 등은 계획상 매우 주의해야 할 사항들이다. 특히, 도시공간상에서의 사무소건축의 규모나 그 파급효과를 고려할 때 이미지, 경관, 스카이라인 가로의 흐름 및 지역사회의 장에 대한 심도 있는 검토와 분석이 요구된다.

**표 10-1** 업무와 복합화하는 기능

| 복 합 기 능 | 기능 복합을 위한 주의사항 |
|---|---|
| 공 통 사 항 | • 도시적 역할, 전체구성, 완충공간, 인프라 계획<br>• 사용시간에 따른 동선분리, 안전계획<br>• 스팬의 조정, 방재계획, 정보화계획 |
| • 상업(쇼핑) | • 반출입 동선, 주차장 동선, 조리실 냄새 |
| • 숙박(호텔) | • 반출입 동선, 주차장 동선, 소음, 프라이버시 |
| • 거주(공동주택, 오피스텔) | • 주차장, 소음, 프라이버시 |
| • 공연(홀, 극장 등) | • 반출입의 분리, 주차장 이용의 집중, 소음, 진동 |
| • 전시(박물관, 미술관 등) | • 반출입의 분리, 전시물의 안전대책 |
| • 교통(터미널, 역사 등) | • 소음, 진동 |

### (2) 거대화, 고층화하는 경향

1931년 뉴욕에 지어진 엠파이어 스테이트 빌딩(Empire State Building)으로부터 1990년대 세워진 쿠알라룸푸르 시티센터(Kuala Lumpur City Center) 쌍둥이 빌딩에 이르기까지 사무소건축은 거대화되고 초고층화(high-rise building)하는 경향을 보이고 있다. 사무소건축이 초고층화하는 이유로는 철강재료와 구조기술의 발달에 힘입은바 크지만, 도시 내 토지나 공간의 유효한 사용, 다양하고 매력적인 도시경관 조성, 시민을 위한 광장제공 등의 이점도 간과할 수는 없다.

고층화에 따른 문제점과 그에 대한 건축적 대책을 살펴보면 다음과 같다.

- 환경상의 문제 : 일조침해, 통풍 및 채광상 불리, 전파방애, 프라이버시 침해, 국지기후, 경관의 차단, 반사유리 사용에 따른 반사 및 눈부심 현상, 각종 폐기물에 대한 공해요인 등
- 시각상의 문제 : 도시의 역사적 경관이나 공공건축물의 우위성 상실 등
- 경제성 측면 : 공사비가 증대되므로 공사비절감에 최대한 노력, 장기적인 안목에서의 경제성 고려 등
- 건축계획상의 문제 : 건축물 저층부분 이용의 제약성, 수직교통 동선의 원활한 처리고려, 건축외부 공간의 디자인 문제 등
- 교통 측면 : 대규모 교통수요의 발생에 대한 대비, 건축적인 해결방안(지하교통시설과의 연계, 주차타워 건설 등) 등
- 도시하부 시설상의 문제 : 도시하부 시설의 부족
- 심리상의 문제 : 압박감, 주위환경을 압도 등

### (3) 인텔리전트화하는 경향

정보화 사회로 진입함에 따라 사무자동화 설비채용에 따른 건물 내 실내환경 관리의 자동화, OA 대응설비, 자동보안 설비, 옥 내외 통신설비 등을 갖춘 인텔리전트 빌딩(intelligent building)이 등장하기 시작하였다. IB의 출현은 정보통신, OA, BA 기술 등이 급속히 발전하고 새로운 미디어의 보급에 따라 광역 및 대량의 정보에 대한 신속한 처리가 가능한 데서 원인을 찾을 수 있으며, 여기에 기업활동이 국제화되고 24시간 체제로 운영되면서 기업정보의 세계화가 불가피한 점도 그 한 요인이 되고 있다.

인텔리전트 빌딩이란, 양호한 환경, 지적 생산성, 안전성, 경제성 등을 추구하기

위하여 필요한 인텔리전트 장비와 인텔리전트화를 위한 필요한 공간을 구비한 건축물이라고 정의할 수 있다. 이러한 인텔리전트 빌딩의 구성요소로는 주체성(identity), 쾌적성(amenity), 융통성(flexibility), 인간공학 및 노동환경 공학(ergonomics) 등 4가지 요소가 있다.

인텔리전트 시스템의 구성은 건축물 자동화(building automation : 빌딩 관리 종합 시스템), 사무 자동화(office automation : LAN, 방문객 관리, 회의실 예약, Information, 영상 시스템 등), 사무공간의 쾌적화(ergonomics), 정보통신(wireless communication) 기능 등 4가지 측면에서 고려될 수 있다.

IB화의 효과는 경제적 효과와 입주자 확보의 효과로 구분할 수 있는데, 먼저 경제적 효과를 살펴보면 다음과 같다.

- 정보통신과 OA 시스템에 의한 사무소업무의 효율화 및 고부가가치 창출
- BA 시스템에 의한 건물유지 및 관리로 에너지 절약 도모
- 쾌적한 환경에서의 사무원의 능률성 향상을 도모
- 융통성, 유지 · 관리 등이 용이한 건축 시스템과 보수비용의 절감

한편 입주자 확보의 효과로는 최근에 들어서면서 보다 나은 사무환경을 구비한 건물을 선호하는 경향과 함께 정보 서비스에 대한 최대한의 공유를 원하는 추세가 점차 가속화됨에 따라 입주자의 확보를 위해서도 IB화는 필수적 요건이라 하겠다. 인텔리전트화하는 사무소건축의 건축계획 내용은 표 10-2와 같다.

**표 10-2** 인텔리전트 빌딩 건축계획의 내용

| 분 류 | 내 용 |
|---|---|
| 융통성(flexibility) | • 구조계획, 사무공간 계획, 칸막이벽 시스템 등 |
| 개별제어(personal control) | • 공조계획, 환기계획, 배선계획, 소방계획, 난선계획 등 |
| 확장성(expantion) | • 층고, 천장고, 천장 내부공간, 전기 샤프트 공간의 확보, 유지 · 관리 시스템, 기계실 등 |
| 쾌적성(amenity) | • 계단, 복도, 엘리베이터 홀, 출입구 등 |

### 1) 건축물 자동화 시스템

건축물 자동화 시스템은 고도로 섬세한 환경제어에 의한 쾌적성 제공과 사무소 운영 · 관리의 경제적 효율성을 도모하는 데 있다. 이 시스템은 세계화 시대에

맞도록 24시간 감시가 가능한 시스템으로서 빌딩의 유지·보수 정보의 해석 및 빌딩 설비기기의 합리적인 관리·운전을 위한 관리 시스템, 방범 및 방화·감시 시스템, 방재감시 시스템, 그리고 엘리베이터 방재 등의 서비스를 실시하는 안전 시스템, 조명설비 최적제어 시스템, 전력설비 효율화 제어 시스템, 에너지 절약형 공조 시스템, 태양열이용 급탕 시스템, 절수 시스템 등을 포함하는 에너지 절약 시스템으로 구성된다.

### 2) 사무자동화 시스템

사무자동화 시스템은 직원 개개인이 근무시간 중의 사무를 개인 단말기를 통해 보도록 하는 지적인 창조업무와 사무생산성 향상을 위한 시스템이라 하겠다. 이를 위해서는 전략정보 시스템이 구축되어져야 하며, 더불어 이러한 시스템을 고도로 활용할 수 있는 하드웨어(hard ware)가 준비되어야 한다. 또한 사용자가 보다 효율적으로 활용할 수 있도록 소프트웨어(soft ware)를 중심으로 하드웨어까지 통합이 되어야 한다는 점이 중요하다.

사무자동화 시스템의 기본적인 조건은 워크스테이션과 호스트 컴퓨터를 통해 의사결정 지원 서비스를 제공하는 사무지원계, 입퇴실 관리, 출근관리, 내방객관리, 식당관리, 건강관리 등의 서비스를 제공하는 사무관리계, 그리고 종합정보 자료관리 서비스를 제공하는 정보관리계로 분류할 수 있다.

### 3) 사무공간의 쾌적화 시스템

사무공간의 쾌적화 시스템은 건축 시스템과 환경 시스템으로 구분할 수 있다. 건축 시스템의 기능은 지적 생산성 향상을 위한 창조적인 업무환경의 제공과, 사무실의 업무변화 및 기술혁신에 따른 시스템 도입에 대응 가능한 공간을 구성하는 데 있다. 환경 시스템은 무엇보다도 쾌적한 사무환경을 제공하기 위해 자연채광 및 조명, 공조, 소음대책 등에 대한 세심한 검토가 요구된다.

### 4) 정보통신 시스템

정보통신 시스템의 기본적인 요건은 음성계, 데이터계, 화상계, 기반계로 구분되며, 정보통신 시스템의 개요 및 특징을 살펴보면 다음과 같다.

- CATV망과 비디오 텍스 통신 및 퍼스널 TV 회의 시스템
- 문서 및 화상통신, 전송 및 교환 서비스
- 음성 메일 및 문서 메일 등의 전자 메일

• 디지털 PBX 시스템을 통한 고도의 통신 서비스의 저렴한 이용
• 네트워크 시스템 단말기에서 고도의 사무처리 서비스의 공급

### (4) 오피스 랜드스케이핑화하는 경향

오피스 랜드스케이핑(office landscaping : 실내 개방형 배치계획)이란 용어는 천장까지 맞닿는 벽면을 제거하고, 각 부서 간의 경계를 여러 개의 화분으로 구획 짓는 데서 유래되었다. 처음에는 배치가 기하학적이지 않고 불규칙해서 산만하다는 느낌을 주었으나, 업무변화에 따른 신축성 입증, 부서별 공동작업 원활, 상하조직 간의 평등한 공간사용 등의 측면에서는 많은 이점이 있어 이를 도입하는 경향이 증가하고 있으며, 이후 신축성 있는 공간조성을 위해 사용되었던 화분 대신 낮은 칸막이 시스템이 이를 대신하여 오늘에 이르고 있다.

### (5) 아트리움의 도입경향

현대 사무소건축에서 아트리움(atrium)의 도입은 에너지 절약이라는 기술적 측면의 효용성 외에, 사무공간에 빛과 식물을 도입하여 자연을 체험하게 해준다는 중요한 이유를 갖는다. 아트리움이 주는 특성은 다음과 같다.

• 공간적으로는 중간영역으로서 매개와 결절점의 기능을 수용한다.
• 온실효과와 같은 실내 기후조절의 기능, 에너지 절약 등의 효과를 갖는다.
• 불리한 외부환경으로부터 보호받는 전천후 오픈 스페이스를 제공한다.
• 건축물에 조형적, 상징적 독자성을 부여한다.
• 사무원들에게 쾌적한 환경을 제공하여 임대율을 높이는 효과를 갖는다.
• 냉방부하의 증가 및 눈부심 현상 등과 같은 환경문제를 초래한다.

아트리움의 유형은 다음과 같이 크게 3가지 유형으로 구분할 수 있다.

• 내부 수용형 : 오픈 광장(plaza)이 내부로 진입되어 천장과 벽은 벽으로, 전면은 유리로 둘러싸인 형식이다.
• 저층부 아트리움형 : 건축물의 일부에 아트리움이 설치된 형식이다.
• 중정식 아트리움형 : 아트리움을 중심으로 4면이 둘러싸이고, 천장이 유리로 개방된 본래의 아트리움과 가장 가까운 형식이다.

## 10-1-3 분류

### (1) 관리상

관리적 측면에서는 소유계획에 따라 전용, 준전용사무소로, 임대계획 측면에서는 임대, 준임대사무소로 분류한다. 한편 이 외에도 특수사무소 및 오피스텔(officetel) 등이 있다. 각 유형별 구체적인 내용과 특징은 표 10-3과 같다.

### (2) 임대형식상

임대사무소는 임대형식상 기둥, 내진벽 또는 방화구획, 층별 대여, 전층 대여에 의한 형식 등으로 구분될 수 있다.

▌표 10-3▐ 사무소건축의 분류

| 분 류 | | 내 용 | 특 징 |
|---|---|---|---|
| 소유계획 | 전용 | • 관청, 대규모 사무소, 공장 부속 사무소 등 | • 기능적으로 다소 특수한 배려가 필요<br>• 상징적 건축으로 독자적인 기능해결이 가능 |
| | 준전용 | • 부동산회사에 의해 관리, 운영 | • 입지조건이 양호한 곳에 고층빌딩을 건축하는 것이 가능<br>• 운영을 공동으로 하기 때문에 상호 간의 이해관계가 어려운 문제로 발생 |
| 임대계획 | 임대 | • 임대를 목적으로 건축 | • 경제성과 채산성이 가장 요구되는 형식<br>• 대지이용율은 최대화, 건설비 및 유지비는 최소화하는 계획이 요구됨 |
| | 준임대 | • 주요부분은 자기 전용으로 하고 나머지를 임대 | • 관계되는 회사를 대실자로 하는 경우가 많다 |
| 임대형식 | A형 | • 기둥에 의한 구분 | • 복도가 가장 길다. |
| | B형 | • 내진벽(방화구획)에 의한 구분 | • 복도가 어느 정도 길어진다. |
| | C형 | • 층별 구분 | • 복도가 거의 없다.<br>• 엘리베이터 홀에서 직접 공간으로 출입 |
| 복합기능 | 단일기능형 | • 업무기능만을 갖는 형식 | |
| | 복합기능형 | • 비업무용도와 복합하는 형식 | • 동선, 방재, 운영, 안전, 법규 측면에서의 검토가 필요 |
| 입지특성 | 도심형 | • 기존의 업무지구에 입지 | • 본사형 기능을 주체로 한 경우가 많다. |
| | 교외형 | • 기존의 업무지구 외곽에 입지 | • 지원형, 연구개발형의 경우가 많고, 지원시설을 넣을 필요가 있다. |

# 10-2 일반계획

## 10-2-1 대지계획

### (1) 대지의 입지조건

- 대지현황 - 규모, 형상, 지형, 토질, 수질, 배수관계 등
- 법규상의 조건 - 용도지역, 용도지구, 건폐율 및 용적률의 한도 등
- 공공시설 - 상하수도, 전기, 가스 등 도시하부 시설에 대한 충분한 사전조사
- 인근 상황조건 - 주변건축물의 용도, 규모, 구조, 형태, 색채 등

### (2) 대지의 위치

- 각종 교통기관의 이용이 편리하고 가능한 대로에 면한 곳.
- 도심의 상업업무 지구(central business district)로서 대실자들의 사업적 관계를 가진 기관인 관공서, 은행, 사무소 등이 밀집된 지역일 것.
- 대지가 위치한 경제성, 주변성격, 규모 등이 계획하려는 사무소의 규모, 기능 및 성격에 적합한 장소일 것.
- 사무실의 이용성과 근무하게 될 사무원 수 등을 조사하여 결정한다.
- 임대사무소는 도심부, 전용사무소는 도심지 외곽지역이 유리하다.

### (3) 대지선정 및 계획

#### 1) 도로와 대지와의 관계

가능한 L자형이나 2면 이상이 도로에 접하는 대지가 동선 및 피난계획에 유리하며, 대지가 면한 도로가 가급적 일방도로가 아닌 것이 좋다. 특히 건축법규 검토에 따른 도로상황을 면밀히 분석하여 이용 가능한 대지규모를 산정한다.

#### 2) 도로폭

대지가 면하는 전면도로의 폭에 의해 건물의 규모(volume)가 결정되므로 고층 사무소 건축의 경우에는 전면도로의 폭이 대체로 20m 이상 넓은 것이 요구된다. 특히 2면 도로 중 한쪽의 도로가 협소할 경우에는 그 도로에 의해서 높이제한을 받을 수도 있다는 점을 고려하여야 한다.

### 3) 대지의 형태

평면 및 구조계획상 접도측 길이가 긴 장방형의 대지가 가장 이상적인 형태다. 특히 대지가 협소하고 일방도로인 경우에 더욱 요구된다 하겠다.

## 10-2-2 평면계획

### (1) 조직과 소요실

사무소건축의 종류와 규모에 따라 그 조직이나 소요실이 크게 다르며, 공간구성에도 차이가 있다. 경제성을 추구하는 임대사무소의 경우는 수익부분과 비수익부분으로 나누어지며, 이 경우 렌터블비에 따른 유효율, 수익과 비수익성 공간의 비율, 이에 따른 적정규모 등을 신중하게 검토하는 것이 매우 중요하다.

임대사무소의 조직 및 소요실은 다음과 같다.

#### 1) 수익부분(임대부분, 유효부분)

- 업무공간 : 사무실, 사장실, 임원실 등
- 정보교환 공간 : 로비, 집회실, 회의실, 응접실, 전시실 등
- 정보관리 공간 : 도서 및 자료실, 서고, 전산실, 교환실 등
- 후생복지 공간 : 탈의실, 휴게실, 식당 및 매점, 양호실 등
- 기타공간 : 점포, 창고, 주차장, 관리실 등

#### 2) 비수익부분(공용부분)

- 교통공간 : 현관, 홀, 로비, 복도, 계단, 엘리베이터 홀 등
- 서비스 공간 : 화장실, 세면 및 샤워실, 잡용실, 창고, 주차장 및 관리실 등
- 관리공간 : 관리실, 경비실, 방재실, 수위실, 숙직실, 청소원대기실 등
- 설비공간 : 기계실, 전기실, 중앙감시실, 엘리베이터 기계실 등

### (2) 경제성

#### 1) 렌터블비(rentable ratio = 유효율, 임대비)

렌터블 비란, 대실면적과 연면적의 비율이다. 임대사무소의 경우에는 채산성의 지표가 되므로 일정비율 이상의 확보가 요구된다.

$$\text{유효율} = \frac{\text{대실면적(수익부분의 면적)}}{\text{연면적}} \times 100(\%)$$

일반적으로 65~75%(넓게는 55~85%)의 범위가 표준으로 되어 있으나, 전용사무소의 경우는 거주성과 여유를 고려하여 60% 이하로 계획하는 경우도 있으며, 임대사무소의 경우는 75% 정도를 목표로 계획하는 것이 적절하다.

#### 2) 수용인원과 바닥면적과의 관계

사무소규모 계획의 기본이 되는 것은 수용인원이다. 수용인원 1인당 바닥면적의 표준은 연면적 기준 8~11㎡, 임대면적 기준 6~8㎡이라 할 수 있다. 그러나 사무소의 종류나 업종에 따라 다소 차이가 있으며, 최근에는 회의실이나 후생복지시설, 주차장 등의 증가에 따라 수치가 점차 증가하는 경향을 보이고 있다.

#### 3) 경제적인 기준층의 설계

고층화될수록 기준층 설계의 경제적, 능률적 검토가 요구된다. 이를 위해서는 특히 경제적인 스팬(span) 결정과 함께 동선의 단축, 단순, 그리고 원활화가 필요하다.

#### 4) 남녀비율

사무직원의 남녀비율은 사무소의 성격, 크기, 위치(지역) 등에 따라 차이를 보이고 있으나, 도심지 사무소의 경우 일반적으로 남녀비율이 임대사무는 70~75 : 30~25, 은행사무는 65~70 : 35~30, 점포는 60~65 : 40~35의 분포비율을 보이고 있다.

### (3) 평면 레이아웃(lay out)

#### 1) 사무소의 레이아웃

사무소건축의 평면계획은 쾌적한 사무공간의 확보와 방재, 안전, 피난 등의 안전성을 고려한 계획이 중요하다. 또한 사무소건축의 주요기능인 사무공간을 중심으로 서비스, 관리, 교통공간들과의 적절한 구성이 이루어져야 한다. 이러한 계획들을 고려하여 사무소공간의 구체적이고 효용성 높은 공간을 계획하는 것을 사무소의 레이아웃이라 한다.

### 2) 복도형에 따른 평면형식의 분류

사무소건축에서 각 공간의 분할방법으로는 복도에서 각 공간으로 진입하는 형식(단일지역 배치, 이중지역 배치, 삼중지역 배치)과 유틸리티 코어(utility core)에서 각 공간으로 진입하는 형식이 있다. 후자는 주로 소규모 사무소건축에서 채택되는 형식으로 바닥면적을 최대한 효율적으로 사용할 수 있는 장점이 있다.

① 단일지역 배치(편복도식, single zone layout)

복도의 한쪽에만 공간들이 배치되는 형식으로 중규모 사무소에 적합하다. 공사비는 비교적 고가이나, 경제성보다는 채광 및 프라이버시가 양호하므로 쾌적한 환경이나 분위기 등이 필요한 경우에 적합한 형식이다.

② 이중지역 배치(중복도식, double zone layout)

복도의 양쪽에 사무실이 배치되는 중복도 형식으로 규모는 중규모에서 대규모에 적합하다. 건물의 양쪽 또는 중앙에 유틸리티 코어를 두고 중복도를 통해 각 공간에 접근하는 형식이다.

③ 삼중지역 배치(이중복도식, triple zone layout)

중앙 코어 부분의 홀에서 각 공간으로 출입하는 형식으로 고층사무소 건축에서 전형적으로 나타나고 있다. 내부나 중심지역에 코어 부분이 위치하고 사무실은 외벽을 따라 배치된다. 공간의 활용, 구조, 설비의 경제성, 미적 측면 등에서는 많은 이점이 있으나, 내부공간에서는 인공조명과 기계 환기시설을 필요로 하는 단점이 있다.

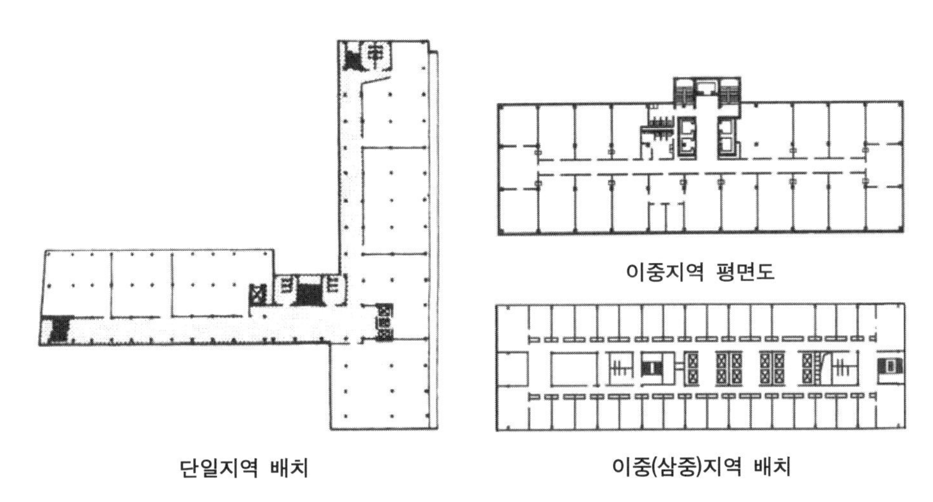


▮그림 10-1▮ 복도에 따른 평면형식의 분류

### 3) 공간구성에 따른 평면형식의 분류

① 개실형(cellular type, individual room system)

이 형식은 유럽에서 널리 사용되는 유형으로, 기본원리는 복도를 통해 각 층의 여러 공간으로 들어가는 방법으로 형태면에서도 단조로우며, 어둡고 긴 복도를 갖는 좋지 않은 환경이 생겨나는 형식이다. 폐쇄성의 특징을 갖기 때문에 독립성과 쾌적성이라는 장점을 가지는 반면에, 업무자 사이의 협동을 요구하는 조직력에는 상당히 부적절하며, 초기공사비가 비교적 높고 임대면적이 감소하며, 연속된 긴 복도 때문에 방의 깊이에는 변화를 줄 수 없다는 단점이 있다.

② 개방형(open plan type, office landscape)

이 형식은 엄격한 레이아웃 대신에 최대한의 자유로운 레이아웃을 가진 개방된 구조, 즉 넓은 면적으로 사무실을 분할하고 그 내부에 작은 개실들을 분리하여 구성하는 방법이다. 능률의 원칙을 기초 의사소통의 패턴과 작업 사이의 상관관계에 초점을 둔 레이아웃으로 미국에서 발생하였다. 장점으로는 공간의 효용성을 높여주며, 초기공사비가 저렴하고 작업자의 감독을 손쉽게 하며, 방의 길이나 깊이에 변화를 줄 수 있는 반면에, 소음이 많이 발생하고 개인의 독립성이 결핍된다는 단점이 있다.

의도적으로 커뮤니케이션의 흐름을 물리적으로 반영하고 강화시킨 개방형은 1950년대 후반 독일에서 오피스 랜드스케이프라는 용어가 사용되었다.

▮그림 10-2▮ 오피스 랜드스케이핑으로 계획된 예

### (4) 사무공간의 깊이와 폭

사무소건축 계획 시 사무공간의 전면 폭과 깊이는 먼저 기둥간격이나 폭과 길이 간의 비율 등의 모듈 계획에 따른 소규모 단위의 그리드를 설정하여 계획한다. 그리고 이에 적정한 넓이, 채광, 내진성, 경제성 등을 고려하여 산출한 수용인원에 의한 그리드 규모와 적정 기둥간격을 고려하여 결정하는 것이 바람직하다.

#### 1) 사무공간의 전면 폭

사무공간의 전면 폭은 일반적으로 기둥간격의 배수로 결정하는 것이 보편적이나, 주로 사무소의 규모나 기능, 구조방식 등에 의해 결정된다.

#### 2) 사무공간의 깊이

사무공간의 안길이(L)라고도 하며, 유효한 채광면적을 고려하여 결정하는 것이 좋다. 외측에 면하는 실내인 경우에는 L/H = 2.0~2.4의 비율을, 채광이 정측에 면하는 실내인 경우에는 L/H = 1.5~2.0의 비율을 유지하는 것이 적합하다.

### (5) 코어 계획

코어(core)란, 사무공간의 유효면적률을 높이기 위해 각 층의 서비스, 교통, 설비 등의 공용부분을 사무공간에서 분리시켜 집약하여 구성한 공간을 말한다. 이러한 코어에 따른 평면상의 계획을 코어 플랜이라고 한다. 코어를 휴식의 장으로 이용될 수 있도록 질적인 공간구성을 하기도 하며, 업무공간에서 분리시킴으로써 공간의 융통성을 높이기도 한다. 코어의 크기 및 위치는 사무소의 성격이나 평면형, 규모 또는 구조·설비의 방식 등에 따라 결정된다.

#### 1) 코어의 역할

① 평면적 역할

- 공용부분을 집약시켜 유효면적을 증가시키는 기능을 수행
- 설비·교통요소들의 존(zone)이 형성되어 업무공간의 융통성은 증가

② 구조적 역할

- 기둥 이외의 2차적인 구조체인 내력벽 구조체로서의 기능을 수행
- 지진이나 풍압에 대비한 내진요소를 갖춘 내진벽 역할

③ 설비적 역할

- 설비요소의 집약으로 순환성 및 효율성이 증대
- 각 층에서의 계통거리가 단축됨으로써 설비비의 절감

### 2) 코어 구성요소

코어 내에는 기능상 가능한 이동이나 변경이 없는 각 요소나 공간들을 배치하여야 한다. 이에 따라 계단실, 엘리베이터 통로 및 홀, d/c, p/s, d/s, 복도, 공조실, 화장실, 굴뚝, 탕비실, 잡용실 등이 코어 부분에 배치된다.

### 3) 코어의 유형

코어의 위치와 형태에 따라 편심 코어, 중심 코어, 양단 코어, 독립 코어, 복합 코어 등 5가지로 분류할 수 있다. 예를 들면, 중심 코어는 코어가 평면상의 중앙에 위치한 유형으로 구조적으로 가장 바람직한 유형이며, 복합코어는 다른 4가지 코어 유형들을 평면형태나 기능 및 규모의 변화에 따라 복합하여 계획하는 유형이다.

이러한 각 유형들의 개괄적인 특징을 정리하면 표 10-4와 같다.

**표 10-4 코어 유형별 특징**

| 유 형 | 특 징 |
|---|---|
| 편심 코어형<br>(편단 코어형) | • 기준층 바닥면적이 소규모 인 경우에 적합한 유형<br>• 바닥면적이 일정한 규모 이상으로 증가하면 코어 이외로 피난 및 설비 샤프트 시설 등이 필요한 형식<br>• 구조적인 측면에서 고층규모의 사무소에는 적합하지 않다. |
| 중심 코어형<br>(중앙 코어형) | • 중, 고층의 바닥면적이 대규모 인 경우에 적합한 유형<br>• 코어와 일체로 한 내진구조가 가능한 유형<br>• 유효율이 높으며, 임대사무소로서 가장 경제적인 계획이 가능한 유형 |
| 양단 코어형<br>(분리형) | • 코어를 양단 및 중앙 측면에 2개 이상 분산시킨 유형으로, 단일용도의 대규모 전용사무소에 적합한 형식<br>• 방재 및 피난상 유리한 형식 |
| 독립 코어형<br>(외코어형) | • 코어를 별도로 분리, 독립시킨 유형으로 편심 코어형과 거의 동일한 특징을 유지<br>• 중, 소규모의 균일한 사무소공간 확보에 적합한 유형<br>• 방재상 불리하며, 바닥면적이 증가하면 피난시설이 필요한 형식<br>• 설비 덕트나 배관을 코어로부터 사무공간으로 연결하는 데 제약이 많은 형식 |
| 복합 코어형<br>(기타형) | • 코어가 분산되는 분산 코어형일 경우에는 방재상 유리<br>• 중심 코어형의 변형일 경우에는 구조비가 높은 형식 |

#### 4) 코어 내 각 공간의 위치관계

- 계단, 엘리베이터실, 화장실 등은 가능한 근접하여 배치하되, 피난계단은 서로 일정거리(현행법규상 10m 이상) 이상을 유지한다.
- 코어 내의 공간과 임대사무실 사이의 동선은 단순하게 처리한다.
- 코어 내의 각 공간의 위치가 시각적으로 명확하게 배치한다. 특히 화장실은 그 위치가 외래자에게 잘 알려질 수 있도록 하되 내부가 들여다보이지 않도록 계획한다.
- 엘리베이터는 가급적 중앙에 집중 배치한다.
- 코어 내 각 공간은 각 층마다 공통의 위치에 있도록 계획한다.
- 잡용실, 탕비실, 더스트슈트(dust chute)는 가급적 근접시켜 배치한다.
- 엘리베이터 홀은 건물출입구에서 근접시키지 않고 일정한 거리를 유지한다.

### (6) 모듈 계획

사무공간의 균질화를 위해 평면계획 시 계획모듈을 사용한다. 계획모듈의 올바른 사용은 바닥면적의 절감을 가져오므로 정확히 결정하는 것이 중요하다. 그리고 구조나 설비와의 관련성 등을 고려하여 격자 시스템(grid planning)을 설정한다. 그리드 플래닝을 하는 궁극적인 목적은 사무공간의 적정단위로서 공간효율성의 극대화와 시공상의 용이성을 도모하는 데 있다고 하겠다. 이를 위해서 설비나 구조방법, 공간형태와의 연관성이 있는 그리드 시스템을 설정, 적용함으로써 그 목적을 달성할 수 있다. 격자 시스템은 표 10-5에서와 같이 4가지 유형으로 나누어 생각할 수 있다.

## 10-2-3 외장계획

사무소건축의 외장계획은 계획상의 다양한 문제점을 종합하여, 창조적인 형태로 표현되어야 한다. 사무소건축의 형태를 평면계획과 입면계획에 따른 입체형에 의해 분류하면 크게는 곡선에 의한 구성과 직선에 의한 구성으로 구분된다. 전자는 다시 원형, 타원형, 클로버형, 4잎 클로버형, 화관형 등으로, 후자는 삼각형 입체의 평면형태로부터 여러 가지 다각형 평면의 입체변화에 의한 조합으로 구성된다.

**▮표 10-5▮ 격자 시스템 설정에 의한 사무소건축의 모듈**

| 유 형 | 특 징 | 모 듈 |
|---|---|---|
| 사무공간 단위로서의 계획격자 (planning grid) | • 적정한 단위공간 추출<br>• 개인사무실 단위와 사무소단위<br>• 사무실의 폭, 깊이에 대한 적정치를 추출 | • 폭 : 3.3m, 3.6m 등<br>• 깊이 : 7.5m(과거), 9.0m, 12.0m, 15.0m 이상 |
| 기둥위치에 의한 구조격자 (structural grid) | • 최근 점점 장스팬화되는 경향<br>• 외주기둥은 사무소고층화에 따른 횡력처리 방법과 관련<br>• 지하주차장의 주차배열과 연관 | • 6.0m<br>• 7.5m<br>• 9.0m<br>• 12.0m가 일반적임 |
| 재료 · 시공단위에 의한 시공격자 (construction grid) | • 외부창호 및 커튼월의 시공단위<br>• 칸막이 위치, 구조단위와는 간접적으로 관련<br>• 계획격자에 시공격자가 우선 | • 외부창 분할에 의해 1.0m, 1.5m, 1.8m, 2.1m, 2.4m, 2.7m, 3.0m 등 사용 |
| 설비단위에 의한 서비스 격자 (service grid) | • 스프링클러의 공급범위<br>• 냉난방을 위한 토출구와 흡입구의 위치<br>• 감지기, 스피커, 비상조명 기구의 배열<br>• 칸막이 가능 위치에는 더블 티 사용 | - |

사무소건축의 표정이라고도 할 수 있는 외관의 디자인은 재료, 일조, 법규 등 여러 가지 조건을 해결하여 결정된다. 즉, 재료에 의한 재질(texture)의 차이, 커튼월(curtain wall)이나 베어링 월(bearing wall) 등 구조나 공법상의 차이, 그리고 루버(louver), 발코니, 차양 등 내부환경에 대한 배려 여하에 따라 차이가 있으며, 이러한 세 가지 조건을 기준으로 사무소건축의 외관 패턴을 분류하면 다음과 같다.

- 스틸+루버(steel+louver)형 : (예) Deere and Company Administrative Center (미국, 모오린)
- 커튼 월(curtain wall)+차양형 : (예) 住友商事빌딩(일본, 동경)
- 알루미늄+루버(louver)형 : (예) Kolon Tower(한국, 서울)
- 커튼 월(curtain wall)형 : (예) Posco Center(한국, 서울)
- 베아링 월(bearing wall)형 : (예) Alcoa Building(미국, 샌프란시스코)
- 암레스트(armrest)+루버형 : (예) 千代田生命本社빌딩(일본, 동경)
- 돌+유리(stone+glass)형 : (예) Ford Foundation Building(미국, 뉴욕)

## 10-3 세부계획

### 10-3-1 층고

사무소건축의 층고와 깊이는 사용목적, 채광률, 공사비 등에 의해 결정되며, 특히 층고는 여기에 천장고, 슬래브와 천장 사이의 공간(덕트공간)의 크기를 고려하여 결정된다. 층고는 구조나 설비계획상 낮은 것이 유리하나 보 높이와 공조 시스템과의 균형을 충분히 검토하여 합리적으로 결정해야 한다.

1층 부분의 층고는 1층에 어떤 시설이나 기능을 배치하느냐에 따라 달라질 수 있으나 기준층보다 다소 높게 계획하는 것이 일반적이다. 즉, 소규모 사무실의 경우는 4.0m 정도, 은행이나 대규모 상점의 경우는 4.5~5.0m 정도, 중이층을 설치하는 경우는 5.5~6.5m 정도가 적정하다.

기준층의 층고는 2중 천장을 계획할 수 있는 높이가 좋다. 이 경우에는 3.3~4.0m가 적당하며, 냉난방설비 시에는 여기에 0.3m를 추가하되, 고층화될수록 건축비절감 측면에서 세심한 계획이 이루어져야 한다.

최상층도 단열을 위해 기준층보다 0.3m 높게 계획하며, 특히 스카이라운지 등 타기능의 공간이 배치될 경우에는 이에 적합한 층고를 산정한다.

지하층의 층고는 공사비의 증가나 공사의 어려움 등을 고려하여 가급적 합리적이고 경제적인 높이를 산정하여야 한다. 일반적으로 중요한 공간을 두지 않는 경우에는 3.5~3.8m 정도, 난방만 설비된 소규모 건축물의 경우에는 4.0~4.5m 정도, 냉방까지 설비된 대규모 건축물의 경우에는 5.0~6.5m 정도로 계획하되, 이 부분만 더 깊이 파는 경우도 있다.

### 10-3-2 기둥간격

경제적 기둥간격은 철근 콘크리트조는 6m, 철골철근 콘크리트조는 7~8m이며, 철골조는 상당히 큰 스팬(span)도 가능하다. 주차장 고려 시에는 회전반경(6m 전후)이 경제적 치수이며, 창방향 기둥간격은 기준층 평면결정에 가장 기본적인 요소로서, 이는 효율적인 책상배열에 따라 결정되는데 5.8m가 가장 적절하다.

### 10-3-3 출입구 및 통로

#### (1) 출입문

사무실의 출입문은 피난상 복도 측으로 여는 외여닫이가 원칙이지만 이 경우에는 홀이나 복도의 면적을 상대적으로 많이 차지하게 되며, 또한 개폐 시 안전성에도 문제가 발생할 수 있으므로 안여닫이로 계획하는 것이 바람직하다.

출입문의 크기는 대체로 폭은 85~100㎝(외여닫이 : 75~90㎝, 쌍여닫이 : 160㎝), 높이는 180~210㎝로 하며, 특히 쌍여닫이문은 대회의실 및 홀의 출입구나 가구의 운반 등 특수한 용도와 기능이 요구되는 공간에만 설치한다.

#### (2) 복도

사무실의 복도 폭은 복도의 통행량과 출입문의 개폐방법, 복도 및 사무소의 유형 등에 따라 결정된다. 예를 들면 안여닫이와 외여닫이, 편복도와 중복도, 임대사무소와 전용사무소 등에 따라 차이가 있음을 알 수 있다.

복도 폭은 편복도일 경우 200㎝, 중복도인 경우 200~250㎝로 계획한다. 복도의 폭을 임대사무소와 관공서 등 전용사무소를 구분하여 비교하면 표 10-6과 같은데, 임대사무소의 경우가 상대적으로 좁게 나타나고 있다.

**▮표 10-6▮ 사무실의 복도 폭**

| 구분 | 편복도 폭(㎝) | 중복도 폭(㎝) |
|---|---|---|
| 임대사무소 | 200 | 210~280 |
| 전용사무소(관공서 등) | 270~350 | 300~380 |

#### (3) 계단

계단은 수직통로로서 엘리베이터의 보조용이지만 화재 등 비상 시에는 피난용 통로로 사용되므로, 건축법규의 규정에 준하여 계획하는 것이 바람직하다. 한편 사무소건축에서 계단배치에 대한 원칙은 다음과 같다.

- 비상 시 심리적으로 엘리베이터 홀에 집중하므로 엘리베이터 홀에 근접시킨다.
- 동선을 간단·명료하게 계획하되, 각 공간으로부터 가장 가까운 위치에 있도록 한다.

- 각 층마다 바닥면적을 균등하게 분담할 수 있도록 배치한다.
- 방화구획 내에서는 가능한 1개 이상의 계단을 배치한다.
- 가능한 2개 소 이상의 계단을 설치한다.

계단의 실용적인 표준설계 치수는 일반적으로 계단의 단 높이(R)와 단 너비(T)의 관계를 볼 때, $15\text{cm} < R < 20\text{cm}$, $25\text{cm} < T < 30\text{cm}$, $R + T = 45\text{cm}$ 정도가 적합하다.

한편, 법규상의 기준은 계단이나 계단참의 폭은 120cm 이상, 단 높이는 20cm 이하, 단 너비는 24cm 이하로 규정하고 있으나, 실용적인 치수는 계단이나 계단참의 폭은 130cm 이상, 단 높이는 18~20cm 정도, 단 너비는 28~30cm 정도다.

## 10-3-4 엘리베이터

### (1) 종류

엘리베이터의 종류는 승용, 인화물용, 화물용, 자동차용(lift) 등이 있다.

### (2) 소요대수 산정

엘리베이터 설계 시 가장 중요한 것은 소요대수 산정이다. 고장이나 점검을 고려하여 최소 2대 이상을 계획하되, 엘리베이터 1대당 운반능력, 즉 정원, 속도, 운전방식 등을 고려하여 산정한다.

#### 1) 약산법

대규모 사무소건축에 있어서는 임대면적, 즉 유효면적 2,000㎡당 1대의 비율 또는 2층 이상의 유효면적 2,275㎡당 1대의 비율로 산정하는 것이 바람직하며, 이를 연면적 기준으로 보면 3,000~4,000㎡당 1대다.

#### 2) 정산법

단기간 이용률이 가장 높은 때는 아침 출근시간이므로 건물의 층고, 층수 및 엘리베이터의 속도, 정원, 정지시간 등을 고려하여 아침 출근시간 5분간의 출근자 수를 기준으로 하여 소요대수를 산정한다. 이때의 집중률은 전용사무소는 25~30%, 임대사무소는 12~15% 정도다.

### (3) 배치계획

#### 1) 배치형식

엘리베이터는 적정한 수송능력을 가져야 하므로 설치장소나 배열을 적절히 고려해야 한다. 배치형식으로는 직선배치, 알코브(Alcove) 배치, 대면배치 등이 있으며, 하나의 엘리베이터 군인 뱅크(bank)당 엘리베이터의 수는 4~8대이나, 6대의 대면배치가 가장 이상적이다. 각 배치형식의 특징은 표 10-7과 같다.

**▮표 10-7▮ 엘리베이터의 배치형식 및 특징**

| 배치형식 | 특징 |
|---|---|
| 직선배치<br>(일렬형) | • 하나의 뱅크의 직선배치는 4대 이하로 배치한 형식이다.<br>• 5대 이상 보행거리가 긴 것은 좋지 않다. |
| 대면배치-1<br>(알코브형) | • 하나의 뱅크는 4~6대의 알코브형 배치로 한 형식이다.<br>• 대면거리는 3.5~4.5m가 적정하다.<br>• 6.0m 이상의 알코브는 너무 넓기 때문에 피하는 것이 좋다. |
| 대면배치-2<br>(대면형) | • 하나의 뱅크는 4~8대의 대면배치로 한 형식이다.<br>• 대면거리는 3.5~4.5m가 적정하다.<br>• 엘리베이터 홀이 통로의 기능이 되어서는 안 된다.<br>• 저층용과 고층용을 직선으로 병렬배치하는 것이 좋다. |
| 대면배치-3<br>(혼합형) | • 저층용과 고층용을 대면배치한 혼합형의 형식이다.<br>• 알코브 및 홀의 대면거리는 6m 이상 충분히 확보한다. |

#### 2) 엘리베이터 조닝(zoning) 시스템

엘리베이터 조닝이란, 20층 이상의 사무소건축에서 경제성, 수송시간의 단축, 유효면적의 향상 등을 목적으로 입체적으로 몇 개의 층이나 그룹으로 분할하여 배치하는 경우를 의미한다. 즉, 엘리베이터가 정지하는 층수를 몇 개 층마다 분리시키는 것이라 하겠다.

① 일반적인 조닝 방식(conventional zoning system)

사무소건물을 몇 개의 존(zone)으로 구분하고, 여러 층으로 구성된 하나의 존에 1뱅크의 엘리베이터를 할당하여 출발층에서 그 존까지는 급행운전으로 서비스하는 방식이다. 이 방식은 건물을 어떻게 분할하여 엘리베이터 계획을 진행시키느냐가 문제이므로 하나의 존이 담당하는 층 바닥 수는 6~10층 이내, 평균 8층 정도가 일반적이다. 일반적으로 60층 이내의 사무소건축에서 이 방식을 많이 채택하고 있다.

② 스카이 로비 방식(sky lobby · shuttle system)

수년 전에 파괴된 뉴욕 세계무역센터(WTC) 빌딩에서 채용한 방식으로, 약 30여 층의 독립된 건물을 2~3단으로 쌓아올린 것으로 생각하고 고안한 방식이다. 대규모 의 존을 설정하고 그 접점에 스카이 로비층을 설치한 형식이다. 출발층에서 목적으로 하는 층까지 갈아타는 관계로 셔틀 시스템이라고도 한다.

출발층과 스카이 로비 사이에는 대용량의 초고속 엘리베이터(shuttle elevator)를 운행하며, 쌓아올린 각 건물 내에서는 각각의 엘리베이터(local elevator)를 일반적인 조닝 방식으로 계획하였으며, 일반적으로 70~100층 정도의 초고층 사무소건축에 사용되는 방식이다.

**▮표 10-8▮ 뉴욕 세계무역센터 빌딩의 엘리베이터 계획 예**

| zone | 1 | 2 | | 3 | |
|---|---|---|---|---|---|
| 서비스 층 | 1~43 | 44~77 | | 77~110 | |
| 그룹 명칭 | A1 ,B1, C1, D1 | R1 | A2, B2, C2, D2 | R2 | A3, B3, C3, D3 |
| 대수 | 6대×4 | 11대 | 6대×4 | 12대 | 6대×4 |
| 용량 | 1,600kg, 24인 | 4,500kg, 60인 | 1,600kg, 24인 | 4,500kg, 60인 | 1,600kg, 24인 |
| 속도 | 150~420m/min | 480m/min | 150~420m/min | 480m/min | 150~420m/min |

③ 더블 데크 방식(double deck system)

시카고 타임 라이프 빌딩(Time Life Bldg.)에서 채용한 방식으로, 2층형 엘리베이터를 사용하여 동시에 2대분의 수송능력을 갖추어 피크 타임인 출근 시의 혼잡함을 없애려는 방식으로 대규모 전용사무소에 적합하다. 이 방식은 설비비가 절약되며, 일주시간이 단축됨으로써 수송능력이 향상된다는 장점이 있으나, 홀수층과 짝수 층의 정지에 따라 출발 층의 처리와 이에 따른 이용자의 혼잡이 문제가 된다.

### 3) 배치계획

- 주출입구 홀에 직접 면해서 배치하는 것이 양호하다.
- 각 층의 위치는 되도록 동선이 짧고 단순하게 한다.
- 시각적으로 외래자에게 잘 보일 수 있는 위치에 배치한다.

- 되도록 한곳에 집중해서 배치한다.
- 전용, 준전용 사무소의 경우는 특수한 용도에 제공되는 배치를 고려한다.
- 홀의 넓이는 승강자 1인당 0.5~0.8㎡을 기준으로 산정한다.
- 홀에 모이는 인원은 엘리베이터 정원의 50%로 보고 계획한다.
- 출발층은 1개소로 한정한다.

### (4) 속도

엘리베이터의 속도는 저속(50m/min), 중속(50~120m/min), 고속(135m/min 이상) 등이 있으나, 일반사무소의 경우 표준속도는 50~150m/min으로 계획한다.

### (5) 화물용 엘리베이터

위치는 후문 가까이에 설치하며, 소규모 사무소의 경우에는 승용과 겸용한다. 크기는 일반적으로 승용보다 크고, 속도는 30m/min이 적당하다.

## 10-3-5 기타 제실계획

### (1) 화장실

화장실의 위치 및 배치계획 시 고려사항은 다음과 같다.

- 각 사무실에서 동선이 짧거나 간단하며, 계단, 엘리베이터 홀과는 근접시킨다.
- 남녀별로 구분하며, 각 층마다 공통의 위치에 있도록 한다.
- 일정한 곳에 1개소 또는 2개소 이내로 집중적으로 배치시킨다.
- 환기상의 문제로 가능하면 외기에 면하는 곳에 배치한다.
- 홀, 복도 등에서 직접 보이지 않도록 전실을 두어 처리한다.
- 복도를 사이에 두고 사무실과 서로 마주 보고 있지 않도록 배치한다.
- 변기배치 - 소변기 상호 간 간격은 70~75㎝, 벽과는 50㎝ 이상
  - 대변소 칸막이의 폭은 90~95㎝, 깊이는 120~160㎝
  - 세면기 상호 간 간격은 75㎝, 벽과는 50㎝ 이상으로 계획한다.
- 변기 수는 개략적으로는 기준층 바닥면적 180~300㎡당 1개의 비율로 하되, 이 경우, 남녀비율은 4:1, 남자용 대변기와 소변기의 비율은 4:5로 하고, 세면기 수는 대변기 수와 동일비율로 하는 것이 일반적이다.

### (2) 급탕실과 잡용실

급탕실은 가능한 평면상 중심이나 중심에 근접한 위치에 배치하는 것이 좋으나, 평면계획상 주로 엘리베이터 홀, 계단, 화장실 등의 근처에 설치하는 경우가 많다. 면적은 내부에 선반, 가스대, 탕비기, 싱크대 등을 설치하는 관계로 최소 2㎡, 보통은 6~9㎡가 적당하다.

잡용실은 기능상, 배관설비상 화장실이나 탕비실과 인접한 곳에 배치하며, 면적은 최저 3㎡, 보통은 5㎡가 적당하다. 내부설비로는 청소도구, 청소용 싱크, 잡용 싱크, D/C 등이 있으며, 기계 환기시설이 필요하다.

### (3) 설비관계 제실

전기설비 관계실로는 수변전실, 발전기실, 축전지실 등이 있다. 이들은 일반적으로 지하층에 배치하는 경우가 보편적이며, 연면적에 대한 각각의 면적은 70㎡, 20㎡, 15㎡(연면적 5,000㎡일 경우), 130㎡, 35㎡, 20㎡(연면적 10,000㎡일 경우), 250㎡, 35㎡, 25㎡(연면적 20,000㎡일 경우) 정도로 계획한다. 그러나 5,000㎡ 이하의 소규모 건축물로서 대지에 여유가 있을 경우는 정방형으로 수변전설비를 옥외에 설치하는 경우도 있다.

한편, 수변전실의 보 밑의 유효높이는 연면적 10,000㎡ 이하일 때는 3m로 하지만, 10,000㎡ 이상일 경우는 특별 고압수전으로 할 경우가 많으므로 5m 이상으로 계획하는 것이 좋다.

기계설비 관계실로는 난방보일러실, 냉방기계실, 송풍기실, 펌프실 등이 있다. 면적은 냉난방겸용 기계실의 경우는 연면적의 5.5% 정도로 계획한다.

중앙방재실은 방화상 안전하고 외부로부터 출입이 용이한 곳에 배치한다.

## 10-3-6 주차장계획

### (1) 규모기준

주차장 면적은 통로를 포함하여 1대당 40~50㎡ 정도가 적당하나, 일반적으로는 주차장법의 설치기준에 따라 의무적으로 부과되는 주차대수 이상으로 계획한다.

### (2) 배치 및 주차 시스템

#### 1) 배치

주차장의 배치는 외부주차와 내부주차로 구분되지만, 지하를 이용한 내부주차일 경우에는 자동차의 규격, 운행방법 및 주차방식이 기둥간격을 결정하는 데 중요한 역할을 한다. 초고층 사무소건축의 경우에는 공지확보가 용이하며, 사무공간을 위한 스팬과 주차를 위한 스팬의 일치가 곤란한 이유로 별동의 주차건물을 계획하기도 한다.

#### 2) 주차 시스템

주차 시스템은 도로나 경사로를 이용하여 직접 주차시키는 자주식, 리프트를 이용한 반자주식, 그리고 기계식 순환 시스템을 이용하는 기계식 등 3가지로 구분된다.

### (3) 동선계획

자동차의 원활한 소통을 위해서는 일방통행의 우선, 동선의 교차회피, 주행거리의 단축, 방향변환의 회수 감소 등에 유의하여 계획하여야 한다.

### (4) 설계요점

- 차도 폭은 왕복은 5.5m, 일방은 3.5m 이상을 확보한다.
- 천장고는 통로부분은 2.3m, 주차부분은 2.1m 이상 확보한다.
- 주차구획은 직각주차 시 2.3m×5.0m, 평행주차 시 2.0m×6.0m 이상으로 한다.
- 경사로의 구배는 직선부는 17%, 곡선부는 14% 이하여야 한다.
- 주차대 수가 300대 이상일 경우에는 출구와 입구를 분리한다.
- 국곡부의 반지름은 내부치수를 기준으로 5.0m 이상으로 한다.
- 조도는 50lux 이상을 유지하되, 출입구 부분은 옥내외 조도차를 줄이는 것이 좋다.
- 배기가스 배출 및 신선한 공기도입을 위해 충분한 환기시설을 설치한다.
- 주차장법에 규정한 주차장 출입구로서 부적합한 위치를 피하여 계획한다.
- 주차장으로서의 효율적인 스팬은 5.8~6.2m다.

제 11 장

# 은행건축

## 11-1 개설

### 11-1-1 은행건축의 개념 및 변천

#### (1) 은행건축의 개념 및 역사

은행건축(bank)이란, 영리를 목적으로 화폐의 수불을 매개하는 금융기관으로 일반적으로는 은행법에서 규정하는 금융기관을 말한다.

은행의 효시는 기원전 5세기경 고대 그리스 도시국가에서 직업적 화폐상인이 화폐를 맡아두고 증서의 작성, 관리를 행한 것에서 찾을 수 있으나, 현대와 같은 기능을 갖는 은행은 15세기경 영국에서 설립되었다.

우리나라의 경우는 1878년 일본 제일은행 부산지점(구포)이 일본인에 의해, 1897년 한성은행(조흥은행 전신), 1899년 대한천일은행(상업은행 전신), 1906년 한일은행 등이 한국인에 의해 설립되었으며, 이후 1909년 10월에는 유일한 중앙(발권)은행인 조선은행(한국은행의 전신)이 설립되었다. 그 후 1954년 한국산업은행, 1961년 중소기업은행, 1967년 한국외환은행, 한국주택은행 등이 설립되었다.

#### (2) 은행건축의 변천 및 특징

종래의 은행건축은 주변건축과의 조화가 결핍되었다는 비판이 많았었다. 특히 1, 2차 대전 후 영업정책상 대중화의 필요성이 높아감에 따라 도심부(C.B.D. 지역)에 대규모 은행건물이 위치하게 되고, 또한 교통수단, 사무기계 및 컴퓨터의 발달, 건축기술 자체의 진보는 은행건축의 양상을 크게 변화시켰으며, 최근에는 은행의 기능이 전산센터, 투자신탁, 신용조합 등의 제2, 제3의 금융기관의 등장으로 새로운 기능으로 변모하고 있어 보다 세밀한 연구가 필요해지고 있다.

이에 따라 은행건축의 특징은,

- 친하기 쉬운 서민적인 분위기를 가진 점포가 요구
- 고객 서비스를 기본으로 고객의 출입이 용이, 접객에 편리하도록 요구
- 영업실과 고객대기실이 동일평면상으로 되며, 대기실이 넓고 고급화 경향
- 업무능률 본위로 각 계의 배치
- 창구사무와 후방사무의 명확한 분리와 점포의 입체적 사용경향 등이다.

## 11-1-2 은행건축의 종류 및 업무

### (1) 종류

은행은 크게 통화금융 기관으로 중앙은행(한국은행), 일반은행(시중은행과 지방은행), 특수은행(중소기업은행, 농협 등) 등이 있고, 비통화금융 기관으로는 개발기관(한국수출입은행, 장기신용은행 등), 투자기관(투자금융, 증권금융 등), 신탁기관(상호신용금고, 신용협동조합 등), 보험기관, 기타기관(증권회사, 신용보증기금 등) 등이 있다.

### (2) 업무

은행의 업무는 표 11-1에서와 같이 주요업무와 부수업무로 대별되며, 주요업무는 다시 수신업무와 여신업무로 나눌 수 있다.

**표 11-1** 은행의 업무

| 구 분 | | 업 무 |
|---|---|---|
| 주요업무 | 수신업무 | • 예금 : 보통예금, 정기예금, 저축예금, 통지예금, 당좌예금, 별단예금<br>• 환(어음, 약속어음) : 내국환, 외국환<br>• 채권 : 차입금, 단기차입금, 당좌차월, 재할인어음 |
| | 여신업무 | • 대부 : 어음대부, 증권대부, 당좌대부, call-loan 등<br>• 할인 : 상업어음 할인, 공업어음 할인<br>• 환(어음, 약속어음) : 내국환, 외국환 |
| 부수업무 | | • 내금징수 : 낭좌내금, 수탁내금 등의 징수<br>• 유가증권업무 : 매매, 대차<br>• 보증업무 : 신용장발행, 어음인수, 채권보증 등<br>• 신탁업무 : 담보신탁 업무, 대리업무(추심, 주식배당금 지불)<br>• 보호예치 : 임대금고<br>• 환전 : 내국환, 외국환 |

## 11-1-3 은행건축의 설계방침

### (1) 능률화

- 합리적인 업무조직과 새로운 사무기기의 도입으로 업무능률의 효율성 제고
- 영업장과 객장의 효율적인 배치로 업무동선을 단순화
- 고객의 증가, 전산 시스템 등의 변화에 대한 대응으로 업무의 능률을 향상

### (2) 쾌적성

- 실내의 적절한 온·습도 유지
- 여유 있는 객장공간의 확보로 고객에게 쾌적한 환경 제공
- 행원의 긴장완화와 업무능률의 향상을 위한 쾌적한 환경 조성

### (3) 신뢰감 및 안전성

- 은행의 생명은 신용이므로 의장적, 구조적으로 진실하고 견실한 것이 바람직
- 경비 및 유지·관리가 용이하며, 재해 및 비상체계에 대한 신뢰성 부여
- 금고 및 출납부분의 도난 및 화재에 대한 안전대책을 고려

### (4) 친근감

- 고객에 대한 좋은 인상을 줄 수 있도록 현대적인 감각 부여하면서도 건축물의 품위향상을 고려
- 은행의 대중화를 위해 주변 건축물과의 조화 모색, 객장공간의 고급화 추진
- 지역주민과의 유대관계를 위해 지역에 강당 및 회의실의 제공

### (5) 통일성

- 독자적인 색채, 광고, 간판, 심벌 디자인 등을 통한 통일된 이미지 부여
- 은행건축물은 건축물 자체가 PR의 매체이므로 그 은행으로서의 통일성 부여

### (6) 융통성

- 장래의 증축 고려

# 11-2 일반계획

## 11-2-1 대지계획

### (1) 대지의 선정

은행의 대지선정 시, 특히 교통의 조건이 중요해지고 있으며, 또한 대지선정은 영업상의 문제이므로 매우 중요하다.

- 교통이 편리하고 사람의 눈에 띄기 쉬운 곳(전면도로가 넓은 가로모퉁이 대지)
- 상업지역 내의 상점가나 번화가에 인접한 곳
- 부근의 인구밀도 및 지역의 장래 발전성이 있는 곳
- 도심지, 아파트 및 상·공업단지 등 고객이 밀집해 있는 곳
- 충분한 주차장 확보와 장래 확장계획에 대한 대비가 가능한 곳

### (2) 대지의 형태 및 방위

#### 1) 형태

대지의 형태는 정방형이나 장방형에 가까운 정형이 이상적이며, 부정형은 가능한 피하는 것이 원칙이다. 일반 건축물과는 달리 폭에 비해 깊이가 깊은 대지가 배치 및 평면계획에 유리하다.

#### 2) 방위

방위는 남향 또는 동향이 좋으므로, 동남측의 가로 모퉁이 대지가 가장 이상적이다. 서측에 면할 경우에는 일사조절 계획이 필요해진다. 그러나 방위는 각 은행의 업부상의 특수성에 따른 요인들과 함께 고려해야 함은 물론이다.

### (3) 도로 및 인접 대지와의 관계

도로는 양측도로나 모퉁이대지(L자형) 등이 가장 이상적이다. 편측도로의 경우에는 주출입구 외에 시간외 출입구나 야간창구 등의 배치에 대한 충분한 검토가 필요하다. 특히, 지하실을 둘 경우 인접한 대지와의 관계를 충분히 고려하여, 방화, 도난방지, 채광상 지장이 없도록 주의하지 않으면 안 된다.

## 11-2-2 평면계획

### (1) 조직 및 소요실

은행의 업무내용이 복잡해지고 조직 또한 대규모화 되어감에 따라 통일적 집무가 요구되고, 능률적이고 정확한 업무수행 조직이 필요해져 왔다.

은행의 소요실은 은행의 종류 및 규모에 따라 차이가 있다. 규모는 일반적으로 소, 중, 대규모 로 분류할 수 있으며, 이를 은행건축에서는 주로 본점과 지점으로의 분류가 가능하다. 각 규모별 소요실은 표 11-2와 같다.

### (2) 규모산정

은행의 시설규모 결정요인으로는 행원 수, 내점고객 수, 고객 서비스를 위한 시설규모, 장래 예비공간 등이 고려된다. 일반적인 은행지점을 대상으로 주요시설의 규모산정 및 그 기준을 제시하면 다음과 같다.

**표 11-2** 규모별 소요실

| 구 분 | 소 요 공 간 |
|---|---|
| A급<br>(대규모 지점, 본점) | • B급 소요실 이외에 업무실 중 여러 개의 응접실, 전산실, 통신실, 사진실, 각종 작업실이 요구된다.<br>• 부속실 중 후생관계실, 도서실이 요구된다.<br>• 수장실 중에는 보호대금고, 그 외 하역장 등이 요구된다. |
| B급<br>(보통의 지점) | • 거실부분<br>- 업무실 : 은행실(영업실, 고객대기실), 응접실, 일반사무실, 부속실(지점장실, 회의실), 교환실<br>- 수장실 : 금고(화폐고, 증권고), 서고 및 물품고, 차고, 창고 등<br>- 교통로 : 주출입구, 홀, 복도<br>• 비거실부분<br>- 부속실 : 식당 및 부엌, 갱의실(남, 녀), 휴게실, 화장실, 숙직실, 수위실<br>- 설비실 : 설비용 관계실(전기실, 공조기계실 등) |
| C급<br>(소규모 지점, 출장소) | • 은행경영상 최소한의 소요실로 은행실, 금고실, 서고, 지점장실, 식당, 탕비실, 경비실, 숙직실, 화장실, 창고, 물품고 등이 요구된다. |

### 1) 규모산정

일반적인 은행 지점의 시설규모, 즉 연면적은 은행원 1인당 소요 바닥면적(16~26 ㎡) 기준 또는 은행실 면적의 1.5~3배를 기준으로 하여 산정하며, 주요시설의 면적산정 기준은 표 11-3과 같다.

**▮표 11-3▮ 면적산정 기준**

| 구 분 | 면적산정 기준 | 설 명 |
|---|---|---|
| 영 업 실 | 행원수 × 4~5㎡ | • 은행실 면적 = 영업실 + 고객대기실<br>• 고객대기실과 영업실 면적의 비율=1: 0.8~1.5<br>• 기계화로 발전할 경우에는 1인당 5㎡ 정도 필요 |
| 고객대기실 | 1일 평균 고객수 | • 소규모 점포에서는 1인당 0.2㎡ 정도 필요<br>• 일반적으로 0.13~0.2㎡ |
| 기계화 코너 | 시설대수 × 2~6㎡ | • 번화가나 터미널 등에 위치한 코너는 규모가 큼<br>• 여기서 평균수치는 기계실 불포함 수치임 |
| 금고 및 서고 | 금고 : 15~50㎡<br>서고 : 20~55㎡ | • 금고 및 서고 모두 30㎡ 전후가 표준<br>• 소규모 은행에서는 이동금고를 사용하기도 함 |
| 대 여 금 고 | 대여금고 보관함 상자 수 × 0.02~0.03㎡ | • 개인거래가 많은 지점은 1상자당 0.02㎡<br>• 회사거래가 많은 지점은 1상자당 0.03㎡ |
| 회 의 실 | 수용인수 × 1.4~1.7㎡ | • 일반적으로 수용인원은 60~100명 정도 예상 |

이러한 주요시설 면적산정 이외로 보편적인 중규모 은행지점(B급)의 각 공간의 기준면적은 실제사례로부터 표 11-4와 같이 산출되었다.

**▮표 11-4▮ 각 공간의 기준면적(㎡)**

| 실 명 \ 규모(인) | 30~50 | 50~70 | 70~90 | 실 명 \ 규모(인) | 30~50 | 50~70 | 70~90 |
|---|---|---|---|---|---|---|---|
| 고객대기실 | 50~100 | 74~126 | 92~148 | 휴게실 | - | 60 내외 | 53~96 |
| 영업실 | 112~200 | 180~275 | 240~340 | 식당·부엌 | 37~55 | 67 내외 | 73~93 |
| 일반사무실 | 55~100 | 90~140 | 120~170 | 숙직실 | 13~17 | 18 내외 | 18~22 |
| 지점장실 | 17~23 | 25 내외 | 27~36 | 수위실 | 12~13 | 14 내외 | 13~17 |
| 응접실 | 12~15 | 28 내외 | 30~40 | 탕비실 | 13 | 15 내외 | 15~23 |
| 회의실 | - | 50 내외 | 50~83 | 금고 | 18~32 | 39 내외 | 43~56 |
| 교환실 | 10~13 | 14 내외 | 13~20 | 서고 | - | 18 내외 | 17~33 |
| 갱의실(남) | 12~18 | 20 내외 | 22~27 | 비품고 | 12~15 | 16 내외 | 17~27 |
| 갱의실(여) | 11~15 | 17 내외 | 18~25 | 창고물품고 | 13~23 | 27 내외 | 27~53 |

### 2) 소요면적 비율

소요면적은 은행의 특성에 따라 차이가 있으나, 일본의 사례를 6개 은행 본점과 7개 지점을 대상으로 평균치를 산정하였다. 은행 전체규모, 즉 연면적을 100%로 보았을 경우의 소요면적 비율은 표 11-5와 같다.

**▌표 11-5▌ 소요면적 비율(%)**

| 구 분 | 본점(A급) | 지점(B급) |
|---|---|---|
| 은행실(영업실, 고객대기실) | 8.4~21.4 | 14.2~94.7 |
| 일반사무실 | 15.6~21.5 | 0~8.2 |
| 임원실(집무실, 회의실) | 4.1~8.7 | 0~9.6 |
| 부속실(갱의실, 식당, 휴게실 등) | 6.1~10.9 | 8.0~13.0 |
| 교통로(현관, 복도, 엘리베이터 홀) | 17.3~21.2 | 10.8~25.0 |
| 수장고(금고, 서고, 대여금고) | 3.6~7.2 | 3.7~11.7 |
| 준 수장고(도서실, 도서고, 차고) | 4.2~13.4 | 2.9~12.9 |
| 설비실 | 15.3~20.8 | 13.7~24.6 |
| 연면적 | 100% | 100% |

## (3) 각 공간의 배치

은행건축에서 각 공간의 배치결정 시 고려사항을 정리하면 다음과 같다.

- 주현관의 위치는 전면도로에 통행하는 사람들의 동선을 고려하여 결정
- 은행의 주체는 은행실이므로 주출입구에 면하여 은행실의 배치, 시간외 출입구, 행원출입구의 위치를 결정
- 은행실, 수장실 등과의 연결관계를 고려하여 각 공간의 배치 결정
- 영업실과 고객대기실의 동선을 고려하여 평면상의 공간구성을 구분
- 고객과 행원의 동선이 교차되지 않도록 카운터 및 가구, 공간구분 계획이 필요
- 은행 내부공간 계획 시 유의사항으로는,
  - 고객공간과 업무공간 사이의 원칙적인 구분을 없앤다.
  - 고객의 동선은 되도록 짧아야 한다.
  - 고객부문과 내부 업무관계실과의 긴밀한 관계가 요구된다.
  - 고객대기실을 1층에 설치할 수 없는 경우에는 카운터 홀에서 직접 통하는 특별계단이나 엘리베이터를 이용할 수 없게 한다.
  - 직원 및 내객의 출입구는 분리 · 설치한다.

### (4) 배치의 기본평면형

은행실 배치의 기본평면형은 그림 11-1과 같이 영업실과 고객대기실의 배치관계에 따라 다양한 형태로 분류될 수 있다. 이 중에서 ①, ②의 유형은 주로 소규모 은행인 지점에 많이 적용되며, ③의 유형은 은행규모가 소규모 보다 약간 크고 대지가 2면 도로의 모서리에 면한 대지에 유용한 가장 일반적인 형이다.

④의 유형은 우리나라보다는 외국에서 보편적으로 채용되고 있는 유형이며, ⑤의 유형은 가장 보편적인 기본평면형으로 주로 대규모 은행인 본점에 적용되는 유형이며, ⑧의 유형도 규모가 큰 본점에 적용되는 유형이다. 그리고 ⑥, ⑦의 유형은 규모는 크지만 은행 정면의 폭이 좁은 경우에 한하여 적용되는 유형이라 할 수 있다.

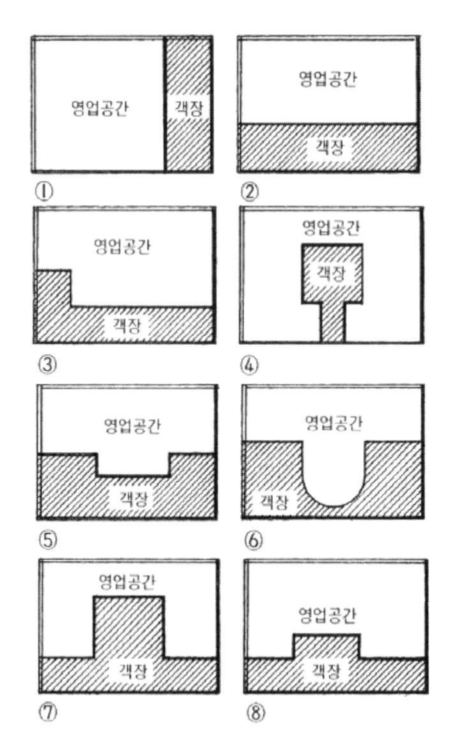


**그림 11-1** 은행실의 기본평면형

## 11-2-3 입면계획

종래의 은행은 주변건물을 위압하는 듯한 외관을 구성하였으나, 오늘날의 은행은 고객에게 친밀감을 주기 위해 밝으며, 강한 이미지를 부각시키는 동시에 접근하기 용이한 외관계획을 추구하는 경향이 많다. 이러한 기본적인 변화경향을 근거로 입면 디자인 시 고려해야 할 요소를 정리하면 다음과 같다.

- 입면 디자인은 외벽에 안정감을 부여할 수 있도록 계획
- 전체적인 중압감은 최대한 배제하며, 독자적인 개성과 일체감을 표출
- 은행의 이미지와 상징성 부각을 위한 디자인 어휘의 코드화 및 표현이 가능한 계획이 요구
- 고객 및 이용자에게 용이한 접근성 및 친밀감을 느낄 수 있는 입면 디자인 계획

- 야간의 도심지 랜드마크의 기능 및 야간금고 이용자를 위한 조명, 간판, 쇼윈도 등의 계획으로 주위환경과의 조화 고려

한편, 은행의 입지적 특성이 도심지에 위치하며, 번화가의 전면에 배치되는 경우가 일반적이므로 은행의 출입구나 채광창 등을 통해 소음이나 먼지 등이 실내로 유입되어 은행업무의 능률에 지장을 주는 경우가 많다.

입면계획 시 이에 대한 대책으로는,

- 가능한 채광창을 크게 설치하며, 2중창이나 페어 글라스, 유리 블록 등으로 마감
- 입면상 고정창을 많이 계획하는 것이 바람직
- 채광창 외측에는 방음용 루버(louver)를 설치하는 것이 바람직하다.

## 11-3 세부계획

### 11-3-1 은행실

은행실은 은행건축의 주체를 이루는 곳으로 크게는 영업실과 고객대기실로 구성된다. 은행실의 설계여하에 따라 은행업무의 능률이 좌우되므로 각별한 고려가 요구되며, 아울러 기둥이 적고 넓은 공간에 대한 요구를 충족시킬 수 있는 계획이 필요하다.

#### (1) 주출입구

외부에서 고객대기실로 연결시켜주는 매개공간으로서 은행건축 전체에 밝은 인상을 주고, 고객을 내부로 자연스럽게 유도하는 것이 중요하다. 계획적 요소 및 지침을 기술하면 다음과 같다.

- 은행실의 현관으로서 고객들에게 신뢰감을 줄 수 있도록 계획한다.
- 겨울철의 방풍 및 도난방지를 위하여 이중문과 함께 방풍실을 설치한다.
- 이중문 설치 시 내부 측은 도난방지를 위해 안여닫이로, 외부 측은 자재문이나 외여닫이로 계획한다.
- 어린이 출입이 많은 곳에는 회전문 설치를 배제한다.

### (2) 고객대기실

고객대기실은 객장이나 손님대기실이라고도 하며, 주로 고객이 사용하는 공간으로 사무를 처리하는 곳이므로 손님에게 호감을 줄 수 있는 의장상의 고려가 필요하고, 내구적인 재료사용이 바람직하다.

가구로는 서명대, 긴의자, 탁자, 잡지꽂이대, 우산걸이, 옷걸이, 접수대, 응접용 가구 등이 필요하고, 최근에는 고객대기실에서 상담사무가 이루어지는 경향이 있으므로 융통성 있는 공간규모를 취하여 응접용 가구가 배치될 필요가 있다.

크기는 영업장과 관련시키되 최소 폭은 3.2m 이상으로 계획하되, 이를 기본으로 다소 여유 있게 확보하며, 영업실에 편중된 계획이 되지 않도록 한다.

### (3) 영업 카운터

영업 카운터(영업대, tellers counter)는 보편적으로 고객이 은행직원과의 상담 및 업무를 수행하는 공간을 의미한다. 고객실과 영업실을 구획하는 기능을 갖는 영업 카운터는 종래에는 바닥에 고정시켰었으나, 근래에는 가구로 취급함으로써 고객대기실과 영업실의 면적비를 변화시키는 데 편리하다.

카운터의 폭과 높이를 비롯한 치수는 고객과 창구와의 관계를 인간공학적으로 고려하여 산정하는 것이 원칙이지라 하겠지만 일반적인 치수는 다음과 같다.

- 카운터의 높이 : 100~105㎝, 낮아지는 추세에 따라 75~90㎝도 나타남
- 카운터의 폭 : 60~75㎝
- 카운터의 길이 : 창구 1에 대해 150~170㎝, 또는 영업장 면적 1㎡당 10㎝의 비율이며, 마감재료는 청결하고 쉽게 더렵혀지지 않는 재료를 사용

### (4) 영업실

영업실(영업장, business room)은 은행의 행정업무가 이루어지는 곳으로 그 규모나 배치에 있어서는 영업내용, 영업방침, 소요인원, 업무량 등에 의해 결정된다. 보편적으로 소규모 은행은 모든 영업이 단일공간에서 이루어지지만, 대규모 일 경우는 수금, 대부, 환전, 신용 등의 업무가 각 기능별로 분산된다. 영업실의 배치에는 여러 요소가 관련되지만, 특히 카운터에 면한 창구부분, 제2선의 업무부분, 과·차장급의 책임자부분 등으로 크게 나눌 수 있다.

영업실계획 시 고려해야 할 사항으로는

- 내부기둥을 최소화하여 시각적으로 개방된 공간이 가능한 구조계획
- 업무능률 향상을 위해 창구직원 외에는 고객과의 접촉을 피하여 업무의 능률을 높이는 공간계획
- 책상배치는 가능한 직선형, 원형 등의 획일적 배치를 피하는 가구배치 계획
- 채광계획 시 기존에는 천창형, 고창식이 사용되었으나, 현재는 일반사무소와 같이 외벽에 가능한 범위 내에서 큰 창을 설치하는 것이 일반적
- 천장고는 일반사무실보다는 다소 높게 하되, 넓이에 대한 비례를 고려하여 결정
- 조도의 균일화로 집무능률의 향상 도모, 소요조도는 300~400lux가 표준
- 설비는 공조설비, 조명설비 외에 바닥에는 전화, 방송을 위한 배선용 floor duct 설치, 벽에는 비상경보 장치용 배관 등이 필요

### (5) 자동화 서비스실

현금 카드 등의 사용이 과거에 비해 일반화됨에 따라 자동 서비스 기기의 설치가 필수적인 요소로 등장하였다. 따라서 신속한 서비스를 통한 고객의 편의를 도모하고, 고객대기실에 일반고객과의 동선을 분리하여 혼잡을 피하도록 이를 위한 공간을 설치한다. 설치위치는 주출입구, 방풍실 부근, 영업실에서 기기의 조작이 가능한 장소 등을 들 수 있으며, 이들 기기의 설치방법은 은행실의 유형에 따라 일정한 위치에 기기 자체를 그대로 설치하는 방법과 벽면에 고정하여 붙박이로 설치하는 방법이 있다.

## 11-3-2 금고실

### (1) 종류

#### 1) 현금금고와 증권금고

은행에서 금고실이라 하면 보통 이것을 말하며, 현금금고(cash vault)와 증권금고를 동일고 내에 설치하되, 칸막이 격자로 내부를 구분하여 사용하는 예가 많다. 단일공간으로 설치할 수 없는 경우에는 2층으로 하여 금고실 내부에 계단을 설치한다.

### 2) 서고

서고는 일반적인 장부를 보관하는 곳과 법정 보존기간이 요구되는 서류를 보관하는 곳으로 분류된다. 전자의 위치는 자주 출입이 가능한 은행실 근처에, 후자는 지하층에 배치하는 것이 원칙이며, 도난방지보다는 방화 및 방습에 대비한 구조 및 설비계획이 중요하므로 금고실보다는 간단한 구조로의 계획이 가능하다.

서가의 종류에는 고정식과 이동식이 있으며, 공간을 효율적으로 이용할 수 있도록 이동식 서가를 채택하는 것이 유리하다.

### 3) 대여금고(보호금고, 임대금고)

대여금고 업무는 크게 보호예치와 대여금고로 구분되는데, 전자는 고객으로부터 보관물품을 받아두고 보관증서를 교부하는 것으로 물품보관의 책임은 은행이 지는 것을 말하고, 후자는 금고실 내에 철제 보관함을 설치해 두고 이를 고객에게 일정한 요금으로 대여해 주는 금고를 말한다.

대여금고의 위치선정은 일반금고실과 달리 고객의 출입이 자유로워야 하므로 객장에서 출입하는 방법, 객장이나 가까운 영업장에서 출입하는 방법, 객장이나 영업장에 부속된 별도의 입구를 통해 독립적으로 출입하도록 하는 방법 등 3가지 유형방법이 채용되고 있다.

구성요소는 전실, 비밀실(coupon booth), 대여금고실 등의 3가지로 구성되는데 비밀실은 전실 일부에 설치하며, 그 규모는 대여금고 보관함 300개를 기준으로 할 때 3㎡ 정도가 적정하다. 구조는 일반금고실의 철제 보관함에 준하며, 고객에게 신뢰감을 줄 수 있도록 한다. 특히, 대여금고 내의 철제보관함을 꺼낸 후에 비밀실에서 오픈하므로, 이를 위해 감시 시스템을 필수적으로 설치할 것이 요구된다.

### 4) 야간금고

야간금고(night depository)는 고객의 매상 중 당일입금과 휴일의 예금보호, 또는 서비스 영역의 확충, 서비스 비용의 절감목적 등 많은 이점을 가진 연중무휴의 무인 서비스 창구다.

위치는 고객이 사용하기 편리한 주출입구 근처에 투입구를 설치하되, 야간에 이용하는 관계로 완벽한 조명시설 계획이 요구된다. 고객의 심리적인 면을 고려할 때 밝은 장소일 것, 투명한 유리 부스(booth) 설치 및 사람의 통행이 많은 도로측에 배치하는 것이 관리 및 안전상 유리하다.

### (2) 배치 시 고려사항

금고실의 위치는 일반적으로 은행건축물의 측면 벽이나 후면 벽을 이용하여 위치하도록 하며, 가능한 지하층에 위치시킨다. 금고실의 배치 시 고려사항으로는,

- 도난방지상 안전한 위치 : 외부에서 침입이 곤란하고, 감시가 용이한 동시에 고객대기실에서 떨어진 위치
- 방재상 안전한 위치 : 화재, 누수 등에 안전한 위치
- 사용상 편리한 위치 : 영업실과 근접 또는 직결된 위치
- 이외로 금고실을 지하실의 외부와 접하는 위치에 설치하였을 경우에는 외벽을 이중으로 하고, 방습에 대한 고려가 요구된다.

### (3) 금고실의 구조

금고실의 바닥, 벽, 천장은 모두 철근 콘크리트 구조로서 다음과 같은 기준에 적합하도록 계획하여야 한다.

- 두께 : 30~45cm가 표준이며, 대규모 은행은 60cm 이상이 표준
- 배근 : 지름 16~19mm 원형강 또는 이형강을 15cm 이중배근하는 것이 표준
- 보강강 : 스틸 크리트(steel crete)를 사용하는 방법과 금고 안을 철판으로 둘러싸는 스틸 라이닝(steel lining) 방법 등이 있으나 공사비 관계로 일반화되지 못함
- 금고문, 맨홀 : 은행규모에 따라 형식 및 성능에 따라 차이가 있으므로, 표준형은 결정할 수 없으나, 일반적으로 크기는 각각 직사각형문(W=90~100cm, H=190~200cm), 원형문(R=200cm), 보조문(맨홀, R=60cm) 등이 적합하며, 두께는 7.5~40cm까지 있으나 10~20cm 두께가 일반적으로 사용됨.
- 정첩은 기밀성을 위해 2단식 경첩(crane hinge)을 사용
- 각종 사고에 대비한 시설로 전화 및 전기선을 금고벽체에 설치하여 경보장치와 연결하며, 천장에는 마이크를 설치
- 감시통로를 최소 45~50cm의 폭으로 금고 주위에 설치하고, 각 코너에는 거울을 부착
- 결로, 습기문제 발생에 따른 환기문제에 대한 세심한 고려가 필요하다. 환기방식으로는 금고실 내의 급기 및 배기를 덕트(duct)로 처리하는 방식, 급기는 덕트로, 배기는 직접 흡입하는 방식, 배기실 맨홀에 배기팬을 설치, 직접 배기시키며, 급기는 출입구에서 흡입하는 방식 등이 사용된다.

### 11-3-3 기타 부속실

기타 지점장실, 응접실, 회의실, 갱의실, 식당 및 부엌, 숙직실, 수위실, 교환실, 방송실, 기타 교통 및 설비관계실 등을 주어진 여건에 따라 적절히 배치해야 한다.

#### (1) 지점장실

지점장실은 행원의 집무를 감독할 목적으로 주위가 잘 보이는 안쪽에 위치하는 것이 통례이나, 최근에는 고객과의 상담이 용이한 위치에 두는 경향이 많다.

#### (2) 응접실, 회의실, 대기실, 예비실

응접실은 고객과 상담할 때 사용되며, 은행규모에 따라 영업실 내 또는 인접하여 여러 공간이 설치된다. 간단한 상담은 지점장실에 배치된 응접의자를 사용하기도 한다.

회의실, 대기실, 예비실은 일반적으로 인접·배치하고, 이동식 칸막이로 막아서 사용하는 경우가 많은데 이는 회의실 수용인원의 증감에 따라 공간의 크기를 조절하기 위한 것이다.

#### (3) 식당 및 부엌

식당, 부엌, 오락실, 휴게실은 상호 인접시켜 배치한다. 규모가 작은 지점에서는 식당, 오락실, 휴게실을 하나의 공간으로 계획하고 간이칸막이를 설치한다. 은행은 점심시간에도 영업을 계속하므로 식사를 2~3교대하는 것으로 보고 식당 및 부엌의 면적을 결정하는 것이 좋다. 식당 및 부엌 내에 환기설비를 설치하고 위생관리에 유의하도록 한다.

#### (4) 숙직실

숙직실은 취침, 통신, 오락, 수납기능을 필요로 하며, 후생시설과 인접·배치하는 것이 바람직하다.

경비실은 직원 출입구 근처에 배치해, 항상 어느 때나 사람의 출입을 감시하는데 편리하도록 한다.

### (5) 갱의실

남녀로 구분하여 식당이나 휴게실 부근에 배치한다. 사물함은 1인당 30×45×180㎝ 정도의 캐비넷이 사용된다. 문 개폐 시 내부가 들여다보이지 않도록 하며, 내부에 세면기를 설치하는 것이 바람직하나, 불가능한 경우에는 화장실과 가깝게 배치한다.

### (6) 교환실, 방송실

전화교환실은 중규모 이상의 은행지점에 설치하며, 방송실은 대체로 교환실과 겸하는 경우가 많다. 휴게실이 없는 경우에는 교환실과 인접해서 여직원을 위한 간단한 휴식공간을 함께 마련하는 것이 바람직하며, 가능한 자연채광을 유입시킴으로써 쾌적하고 밝은 분위기 구성이 요구된다.

# 11-4 설비계획

## 11-4-1 방재설비

은행은 고도의 행정업무 처리를 수반하며, 또한 현금 등을 취급하는 특수업무 공간이므로 설비계획 시 각별한 유의가 요구된다.

### (1) 영업실의 경보설비

은행은 재해발생 시 경찰서나 소방서에 연락할 수 있는 경보설비를 갖추어야 하는데 이러한 설비로는 유선 경보장치와 무선 경보장치가 있다. 유선 경보장치란, 영업실 등에 설치된 경보기를 발신하면 발신전용 전화기에 연결된 녹음기가 자동적으로 작동, 접속되어 112에 연결시키는 설비이며, 무선 경보장치란 경보기를 작동·발신하면 방범무선기가 신호를 발생시켜 경찰서나 소방서의 수신기가 수신하는 즉시 재해에 대처하도록 하는 설비다.

이러한 경보설비는 외래자가 잘 알 수 없도록 눈에 띄지 않는 장소인 출납계원, 간부진의 책상, 기타 등에 설치된다.

### (2) 금고실의 경보설비

금고실의 경보설비는 적외선 작용을 응용한 투광기 · 수광기 · 경보기로 구성되며, 작동원리는 어떤 물체나 사람이 그 적외선을 차단 시 전류가 발생하여 계전기를 작동시킴으로써 벨이 울리고 경보등이 작동하게 된다.

금고실에 설치하는 경보설비로는 금고문 개폐표시기와 미음경보 장치가 있으며, 이들은 주로 금고실의 전실에 설치된다. 금고문 개폐표시기는 각각의 문을 개폐할 때, 1개소에 표시하는 장치로서 은행의 규모가 크고 금고실이 여러 개 있는 경우에 필요하나, 금고실이 영업실과 멀거나 타층에 있는 경우에는 은행의 규모와 무관하게 설치할 필요가 있다.

### (3) 비상통풍구 장치

금고실 등에 행원이 갇혔을 경우에 사용하는 구급용 환기설비 기구로, 이 기구는 흡인, 송풍기, 모터, 스위치, 조작반 등에 의해 조립되어 있다. 밸브(valve)를 열면 자동적으로 송풍기가 작동되어 외기를 흡입할 수 있으며, 또한 금고 밖에서는 표시등(pilot lamp)이 점등되도록 하는 장치다. 이 장치는 평상시에는 특수한 기구에 의해 엄중히 폐쇄되어 있다.

## 11-4-2 사무기계 설비

은행업무를 사무면에서 대별하면, 창구사무, 후방사무, 판단사무 등으로 구분되며, 이 중에서 후방사무의 양이 압도적으로 많으므로 은행업무의 기계화는 후방사무의 능률적 처리에 중점을 둔다.

은행의 대중화에 따른 은행규모의 확대, 은행 간의 경쟁에 대비한 자료의 신속 · 정확한 처리, 반복적인 작업이 많은 사무작업을 합리화하기 위해서 은행에서는 사무기계의 도입이 증대하고 있다. 사무기계를 중심으로 종래 각 영업점포에서 행하던 창구 이외의 사무를 1개소 또는 수 개소에 집약시켜 컴퓨터 등에 의한 사무집중 처리를 위한 사무기계실의 필요성이 대두되고 있다. 사무기계실을 설치함으로써 은행 점포 내 영업실 면적은 축소되고 상담사무나 고객대기실의 면적은 중점적으로 확장시킬 수 있다. 일반적인 사무기계 설비로는 출납기, 예금기, 회계기, 감사 조합기, 종합 사무기계 등이 있다.

# 11-5 드라이브 인 뱅크

## 11-5-1 개요

### (1) 발생 및 필요성

자동차용 창구은행인 드라이브 인 뱅크(drive in bank)의 출현은 1940년경부터 미국에서 자동차이용 고객에 대한 서비스 제공 차원에서 은행에 드라이브 인(drive-in) 창구를 설치하는 데에서부터 시작되었다고 할 수 있다.

한국에서는 1981년 조흥은행 본점에 처음 설치되었으며, 사회여건의 변화에 따라 일반화될 것으로 예측된다. 그러나 이러한 형태의 은행이 구성될 경우에 우선적으로 요구되는 것이 대규모 적인 대지와 도로의 조건이 조화를 이루어야 가능한 점이 제약조건이라 하겠다.

### (2) 위치

위치는 자동차로 업무를 보는 특성상 복잡한 상가가 있는 큰 도로로부터 약간 떨어진 장소가 적정하다. 또한 고객에 따라서는 차에서 내려서 업무를 볼 경우도 있으므로 이에 대한 충분한 주차공간 확보가 가능한 곳이 좋다. 이에 대비해서 보행자용 walk-up 창구나 step-in 창구를 설치한다. 여기서 walk-up 창구는 기능적으로는 드라이브 인 뱅크와 같으나, 자동차를 탄 채 이용하는 것이 아니므로 설치위치, 창구높이 등이 보행자의 편의에 따라 정해져야 한다. step-in 창구는 보행자용 창구로서 건물 내에 작은 공간을 구분하여 설치한다.

### (3) 계획시 검토사항

- 기존 은행건축물 주변의 도로 및 교통량과 그 방향에 대한 조사 · 분석
- 주요 도로에서 차량의 진입 및 출구의 방향
- 창구는 운전석 쪽으로 배치해야 한다.
- 창구에서의 주차는 교차 또는 평행주차 방식이 이루어질 수 있는 입지조건
- 드라이브 인 창구에 자동차의 접근이 용이한 대지와 장소의 조건
- 드라이브 인 뱅크 입구에는 차단물이 설치되지 않도록 계획하는 것이 원칙

### 11-5-2 평면형식

#### (1) 창구계획

드라이브 인 창구에서 자동차 1대가 소요하는 시간은 약 1분 정도로 산정하고 주차의 흐름 및 배치계획을 수립해야 한다. 창구를 담당하는 행원 1인이 하루 동안 취급할 수 있는 업무량은 150~200건 정도이며, 모든 업무가 이 창구 자체에서만 처리되는 것은 아니므로 별도의 영업장과의 긴밀한 연락을 취할 수 있는 시설계획이 필요하다.

드라이브 인 창구의 소요설비는 다음과 같다.

- 업무상 서류처리를 위한 자동식과 수동식을 겸비한 설비를 계획할 것
- 고객과 행원 간 쌍방 통화를 위한 설비를 계획할 것
- 도난방지를 위한 방탄설비를 계획할 것
- 추운 겨울철 동결에 대비해 창구를 청결히 할 수 있는 보온설비를 계획할 것

#### (2) 유형

##### 1) 외측 주변형

은행건축물이 2 도로 이상에 면한 경우에 건축물의 외측 일부분 즉 외부벽면 1변이나 또는 그 외의 벽면을 활용하여 창구를 계획한 가장 일반적인 유형으로, 창구설치가 다른 유형에 비해 편리하다.

##### 2) 돌출형

기존 은행건축물에서 일부분을 돌출시켜 창구를 배치하거나, 기존 은행건축물과의 연계를 고려하여 길게 증축함으로써 증축부분을 창구로 계획한 한 유형이다.

##### 3) 도서(island)형

기존 은행건축물에서 별도로 업무창구를 위한 건축물을 계획한 유형으로 일반적으로 섬처럼 독립적인 형태로 구성된 관계로 도서형이라고 한다. 별도의 창구를 위한 증축이나 신축으로 인한 시설비의 증가로 이용객이 많은 경우에 적합한 방식이다.

제 12 장

# 백화점건축

## 12-1 개설

### 12-1-1 개요

#### (1) 백화점의 개념

백화점(department store)은 산업혁명 이후 근대자본주의 사회의 전형적인 산물이다. 취급하는 품목의 폭이 다양하고 상권 또한 광범위한 소매업형식의 대규모 판매시설이다. 최근에는 각종 위락시설을 포함하여 쇼핑을 겸한 오락 및 문화공간으로서의 기능을 부가함으로써 도시생활의 필수적인 활력소가 되고 있다.

여러 종류의 상품을 취급한다는 점에서는 일반적인 상점과 비슷하나, 대자본의 도입에 따라 기업화되어 경영의 합리화 및 광고선전, 부문별 조직에 의한 매입, 판매가 대량으로 이루어지며, 정찰제, 가격과 품질에 있어서 최고의 서비스와 신용을 목표로 하고 있다는 점에서 여타의 상점들과는 구별된다.

#### (2) 백화점의 변천과 전망

백화점이 발달하게 된 배경에는 근대적 도시의 발달, 교통 및 통신의 발달, 자본주의적 기업형태 및 경영기술의 발달, 자본주의적 생산체제의 발달, 그리고 근대적 산업기술의 발달 등이 있었다.

세계 최초의 백화점은 1852년 파리에 지어진 봉마르셰(Bon Marché) 백화점이며, 이 백화점은 운영에 있어 정찰제, 박리다매, 자유로운 아이쇼핑, 환품과 환금 등의 기법을 도입하였다. 이후에 미국에서는 메이시(Macy) 백화점(1858년)이 설립되었으며, 영국에서는 위틀리(Whiteley) 백화점(1863년), 독일에서는 베르트하

임(Wertheim) 백화점(1870년)이 설립되었다. 그리고 일본에서는 1904년 동경에 미스코시(三越) 백화점, 1919년 대판에 다카시마야(高松屋) 백화점이 설립되었으며, 우리나라의 현대식 백화점은 1930년 일본 미스코시 백화점 경성지점이 현재의 신세계백화점 자리에 설립된 것이 최초이며, 그 뒤 박흥식이 1931년 종로2가에 화신백화점을 설립하였다.

우리나라의 백화점은 1980년대 중반 이후 경제수준의 향상, 도시인구의 증가, 소비패턴의 변화 등 사회여건의 변화에 따라 대규모화되고 다양화되고 있다. 또한 앞으로의 백화점 경향도 대규모 적이고 복합적인 기능의 백화점 출현이 예상된다. 즉, 판매기능과 더불어 대규모 휴식공간, 레저・문화 공간 등의 서비스 시설을 갖춘 복합건물의 형태를 취한 미래형 백화점이 나타날 것이다.

### (3) 백화점의 특징

백화점은 대규모 자본을 유치하여 도시의 번화가에 대규모 적으로 세워진 건축물로서 정찰제 형식과 고객의 임의적인 상품에 대한 선택이 가능한 것이 특징이다. 백화점의 특징은 다음과 같이 정리될 수 있다.

- 건물규모가 대규모 이며, 외관은 신선하고 화려하다.
- 판매상품이 다종다양하며, 부문별로 명확히 구분되어 진열되어 있으므로 원스톱 쇼핑(one stop shopping)과 비교구매가 가능하다.
- 동시에 많은 고객이 매장 내를 왕래할 수 있으며, 여자와 아동고객이 많으며, 남녀 비율은 3 : 7 정도다.
- 고객에 대한 완벽한 서비스가 요구되는 시설이며, 점원 수가 많은 동시에 남녀 비율이 4 : 6으로 여자점원이 많다.

### (4) 백화점의 건축계획 시 고려사항

백화점 건축은 점내에 많은 고객을 끌어들여 가능한 한 많은 상품을 판매하는 것이 목적이므로,

- 외관은 상업적인 가치를 필요로 한다.
- 접객부분은 냉난방설비 및 방화설비를 갖추며, 새로운 상품을 암시할 수 있도록 새로운 감각의 디자인이 이루어져야 한다.
- 화재나 비상 시의 피난방법에 대한 고려가 매우 필요하다.

## 12-1-2 종류

### (1) 입지별 분류

#### 1) 도심형

도심백화점으로 도시 중심의 상업지역에 입지한 가장 전형적인 형태다. 대체로 고층, 대규모 로 구성되는 관계로 도시경관의 랜드마크 기능을 수행한다.

#### 2) 터미널형

역, 터미널, 공항 등 교통기관의 접속점에 위치하며, 기존 터미널 빌딩과의 밀접한 연결 및 통합으로 구성된 경우가 대부분이다.

#### 3) 교외형

쇼핑센터(shopping center)라고도 하며, 주로 도심지에서 다소 떨어진 교외 주거지역의 교통중심 지구에 입지하며, 대규모 주차장이 요구된다.

#### 4) 기타형

슈퍼마켓(super market), 슈퍼스토어(super store), 할인점(discounter store), 양판점, 회원제 창고형(Price-Club, Kim's Club) 등이 있다.

### (2) 경영특성별 분류

#### 1) 종합백화점

매장면적 1,500㎡(대도시에서는 3,000㎡) 이상으로서, 물품판매업, 의식주 관계의 많은 상품을 취급하는 점포다.

#### 2) 부문백화점

건축백화점, 전자백화점 등, 구매계층별로 관련 상품을 구비한 점포다.

#### 3) 협업백화점

판매업자가 공동으로 만든 백화점으로서, 일괄 종합쇼핑(one stop shopping)의 구매행동 욕구를 충족시키기 위한 점포다.

#### 4) 월부백화점

할부판매의 규정에 의한 판매를 원칙으로 하며, 구입자로부터 받을 대금은 2개월 이상의 기간에 3회 이상으로 분할하여 판매하는 점포다.

한편 우리나라에서는 백화점과 쇼핑센터라는 용어가 명확히 구분되어 사용되고 있지 않다. 다만 법규상 매장면적 3,000㎡ 이상인 백화점은 매장면적의 50% 이상을 직영해야 하나, 쇼핑센터는 전관임대가 가능하다는 점, 백화점은 상품계열별로 전문조직화한 사업형태가 특징이나, 쇼핑센터는 핵점포, 전문점 등이 모인 소매집단이라는 점, 그리고 백화점은 상품개발 능력을 크게 강조한다는 점 등의 차이점을 갖고 있다.

## 12-2 일반계획

### 12-2-1 대지 및 배치계획

#### (1) 대지계획

#### 1) 대지선정 조건

백화점의 대지를 선정할 경우 고려해야 할 사항을 정리하면 다음과 같다.

- 고객범위의 넓이와 그 인구수 : 고객의 범위 및 이동경향의 파악, 연령별 구매력 및 범위의 예상 등
- 주변 교통상황의 여건 ; 고객의 유축 · 유입량(1일 판매장 100㎡당 200인 내외의 입장객이 있어야 순조로운 경영기대), 교통기관의 종별 수송상황, 교통기관 변화에 의한 영향 등
- 인근 상업지역 및 시설과의 상호관계 : 상점가의 상호작용, 상점가의 업종구성 및 성격의 구분 등
- 고객유치를 위한 시설 : 집회, 문화 및 휴식시설, 외식시설 등의 유무, 집회 및 문화교실 등의 기타조건 등
- 대지의 규모 및 넓이와 도로와의 관계여부

### 2) 대지의 형태 및 규모

대지의 형태는 일반적으로 정방형에 가까운 장방형이 바람직하다. 특히 대지의 장변이 주요도로에 면하고, 다른 1변 또는 2변이 상당한 폭을 가진 도로에 면하는 것이 이상적이다. 특히 물품의 인수, 발송에 사용되는 교통로와 고객동선과 교차되지 않도록 하기 위해서는 바닥면적 3,000㎡ 이상의 백화점의 경우는 2방면 이상의 도로에 접하는 것이 바람직하다.

대지의 전면 폭과 깊이와의 관계에서 볼 때 전면 폭이 큰 경우에는 구매빈도가 높고, 특정시간에 고객이 집중하는 백화점에 적합하나, 너무 넓을 경우에는 관리상 어려움과 대지의 안정성이 결여되는 단점도 있다. 반대로 깊이가 상대적으로 깊은 경우에는 침착한 분위기로서 매장 내 체류시간이 다소 소요되는, 즉 고급상품을 취급하는 백화점에 적합하나, 너무 깊을 경우 고객의 동선을 내부의 깊숙한 곳까지 유도하기 어려운 단점도 있다. 한편 건물의 폭과 깊이는 최소한 5 span이 필요하므로 이를 고려한 대지의 형태 및 규모가 필수적으로 요구된다.

대지의 규모는 대규모 백화점은 최소한 4,000~10,000㎡, 중규모 백화점은 2,500~4,000㎡, 소규모 백화점은 1,000~2,500㎡ 정도가 필요하다.

## (2) 배치계획

### 1) 배치계획 시 고려사항

주도로에서 오는 고객의 교통로와 상품의 입고 및 발송을 위한 교통로는 분리하여 복잡하지 않도록 하며 대지를 유리하게 이용하도록 계획한다. 또한 고객, 점원 및 상품의 출입은 도로의 폭, 교통량, 부근의 환경 등을 고려하여 어느 도로에서 유도할 것인가를 결정한다.

가능한 L자형이나 2면 이상이 도로에 접하는 대지가 동선 및 피난계획에 유리하며, 대지가 면한 도로가 가급적 일방도로가 아닌 것이 좋다. 특히 건축법규 검토에 따른 도로상황을 면밀히 분석하여 이용 가능한 대지규모를 산정한다.

### 2) 대지와 도로와의 관계

① 일면 도로인 경우

- 대지가 1면의 도로에 접하는 경우로 매장의 능률상 불리
- 고객용 출입구와 종업원 및 서비스용 출입구가 상호 간 교차되지 않도록 계획

② 모서리도로인 경우

- 모퉁이 대지인 경우로 가장 유리한 형태
- 고객용 출입구와 종업원 및 서비스용 출입구의 명확한 구분이 가능
- 기능적인 평면계획이 가능하며, 계획 시 정면성과 측면성을 강조할 수 있는 관계로 시각적 인지도를 높일 수 있는 유형

③ 전후 2면도로인 경우

- 대지가 2개의 변화가 사이에 위치한 경우
- 사람의 통행이 상대적으로 잦은 도로에 고객용 출입구를 배치하며, 적은 도로에는 종업원 및 서비스용 출입구를 배치하는 것이 일반적
- 통행이 적은 도로 측에 고객용 부출입구를 설치하는 것도 가능한 유형

④ 3면도로인 경우

- 대지가 3면의 도로에 면한 경우
- 동선의 구분을 명확하게 할 수 있으며, 모서리 대지보다 동선계획상 효율적
- 3면이 도로에 면한 관계로 백화점 디자인의 독자성을 다른 유형에 비해 강조할 수 있는 유형

## 12-2-2 평면계획

### (1) 백화점의 기능

백화점은 고객을 대상으로 상품을 판매하는 것을 목적으로 하고 있는 관계로 공간구성은 규모나 본·지점의 구별 없이 대체로 4개의 권역으로 구분된다. 이러한 각 부문이 상호 혼란이 없이 합리적이고 능률적으로 구성되어 있지 않으면 안 된다.

#### 1) 고객권

- 영업의 선선(前線)으로서 대부분 판매권과 결합하여 종업원권과 접하게 된다.
- 고객용 출입구, 통로, 계단 등의 교통시설과 휴게실, 화장실, 식당, 전시실 등 서비스 시설 등으로 구성된다.

## 2) 상품권

- 상품의 반입, 보관, 배달을 행하는 부분으로 판매권과 접하며 고객권과는 절대 분리시킨다.
- 검수시설, 보급시설, 보관시설, 배달 및 발송시설, 운반시설 및 각종 관리공간 등으로 구성된다.

## 3) 종업원권

- 고객권과는 별개의 계통으로 독립되고, 판매장 내에 접하며, 매장 외의 상품권과도 접한다.
- 종업원 출입구, 종업원 공간(통로, 계단, 화장실, 휴게실, 갱의실, 의무실, 식당 등), 사무실 및 식품가공, 점내장식, 건축 및 설비 보수용 작업실 등으로 구성된다.

## 4) 판매권(매장)

- 백화점에서 가장 중요한 부분으로 상품의 전시, 진열, 선전이 행해지는 곳이다. 따라서 이 부분을 효과적으로 처리함으로써 고객에게 구매욕을 환기시킬 필요가 있다.
- 종업원과 고객 간 상품설명, 대금수령, 포장 등이 행해지는 곳이다.
- 종업원에 대해서도 능률적인 작업환경이 조성되어야 한다.
- 세부적인 시설구성은 백화점의 규모 및 매장면적에 비례한다.

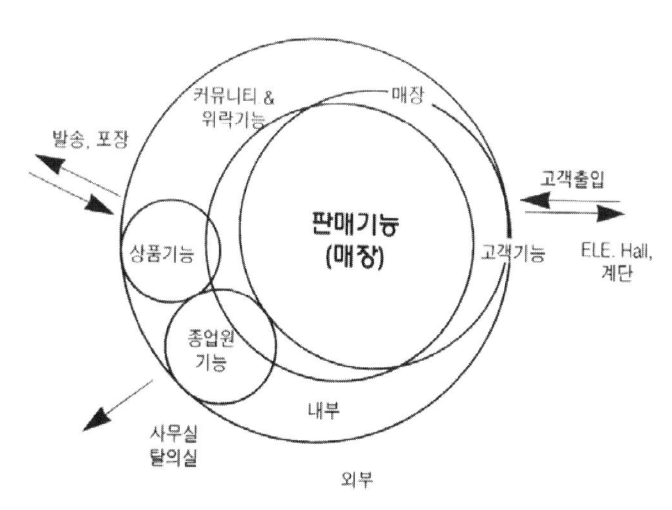


▌그림 12-1▐ 백화점의 기능도(by Louis Parnes(Swiss. Architect)

## (2) 소요실 및 면적배분 비율

### 1) 소요실

백화점의 소요실은 크게 접객부와 비접객부로 구분할 수 있다. 이러한 시설들의 배치는 백화점 운영상 영업능률 및 판매고에 많은 영향을 미치는 관계로 백화점 내의 교통동선, 상품의 진열형식, 고객에 대한 서비스, 판매장 내의 확장, 비상설비 등을 고려한 합리적이고 신중한 계획이 요구된다.

① 접객부 관련시설

주로 고객을 대상으로 하는 판매장 중심의 시설을 의미한다.

- 판매장, 진열장, 공연 및 이벤트장, 휴게실 및 식당, 커피숍 등
- 고객용 주차장, 주문실, 상담 및 응접실, 부속실, 보관실 등
- 현관, 계단, 엘리베이터, 에스컬레이터, 화장실, 안내 카운터, 흡연실 등

② 비접객부 관련시설

고객에게 제공되는 상품 및 관리상의 시설을 의미한다.

- 상품반입 및 반출실, 발송품 구분실, 검사실, 계산실, 하역실, 조사실 등
- 기계실, 전기실, 수선실, 감시실, 창고, 상품주차장 및 출입구 등
- 종업원용 화장실, 흡연실, 의무실, 갱의실, 회의실, 중역실, 사무실 등

### 2) 면적비율

백화점건축에서 가장 중요하고 많은 면적을 차지하는 부분은 판매장이라 불리는 순매장이라고 할 수 있으며, 판매매출액의 차이는 이 부분 면적의 크기와 관계되므로 매장면적비의 증대는 경영자가 가장 바라는 점이다. 그러나 면적비만 증대되고 비능률적인 사각지대나 좁고 긴 부분이 많이 생기면 안 되므로 판매장 평면계획 시 능률적으로 계획하여야 한다

면적비율은 본·지점의 구분, 별도의 사무동 유무, 규모의 대소, 경영방침 등에 따라 변동되며, 또한 어디까지를 매장으로 보느냐에 따라 차이가 발생한다.

외국의 도심지에 위치한 백화점의 경우 판매장면적은 관리부분을 포함하지 않을 경우 인구 1만 명당 평균 650㎡로 되어 있다. 일반적으로 면적비율은 건물의 규모가 작을수록 매장비율은 증대한다. 즉, 외국의 대도시는 식당 등을 포함하는 판매장과 관리사무 부분의 면적비가 66% : 34%인 것에 비해, 지방도시는 73% : 27%의 비율이다. 이는 지방도시일수록 백화점의 규모가 작기 때문이다.

한편 일본의 경우 종업원 1인당 연면적은 25~30㎡로 나타나고 있으며, 면적기준도 백화점의 규모가 작을수록 낮아지고 있다.

이와 관련된 백화점의 규모별 판매장 면적비율 및 종업원 비율 등을 정리하면 표 12-1과 같으며, 각각의 이상적인 판매장면적 비율을 요약하면 다음과 같다.

- 사용면적에 대해 60~70%
- 총 연면적에 대해 50% 전후
- 순 매장면적율은 40~60%, 평균 50% 정도다.
- 판매장 내 통로면적의 비율은 순 매장면적의 50~70% 정도다.

최근의 백화점은 다용도 복합건물의 성격이 강하므로 매장면적 비율보다는 수익/비수익 부분의 면적비율이 더 효과적인 계획기준이 되고 있다.

**표 12-1** 외국 백화점의 규모별 판매장 면적비율 및 종업원비율

| 구 분 / 연면적(㎡) | 규모별 분포비율 | 면적비 | | 100㎡당 종업원 수(인) | 종업원비율 | |
|---|---|---|---|---|---|---|
| | | 판매장(%) | 사무(%) | | 남(%) | 여(%) |
| 30,000~50,000 | 34.5 | 66.2 | 33.8 | 3.7 | 40.5 | 59.5 |
| 10,000~30,000 | 28.4 | 73.1 | 26.9 | 3.8 | 38.2 | 61.8 |
| 6,000~10,000 | 13.1 | 80.5 | 19.5 | 4.1 | 37.3 | 62.7 |
| 4,000~6,000 | 6.1 | 81.1 | 18.9 | 4.3 | 33.8 | 66.2 |
| 2,000~4,000 | 2.0 | 82.2 | 17.8 | 4.4 | 33.5 | 66.5 |
| 2,000 이하 | 0.6 | 83.0 | 17.0 | 5.5 | 33.2 | 66.8 |
| 평균(합계) | 100 | 72.1 | 27.9 | 3.9 | 38.5 | 61.5 |

### (3) 동선계획

백화점의 동선계획은 다층 및 다수의 고객이 밀집하는 관계로 형태상으로는 수직 및 수평동선으로 분류하는 것이 바람직하며, 기능상으로는 고객동선과 종업원 및 상품동선 등으로 분리하여 계획하여야 한다. 백화점이 제 기능을 발휘하기 위해서는 행위의 주체인 고객과 종업원, 그리고 매개체이자 목적인 상품 등의 3가지 요소의 상호작용에 의한 요구를 제대로 수용할 수 있어야 한다. 고객, 종업원, 상품 등은 도로에서 들어와 백화점 안을 통과하고 다시 도로로 나온다. 이러한 운동은 폐쇄된 원을 그리며, 상호 교차되거나 장해물에 의해 방해되어서는 안되며, 특히 고객의 동선은 상품배치와의 관계에 의해 매장 내에 주통로의 패턴을 형성한다.

수평동선 계획은 절대적으로 매장계획에 의해 결정되지만 서비스 시설과의 연관성을 고려해야 하며, 백화점 내로 유도된 고객들을 매장 내 구석까지 유도될 수 있도록 하는 일이 중요하다. 즉, 고객동선은 가능한 많은 매장을 거치도록 배려할 필요가 있다. 이는 일반적인 동선계획과는 상치되는 원리다. 특히 고객동선은 비상시 피난여부와 밀접한 관계를 지니게 되며, 법규적인 조건에 적합하도록 계획한다.

수직동선 계획의 요소는 계단, 엘리베이터, 에스컬레이터로 구분된다. 이 중에서 계단은 보조적인 기능을 수행하는 요소로서 주로 비상용 피난계단으로, 에스컬레이터는 백화점건축에 있어서는 가장 적합한 수직 교통수단이라 하겠다.

백화점의 매장동선은 주동선과 보조동선으로 구분하되, 가능한 교차되지 않도록 분리시키며, 교차시킬 경우에는 고객에게 편리한 방법을 택해서 장해물의 방해가 없이 점포 안의 동선을 안쪽이나 상층까지 끌어들여야 한다. 주동선은 고객이 다니는 동선이므로 될 수 있는 한 길어야 하며, 보조동선은 작업을 위한 작업동선과 상품의 반·출입을 위한 상품동선으로 구분, 고객이 상품선정 시 편리하고 구석에 있는 상품도 손에 닿을 수 있도록 짧은 것이 바람직하다.

또한 동선계획은 단순, 명쾌하게 계획하여 안정감과 함께 고객을 목표한대로 정확히 유도할 수도 있으나, 자칫 단조로운 흐름으로 흥미를 끌지 못하는 경우도 있으므로 고객이 걸으면서 변화를 즐길 수 있도록 계획해야 한다.

동선의 형식은 표 12-2와 같이 크게 4가지 타입으로 분류할 수 있으나, 우리나라의 경우에는 enclosed type을 많이 사용한다.

**▮표 12-2▮ 동선의 형식**

| 구 분 | square type | enclosed type | buyers type | booth to booth type |
|---|---|---|---|---|
| 형 식 | 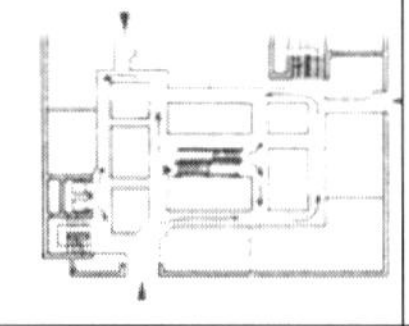 | 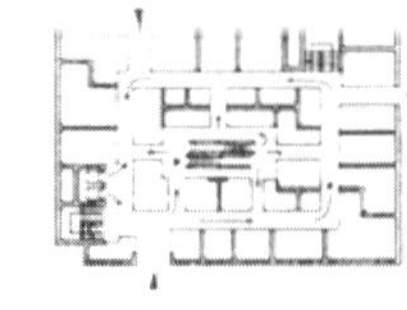 | 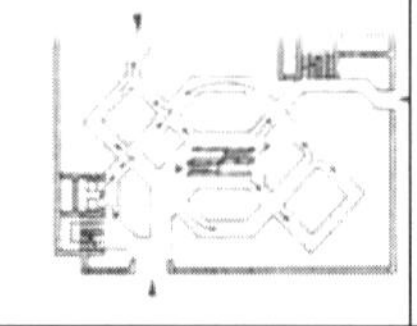 | 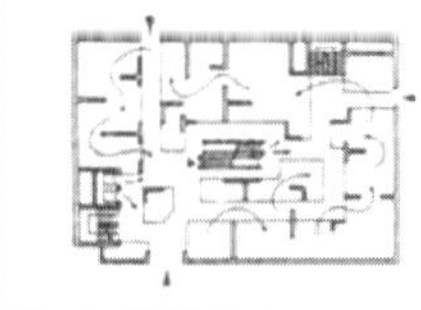 |
| 내 용 | 미국 등지에서 많이 볼 수 있으며, 목적 지향에 적합 | 매장의 회유성 중시 | 45°의 구성에 의한 상품벽면의 치장 중시 | 전체를 인간척도와 같은 공간으로 구획함으로써 목적구매와 매입을 위한 변화 연출 |

## 12-3 세부계획

### 12-3-1 기둥간격

건축계획의 기본은 기둥간격(column spacing, span) 결정이라고 할 수 있으며, 한 쌍의 기둥간격은 백화점 진열상품의 성격에 따라 달라지며, 매대의 배치와 통로 폭을 결정하는 것과 밀접한 관련성을 갖고 있다.

#### (1) 기둥간격 결정 시 고려사항

백화점의 기둥간격은 다음의 요소들을 고려하여 결정하며, 이 외에도 구조방식과 층고 등을 고려하여 정한다.

- 매대(show case)의 치수와 배치방법
- 엘리베이터 및 에스컬레이터의 유무 및 배치
- 매장 내의 통로와 계단실의 폭
- 지하 주차장의 주차방식과 주차 폭
- 기타 하층부의 수영장이나 볼링장 등 장 스팬에 대한 고려

#### (2) 기둥간격의 규모

기둥간격은 일반적으로 매대의 치수와 주변의 통로 폭을 고려하여 결정하는 것이 원칙이다. 여유 있는 기둥간격 계획은 판매장 공간의 매대배치가 용이하고 고객의 명확한 시각적 전망 및 유도가 가능한 장점이 있다.

고층 백화점의 기둥배치는 직교형이 대부분이며, 장방형보다는 정방형이 매장의 표준화나 재배치 전환이 용이하므로 유리하다.

이러한 기둥간격은 6×6m 전후가 일반적으로 많이 사용되었으나. 최근에는 엘리베이터 2대 혹은 에스컬레이터 설치가 가능하고, 3대의 주차가 가능(3대 수용 가능한 최소 모듈은 8.1×8.1m이다.)하며, 매대의 배치를 효율적으로 할 수 있도록 8m 전후의 기둥간격이 요구되고 있다.

장 스팬에 대한 제안으로는 우츠(K. C. Urch)의 9.15×6.4m안, 파르네(L. Parnes)의 10.6×10.6m안, 미국 로스앤젤레스 백화점의 9~9.3m의 정방형 사례 등이 있다.

### 12-3-2 층고계획

백화점 1층의 층고는 일반적으로 기준층보다는 높게 계획하는 것이 바람직하다. 그 이유로는 외부에서 매장 내부로 들어섰을 때 심리적으로 답답한 느낌을 주지 않도록 하는 동시에 도로상의 사람들에게 전시효과를 높이기 위함이라 하겠다. 이에 따라 층고는 4.5~5.3m(천장고는 3.5~4.0m) 정도가 일반적이라 하겠다.

반면에 기준층의 층고는 심리적, 기능적 조건을 충족시키는 범위 내에서 최소한으로 낮추는 것이 경제적이다. 이는 효율적인 조명이나 공조 시스템의 운영뿐만 아니라 건축비도 절감할 수 있기 때문이다. 이에 따라 층고는 3.5~4.5m(천장고는 2.7~3.0m) 정도가 일반적이며, 경우에 따라서는 2, 3층은 건물을 넓게 보이려고 기준층보다 다소 높게, 최상층을 식당 등을 설치하는 관계상 높게 잡고 있다. 또한 지하층은 3.4~5.0m 정도가 일반적이다. 파르네(L. Parnes)는 층고의 표준을 1층은 5.5~7.6m, 2, 3층은 5.2~6.1m, 3층 이상은 4.5~4.9m로 제시하고 있다.

참고적으로 국내외 백화점들의 층고계획을 비교 · 정리하면 다음과 같다.

- 그레이스 신촌점(기계실 6.08m, 주차장 3.24m, 지하 1층 4.6m, 지상 1층 5.6m, 기준층 4.6m, 최상층 5.0m)
- 미도파 상계점(기계실 7.0m, 주차장 3.9m, 지하 1층 5.4m, 지상 1층 5.4m, 기준층 4.5m, 최상층 6.3m)
- 롯데 잠실점(주차장 4.0m, 지하 1층 5.5m, 지상 1층 5.5m, 기준층 4.45m, 최상층 4.45m)
- 애경타운(주차장 4.0m, 지하 1층 5.5m, 지상 1층 5.5m, 기준층 4.5m, 최상층 4.5m)
- 엑스포 종합상사(주차장 3.4m, 지하 1층 4.8m, 지상 1층 5.4m, 기준층 5.0 최상층 6.8m)
- 일본 : 미스코시-니혼바시(지하 2층 3.15m, 지하 1층 4.55m, 지상 1층 5.2m, 기준층 4.23m, 최상층 3.18m)
- 일본 : 소고오-오사카(지하 2층 3.96m, 지하 1층 4.85m, 지상 1층 5.3m, 기준층 3.85m, 최상층 3.44m)
- 미국 : 메이시(Macy)-뉴욕(지하 2층 3.55m, 지하 1층 4.30m, 지상 1층 5.38m, 기준층 4.61m, 최상층 4.61m)
- 독일 :가르 스타트(Gar-Stadt)-베를린(지하 2층 3.35m, 지하 1층 3.45m, 지상 1층 4.90m, 기준층 4.30m, 최상층 4.00m)

## 12-3-3 출입구 및 진열창계획

### (1) 출입구

출입구(entrance)는 명확한 동선을 제시하여 사람의 이동이 자연스럽고 편하게 이루어지도록 계획해야 한다. 고객용, 상품용, 종업원용 등으로 구분하여 배치하되, 가능한 모퉁이는 피한다. 출입이 편리해야 하므로 주위의 교통상황을 면밀히 검토하여 위치를 결정해야 한다. 고객출입구는 도로에 면하여 30m마다 1개소 이상 설치하되, 위치와 수는 점내의 교통계통과 일치되게 한다.

출입구는 점내의 엘리베이터 홀, 계단 또는 주요진열창의 통로를 향해 설치하는 것이 효율적이며, 크기는 규모나 위치, 표준기둥 간격(span)과도 관계되나, 일반적으로 1~3스팬의 것이 많다. 깊이는 진열창의 깊이와 일치시킨다.

### (2) 진열창

진열창(show window)의 위치는 출입구의 위치를 고려하여 결정하는 것이 바람직하며, 모퉁이 대지인 경우는 모퉁이에 설치하는 것이 효과적이다. 진열창은 통행인들의 시각적 유도와 상품을 선전하기 위한 장치인 관계로 고객의 관점에서 계획한다.

## 12-3-4 매장계획

### (1) 종류

매장(sales area)은 일반매장과 특수매장으로 구분된다. 일반매장은 대개 자유형식으로 다른 매장에 비해 크며, 수평, 수직으로 여러 층에 걸쳐 동일한 평면형태로 구분된 매장을 말한다. 특수매장은 일반매장 안에 배치하는 것이 바람직하다.

### (2) 매장구성

훌륭한 매장계획이 되기 위한 조건은 다음과 같다.

- 매장 전체를 멀리서도 넓게 보이도록 한다.
- 시야에 방해가 되는 것을 피하며, 매장 내의 교통계통을 정리한다.
- 동일 층에서는 수평적으로 높이차가 있는 것은 바람직하지 못하다.

한편 매장구성 시 주의사항은 다음과 같다.

- 매장의 형태는 가능한 장방형으로 계획한다.
- 벽면이용을 최대한 할 수 있는 동선계획과 교통계의 배치계획이 요구된다.
- 빈번한 레이아웃 변경에 대비한 평면계획이 요구된다.
- 비상시 피난, 재해방지 등에 주의한다.
- 구조, 방화설비, 방화구획, 피난시설 등 제반 법규정을 준수한다.

### (3) 매장 내의 통로

#### 1) 통로의 종류 및 면적

매장 내의 통로는 주통로, 부통로(옆통로, 가로통로), 분배로 등으로, 주통로와 부통로 등으로, 또는 고객통로와 종업원통로 등으로 구분하기도 한다.

통로의 총면적은 각 층마다 단위면적에 대한 교통밀도에 따라 결정된다. 가구배치에 소요되는 면적은 일반적으로 매장면적의 30~50%이므로, 순 교통에 필요한 면적은 50~70%다.

#### 2) 통로 폭의 결정

통로 폭은 상품의 종류, 품질, 고객층, 그리고 고객 수 등에 따라 결정된다.

백화점의 고객동선은 매장을 양측에 두게 되므로 고객은 각자 목적하는 매장에 이르게 되면 보행속도가 매우 늦어지거나 멈추게 됨이 당연하므로, 고객의 혼잡도를 고려하여 통로 폭을 산정해야 한다.

매대 앞에 고객이 각각 서 있다고 가정하여 45cm로 하고 통행인 1인당 소요 폭을 60cm로 가정하면 통로 폭(W)은 다음과 같은 공식에 의해 산정된다.

$$W = 2 \times 45 + 60N$$ 여기서 W는 통로 폭, N은 통행인수이다.

일반적인 고객통로의 폭은 표 12-3과 같다.

일반상점의 경우 이들 제 조건을 고려하여 통로 폭을 산정하는 것이 비교적 용이하나, 백화점의 경우는 상품의 종류가 광범위하고, 고객계층은 다양하고, 고객의 수도 많으므로 통로 폭의 결정이 쉽지 않으며, 실제로 매대의 배치를 끊임없이 바꾸어 최대한 매상고를 얻으려고 하므로 융통성을 가져야 한다.

한편 종업원 통로 폭의 기준은 표 12-4와 같다.

▌표 12-3▌ 고객통로의 폭

| 종 류 | 정 도 | 백화점(㎝) | 일반상점(㎝) |
|---|---|---|---|
| 주요통로 | 최 소 | 150 | 80 |
| | 보 통 | 180~270~360 | 90~150~210 |
| | 최 대 | 450 | 360 |
| 부통로 | 최 소 | 90 | 60 |
| | 보 통 | 120~180~210 | 75~90~105 |
| | 최 대 | 210 | 150 |

▌표 12-4▌ 종업원통로의 폭

| 혼잡상황 | 이용점원 수 | 특 성 | 통로 폭(㎝) | 비고 |
|---|---|---|---|---|
| 한산한 경우 | 1명 | | 40~60~70 | 40㎝는 최소 통로 폭 |
| 번잡한 경우 | 2명 | • 서로 스치고 지나갈 정도의 경우 | 50~60~70 | 백화점의 일반 치수 |
| | | • 보통의 경우 | 70전후 | |
| | | • 1명이 밑의 서랍을 사용하는 경우 | 80전후 | |
| | | • 상품의 상자를 취급하는 경우 | 90전후 | |

## (4) 매장의 배치유형

매대의 배치에 따라 통로망이 구성되므로 객용통로의 배치유형이라고도 한다. 배치유형은 평면계획의 기본이 되는 것으로 주로 스팬에 의해 영향을 받으며, 동시에 운영방식 및 고객동선의 계획 여부에 따라 결정된다. 특히 배치 시 고객의 구매심리를 고려한 동선에 따른 연계성 및 상품 그룹 간의 연관성이 있어야 한다. 이러한 배치유형은 크게 4가지가 있으나, 이들은 단독적으로 또는 조합되어서도 사용된다. 한편 배치방법을 고정시키는 것은 바람직하지 못하다.

### 1) 직각배치

- 직교법(rectangular system)이라고도 하며, 가장 간단하여 종래로부터 많이 사용되는 일반적인 유형이다.
- 매장면적을 최대로 이용할 수 있으며, 매대의 규격화가 가능하다.
- 획일적인 매대배치로 매장이 단조로워지고, 곳에 따라서는 고객의 통행량에 따라 통로 폭의 조정이 어려워 국부적인 혼란을 일으키기 쉽다.
- 수직교통로 부근에서는 방해가 되기도 한다.

### 2) 사행배치

- 사교법(inclined system), 사선형 배치, 대각선 배치라고도 하며, 미국에서 많이 사용되는 유형으로 주통로를 직각배치하고 부통로를 상하 교통계를 향해서 45° 경사지게 배치한 것이다.
- 직교법의 단점을 시정한 형식으로 동선 이용상의 변화감을 줄 수 있으며, 점내에 손님이 가지 않는 공간을 만들지 않는 이점이 있다.
- 주통로에서 부통로 쪽의 상품이 눈에 잘 띄며, 수직교통로에도 설치 가능하다.
- 구석진 부분의 매대는 이형이 필요하므로 설치비용이 많이 소요된다.

### 3) 자유유선 배치

- 자유유동법(free flow system), 자유형 배치라고도 하며, 가장 새로운 사고방식으로 최근에 유행하는 유형이다.
- 통로를 상품의 성격, 고객의 통행량에 따라 자유로운 곡선으로 배치하는 유형으로, 고객의 유동방향에 따라 매대를 배치하므로 통로는 곡선을 그리게 된다.
- 장점으로는 전시에 변화를 주며, 폭을 자유로 할 수 있다는 점과, 상품에 따라 독특한 특징을 줄 수 있는 디자인이 가능하다는 점, 그리고 매장의 특수성을 살릴 수 있다는 점 등이 있다.
- 단점은 이형 또는 곡면의 매대가 사용됨에 따라 비용이 많이 들고, 매장의 변경 및 이동이 곤란하다는 점과 동선 이용상의 혼란을 배제하기 곤란하므로 면밀한 계획과 독창적인 재능이 필요하다는 점 등이 있다.

### 4) 방사법

- 방사법(radiated system)은 미국의 빌리언(Million) 백화점에서 처음 시도되었으나, 일반적으로 적용하기에는 곤란한 유형이다.

## (5) 매장 내 시설

- 매대(show case) : 매장 내 시설 중 가장 수가 많은 것으로 크기는 2사람이 움직일 수 있는 정도로 특수한 것 이외에는 규격화시키는 것이 바람직하다. 백화점에서는 180×(60, 66, 75)×100㎝ 전후의 크기가, 상점에서는 120, 150×(45, 48, 54, 60)×90㎝의 크기가 주로 사용된다.

• 포장대 : 크기는 상품의 크기에 따라 다르나 높이는 대개 75cm 정도다.
• 전시대 : 높이는 15~25cm 정도로 의류품, 마네킹, 가구 등의 전시에 사용된다.
• 카운터(counter) : 고가인 상품, 객과 오래 상담하는 매장 등에 설치한다.
• 금전등록기(resister)

## 12-3-5 수직 교통시설

### (1) 계단

계단은 기계승강 설비의 보조용도와 비상시 피난용으로 계획한다. 고객용 계단의 폭은 최소한 140cm 이상으로 계획하되, 매장면적에 비례하여 크게 고려하는 것이 바람직하다. 백화점이 건축법상 판매 및 영업시설인 관계로 이에 따른 법규적인 기준에 적합하도록 계획하는 것이 필요하다.

대체로 계단 및 계단참의 폭은 140cm 이상, 단높이는 18cm 이하, 단너비는 26cm 이상으로 하되, 계단높이 3m 이내마다 계단참을 설치하는 것이 원칙이다.

### (2) 엘리베이터

백화점 고객의 80% 정도는 에스컬레이터를 이용하는 관계로 엘리베이터는 고객의 최상층으로의 급행이나 화물용 운반 외에는 단순히 보조적 기능을 수행한다. 또한 에스컬레이터에 비해 수송이 단속적이고 수송능력도 적으나, 점유면적이 적고 승강이 동시에 병행되므로 경제적인 수송수단이라 하겠다.

#### 1) 대수 산정

• 약산식으로는 유효 바닥면적 1,500~2,000㎡(건축 연면적은 2,000~3,000㎡)에 대해 15~20인승 규모의 승강기 1대 정도로 산정하는 것이 일반적이다.
• 케첨(Morris Ketchum)의 안에 의하면, 고객의 밀도를 상층 매장은 3.7㎡당 1명, 저층 매장은 2.7㎡당 1명, 지하층 매장은 0.9㎡당 1명, 특수매장은 0.65㎡당 1명으로 보고 고객 수를 산출하되, 그 인원수의 20%를 1시간당 수송량으로 결정한다. 이 경우 승강기의 수송력은 평균 시간당 400명, 최대 500명으로, 승강기 바닥면적은 1인당 0.2㎡ 이상 필요한 것으로 생각한다.

2) 계획적 지침

- 가급적 집중적으로 배치하는 것이 좋으나, 1개소에 3대 이상은 비효율적이다.
- 고객용 이외에 사무용, 화물용도 설치하되, 다수의 운반을 위해서는 대수를 늘리는 것보다 1대의 용량을 크게 하는 것이 경제적이다.
- 출입구 반대 측에 배치하는 것이 동선상의 흐름이나 이용 측면에서 효율적이나, 대규모 백화점의 경우는 중앙부 측면에 설치하는 것이 좋다.
- 속도는 5층 정도의 저층인 경우는 60~100m/min, 8층 정도의 중층에는 100~120m/min의 속도가 적당하다.

### (3) 에스컬레이터

에스컬레이터(escalator)는 교통량이 많은 경우에 유효하므로 백화점에 있어서 가장 적합한 수직 교통기관이다. 설치는 엘리베이터 4대 이상 필요한 경우 또는 2,000명/hour 이상 수송능력이 필요한 경우에 설치한다.

1) 장단점

① 장점

- 수송력은 엘리베이터의 10배 이상의 수송능력을 가진다.
- 수송능력에 비해 점유면적이 같은 수송용량의 엘리베이터에 비해 1/4~1/5 정도 적으며, 수송을 위한 종업원의 배치가 거의 필요 없다.
- 매장을 바라보면서 승강이 가능하며, 기다리는 시간이 없다.

② 단점

- 전체면적에 대한 상대적 점유비율이 크며, 설치비가 고가다.
- 방재상 대단히 불리하며, 층고와 보의 간격에 많은 영향을 받는 관계로 구주계획 시 구조상의 안정성을 고려한 세밀한 계획이 요구된다.

2) 배치형식

- 직렬식 배치 : 점유면적이 크나 승객의 시야가 양호한 형식이다.
- 병렬식 배치 : 상, 하행이 나란히 배치되는 형식으로 비교적 점유면적이 많이 소요되며, 백화점을 내려다보기 용이하다.
- 교차식 배치(+자식) : 고객의 시야가 좁은 유형이나, 점유면적이 가장 적으므로 도심백화점이나 유동인구가 많은 장소에 적합한 가장 일반적인 형식이다.

3) 계획적 지침

- 위치는 엘리베이터 존과 주출입구와의 중간이 좋다.
- 가능한 매장의 중앙에 가까운 장소에 배치함으로써 매장 내부 전체를 바라다볼 수 있게 하는 것이 바람직하다.
- 주출입구와 가까우며, 고객이 잘 알아볼 수 있는 위치가 좋다.
- 종류로는 폭 0.6m, 0.9m, 1.2m의 세 가지가 있으며, 각각의 수송력은 매 시간당 4,000인, 6,000인, 8,000인이다.
- 대수산정은 바닥면적 3,000㎡당 상하 1조로 너비 0.9m의 것이 있으면 충분하다. 에스컬레이터의 수송량(C) =S×60/B (S=속도(m/min), B=디딤판의 안길이(m))

## 12-3-6 기타 제실계획

### (1) 화장실

- 수평동선과 수직동선이 교차하는 곳, 즉 수직 교통시설 부근에 배치한다.
- 남녀별로 구분하며, 필수적으로 전실을 설치한다.
- 고객 위주의 편의시설이라는 개념에서 계획하는 것이 중요하다.
- 기타 설비시설과의 연관성을 고려하여 각 층의 공통적인 위치에 배치한다.
- 변기 수는 고객용과 종업원용으로 분리, 산정하여 설치한다.

### (2) 고객용 서비스 시설

백화점은 수익과 직접적인 관련이 있는 매장부분 이외로 고객을 위한 서비스 시설이 요구된다. 이러한 서비스 시설들은 이익보다는 고객들의 편의를 위한 시설로서 계획한다.

- 식당, 커피숍 : 서비스 시설 중 높은 수익성이 있는 관계로 가장 중요하며, 또한 고객유인 시설이다.
- 특수 부속실 : 미용실, 촬영실, 이발소, 안과, 음악감상실, 수선실 등
- 옥상정원 : 고객의 휴식 및 위락시설로 이용
- 그 외에 어린이 보호실 및 놀이시설, 전시실, 소규모 공연 및 이벤트 시설 등

### (3) 상품 및 종업원 관계시설

#### 1) 상품관계 시설

백화점 후면이나 측면에 상품반출입을 위한 화물주차장 설치가 필요하다.

- 상품반입시설 : 주차장, 하역장, 반입실, 검사실, 가격표시실 등
- 상품관리시설 : 상품창고, 상품시험실, 관리사무실 등
- 상품발송시설 : 배송실, 집배실, 분류실, 포장실, 발송실, 주차장 등

#### 2) 종업원시설

종업원시설은 백화점의 상층부나 지하층에 설치하는 것이 바람직하다.

- 출퇴근관계 시설 : 출입구, 갱의실, 휴대품 검사실 등
- 교통시설 : 종업원용 출입구, 계단 및 엘리베이터, 수위실 등
- 종업원 서비스 시설 : 식당, 휴게실, 의무실, 면회실, 화장실 등

#### 3) 사무실 및 작업실

사무실은 매장의 후면에 두는 경우가 일반적이나, 별동으로 두는 경우도 있다.

- 일반사무실 : 점장실, 중역실, 일반사무실, 응접실, 회의실, 영업실, 교육실 등
- 경리사무실 : 출납실, 회계실, 금고실 등
- 도안 및 장식작업실 : 야간작업 및 방화대책에 대한 고려가 필요하다.

## 12-4 설비계획

### 12-4-1 소명계획

전체적인 조명은 사무소건축의 조명수준에 준하며, 내부의 매장배치가 변경되더라도 기본적인 조명설비는 변동되지 않도록 하는 융통성 있는 계획이 요구된다. 특히 백화점의 조명은 고객들에게 구매의욕을 고취시키는 데 중요한 역할을 한다는 점을 중요시해야 하며, 이러한 조명유형으로는 옥내조명과 옥외조명이 있다.

### (1) 옥외조명

- 옥외조명은 진열창 및 판매장조명의 효과를 높이는 동시에 야간에는 백화점의 명시성 제고와 외관구성 측면에서 중요한 역할을 한다.
- 옥외조명으로는 네온사인, 전구 사인, 건축화 조명 등이 있으며, 이 중 네온사인 조명은 소비전력이 적으며, 휘도가 강하고, 안개, 비 그리고 먼지에 대한 투과도가 높은 관계로 효과적이다.
- 너무 많은 색을 쓰지 않고 색을 적당히 조화시키게 계획하면 안정되고 품위 있는 조명효과를 얻을 수 있다.

### (2) 옥내조명

- 매장 내에는 자연채광이 전혀 배제되는 관계로 진열창조명, 매장조명, 매대조명, 전체조명 등 다양한 종류의 조명을 계획한다.
- 조명의 방법은 상품의 종류, 진열방법, 진열창의 크기 등에 따라 달라지나, 일반적으로는 전체를 균일하게 조명하는 방법, 특히 일부를 강조하는 방법, 단형(段型)으로 비추는 방법 등이 사용된다.
- 쇼윈도의 진열효과는 조명방식에 따라 다르므로 조명에 의해 진열효과를 제고하는 방향으로 계획한다.
- 쇼윈도의 조명은 눈부심 현상 방지, 광원을 감출 것, 배경으로부터의 반사 회피, 빛의 유효한 사용, 열에 대한 영향 등을 고려하여 계획한다.
- 매장의 조명은 진열구조, 진열상품의 종류 및 배치 등에 따라 적절한 조명방식이 사용된다.
- 조명방식으로는 직접조명, 반간접조명, 간접조명, 국부조명 등이 있으나, 광선이 부드러운 반간접조명이 가장 많이 사용된다.
- 매장 내에서 가장 밝은 곳은 상품이 진열된 곳이어야 한다. 특히 천장 면이 너무 밝을 경우 주의가 천장 쪽으로 이끌리므로 주의한다.
- 매대의 조명은 전체조명의 1.5~2배(중점상품은 3~4배) 정도의 높은 조도가 요구된다.
- 1층의 매장은 외부의 고객에게 밝고 활기 있는 느낌을 주기 위하여 1,000lux 이상의 전체조명이 요구된다.

### 12-4-2 기타의 계획

#### (1) 주차장 및 방재계획

##### 1) 주차장계획

① 주차장의 기본형식

- 백화점과는 별동으로 지상 1, 2층을 주차전용 건물을 설치하는 형식이나, 백화점 옥상부분을 주차장으로 계획한 예도 많이 있다.
- 백화점건물과 주차장건물을 직접 연결시킨 경우로 도심지에서 새로 백화점을 건축하는 경우에 많이 사용되는 형식이다.
- 도심지역의 광장(plaza) 밑 전체를 주차장으로 하는 경우 등이 있다.

② 주차대수

주차대수 산정은 주차장법 및 조례 등의 법규적 기준에 의하되, 대체로 연면적 80㎡당 1대로 산정하여 적용한다.

##### 2) 방재계획

건축물의 제반특수성 및 관계법규를 근거로 하여 최소의 비용으로 최대의 효과를 획득하여 건축물의 안정성 및 신뢰성을 높이는 데 있으며, 방재를 목적으로 하여 건축물 내외에 설치된 제반설비는 관리운영의 중추가 되는 방재센터에서 상시 종합적인 감시·제어를 하여 각종 상황에 유기적으로 대처하며 방재 시스템으로서의 기능을 충분히 발휘할 수 있도록 계획한다.

#### (2) 공기조화 설비계획

백화점의 경우, 내부 매장이 쾌적한 환경유지를 위해 공기조화 설비가 필수적으로 요구된다. 특히 각 층 매장으로 연결된 덕트의 위치 및 배치계획이 가장 중요하며, 이는 건축물의 평면 및 단면계획과 판매장의 내부 디자인과도 밀접한 관련이 있다. 이 외로 고려해야 할 지침은 다음과 같다.

- 공기조화 시설의 면적은 전체 연면적의 3~4% 정도로 산정하는 것이 적당하다.
- 천장고는 덕트의 설치를 고려하여 최소한 4.0m 이상의 높이로 계획한다.
- 보일러, 냉동기 등의 기계실은 대체로 지하층에, 송풍기 및 에어워셔(air washer)는 옥상에 설치하는 것이 일반적이다.

# 12-5 특수백화점

## 12-5-1 쇼핑센터

### (1) 발생배경

도시지역의 인구과밀화와 자동차의 보급증대 등과 같은 경제·사회적 여건의 변화는 구매방식에 영향을 미치게 되었다. 여기에 도심지 백화점의 경우는 높은 지가로 주차공간 확보가 곤란해 충분한 주차장을 확보한 교외의 쇼핑센터(shopping center)가 출현하게 되었다.

쇼핑센터는 1인 또는 다수의 개발업자가 핵점포, 전문점, 음식점, 휴식 및 서비스 시설, 주차시설 등을 집단적으로 계획한 지역시설을 의미한다. 특히 쇼핑센터를 백화점이나 다른 판매시설과 명확히 구분해 주는 요소는 중앙부분에 보행자 전용로(pedestrian mall)를 가지고 있다는 점이다.

1923년 미국 캔사스 시 외곽에 니콜스(J. C. Nichols)가 설치한 것이 시초이며, 1950년대 이후 급속히 성장한 쇼핑센터는 1979년 건설된 캐나다의 이튼센터(Eaton Center)가 좋은 예라고 할 수 있으며, 교외의 대규모 쇼핑센터에 대응하여 도심지 재개발 등을 통해 형성된 도심형 쇼핑센터도 등장하고 있다. 우리나라는 1980년대 이후 다양한 형태의 쇼핑몰들이 여러 곳에 형성되기 시작하였다.

### (2) 분류

#### 1) 입지별 분류

- 교외형 쇼핑센터 : 교외의 간선도로변에 조성된 시설로 비교적 저층으로 대규모 주차장을 갖고 있으며, 특정상권의 사람들을 구매층으로 삼고 있다.
- 도심형 쇼핑센터 : 지가가 높은 지역에 입지하므로 면적 효율상 고층이 되는 경우가 많고, 주차공간도 집약화된다.

#### 2) 규모별 분류

- 근린형 쇼핑센터(neighborhood shopping center) : 도보권을 중심으로 한 상권, 슈퍼마켓 및 일용품 위주의 소규모 쇼핑센터다.
- 커뮤니티형 쇼핑센터(community-type shopping center) : 슈퍼마켓 및 소형 백화

점 등을 중심으로 한 실용품 위주의 중규모 쇼핑센터다.

• 지역형 쇼핑센터(region shopping center) : 백화점, 종합 슈퍼마켓 등, 대규모 상점들을 핵으로 하고, 여기에 서비스 및 스포츠·레저 시설 등을 갖춘 대규모 쇼핑센터다.

### (3) 기능 및 구성요소

#### 1) 입지조건 및 면적구성

입지조건으로서 가장 중요한 것은 고객이 많이 모일 수 있는 장소여야 하므로 위치결정은 이용객의 주거지로부터 쇼핑센터에 이르는 소요거리(운전시간)가 중요한 요인이 된다. 일반적으로 소규모 는 운전시간이 5~10분, 중규모는 10~20분, 대규모 는 20~30분 정도가 적정하다.

면적구성은 전체규모 및 핵점포의 수, 사회·문화시설의 계획 여부에 따라 다르다고 할 수 있다. 개괄적인 면적구성비는 핵점포가 전체의 약 50%, 전문상가가 약 25%, 몰 및 코트 등의 공유공간이 10%, 관리시설 등 기타 15% 등으로 나타나고 있으나, 이 외에 사회·문화시설 등을 포함해야 하는 관계로 배분비율은 다소 달라질 수 있다.

#### 2) 계획지침

• 건물은 대체로 저층으로 계획하며, 간혹 3~4층으로 계획하는 경우도 있으며, 배열형식은 일자형, 중앙복도형, 광장형, 환상형, 군집(cluster)형 등이 있다.

• 상점의 배열은 고객을 유치하는 요소, 즉 핵점포를 중심으로 균등하게 배치하되, 2차적인 고객유치 요소인 우체국, 은행, 미용실 등 사회·문화시설을 적절히 배열하여 전체적인 균형을 유지하도록 한다.

• 상점가 점두(shop-front)부분은 건축구조의 테두리 안에서 각 상점마다 개성 있고 변화 있는 평면 및 입면구성이 이루어져야 한다.

• 주차장의 위치와 레이아웃은 기본적으로 쇼핑센터로서의 교통시설 및 동선흐름을 고려하여 결정한다.

• 주차규모는 쇼핑센터의 위치나 규모에 따라 다르나, 미국의 경우는 매장면적 100㎡당 3~9대분의 주차면적을 고려하여 계획하고 있다.

### 3) 구성요소

① 핵점포

쇼핑센터의 중심으로서 고객을 끌어들이는 기능을 가지고 있으며, 백화점이나 종합 슈퍼마켓이, 소규모 인 경우에는 대규모 전문점 등이 이에 해당한다.

② 보행자 전용로

보행자 전용로(pedestrian mall)는 쇼핑센터의 가장 특징적인 요소로서 미국의 경우에서는 고객이나 경영자 측에서 모두 그 효용성을 인정하고 있다. 왜냐하면 쇼핑센터의 보행로로 제공된 만큼 상점면적의 축소를 가져오므로 경영자 측면에서는 다소 단점이 있을 수 있으나, 고객들이 즐겁게 쇼핑할 수 있으므로 결과적으로는 구매력의 증가를 꾀할 수 있기 때문이다.

보행자 전용로는 쇼핑센터의 중요한 동선으로서 각 점포에 고객을 균등하게 유도하는 보도의 기능과 휴식 및 이벤트 연출을 위한 기능을 동시에 가지고 있다. 특히 고객에게 변화감과 다채로움, 자극과 변화 및 흥미, 유쾌한 쇼핑과 함께 휴식할 수 있는 장소를 제공하는 데 그 중요성이 있다. 이를 위해서 분수, 연못, 조경 등이 구성요소로 사용된다. 보행자 전용로의 계획지침을 정리하면 다음과 같다.

- 핵점포와 각 전문상가로의 출입이 이루어지는 곳이므로 확실한 방향성과 식별성이 요구된다.
- 친근감이 있으며, 면적상의 크기와 형상 및 비례감이 잘 정리된 각기 연속된 크고 작은 공간들의 조합으로써 계획되어져야 한다.
- 가능한 자연채광을 유입하여 외부공간과 같은 분위기를 주는 것이 좋다.
- 몰의 유형은 이탈리아와 같은 온화한 지역에서 발생하여 발전해 온 옥외의 개방된 오픈 몰(open mall)과 실내공간으로 형성된 인클로즈드 몰(enclosed mall, arcade)이 있으며, 최근에는 공기조화 설비에 의해 쾌적한 실내기후를 유지할 수 있는 내부의 인클로즈드 몰의 계획을 선호하는 추세다.
- 몰의 폭과 길이는 점포의 필요 정면과 점포 수에 의해 결정되지만 대체로 폭은 6.0～9.0m가 일반적이며 최대 15m로, 전체적인 길이는 심리적인 한계를 고려하여 240m를 초과하지 않도록 계획한다.
- 코트나 앨코브 등은 평균길이 20～30m 마다 설치하여 변화를 주거나, 다층화를 도모하여 단조로운 느낌이 들지 않도록 계획한다.

③ 코트(court)

몰 내에 위치한 장소로서 고객이 머무를 수 있는 비교적 넓은 공간을 의미한다. 코트에는 분수, 의자, 식수 및 스낵코너, 정보안내 시설, 무대 등을 설치하며, 최근에는 그 규모가 점차 대형화되는 추세다.

코트는 중심적 기능을 수행하는 중심 코트와 부수적 기능의 부 코트로 구분되며, 쇼핑센터를 상징하는 연출장소의 기능을 수행하도록 계획하되, 규칙적으로 분산·배치(평균 20~30m 정도)하여 고객의 휴식처이자 각종 행사 및 이벤트를 위한 장소로 활용한다.

④ 전문상가

주로 단일종류의 상품을 전문적으로 취급하는 상점과 음식점 등으로 구성되며, 구성과 배치는 각각의 쇼핑센터 및 몰 구성의 특색에 따라 결정되지만, 가능한 보행거리를 최대로 잡도록 계획하여 고객이 오래 머무를 수 있도록 유도해야 한다.

⑤ 사회·문화시설

커뮤니티에 대한 기여와 고객유치의 2차적 요소인 스포츠·레저 시설, 은행 및 우체국 등 사회시설, 그리고 미술관, 홀, 각종 강좌를 개최할 수 있는 문화시설 등은 쇼핑센터가 가지고 있어야 할 또 하나의 중요한 기능이다.

## 12-5-2 터미널 백화점

### (1) 정의 및 특성

고속버스나 철도의 이용자를 대상으로 터미널 본래의 업무에 지장이 없는 범위 내에서 터미널 건물을 입체화하여 그 일부에 판매기능을 설치하여 여객 및 공중의 편리도모를 목적으로 하는 백화점이다. 일반백화점에 비해 업종의 선정이나 배열에 문제가 있으며, 또한 계절에 따른 상품수요의 변동에 대한 매장전환의 탄력성이 부족한 점 등이 문제점으로 제기된다.

터미널 백화점의 설치된 예로서 우리나라의 경우는 서울고속터미널, 센트럴시티, 서부역사, 영등포역사 등이 있으며, 일본의 경우는 교토역사를 비롯하여 지방의 주요도시 철도역까지 광범위하게 파급되고 있으며, 앞으로도 점차 그 수가 증가할 것이다.

### (2) 계획적 지침

터미널의 공공성과 백화점의 기업성이 공존하는 터미널 백화점을 계획함에 있어서는 두 기능의 조화를 위해 다음과 같은 사항에 유의하여 계획하여야 한다.

- 역 승객의 흐름과 백화점 고객의 흐름이 교차되지 않도록 하되, 특히 백화점의 수직동선 배치에 충분한 고려가 요구된다.
- 1층 판매장은 고객유치에 가장 좋은 위치인 관계로 되도록 넓게 계획한다.
- 아침의 러시아워나 심야에는 매장이 폐쇄되는 관계로 터미널 시설과 백화점 간의 동선 및 방화계획상의 명확한 구분이 필요하다. 또한 디자인, 조명, 표지 등을 각기 구분하고 쉽게 알아볼 수 있도록 계획한다.
- 승강장이나 여객통로 등에서 직접 백화점으로 들어갈 수 있는 전용의 개찰구를 설치하는 것이 효과적이다.
- 상품 반출입구는 별도로 설치하되 그 위치는 터미널 내부시설이나 전면광장의 보행자나 자동차의 동선과 교차되지 않는 곳에 결정한다.
- 고객용 주차장은 백화점 영업상 필요하므로 터미널 건물에 포함하여 설치하는 것이 바람직하다. 자동차의 출입관계상 불가능한 경우에는 별도장소에 설치하거나 역 부근의 다른 주차장을 이용할 필요가 있다.

## 12-5-3 슈퍼마켓 및 슈퍼스토어

### (1) 정의

슈퍼마켓(super market)은 경영적인 측면에서 단독적인 형태로 식료품들을 셀프서비스 형식으로 판매하는 상점인 반면에, 슈퍼스토어(super store)는 일용 필수품 등 비식료품을 중심으로 셀프서비스 형식으로 판매하는 상점이다. 이 두 가지 시설은 일종의 전문백화점이라 할 수 있다.

### (2) 평면계획

- 상품배열 및 구성은 고객이 상품 전체를 충분히 돌아볼 수 있도록 계획한다.
- 고객의 흐름이 많은 쪽을 입구로 하며, 일반적으로 입구는 넓게 계획하며, 출구는 좁게 계획하는 것이 특징이다.

- 상품의 배치는 통상 입구에 가까운 곳에 식료품을 진열하여 고객의 유도를 꾀하되, 슈퍼스토어의 경우에는 상대적인 배치가 요구된다.
- 면적비율은 일정하지 않으나, 매장규모에 따라 차이가 있다.
- 기타 고객용 설비로는 수직 교통설비, 스낵 카운터, 안내소, 수화물보관소, 화장실, 서비스 창고, 주차장 등이 설치될 수 있다.

### (3) 동선계획

- 일방통행으로 계획하는 것이 원칙이며, 입구와 출구는 명확한 분리가 요구된다.
- 통로 폭은 카트(cart)를 여유 있게 밀고 다닐 수 있도록 하되, 2대가 교차할 수 있는 크기, 즉 1.5m 이상이 바람직하다.
- 동선의 흐름은 대면판매 부분까지는 직선형태로 계획한 후 거기서부터 각 코너로 분산시키는 것이 효율적이다.
- 고객의 동선이 원활하도록 계획하며, 흐름이 원활할 경우에는 고객동선의 길이를 가능한 길게 계획하는 것이 매상율 증가에 도움이 된다.

### (4) 부대시설물

- 체크 카운터(checkout-counter)의 대수는 슈퍼마켓의 경우 1시간당 1대의 처리 능력을 500~600인으로 보고, 슈퍼스토어의 경우는 400~500인으로 보아 결정한다.
- 카트(cart)의 대수는 대체로 매장면적 460~500㎡ 당 40대로 본다.
- 바구니의 개수는 개점 시에는 총 고객의 30%, 개점 이후에는 총 고객의 10% 정도로 산정한다.

제13장

# 상점건축

## 13-1 개설

### 13-1-1 배경 및 범위

상점의 기원은 물물교환이 이루어지던 고대의 시장으로부터 그 유래를 찾을 수 있다. 이러한 시장과 상점은 도시형성의 중요한 요인으로 작용하고 있을 뿐만 아니라 생산과 소비를 연결하는 매개기관으로서의 역할도 수행하고 있다.

상점건축은 상품을 판매하거나 또는 기술이나 서비스를 제공하는 대규모 및 중·소규모 의 점포를 지칭할 정도로 그 범위는 매우 넓으나 여기서는 상점전용의 건축물로서 백화점이나 쇼핑센터 같은 대규모 적인 건축물이 아닌 중·소규모 의 건축으로 그 범위를 한정하였다.

### 13-1-2 상점의 분류

상점은 다음과 같이 여러 가지 관점에서 분류할 수 있다.

- 경제적인 형식 : 도매상점, 소매상점
- 건축형식 : 전용상점, 겸용상점
- 건축적 규모 : 쇼핑센터, 백화점, 도매점, 전문점, 일반점포
- 취급상품의 종류나 계통 : 전문점(일용품점, 문화용품점, 고급품점 등), 종합점(슈퍼마켓, 백화점 등), 음식점(대중, 전문, 유흥음식점 등), 기타(미용실, 사진관 등)
- 취급품목 : 편의품점, 선매품점, 전문품점
- 상품의 구매방식 : 충동적 구매방식(양품, 장식품, 화장품 등), 계획적 구매방식(양복, 시계, 귀금속 등)

## 13-1-3 상점의 구성요소

### (1) AIDMA 법칙

상점건축에서는 고객을 내부공간으로 유도하여 좋은 기분으로 구매하게 할 것인가가 중요하므로 이를 위해서는 5가지 광고요소(AIDMA 법칙)를 고려하여 외관을 구성하는 것이 필요하다. 이 요소들이 간판, 점두를 구성하는 외부장식이나 쇼윈도에까지 디자인되었을 때 상점건축 자체가 하나의 광고체로서 그 외관이 확립되는 것이다.

AIDMA 법칙이란, 고객들에게 상점의 독자적인 성격표현 및 광고를 위한 요소의 약자로서 그 내용을 정리하면 다음과 같다.

- A(Attention: 주의, 호기심) : 상품을 고객에게 주목시키는 배려
- I(Interest: 흥미, 관심) : 고객의 관심과 공감을 주는 호소력 여부
- D(Desire: 욕망, 욕구) : 상품의 구매욕구를 일으키는 연상을 의미
- M(Memory: 기억, 이미지) : 상점 및 상품에 대한 인상적인 이미지 부여
- A(Action: 행동, 구매) : 고객이 상점에 들어가기 쉬운 구성 및 상품구매 행위

### (2) 외관(facade)의 조건

상점은 구매자의 욕구를 충족시키기 위해 개성적이며, 구매충동을 일으킬 수 있는 외관을 구성하는 것이 중요하다. 이를 위한 고려사항은 다음과 같다.

- 점두의 장식이 개성이나 인상 측면에서 신선한 감각이 있는가?
- 시각적 측면에서 상점의 업종 및 상품에 대한 인지성이 충분히 표현되었는가?
- 감성적 측면에서 고객에게 생동감과 친밀감을 전달할 수 있는가?
- 고객의 시선과 관심을 멈추게 하여 구매의욕을 일으킬 수 있는 효과는 있는가?
- 고객을 상점 내부로 유도하는 데 기능적, 형태적 제약은 없는가?
- 경제적, 기능적, 의장적인 조건은 충분히 만족시키고 있는가?
- 상점의 간판이나 광고판이 고객들에게 거부감을 주고 있지는 않은가?

### (3) 상점의 접근성

상점의 접근성을 높이기 위해서는 다음과 같은 요소들에 대해 신중한 계획이 요구되므로 이들에 대한 계획적 특성을 살펴보면 다음과 같다.

### 1) 상점바닥 및 천장면

- 상점의 바닥면을 도로에서 자연스럽게 유입될 수 있도록 요철 및 경사, 계단 등이 없도록 계획하는 것이 중요하다.
- 상품이나 내부공간의 분위기를 해치는 자극적인 색채는 배제하는 것이 좋다.
- 천장고는 위압감과 압박감을 주는 높이를 피하는 것이 좋으며, 유효 진열범위를 기준으로 할 때 2.7~3.0m 정도가 적정하다.
- 천장면은 상점 내부의 조명밝기를 고려한 색채로 마감하는 것이 바람직하다.

### 2) 분위기연출

- 분위기연출을 위해서는 배색의 연출이 중요하다.
- 고객의 요구에 적합한 상점인가, 고객에게 상품 이외의 요소로 개성을 표현하고 있는가 등을 고려한다.
- 고객의 시선을 집중시키는 요소나 부분에 대한 배려가 필요하다.

### 3) 주력상품의 진열

- 상품의 정확한 이미지 전달 및 호소력 제고를 위한 진열이 요구된다.
- 계절이나 유행변화에 다른 설득구매력을 고려한다.

### 4) 상품의 레이아웃

- 합리적인 동선계획 및 심리적 안정감을 부여하는 레이아웃이 중요하다.
- 상품의 적절한 부분별 분류를 고려하여 배치한다.

## (4) 판매형식

### 1) 대면판매

대면판매란, 가장 기본적인 방식으로 고객과 종업원이 매대를 가운데 두고 상담하는 형식으로 주로 시계, 귀금속, 카메라, 의약품, 화장품, 수예점 등에서 채택하고 있다.

이 형식은 고객과 마주보는 관계로 상품설명이 용이하고, 판매원의 정위치 확보가 가능하며, 포장하는 장소를 가릴 수 있는 동시에 포장이 편리하나, 진열면적이 감소하고, 매대가 많아지면 상점의 분위기가 다소 혼란해 질 수 있다.

### 2) 측면판매

측면판매란, 직원이 고객과 진열상품을 같은 방향으로 보며 판매하는 형식으로 주로 양복, 양장, 침구, 전기기구, 서적, 운동용구점 등에서 채택하고 있다.

이 형식은 상품과 직접 접촉함으로써 충동적 구매를 유도할 수 있으며, 상품선택이 용이하며, 진열면적이 증가하며, 고객에게 상품에 대한 친근감을 부여할 수 있으나, 판매원의 정위치를 정하기 곤란하고, 상품의 설명 및 포장이 쉽지 않은 유형이다.

## 13-2 일반계획

### 13-2-1 배치계획

#### (1) 대지선정 조건

상점건축의 대지를 선정하는 데 필요한 일반적인 검토사항은 다음과 같다.

- 교통이 편리하며, 사람이 많이 모이며, 주변이 번화한 곳
- 시각적으로 고객이나 사람들의 눈에 잘 보이는 곳
- 가능한 2면 이상의 도로에 인접하되, 보・차도가 명확히 구분된 곳
- 대지가 불규칙적이고 구석진 곳은 피하되, 전면 폭과 안 깊이가 1:2 비율 정도인 직사각형의 형태가 배치계획 시 유리하다.
- 교통량과 취급상품의 종류, 그리고 주위환경을 고려한다.
- 취급하는 상품의 종류에 따라 방위를 고려한다. 즉, 부인용품점이나 식료품점은 서향을 피하고, 양복점, 가구점, 서점 등은 가급적 도로의 남측이나 서측을, 음식점은 도로의 남측을, 여름용품점은 도로의 북측을 택한다.

#### (2) 배치계획

상점건축의 경우, 다른 어떤 건축물보다도 고객의 접근이 용이한 것이 필수적인데, 이를 위해서는 출입구의 방향이나 동선을 고객이 접근하기 쉬운 곳에 배치하는 것이 중요하다. 이는 주로 기존의 대지와 도로의 조건에 영향을 받는다고 하겠다.

일반적으로 도로와 대지와의 관계는 도로에 면한 조건에 따라 결정되며, 도로의 조건은 상점배치 시 진입방향, 시각적 요소, 채광 및 통풍 등의 확보에 중대한 영향을 미치므로 신중한 분석이 필요하다.

이에 따른 상점건축의 배치유형은 다음과 같이 구분될 수 있다.

- 1방향 도로 : 대지의 전면이 도로에 면한 경우로 동선별 출입구의 중복 및 교차가 우려되므로 이에 대한 신중한 계획이 요구된다.
- 인접한 2방향 도로 : 모퉁이 대지인 관계로 고객의 시선을 집중시키는 데 유리하고, 동선별 출입구의 명확한 분리가 가능하나 내부배치에서 전체적인 분위기의 안정감이 결여될 수 있다.
- 전후 2방향 도로 : 대지의 전면과 후면이 도로에 면한 경우로, 동선별 출입구의 분리가 가능하며, 주차동선 계획이 용이한 조건이므로 통행량이 많은 방향에 고객용 출입구를, 적은 방향에 서비스 출입구를 배치하는 것이 바람직하다.
- 3방향 도로 : 고객의 동선을 다양하게 처리할 수 있고, 채광 및 통풍조건을 가장 양호하게 계획할 수 있으며, 또한 디자인 측면에서 상점건축의 독자성과 개성연출이 가능하다.

## 13-2-2 평면계획

### (1) 업무와 기능

상점 내의 기능은 일반적으로 고객을 위한 기능, 판매를 위한 기능, 상품을 위한 기능으로 대별할 수 있다. 그러나 이러한 기능은 상점의 규모에 따라 세부적으로 분류할 수 있는데 대규모 적인 상점의 경우는 아래와 같이 분류된다. 반면에 중소규모의 상점은 상품홍보 기능, 진열판매 기능, 영업관리 기능으로 분류되며, 나머지 기능은 상호 간 중복되어 그 기능을 수행한다고 볼 수 있다.

- 상품홍보 기능 : 외장, 간판, 점두(shop front), 진열창(show window)
- 진열판매 기능 : 내부통로, 매대, 진열선반, 기타 진열설비, 진열용구
- 판매보조 기능 : 판매용구, 조명, 색채조절, 서비스 시설
- 영업관리 기능 : 사무실, 창고
- 종업원복지 기능 : 식당, 휴게실, 화장실, 비상설비

### (2) 동선

상점의 동선(traffic line)은 고객, 직원, 상품의 3개 동선으로 분류된다.

- 고객동선 : 고객이 도로에서 점두부분을 보고 점내로 들어와서 상품을 구입하고 도로로 나가는 경로이므로 고객의 눈길을 끌 수 있는 외부장식과 함께 들어오기 쉬운 점두구성 그리고 한눈에 볼 수 있는 매장계획이 요구된다.
- 종업원동선 : 그 움직임이 복잡하므로 보행거리가 짧게 설계함이 필요하다.
- 상품동선 : 상품의 반입, 보관에서 포장, 발송되는 경로와, 매장 내 반입, 전시, 점원, 고객의 손으로 전달되는 경로다.

상점의 동선을 계획할 경우 특별히 고려할 사항은 다음과 같다.

- 고객동선과 종업원동선이 만나는 곳에 카운터와 매대를 배치하며, 배치된 장소가 상점의 중심이 되도록 한다.
- 종업원동선과 상품동선은 장소에 따라 교차할 수 있지만 고객동선과 상품동선은 상호 간에 교차되는 것은 반드시 피해야 한다. 따라서 고객출입구와 상품 출입구는 가능한 분리하도록 한다.
- 동선계획에 영향을 미치는 진열창의 면적과 출입구의 폭은 대지의 형태 및 조건에 따라 다르지만, 상점의 업종과 경영방침을 고려하여 결정한다.
- 상품을 고르는 주요공간과 서비스 공간에 가기 위한 동선은 입구에서부터 명확히 분리하여 동선의 교차에서 오는 혼란을 피하도록 한다.

### (3) 소요실

#### 1) 판매부분

직접적으로 판매활동에 사용되는 공간으로 점두부분과 점내공간으로 구분되며, 다음과 같은 내용으로 구성되어 있다.

- 도입공간 : 외부에서 매장까지 진입하는 부분으로 부분적으로 상품전시나 서비스 공간으로 사용되어질 수 있는 공공의 공간으로 개방시킨 공간이다.
- 통로공간 : 판매부분 가운데 고객 또는 종업원의 통행을 위한 공간이다.
- 상품전시 공간 : 진열장, 매대 등, 판매부분의 중심이다.
- 서비스 공간 : 응접실, 고객용 화장실, 포장대, 접객 카운터 등의 공간이다.

#### 2) 관리 및 부대부분

판매를 위한 관리차원의 공간으로 직접적인 영업목적을 달성하기 위한 수단으로 사용되며, 대규모 상점건축에서는 다음과 같은 내용으로 구성되어 있다.

- 상품관리 공간 : 하역장, 발송장, 창고 등 상품의 보관·발송에 필요한 공간이다.
- 종업원후생 공간 : 갱의실, 화장실, 통로, 출입구 등 종업원의 후생복지 공간이다.
- 영업관리 공간 : 사무실, 대기실, 홍보실, 임원실 등이 해당된다.
- 시설관리 공간 : 전기실, 기계실 등이 해당된다.
- 주차공간 : 고객용, 화물용 사이의 명확한 동선체계 및 공간구분이 요구된다.

### (4) 평면배치의 기본형

매장 평면구성의 결정적인 요소인 매대의 배치유형을 정리하면 다음과 같다.

#### 1) 굴절배열형

매대의 배치와 고객의 동선이 굴절형이나 곡선의 형태로 구성된 형식으로 판매방식은 대체로 대면판매와 측면판매의 조합에 의해 이루어진다. 주로 모자점, 양품점, 안경점, 문방구점 등의 상점에 적합하다.

#### 2) 직렬배열형

매대를 입구에서 내부를 향하여 일직선 형태로 구성된 형식으로 다른 유형에 비해 상품의 전달 및 고객의 동선상의 흐름이 빠르다. 부분별로 상품진열이 용이하고, 대량판매 형식도 가능한 유형으로 주로 침구점, 의복점, 가전제품점, 식기점, 서점 등의 상점에 적합하다.

#### 3) 환상배열형

상점 중앙에 매대를 직선 또는 곡선에 의한 고리모양 부분을 설치하고 이 안에 금전등록기, 포장대 등을 놓는 형식으로 상점의 규모에 따라 이 고리모양을 2개 이상으로 할 수 있다. 중앙의 고리모양의 대면판매 부분에서는 주로 소규모 및 고가의 상품을, 벽면에는 대형상품 등을 진열하여 측면판매 형식을 병행할 수 있는 유형으로 주로 수예점, 민예품점, 귀금속점 등의 상점에 적합하다.

### 4) 복합형

일정한 형식보다는 위의 3가지 유형을 적절히 조합시킨 형식이다. 뒷부분은 대면판매 또는 접객용 카운터 부분으로 활용이 가능한 유형으로 주로 서점, 양장점, 패션점, 액세서리점 등의 상점에 적합하다.

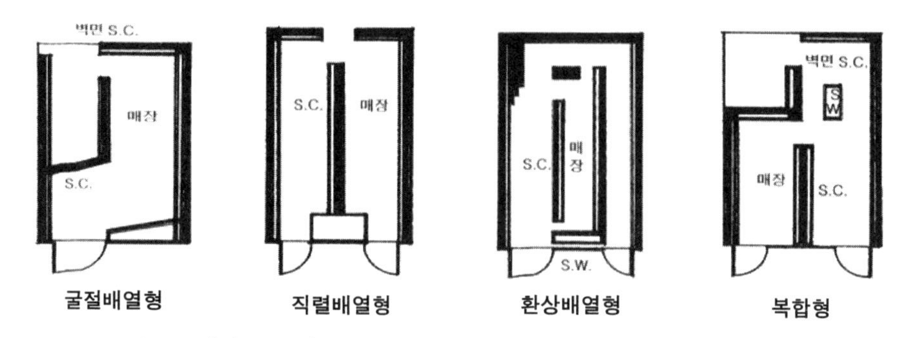


▮그림 13-1▮ 평면배치의 기본형

## 13-2-3 외관계획

상점의 외관(facade)은 간판, 진열창, 입구 등을 포함한 상점 전체의 얼굴이며 이는 그 상점의 개성을 결정짓는다. 이러한 외관은 상점의 종류와 상점의 개성, 그리고 상점 전면의 형태인 점두부분의 의장적인 효과에 따라 다르다고 할 수 있다. 외관의 형식은 외부와의 관계, 점두의 형태 등에 의해 분류할 수 있다.

### (1) 외부와의 관계에 의한 분류

상점 점두의 구성유형은 외부도로와의 관계 여부에 따라 구분되는데, 그 유형은 다음과 같이 외부와의 경계가 불투명한 개방형, 명확히 구분하려고 하는 폐쇄형, 그리고 혼합형 등 3가지 유형으로 분류할 수 있다.

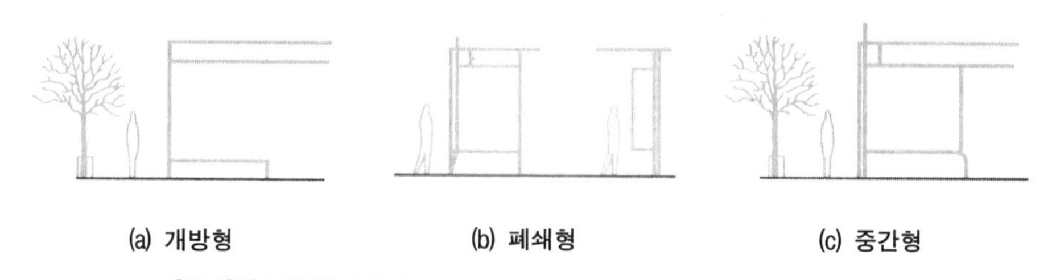


▮그림 13-2▮ 외부와의 관계에 의한 분류

1) 개방형

상점의 점두가 출입구처럼 전면이 모두 개방되어 있는 형식으로 과거부터 많이 사용되어 온 유형이다. 개방방식은 점두부분이 전면 유리로 된 경우와 전면적으로 개방된 경우로 구분할 수 있는데, 특히 후자는 시장, 철물점, 일용품점 등에서 나타나고 있다. 이 유형은 고객의 출입이 많거나 잠시 머무르는 상점 등에 적합하다.

2) 폐쇄형

출입구 이외에는 벽 또는 장식창 등에 의해 완전히 외부와 차단한 형식으로 고객의 출입이 적거나, 상점 내에 비교적 오래 머무르는 상점에 적합하다. 외부와 완전히 차단된 관계로 상점 내의 분위기가 중요하며, 고객이 내부 분위기에 만족하도록 계획하여야 한다. 주로 이용원, 미용실, 귀금속점, 카메라점 등에 적합하다.

3) 중간형

상기 양자를 겸한 것으로 현재 가장 일반적으로 채용되고 있는 형식으로 혼합형과 분리형으로 구분된다. 혼합형은 개구부의 일부는 개방시킨 반면에 다른 부분들은 폐쇄시킨 것이며, 분리형은 도로 측의 부분은 개방시킨 반면에 점포 내부를 폐쇄시킨 것이다. 이 유형은 개방이나 차폐의 정도에 따라 다양한 형태의 것이 만들어진다.

### (2) 점두부분의 형태에 의한 분류

점두부분의 형태는 상점의 종류, 도로의 폭 및 통행량, 대지조건, 상점의 규모 등 복합적인 요인에 의해 다음과 같이 분류할 수 있다.

1) 평형

상점 전면을 모두 유리로 점두를 구성하며, 출입구를 설치한 가장 일반적인 형식이다. 점두의 위치는 보도의 경계와 일치하여 설치하는 경우가 많다. 자연채광이 용이하고, 상점 내부를 넓게 사용할 수 있어 유리하나 단지 점두의 구성이 평탄해진다. 고객은 보도에서 상품을 바라보며, 내부벽면에 부분적으로 작은 진열장을 설치하고 조명시설을 갖추면 상품의 효과를 극대화할 수 있어 귀금속점 등에 효과적이다. 주로 가구점, 자동차 판매점, 꽃집 등에 적합하다.

### 2) 돌출형

진열창의 일부를 도로 측에 돌출시킨 형태로 점두의 구성이 입체적이 된다. 과거에 많이 사용되던 형식이나 최근에는 단순한 외부진열이 아닌 외부공간과 상점 간의 디자인 및 이미지 부각을 고려하여 활용하고 있다. 입체적인 진열창이나 출입구는 상점의 존재를 알리는 데는 효과적이나, 전면에 여유가 없을 경우에는 고객의 접근을 유효하게 할 수 없어 오히려 침착성 없는 상점이 되기 쉬우므로 특히 주의를 요한다. 과거에는 주로 특수용도의 도매상점에 사용되었으나, 현재는 특정한 전자제품 혹은 의류상품을 파는 상점에 많이 적용되고 있다.

### 3) 만입형

점포의 전면부의 일부를 대지경계선에서 만입시켜 혼잡한 도로에서 편하게 진열상품을 볼 수 있는 형식으로 인입형이라고도 한다. 이 형식은 점두의 진열면적 증대로 상점 내부에 들어가지 않고도 외부에서 상품을 알 수 있는 장점이 있으나, 반면에 상점 내부의 면적이 감소하고, 자연채광의 유입이 감소되는 단점이 있다. 따라서 이 형식을 채택할 경우에는 만입부의 면적을 효과적으로 취급할 필요가 있으며, 구조상 이 부분에 기둥이 설 경우에는 진열장 또는 장식으로 처리해야 한다.

### 4) 홀(Hall)형

만입형의 만입된 부분을 넓게 처리하여 진열창을 둘러놓은 홀 형식으로 구성한 형식으로 대체로 만입형과 비슷한 특징을 지니고 있다. 이 형식은 점두부분이라 하더라도 이미 상점 내부에 들어간 느낌을 가지도록 설계한 형식으로 상점 내부면적의 대폭적인 감소에 대해 충분한 효과가 있어야 할 것이다. 주로 양복점, 완구점, 서점, 음식점 등에 적합하다.

### 5) 다층형

상점의 규모가 주로 2층이나 그 이상의 층으로 구성될 경우에 여러 개의 층으로 점두를 구성한 형식으로 진열창을 입체적으로 구성함으로써 고객이 한눈에 상점에 대한 이미지를 그 규모와 함께 강하게 부각시킬 수 있다. 큰 도로나 광장에 면한 경우에 적합하며, 주로 가구점, 커피전문점, 카페, 패션점 등에 적합하다.

### (3) 단면형식

점두부분의 계획에 있어서 고객의 움직임은 거의 평면적이지만 진열상품을 볼 때의 시선의 움직임은 입체적이라는 것을 이해하지 않으면 안 된다. 상점건축이 고층화되면 될수록 점두부분에 있어서의 시선의 움직임도 활발해져서, 점두부분의 단면형식이 점두의 구성요소의 하나로 되었다.

점두부분의 단면형식은 건축물의 일 층 또는 그 이상의 층에 걸쳐서 진열창을 설치하느냐에 따라 단층형, 다층형, 오픈 스페이스형, 섬형 등으로 구분한다.

단층형은 일 층 부분의 전면에 진열창을 설치한 것으로 많이 보는 형식이며, 다층형은 이층 또는 그 이상 층에 걸쳐 전면진열창을 설치한 것으로 전면도로의 폭이 넓어야 시각적 효과가 있는 유형이다. 오픈 스페이스형은 투시형이라고도 하는데, 이 유형은 일 층 이상의 상층부를 개방함으로써 분위기상 확장된 공간감을 얻을 수 있으며, 이에 따라 다양하고 자유로운 진열이 가능하다고 하겠다.

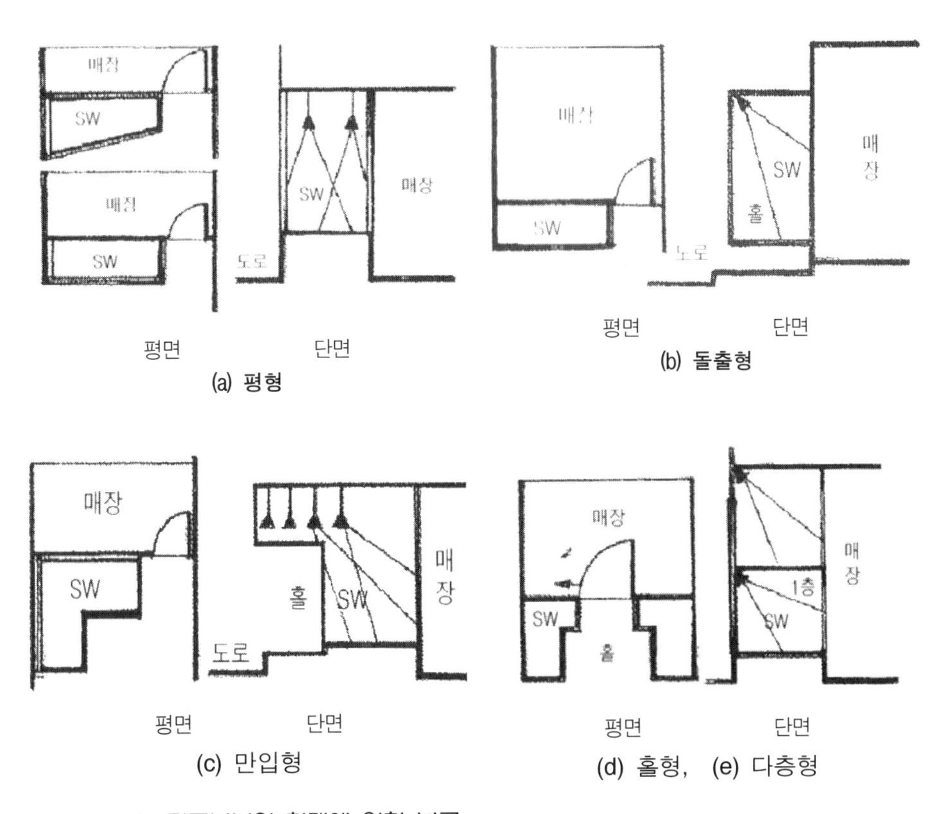


**그림 13-3** 점두부분의 형태에 의한 분류

## 13-3 세부계획

### 13-3-1 진열창

#### (1) 기능

진열된 상품이 고객에게 잘 보이려면 상점의 위치, 보도 폭과 교통량, 상점의 출입구, 상품의 종류 및 크기와 정도, 진열방법 및 정돈상태 등의 조건을 먼저 고려해야 한다. 또한 진열창의 위치는 출입구의 위치와 함께 결정되며, 외관의 형식, 상품의 종류, 상점 폭의 넓이 등에 따라 결정되므로 고객을 상점 내부로 유도할 수 있는 위치를 중심으로 계획되어야 하다. 이러한 진열창의 기능을 요약하면 다음과 같다.

- 고객에게 상품의 설명 및 상품가치의 암시를 통한 구매의욕의 충동 및 환기
- 상점의 외관구성 및 상품의 성격과 이미지를 전달함으로써 고객을 상점 내로 유인하는 역할
- 고객의 주의와 관심을 유인함으로써 상품에 대한 욕구 유발

#### (2) 설계 시 유의사항

1) 진열창의 치수결정과 의장설계

진열창의 크기는 상점 종류, 상점의 전면길이 및 대지조건에 따라 결정된다. 또한 진열창 유리의 크기는 일반적으로 상품의 크기와 상점 전면의 의장적인 조건을 고려하여 결정하는 것이 바람직하다. 특히 상품 중 강조하고자 하는 상품의 진열높이는 보도에 서 있는 고객의 눈높이보다 약간 낮게 배치하는 것이 이상적이다. 바닥높이는 상품의 종류에 따라 결정하게 되는데, 예를 들면 스포츠 용품점이나 양화점 등은 낮게, 시계점이나 귀금속점 등은 높게 한다.

일반적으로 창대의 높이는 0.3~1.2m 사이의 높이가 적당하며, 대체로 0.6~0.9m로 계획하는 것이 바람직하다. 유리의 높이는 2.0~2.5m 정도가 적합하며, 그 이상의 높이는 비효율적이다. 진열창의 길이는 0.5~4.0m 범위가 적합하지만 평균적으로 0.9~2.0m의 범위가 많이 사용된다.

### 2) 진열창의 반사방지

진열창 내부를 보려고 하는 고객의 눈을 꼭지점으로 한 60°의 원추체 속의 유리면에 광원체의 상이 들어오면 눈부심(眩輝, glare) 현상이 나타나 전시된 상품을 정확히 보기가 어렵다. 따라서 도로에서의 눈부심 현상을 방지하는 방법은 다음과 같다.

- 천창이나 인공조명을 사용하여 진열창 내부의 밝기를 외부보다 높게 처리한다.
- 차양(canopy)을 설치하여 진열창 외부에 그늘을 조성한다.
- 유리면을 경사지게 하거나 특수한 경우 곡면유리를 사용하는 예도 있다.
- 진열창 건너편의 건축물이 비치는 것을 방지하기 위해 가로수를 식재한다.
- 진열창 형태를 만입형으로 계획하는 것도 다른 유형에 비해서는 효과적이다.

### 3) 진열창의 흐림 방지

진열창 내외부의 온도차에 의해 발생하므로 진열창이 벽면으로 인해 상점 내부와 차단될 때에는 진열창에 외기가 통하도록 하는 것이 바람직하다. 그러나 벽면이 없을 경우에는 진열창 밑에 난방장치를 설치하는 것이 효과적이다.

### 4) 진열창의 내부조명

진열창의 장식효과는 조명에 의한 경우가 많으며, 아무리 우수한 상품을 진열했어도 빈약한 조명 밑에서는 진열효과를 높이기 어렵다. 조명계획 시 주의사항으로는 눈부심 현상이 일어나지 않도록 하고, 광원이 눈에 들어오지 않도록 하며, 배경으로부터의 반사를 피하게 하며, 그리고 조명의 빛을 유효하게 사용하는 것 등이 있다. 조명방법은 상품의 종류, 진열방법, 진열창의 크기 등에 따라 다르나 주로 전체를 균등하게 비추는 전반조명, 일부를 강조하는 국부조명, 단형으로 비추는 조명방식이 채택된다. 조도는 바닥 면을 천장 면보다 밝게 처리하되, 바닥 면 조도는 최저 150lux가 표준이다.

## 13-3-2 매대

매대(진열대, show case)는 상점 내부에 있어서 상품의 진열, 전시기능을 수행하므로 진열창과 마찬가지로 동일한 주의와 배려가 필요하며, 고객의 시선을 끌어

구매력을 높이도록 계획되어져야 한다.

매대의 크기는 상점의 종류와 성격에 따라 다르나, 동일한 상점 내의 매대는 작업능률을 고려하여 규격을 통일하는 것이 바람직하다. 매대의 규격은 일반적으로 폭은 50~60㎝, 길이는 150~180㎝, 높이는 90~110㎝ 정도다.

조명설치의 경우, 상점 내부보다 1.5~2배 정도로 조도를 높이는 것이 좋으며, 또한 진열된 상품에 따라 다르지만 일반적으로 매대 내부의 상부 코너에 조명을 설치하여 내부를 충분히 밝게 하여야 하며, 조명 등이 직접적으로 보이지 않도록 조명기구 커버의 크기 및 형상에 유의하여야 한다.

### 13-3-3 계단

2층 이상의 상점의 경우, 계단의 위치는 주위의 상품이나 이벤트 요소가 시각적으로 보이게 함으로써 계단을 지루하지 않게 오르내리도록 하는 배려가 필요하다. 동시에 상점을 변화 있게 구성하는 장식적 요소로서 계획하는 것이 바람직하다.

계단의 위치와 경사도 등은 고객의 흡인력과 밀접한 관계가 있으며, 평면계획 시 유의하여야 한다. 상점의 깊이가 깊은 직사각형의 평면에서는 측벽을 따라 계단을 설치하는 것이 시각적, 공간적 측면에서 유리하고, 정사각형의 평면에서는 중앙에 설치하는 것이 동선 및 매장 구성에 유리하다. 계단 폭은 점포의 규모나 고객의 빈도를 고려하여 표 13-1과 같이 1.0~1.8m 범위 내에서 결정한다. 한편 계단의 평면형식은 벽면위치의 계단, 중앙위치의 계단, 나선형 계단, 중이층 구조의 계단 등이 있다.

**▮표 13-1▮ 계단 폭의 표준치수**

| 각층 바닥면적 | 60㎡ 이하 | 100㎡ 이하 | 200㎡ 이하 | 300㎡ 이하 |
|---|---|---|---|---|
| 계단 폭 | 1.0m | 1.2m | 1.5m | 1.8m |

제 14 장

# 음식점건축

## 14-1 개설

### 14-1-1 개요

인간생활의 3대 기본적인 요소 가운데 식생활과 관련된 시설이 음식점이다. 일반적으로 식사는 식욕만족, 영양보충뿐만 아니라 사교, 상담 등 여러 가지 목적을 갖고 있다. 음식점은 이와 같은 다양한 목적을 수용해야 하기 때문에 음식점의 종류, 규모, 형태, 위치 등에서 다양한 차이를 보여주고 있다.

음식점은 손님의 계층, 장소, 경영자의 의도 등과 같은 요소가 종합되어 특색 있는 경영이 행해진다. 특히 경영자의 의도에는 자본능력, 인품, 투자의 배분비율 등이 포함되므로 이들을 특성 있게 함으로써 음식점의 특색을 나타낼 수 있다.

또한 현대의 음식점은 단순한 식사기능을 넘어서 주택 외의 주거성을 포함하고 있으므로 단순한 기능적 해결과 함께 식당의 개성, 실내 디자인의 질적 충실, 그리고 서비스의 질이 중요한 요소로 작용하게 된다.

### 14-1-2 종류와 성격

#### (1) 요리에 의한 분류

일반적으로 한식, 중식, 일식, 양식 등으로 구분되나, 여기서는 양식을 중심으로 다음과 같이 분류하였다.

##### 1) 식사위주의 음식점

레스토랑(restaurant), 런치 룸(lunch room), 그릴(grill), 카페테리아(cafeteria), 드라

이브인 레스토랑(drive-in restaurant), 스낵바(snack bar), 샌드위치 숍(sandwich shop), 뷔페(buffet) 등이 있다. 특히 레스토랑은 일반적인 양식 식당을 지칭하기도 하나, 본격적인 레스토랑은 정해진 시간에 식사를 테이블 서비스 위주로 제공하는 것을 원칙으로 하고 있다.

#### 2) 가벼운 식사위주 음식점

다방(tea room, coffee shop), 제과점(bakery), 과자점(candy store), 과일점(fruit parlour), 약국(drug store) 등이 있다.

#### 3) 주류위주의 음식점

바(bar), 맥주 홀(beer hall), 카페(café), 선술집, 목로주점, 단란주점, 유흥주점 등이 있다.

#### 4) 사교위주의 음식점

요정, 카바레(cabaret), 나이트클럽(night club), 무도장(dance hall) 등이 있다.

### (2) 성격에 의한 분류

#### 1) 실용적 성격의 음식점

학생, 회사원, 독신자 등 고정고객을 주 대상으로 하며, 여기에는 학생식당, 직원식당, 런치 룸 등이 해당된다. 위치는 학교, 사무소, 공장, 주택가 등의 대지나 청결한 느낌을 줄 수 있는 곳이면 바람직하다.

#### 2) 위안적 성격의 음식점

모든 계층의 자유로운 고객을 대상으로 하므로 대지선정이 매우 중요하며, 여기에는 레스토랑, 중식당, 한식당, 일식당 등이 해당된다. 위치는 인구가 밀집하고 통행인이 많은 곳, 교통기관의 교차 또는 지역의 교통로에 면한 대지 등이 바람직하며, 여유 있는 주차장의 확보와 대지 내부에서의 자동차 순환이 원활하여야 한다.

#### 3) 유흥적 성격의 음식점

사교, 상담, 연회 등에 이용되는 음식점으로, 여기에는 요정, 고급 레스토랑 등이 해당된다. 고객의 계층은 음식의 맛과 분위기를 중시하므로 대지의 위치는 한적한 곳이 좋다. 또한 자동차 이용자가 많으므로 주차장 확보가 가능한 곳, 정원이 충분히 활용될 수 있는 곳 등이 바람직하다.

## 14-2 평면계획

### 14-2-1 대지조건

대지조건은 고객유치, 점포운영 측면에서 매우 중요한 과제이나, 음식점의 종류나 규모에 따라 요구하는 입지조건이 다르므로 일률적으로 말할 수는 없다. 일반적으로는 번화가나 레저 빌딩(leisure building) 안 등 사람의 통행이 많고, 휴식을 목적으로 사람들이 많이 모이는 장소가 있는 곳이 좋으나, 이러한 장소는 지가나 임대보증금이 높아 자금면에서 압박을 받게 되므로 영업능력의 수준이 문제가 된다.

한편 업종에 따라서는 번화가에서 약간 떨어진 조용한 곳이나 주택가 주변을 선정하는 것이 주차장 및 고객의 확보 차원에서 유리할 경우도 있으므로 음식점의 규모 및 성격에 따른 환경과 위치조건을 고려하여 대지를 선정한다. 카바레나 바와 같은 기호나 위락을 목적으로 하는 경우에는 번화가나 동종 업종이 입지한 곳 등이 고객이나 경영자 측면에서 모두 바람직하다. 한편 용도지역별 건축용도의 허용과 같은 법규적인 제한사항도 충분히 조사하는 것이 필요하다.

### 14-2-2 기능 및 소요실

주된 기능은 조리기능과 고객의 식사를 위한 제반기능이다. 이에 부수하여 관리기능과 종업원 관련기능, 고객에 관련되는 잡다한 기능이 조합되어 구성된다.

음식점건축의 소요실과 각 부분별 면적비는 개별시설의 규모, 경영방침, 조직, 입지조건 등에 따라 다르나 일반적으로는 표 14-1과 같이 같다. 또한 소요면적과 수용인원수와의 관계는 대체로 정비례의 상관성을 보여주고 있다.

연회장과 집회장이 있는 경우에는 전용의 휴대품 보관소(cloak room), 대기실, 서비스 배선실(service pantry)을 설치하는 것이 좋다. 화장실 등은 식당보다는 로비나 라운지 등에서 연결될 수 있도록 하되, 고객용과 종업원용을 구별하여 설치한다.

최근에는 로비, 라운지, 다방, 식당 등을 각각 별도로 계획하지 않고 개방적인 형식으로 처리, 즉 스크린(glass screen), 칸막이, 어항, 화분 등으로 구획하는 경향이 있다. 그러나 바의 경우에는 별도의 공간으로 구획하는 것이 바람직하다.

**표 14-1** 음식점건축의 소요실 및 부분별 면적비

| 부 문 | 소요실 |
|---|---|
| 영업부문<br>(50~85%) | 현관, 로비, 휴대품 보관소, 프런트 오피스, 라운지, 런치 룸, 바, 칵테일 라운지, 다방, 화장실, 주식당, 그릴, 특별실, 연회장, 집회실 |
| 관리부문<br>(2~30%) | 종업원실, 종업원용 화장실, 고객용 화장실, 사무실, 관리인실, 출입구, 지배인실, 전기실, 기계실, 보일러실 |
| 조리부문<br>(5~50%) | 조리실, 배선실, 창고, 냉장고 |

### 14-2-3 동선계획

동선계획은 음식점의 규모에 관계없이 고객의 동선과 조리실관계의 동선이 혼란되지 않도록 해야 한다. 특히 식료품실로의 물품진입, 쓰레기 반출, 고객의 출입구는 명확히 구분되어야 한다.

#### (1) 고객의 동선

도입부로부터 객석까지 동선의 흐름이 부담 없이 이르도록 한다. 일반적으로 명쾌한 것이 좋고, 불필요한 굴곡 또는 복잡한 객석통로는 좋지 않다. 특히 고객이 많은 음식점에서는 동선을 가능한 직선적이고 단순하게 처리하는 것이 좋다. 객석과 화장실과의 동선도 기타 동선과의 관계를 염두에 두고 계획한다. 차분한 분위기가 필요한 경우에는 이에 대한 충분한 배려가 필요하다.

#### (2) 객석의 서비스 동선

이 동선은 조리실이나 배선실의 출입구와 객석 간의 종업원 중심동선이므로 작업능률이 좋고, 직선적이며, 짧은 것이 좋다. 바닥의 고저차가 없게 하되, 요리의 출구와 식기의 회수를 별도로 할 수 있도록 계획하며, 특히 유의할 점은 출입구부분에서 혼란이 생기지 않도록 하며, 또 객석에도 나쁜 영향을 주지 않도록 한다. 물론 고객의 주된 동선과 중복 또는 교차되지 않도록 유의해야 한다.

#### (3) 관리용 동선과 조리실관계 동선

이 동선은 제재료, 물품의 반입, 거래업자와 종업원의 동선이 주된 동선이다. 관리가 용이하도록 계획되어져야 한다.

### 14-2-4 평면구성의 기본형식

#### (1) 객실부분의 구성형식에 따른 분류

객실부분은 영업내용, 규모, 업종, 업태특성 등에 따라 결정되는 일이 많다.

- 일반객석 : 가장 일반적인 기본형식
- 일반객석 + 객용개실 : 대중음식점
- 객용개실 + 홀, 연회장 : 대규모 대중음식점이나 유흥음식점
- 일반객석 + 객용개실 + 홀, 연회장 : 대규모 대중음식점
- 객용공간 : 특수형식으로서 역 구내 가락국수점

#### (2) 조리실의 형태에 따른 분류

취급하는 조리용품의 종류나 특성, 영업형태에 따라 여러 형식이 나타난다.

- 개방형식의 조리실 + 일반객석 : 가장 일반적인 형식으로 대중음식점이나 다방 등
- 카운터 형식의 조리실 + 카운터 객석 : 일반객석은 없는 형식으로 커피하우스, 경양식점, 스탠드 바 등
- 카운터 형식의 조리실 + 카운터 객석 + 일반객석 : 상기 유형에 일반객석을 덧붙인 형식
- 폐쇄형식의 조리실 + 일반객석 또는 객실부분 : 조리내용이 개방하기에 적합하지 않거나 필요성이 없는 경우에 채택되는 형식
- 폐쇄형식의 조리실 + 배선실 + 일반객석 또는 객실부분 : 대규모 대중음식점 특히 연회장이 있는 경우

#### (3) 조리실의 위치에 따른 분류

조리실의 평면상의 위치에 따라 다음과 같이 3가지 유형으로 구분할 수 있다.

- 모서리형 : 조리용구의 종류가 다양하고 큰 경우에 많이 사용된다.
- 편측형 : 경양식점이나 카페에서와 같이 소규모 의 간단한 조리용구가 사용되고, 객석이 주가 되는 경우에 채택되는 유형이다.
- 중앙형 : 유흥음식점 및 카페 등에 많이 채택되는 형태로서 개방된 카운터 형식을 취할 경우 효과적인 평면형을 구성할 수 있다.

### (4) 서비스의 형식에 따른 분류

#### 1) 셀프서비스 음식점(self-service restaurant)

고객 자신이 스스로 식사를 운반하며 식사의 뒤처리도 하게 되는 형식으로서 학교의 구내식당, 사원식당, 공장 및 사무소의 지하식당 등과 카페테리아, 뷔페식당 등에서 많이 사용된다. 동선은 입구 → 쟁반 및 식기 준비대 → 서비스 카운터 → 계산대 → 식탁 → 세척 카운터 → 출구로 이루어진다.

이 형식의 특징은 다음과 같다.

- 식사의 선택이 자유롭고, 다양한 식사를 즐길 수 있다.
- 객석의 회전율이 평균 시간당 2~3회로 효율이 높다.
- 가격이 저렴하고 실질적인 식사를 할 수 있다.
- 식사제공을 위한 종업원 수의 절감과 함께 서비스가 신속하다.

계획상 주의사항은 다음과 같다.

- 고객의 동선처리를 중요시한 나머지 식탁배치가 단순해질 우려가 크다.
- 조리실과 서비스 카운터를 분리시켜 조리실의 냄새나 소음 등이 객석부분에 영향을 주지 않도록 배려하여야 한다.
- 고객 스스로 서비스하므로 고객의 동선을 위주로 계획하는 것이 중요하다.

#### 2) 카운터 서비스 음식점(counter-service restaurant)

카운터에서 직접 요리를 서비스하는 형식으로 객석은 카운터와 의자로만 구성되어 있다. 이 형식은 일시적으로 혼잡한 음식점이나, 항상 고객이 오는 음식점, 그리고 신속하게 식사하려는 음식점 등의 경우에 적용할 수 있다. 주로 그릴, 런치 룸, 스낵바, 초밥집, 구이집, 소규모 간이음식점 등에서 많이 나타난다.

이 형식의 특징은 다음과 같다.

- 고객이 보는 앞에서 요리를 만들므로 서비스가 신속하며, 또한 연출효과도 기대할 수 있다.
- 작은 음식점의 경우 좌석을 자유롭게 배치할 수 있어 면적이용률이 높다.
- 어떠한 대지에도 자유로이 설치할 수 있다.
- 고객의 회전율이 높아 수익성이 높다.
- 시끄럽고 안정되지 못하다.

계획상 주의사항은 다음과 같다.

- 고객 앞에서 조리를 하므로 조리장소와 카운터 주변의 청결에 주의한다.
- 카운터 뒤의 벽면은 고객의 정면이 되므로 분위기 있게 처리한다.
- 대지가 협소한 경우, 1층은 카운터 서비스 형식으로 2층은 테이블 서비스 형식으로 혼용할 경우 융통성이 있어 좋다.

### 3) 테이블 서비스 음식점(table-service restaurant)

웨이터에 의해 요리가 배선실에서 식탁까지 운반되는 형식이다. 본격적인 의미의 레스토랑이나 한·중식음식점 등에서 많이 채택하고 있는 대중화된 형식이다.

이 형식의 특징은 다음과 같다.

- 조용하고 쾌적하며 아담한 분위기 조성이 가능하다.
- 인건비, 유지비, 객의 순환률 등이 다른 형식에 비해 비경제적이다.

계획상 주의사항은 다음과 같다.

- 고객, 종업원, 요리 등의 각 동선이 교차되지 않도록 한다.
- 서비스 통로에는 되도록 고저가 없도록 계획한다.
- 객석배치 시 단신고객으로부터 다수인의 고객에 대응할 수 있는 배치가 요구되며, 시각적, 심리적으로 만족감을 줄 수 있는 배려가 요구된다.

### 4) 객실 서비스 음식점

각 객실로 요리가 운반되는 형식으로 일반적인 식사보다는 상담, 회합, 유흥, 사교 등의 목적으로 음식점이 이용되는 경우로 고객의 층도 한정된다. 주로 요정이나 고급 레스토랑에서 많이 적용되고 있는 형식이다.

계획상 주의사항은 다음과 같다.

- 전실을 설치하여 독립성을 유지하고, 복도에서 실내가 보이지 않게 처리하는 것이 효과적이다.
- 실내장식은 독특한 디자인을 살리고 계절감각을 잘 나타내는 것이 좋다.
- 각 공간의 전면에 정원을 설치하는 것은 바람직하다. 특히 지그재그(zigzag)식으로 배치하면 실내를 깊게 보이게 하는 데 효과적이다.
- 객실이 여러 곳에 산재할 경우에는 배선실을 별도로 설치한다.

## 14-3 세부계획

### 14-3-1 각실계획

#### (1) 현관

현관(entrance, front façade)의 설계는 음식점의 성격을 고려한 특색 있는 디자인이 요구된다. 왜냐하면 이 부분은 고객을 유인하는 부분이며 동시에 가장 중요한 판매점(sale point)이 되기 때문이다.

입구에서 내부가 직접 보이지 않는 것이 좋으며, 진열창에는 일품요리를 진열하여 고객을 유인하도록 계획한다. 출입문은 자재문으로 하되 실내의 열손실 방지를 목적으로 전실을 설치하고 이중문으로 계획한다.

#### (2) 대기실

대기실(waiting room, lounge)은 예약한 고객이나 음식점이 혼잡할 경우에 고객이 대기할 수 있는 공간이다. 될 수 있는 한 넓게 계획하고 소파 등을 설치하여 고객들이 불편하지 않도록 하는 것이 바람직하다.

#### (3) 계산대

계산을 위한 등록기(Resister)는 일반음식점에서는 현관 근처에 설치하나, 고급음식점의 경우는 객석과 배선실의 중간 위치로 객석이 잘 보이는 곳에 설치한다.

#### (4) 조리실

설계의 전제조건으로는 제공되는 요리의 종류와 정도의 문제다. 즉, 요리내용이 명확해져야 기구의 종류 및 배치가 결정된다. 조리기구는 작업순서에 따라 기능적으로 배치하며, 조리된 요리가 배선대를 지나 자연스럽게 객석에 운반되는 것이 중요하다. 조리실의 길이는 실 폭의 1.5배가 가장 적당하며, 크기는 표 14-2와 같이 1석당 소요면적 또는 식당면적에 대한 비율에 의해 결정된다.

기타 세부적으로 수세작업이 많기 때문에 바닥에는 배수 피트를 설치해야 하며, 조리대 상부에는 후드를 설치하는 등 환기설비에도 유의해야 한다.

**❚표 14-2❚ 고객 1인당 음식점의 소요면적**

| 식당의 종류 | 객석+카운터 (㎡) | 객석면적 (㎡) | 조리실면적 (㎡) |
|---|---|---|---|
| 카운터 서비스 식당 | 1.4~2.60(1.7) | - | 0.45~0.65(0.50) |
| 카운터+테이블 서비스 식당 | 1.4~2.60(1.5) | - | 0.45~0.65(0.50) |
| 카페테리아 | 1.4~1.75(1.5) | - | 0.45~0.65(0.50) |
| 학교, 공장용 식당 | - | 0.7~1.0(0.9) | 0.32~0.50(0.40) |
| 레스토랑(일품) | - | 1.1~1.5(1.3) | 0.45~0.65(0.55) |
| 레스토랑(정식) | - | 1.1~1.5(1.3) | 0.26~0.40(0.28) |
| 연회석 | - | 0.7~1.0(0.8) | 0.26~0.40(0.35) |

### (5) 배선실

배선실(pantry, service room)은 조리실과 객석의 중간에서 연락을 하는 곳으로 대체적으로는 조리실에 인접하여 설치된다. 배선실에는 1일 사용할 식기를 보관할 식기선반을 벽면을 이용하여 설치하며, 객석으로의 서비스를 고려하여 출입이 빈번한 곳에는 출입문을 달지 않는 것이 일반적이며, 규모가 큰 음식점에서는 출구와 입구를 분리하기도 한다.

설비로는 보온대 설비, 식기보관 설비, 하루에 사용될 음식물을 놓을 수 있는 설비 등이 필요하며, 크기는 업종에 따라 다르나 대체로 조리실의 1/3~1/5 정도가 많다. 그 밖에 종업원 관계제실의 설계기준은 표 14-3과 같다.

## 14-3-2 식탁의 배치

식탁의 배치에 있어서 각 식탁 간의 사이는 충분한 서비스 통로가 있도록 계획하여야 한다. 식탁의 크기는 85×85㎝, 의자의 뒷부분과 식탁 사이는 45㎝, 통로폭은 한쪽은 90㎝, 기타 쪽은 45㎝로 보고 소요면적을 산출하면 다음과 같다.

**❚표 14-3❚ 종업원 관계 제실의 설계기준**

| 실 명 | 설 계 기 준 |
|---|---|
| 갱의실 | • 남녀별로 설치하되 규모는 0.85~1㎡/1인으로 계획한다.<br>• 시설은 라커, 우산통, 신발장, 수세기 등을 설치한다. |
| 종업원식당 | • 규모는 0.7~0.8㎡/1인으로 계획한다. |
| 화장실 | • 남자 : 소변기 1개/25명, 대변기 1개/50명<br>• 여자 : 변기 1개/25명 |

- 4인용 식탁을 평행으로 배치할 경우 통로를 포함한 각 식탁의 소요면적은 2.20m × 2.42m = 5.32㎡이 되며, 1인당 소요면적은 1.33㎡, 서비스, 해치 및 여유면적을 고려할 경우에는 1.5㎡ 이상이 된다.
- 4인용 식탁을 대각선으로 배치할 경우 통로를 포함한 각 식탁의 소요면적은 1.70m × 1.90m = 3.31㎡이 되며, 1인당 소요면적은 0.83㎡, 서비스, 해치 및 여유면적을 고려할 경우에는 1.0㎡ 이상이 된다.
- 카페나 다방의 탁자를 배치할 경우, 지름 85㎝의 탁자를 사용하면 통로를 포함한 각 식탁의 소요면적은 1.50m × 1.82m = 2.73㎡이 되며, 1인당 소요면적은 0.68㎡, 여유면적을 고려할 경우에는 0.75㎡ 이상이 된다.
- 한편 지름 60㎝의 작은 탁자를 사용할 경우에는 통로를 포함한 각 식탁의 소요면적은 1.25m × 1.57m = 1.9625㎡이 되며, 1인당 소요면적은 0.50㎡, 여유면적을 고려할 경우에는 0.6~0.7㎡ 이상이 된다.

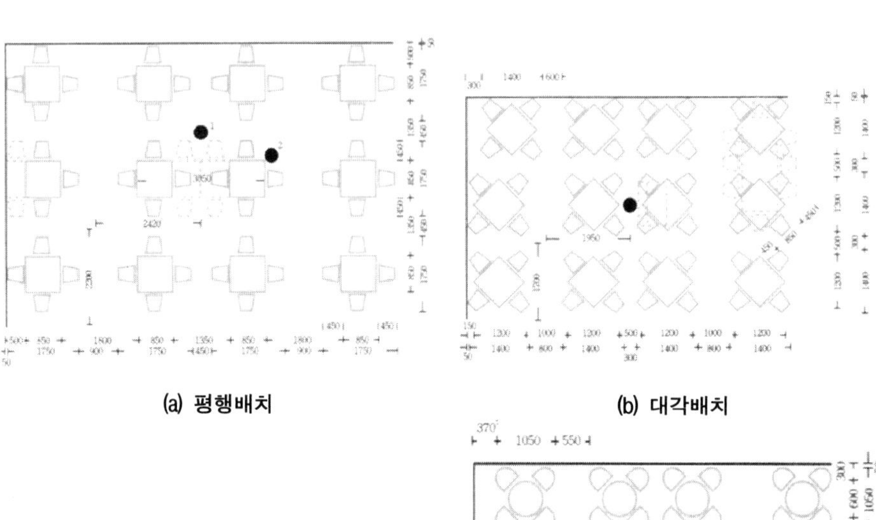

(a) 평행배치

(b) 대각배치

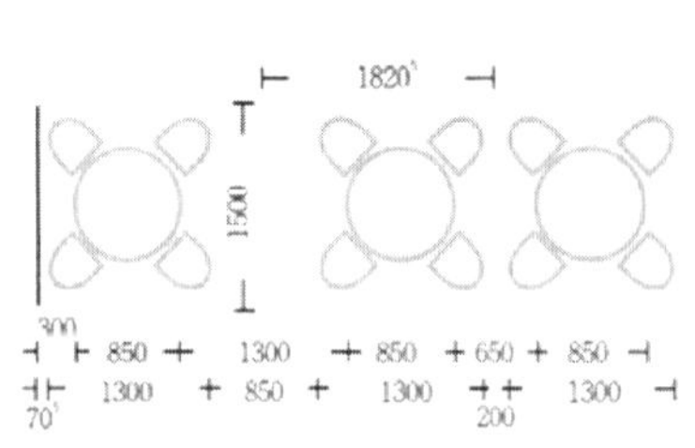


(c) 사방탁자 배치

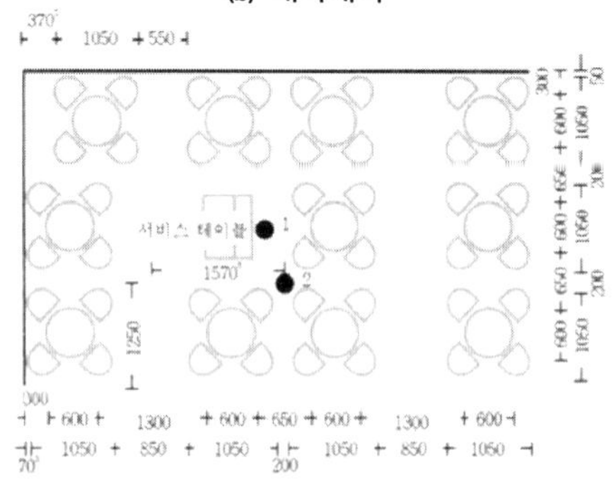


(d) 다방탁자 배치

▮그림 14-1▮ 식탁의 배치유형 및 필요치수

# 참고문헌


강순주 외 1, 『현대주거학』, 서울 : 교문사, 2004.
고상균 외 6, 『건축설계론』, 서울 : 광문각, 2003.
공동주택연구회, 『도시집합주택의 계획』, 서울: 도서출판 발언, 1997.
김광문 외 3 공역, 『건축계획』, 서울: 세진사, 1984.
김용규 외 3 공역, 『현대 주택설계 : 디자인 이론과 실제』, 서울: 성안당, 1990.
김익기 외 6, 『한국노인의 삶』, 서울: 미래인력연구센타, 1999.
김진일, 『건축계획론』, 서울: 보성문화사, 1987.
김창언 외 2, 『건축계획·설계론』, 서울: 도서출판 서우, 2005.
김철수, 『단지계획』, 서울: 기문당, 1994.
김형대, 『주택계획설계』, 서울: 기문당, 2002.
김혜승, "최저주거기준을 활용한 2006년 주거복지 수요추정 연구",『국토연구』, 국토연구원, 2007.
나건 역, 『Office Ergonomics - 즐거운 일터를 만드는 인간공학』, 서울: 퍼시스북스, 2006.
대광서림 역, 『신건축학대계7 주거론』 서울: 대광서림, 1991.
대광서림 역, 『신건축학대계23 건축계획』 서울: 대광서림, 1990.
대한건축사협회, 『에너지절약형 건축설계 핸드북』(1. 주택편), 1990.
대한건축학회, 『건축 텍스트북 공동주택디자인』, 서울: 기문당, 2010.
대한건축학회, 『건축 텍스트북 주거론』, 서울: 기문당, 2010.
대한건축학회, 『건축 텍스트북 주택디자인』, 서울: 기문당, 2010.
대한건축학회, 『미래형 건축 : 스틸하우스의 설계』, 서울: 문운당, 2002.
대한건축학회, 『21세기 수도서울의 위상과 초고층 건축』, 국제심포지움발표집, 1997.9.
대한국토 · 도시계획학회, 『단지계획』, 서울: 보성각, 1999.
박병전, 『주거학』, 서울: 기문당, 1988.
박윤성, 『주거론』, 서울: 문운당, 1992.
박전자, 『주거단지 계획의 원리 및 방법론』, 서울: 세진사, 1992.
박준영, "인간, 자연 그리고 미래를 위한 Open Housing", 『한국주거학회 학술발표대회논문집』 제12권(2001.11).
박춘근, 『건축계획각론』, 서울: 보성각, 1993.
박태환, "미래주택과 배리어-프리 리빙", 『건축』, 대한건축학회지, 제41권 제3호, (1997.3).
박학재, 『서양건축사정론』, 서울: 경학사, 1972.
신경주, 『주거학』, 서울: 수학사, 1987.
신용재, "Cohousing에서 추구하는 프라이버시와 커뮤니티의 조화에 관한 연구", 『한국주거학회지』 제12권 제1호(2001.2).
신태양, 『공간의 이해와 인간공학』, 서울: 도서출판국제, 2001.
신혜경, "주거와 커뮤니티", (대한건축학회, 『주거학』, 1997).
심우갑 외 2, "평면선택형 집합주택의 계획방향 설정에 관한 연구", 『대한건축학회논문집』 계획계 18권 4호(2002.4).
안영배 외 4, 『건축계획론』, 서울: 기문당, 2000.
안옥희 외 2, 『주거학의 이해』, 서울: 기문당, 2003.
안옥희 외 7, 『주택계획』, 서울: 기문당, 2010.
양극영 역, 『하우징 레이아웃』, 서울: 기문당, 1981.
양동양 역, 『주거단지계획』, 서울: 태림문화사, 1988.
염돈민, "거주기준설정을 위한 기초연구", 『주택금융』, 한국주택은행, 1986.2.
유재현, "한국의 주택정책" (대한건축학회, 『주거론』, 1997).
유희준, 『건축디자인이야기』, 서울: 문운당, 1999.
윤도근 외 11, 『건축설계·계획』, 서울: 문운당, 2008.
윤복자, 『주거학총서(I)』, 서울: 신광출판사, 1997.
윤일주 외 9 공역, 『건축학개론』, 서울: 기문당, 1998.
윤장섭, 『주거학』, 서울: 교문사, 1999.
윤정섭 감수, 『건축설계자료집성』, 서울: 건우사, 1996.
윤정숙, 『친환경주거』, 서울: 신광출판사, 2005.
윤주현 외 5, 『서민주거안정을 위한 주거기준 활용방안』, 대한주택공사, 1999.

이경희 외 2, 『주거학개설』, 서울: 문운당, 2002.

이광로 외 4, 『건축계획』, 서울: 문운당, 2005.

이규인, 『세계의 테마형 도시집합주택』, 서울: 도서출판 발언, 1997.

이수곤, "저소득층을 위한 주택금융", 『저렴주택개발 국제세미나 발표집』, 대한국토계획학회, 1988.11.

이명호, 『주택론』, 서울: 광림사, 1986.

이문섭, "공업화주택" (대한건축학회, 『주거학』, 1997.

이연숙 외, 『노인보호주택』, 서울: 경춘사, 1993.

이연숙, 『노인주택 실내디자인 지침』, 서울: 경춘사, 1993.

이연숙, 『한국형 노인주택 연구』, 서울: 경춘사, 1993.

이영석, 『주거환경계획』, 서울: 대우출판사, 1989.

이인수, 『노인주거와 실버산업』, 서울: 하우, 1997.

이재우, 『주거학』, 서울: 건우사, 1998.

이지순 외 4, "신수요 계층의 생활에 대응할 수 있는 주거형 오피스텔의 계획 방안 연구", 『한국주거학회 논문집』 제13권 제4호(2002.8).

이찬, "새로운 주거문화의 전망", 『건설기술 · 쌍용』, No.24.

이현희 역, 『현대일본주거읽기』, 서울: 도서출판 국제, 1999.

이호정 외 1, 『주거학강의』, 서울: 기문당, 2003

임만택 외 1, 『주거건축론』, 서울: 기문당, 2005..

장성수 역, 『경사지주택설계』, 서울: 태림문화사, 1992.

장성준, 『건축기획』, 서울: 기문당, 2003.

장성준, "저렴주택의 설계와 생산특성 고찰" (대한건축학회, 『주거론』, 1997.

전경배 외 1, 『주택계획론』, 서울: 세진사, 1986.

전경배 외 1, 『건축법규해설』, 서울: 세진사, 2010,

전병직, 『백화점 건축계획』, 서울: 세진사, 1996.

조광희 외 2, 『주택설계』, 서울: 도서출판 대가, 2008.

조성기 외 1, 『주거학』, 서울: 동명사, 1985.

조성기, 『도시주거학』, 서울: 동명사, 1996.

조성렬, 『아름다운 집 꾸미기』, 서울: 한림출판사, 1985.

조용준 외 3 공역, 『건축기획론』, 서울: 기문당, 1999.

조용준 외 5, 『집주체의 설계』, 서울: 광문각, 2002.

주거학연구회, 『넓게 보는 주거학』, 서울: 교문사, 2005.

주거학연구회, 『더불어 사는 이웃 세계의 코하우징』, 서울: 교문사, 2000.

주거학연구회, 『안팎에서 본 주거문화』, 서울: 교문사, 2004.

주종원 역, 『단지계획』, 서울: 동명사, 1992.

주종원, 『주택설계』, 서울: 형설출판사, 1982.

중앙MOOK, 『아름다운집 3』, 중앙일보사, 1986.

중앙MOOK, 『아름다운집 7』, 중앙일보사, 1986.

지순 외 1, 『기초 주거학』, 서울: 신광출판사, 1998.

최명규, 『주택계획론』, 서울: 기문당, 2003.

최명규, 『친환경건설개론』, 광주 : 호남대 출판부, 2005.

최명규, "고령화 사회에 대비한 노인주거대책에 관한 연구", 『산업기술연구논문집』, 호남대학교 산업기술연구소, 제6집(1998.6.).

최명규 외 3, 『전남지역 실버타운 모델화에 관한 연구』, 연구보고서, 1994.

최명규, "농촌지역에 있어서 생활권의 설정기준에 관한 연구", 『대한건축학회논문집』 제7권 제3호(1991. 6).

최명규 외 2, "농촌지역유형별 시설수준 및 분포특성에 관한 연구", 『대한건축학회논문집』 제7권 4호(1991. 8).

최명규, "도시 저소득층의 주거환경개선을 위한 기초적 연구", 『산업기술연구논문집』, 제5집, 호남대 산업기술연구소, 1997.

최순영 외 1 공역, 『건축기획』, 서울: 기문당, 2004.

하성규, 『주택정책론』, 서울: 박영사, 1999.

함정도 외 1, 『친환경건축의 이해』, 서울: 기문당, 2008

홍형옥, "가족공동체문화 육성을 위한 미래주택", 『건축』, 대한건축학회지, 제41권 제3호(1997.3).

홍형옥, 『인간과 주거』, 서울: 문운당, 2002.

황용주, 『도시계획원론』, 서울: 녹원, 1983.

국토개발연구원, 『주거수준조사연구』, 1980.12.

통계청, 『인구주택총조사』, e-통계나라 지표.

통계청,『2008년 한국의 사회지표』, 2008.
통계청,『2000년 인구주택총조사 잠정집계결과』, 2000.12.
99건축문화의해 조직위원회,『한국건축100년』, 서울: 도서출판 피아, 1999.
岡田光正 外 3,『現代建築學 建築計劃1』, 東京 : 鹿島出版會, 1989.
西山夘三,『日本のすまい (1), (2), (3)』, 東京 : 勁草書房, 1975.
新田伸三 外 35,『造景技術大成』, 東京 : 養賢堂, 1978.
依田和夫 編著,『驛前廣場・駐車場とターミナル』, 東京 : 技術書院, 1991.
舟橋國男, "環境行動論の視點から",『建築雜誌』 日本建築學會誌 Vol.112, No.1407(1997.6).
住田昌二,『住宅供給計劃論』, 東京 : 勁草書房, 1982.
Carlo Testa,『The Industrialization of Building』, Van Nostrand Reinhold Co. 1970.
Clare C. Marcus & W. Sarkissian,『Housing as if People Mattered』, California : Univ. of California Press, 1986.
Clarence A. Perry,『The Neighborhood Unit Formula』, N.Y.: The Free Press, 1966.
Edward J. Kaiser, David R. Godschalk, F. Stuart Chapin jr,『Urban Land Use Planning』 4th ed., Urbana & Chicago : Univ. of Illinois Press, 1995.
Garrett Eckbo,『Home Landscape ; The Art of Home Landscaping』, N.Y.: McGraw-Hill, Inc., 1978.
J. Macsai, E. P. Holland, H. S. Nachman & J. Y. Yacker,『Housing』, N.Y.: John Wiley & Sons, 1976.
Joseph DeChiara & Lee Koppelman,『Manual of Housing Planning and Design Criteria』, N.J.: Prentice-Hall, Inc,, 1975.
Kathryn MaCament & Charles Durett,『Cohousing』, Ten Speed Press, 1994.
Kunihiko Hayakawa,『Housing Developments : New Concepts in Architecture and Design』, Tokyo : Meisei Publications, 1994.
Mildred F. Schmertz,『Apartments, Town-house and Condominiums』, N.Y.: McGraw-Hill Book Company, 1981.
R. Faulkner & S. Faulkner,『Inside Today's Home』, N.Y.: Holt, Rinehart and Winston, 1975.
Samuel Paul,『Apartments ; Their Design and Development』, N.Y.: Reinhold Book Corporation, 1970.
Thomas Schmidt & Carlo Testa,『Systems Building』, Frederic A. Praeger Publisher, 1969.
UN,『Statistical Indicators of Housing Conditions』, UN Statistical Papers No.37, N.Y., 1962.
Walter F. Wagner,『Great Houses for View Sites, Beach Sites, Sites in the Woods, Meadow Sites, Small Sites, Sloping Sites, Steep Sites and Flat Sites』, N.Y.: McGraw-Hill Book Company, 1976.

# 찾아보기

## ㅇ

ㅈ

# 건 ·축 ·계 ·획 · I

# 건 ·축 ·계 ·획 · I